荣获华东地区大学出版社第七届优秀教材、学术专著二等奖

园林工程学

（第一次修订）

赵　兵　**主编**
赵　兵　汪　辉　孙新旺　**编著**

东南大学出版社·南京

内 容 提 要

本书为高职园林专业系列教材中的一本。全书分为七章，按照园林工程设计与施工的一般顺序，分别叙述了土方、假山、园路、挡墙(景墙)、水景、给排水、景观照明各分项工程的基础知识、基本概念与主要设计原理，通过系统的文字和大量的图例，详细而又循序渐进地介绍了施工的工艺流程、一般工序和质量标准。

本教材适用于高等学校高职园林专业，也可供普通园林专业和城市园林绿化企事业单位的工作人员参考。

图书在版编目(CIP)数据

园林工程学/赵兵主编.—南京：东南大学出版社，2003.3(2020.3 重印)

(高等职业技术教育园林专业系列教材)

ISBN 978-7-81089-180-6

Ⅰ.园… Ⅱ.赵… Ⅲ.园林—工程施工—高等学校:技术学校—教材 Ⅳ.TU986.3

中国版本图书馆 CIP 数据核字(2003)第 009240 号

出版发行：东南大学出版社
社　　址：南京四牌楼 2 号　邮编：210096
出 版 人：江建中
网　　址：http://press.seu.edu.cn
电子邮件：press@seu.edu.cn
经　　销：全国各地新华书店
印　　刷：南京玉河印刷厂
开　　本：787 mm×1092 mm　1/16
印　　张：16.75
字　　数：407 千
版　　次：2003 年 5 月第 1 版
印　　次：2020 年 3 月第 11 次修订印刷
书　　号：ISBN 978-7-81089-180-6
印　　数：25001～27000 册
定　　价：30.00 元

高等职业技术教育园林专业系列教材

出版前言

高等职业技术教育中的园林专业是应我国社会主义现代化建设的需要而诞生的，是我国林业高等教育的重要专业之一，该专业的教育目标是培养服务于生产、管理第一线的“一专多能”的应用型园林专业人才。

高职园林专业有其自身的特点，要求毕业生既能熟悉园林规划设计，又能进行园林植物培育及其应用（如花卉生产、树木栽培、插花、盆景制作等）、园林植物养护管理及园林工程施工管理等技术和管理工作，所以在教学中要突出对学生实践操作能力的训练与培养。根据这一要求，为培养合格人才，提高教学质量，必须有一套好的教材。但目前还没有相应的教材可供使用。南京林业大学高职园林专业是江苏省高职专业改革试点专业之一。我们组织了在高职园林专业教学上有丰富经验的教师，编写了这一套系列教材，准备在两年内陆续出版，以供高职园林专业学生之急需。

结合高职园林专业的教学特点，本套教材力求语言精炼，图文并茂，深入浅出，通俗易懂，做到科学性与实用性并重。这套教材可供园林专业和其它相近专业的教师、学生以及园林工作者学习和参考之用。

编写这套教材是一项探索性工作，教材中定会有不少疏漏不足之处，还需在教学实践中不断改进、完善。恳请广大读者在使用过程中提出宝贵意见，以便在再版时进一步修改和充实。

高等职业技术教育园林专业系列教材编审委员会

2001年2月

前　言

随着社会的巨大进步和时代的飞速发展,人类越来越关注自己赖以生存的地球,园林绿化行业正成为我国的朝阳行业。社会需求的旺盛带来了市场的繁荣,而市场的繁荣必然要求社会为之提供各类人才支持和知识贡献。这种人才需求是全方位的,不仅需要跨学科、跨行业的理论探索以及创造性地从事园林规划设计与研究工作的专业人才,而且需要一大批既有较好的园林艺术素养,懂得设计基本原理和施工管理理论知识,又善于现场操作,能创造性地改进施工工艺,提高工程质量的"一专多能"的中高级应用型专业技术人才。其中"一专",指熟悉园林工程施工与管理,能独立识别和运用园林施工图纸,掌握各类园林工程的施工技术以及人、财、物的运用和管理等,并能胜任工程项目经理;或熟悉园林植物栽培与管理,熟练掌握园林栽培技术、鲜切花生产技术和盆景制作管理技术等。"多能",指同时拥有多方面的专业才能,如一般性的规划设计、养护修剪以及非自己主攻方向的其他园林专业技能,成为有较好的园林理论基础和艺术素养的,以技术应用与创新能力和解决实际问题能力为特色的新型园林专业人才。这就是高职园林专业技术人才。

高职园林专业技术人才的培养需要面向企业、面向市场、面向未来,通过"一主两翼"的办学模式,即以训练学生的实际操作能力为教学主线,以风景园林理论知识的传授和园林艺术素养、综合素质的熏陶为"两翼",达到理想的培养目标。

以上所述,是本书编写的指导思想,也是学生学习的基本线索。本书主要适用于以园林工程为主攻方向的高职园林专业的学生,因此有以下特点:

1. 博采众家之长。充分展现园林工程宽阔的知识面,传授基本的理论知识,培养学生良好的园林感觉。

2. 降低"设计"要求。对各类工程设计基本控制在初步设计的深度,符合高职教育的特点和要求。

3. 提高"施工"要求。详细阐述园林中各类工程施工的工艺流程、材料要求、关键技术、质量标准和主要规范等,并插入一些现场操作的图片,以提高学生的感性认识。

4. 减少部分章节。"种植工程"合并至"园林树木栽培学",以减少课程间的交叉与重复;水电施工专业性较强,在生产实践中一般都安排专业人员,书中只做一般性概述。

园林工程学是普通园林专业的骨干课程,更是高职园林专业最重要的课程之一,横跨几大专业,难学难教更难编写。鉴于编者水平和时间限制,不足之处或错漏之处在所难免,希望广大读者和同行师长指正。

赵　兵

2003 年元月

修订前言

本书第一版自2003年出版以来，已重印三次，受到读者欢迎。

在第一版的写作过程中，考虑到水电施工专业性较强，在生产实践中一般都由专业人员去实施，所以没有安排相应的章节，只是一笔带过。近几年来，随着风景园林行业的迅猛发展，景观照明日益被社会所重视，景观照明设计师也应运而生，有很多使用此教材的师生朋友建议我一定要增加"景观照明工程"。

此次修订增设了该章，弥补了这个缺陷，同时改正了第一版中文字和插图的某些错讹。全书的体例、章节仍沿袭初版，鉴于景观照明的特殊性，增加了一些彩页。

限于笔者的学力与工作条件，修订后可能仍然存在许多不尽如人意的地方，希望有机会充实新内容，跟行业同步发展。

赵　兵

2009年4月

目　录

1 地形与土方工程

1.1 地形

“地形”为“地貌”的近义词，是指地球表面在三维方向上的形状变化。一般说来，凡园林建设必先通过土方工程对原地形进行改造，以满足人们的各种需要。构成园林实体的四大要素为地形、水、植物、建筑及构筑物。地形是四大要素之中的首要要素，也是其它诸要素的依托基础和底界面，是构成整个园林景观的骨架。因此，地形的改造是园林工程中需要首先解决的问题，也是决定整个园林建设成功与否的关键所在。

1.1.1 地形的功能

地形在造园中的功能作用是多方面的，概括起来，一般有骨架作用、空间作用、景观作用和工程作用等几个主要方面。

1. 骨架作用

地形是构成园林景观的骨架，是园林中所有景观元素与设施的载体，它为园林中其它景观要素提供了赖以存在的基面。作为各种造园要素的依托基础，地形对其它各种造园要素的安排与设置有着较大的影响和限制。例如，地形坡面的朝向、坡度的大小往往决定了建筑选址及朝向。因此，在园林设计中，要根据地形合理布置建筑，配置树木等。地形对水体的布置亦有较大的影响，园林中可结合地形营造出瀑布、溪流、河湖等各种水体形式。地形对园林道路的选线亦有重要影响，一般来说，在坡度较大的地形上，道路应沿着等高线布置。

2. 空间作用

地形具有构成不同形状、不同特点园林空间的作用。园林空间的形成，是由地形因素直接制约着的。地块的平面形状如何，园林空间在水平方向上的形状也如何。地块在竖向上有什么变化，空间的立面形式也就会发生相应的变化。例如，在狭长地块上形成的空间必定是狭长空间，在平坦宽阔的地形上形成的空间一般是开敞空间；而山谷地形中的空间则必定是闭合空间等。这些情况都说明，地形对园林空间的形状也有决定作用。

此外，在造园中，利用地形的高低变化可以有效地分隔限定空间，从而形成不同功能和景观特色的园林空间。

3. 景观作用

景观作用包括背景作用和造景作用两个方面。

作为造园诸要素的底界面，地形还承担了背景角色，例如一块平地上草坪、树木、道路、建筑和小品形成地形上的一个个景点，而整个地形构成此园林空间诸景点要素的共同背景。

地形还具有许多潜在的视觉特性，对地形可以进行改造和组合，以形成不同的形状，产生不同的视觉效果。近年来，一些设计师尝试如雕塑家一样，在户外环境中，通过地形造型而创造出多样的大地景观艺术作品，我们称之为"大地艺术"。

4. 工程作用

地形可以改善局部地区的小气候条件。在采光方面，为了使某一区域能够受到冬季阳光的直接照射，就应该使该区域为朝南坡向；从风的角度，为了防风，可在场所中面向冬季寒风的那一边堆积土方，可以阻挡冬季寒风。反过来，地形也可以被用来汇集和引导夏季风，在炎热地区，夏季风可以被引导穿过两高地之间所形成的谷地或洼地等，以改善通风条件，降低温度(图 1-1-1)。

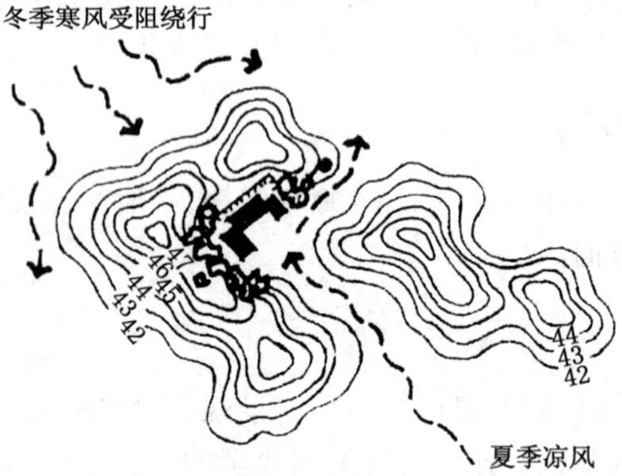

图 1-1-1　地形与风的流向

地形对于地表排水亦有着十分重要的意义。由于地表的径流量、径流方向和径流速度都与地形有关，因而地形过于平坦时就不利于排水，容易积涝。而当地形坡度太陡时，径流量就比较大，径流速度也太快，从而引起地面冲刷和水土流失。因此，创造一定的地形起伏，合理安排地形的分水和汇水线，使地形具有较好的自然排水条件，是充分发挥地形排水工程作用的有效措施。

1.1.2　地形的表达方法

地形的表达方法有多种，以下就几种常用的地形表达方法逐一加以介绍。

1. 等高线法

等高线是最常用的地形平面图表示方法。所谓等高线，就是绘制在平面图上的线条，它将所有高于或低于水平面、具有相等垂直距离的各点连接成线。等高线也可以理解为一组垂直间距相等、平行于水平面的假想面与自然地形相交切所得到的交线在平面上的投影，等高线表现了地形的轮廓，它仅是一种象征地形的假想线，在实际中并不存在(图 1-1-2)。

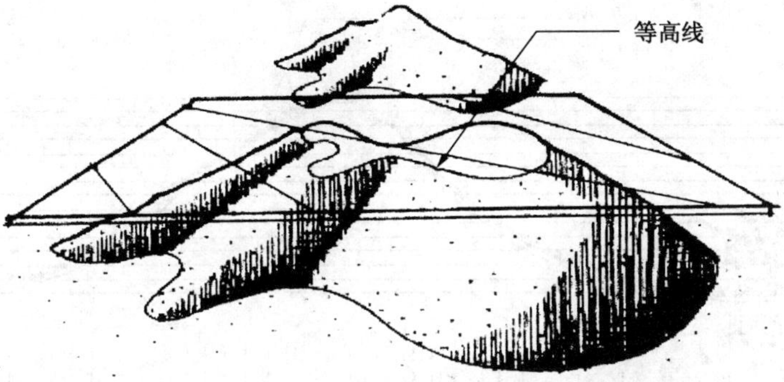

图 1-1-2　等高线示意

等高线法中还有一个需要了解的相关术语叫等高距。等高距是指在一个已知平面上任何两条相邻等高线之间的垂直距离，而且等高距是一个常数。

在地形设计时，用设计等高线和原地形等高线可以在图上表示地形被改动的情况。绘图时，设计等高线用细实线绘制，原地形等高线则用细虚线绘制。

当设计等高线低于原地形等高线时，则需要在原地形上进行开挖，我们称之为"挖方"；反之，当设计等高线高于原地形等高线时，则需要在原地形上增加一部分土壤，我们称之为"填方"(图 1-1-3)。

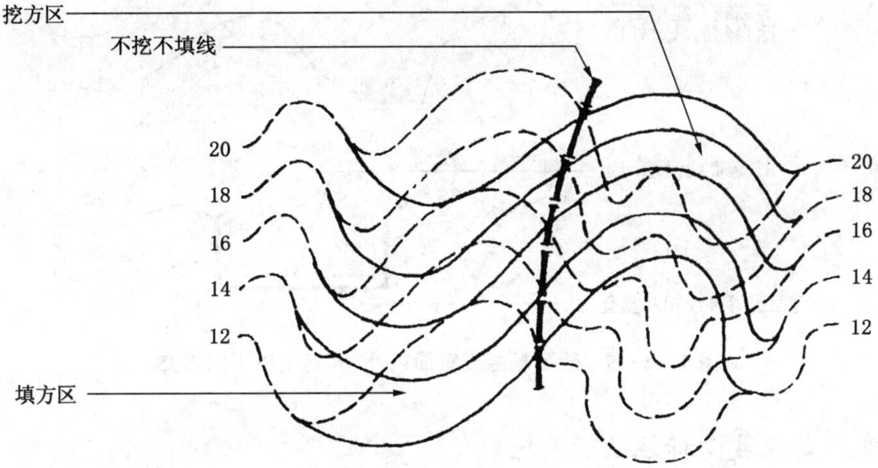

图 1-1-3　用原等高线和设计等高线表示挖方与填方

等高线有如下几个特点：

(1) 在同一条等高线上的所有的点，其高程都相等。

(2) 由于等高线之间的垂直距离即等高距是个常数，因此，等高线水平间距的大小就可以表示地形的倾斜度大小，等高线越密，则地形倾斜度越大；反之，等高线越疏，则地形倾斜度越小。当等高线水平距离相等时，则表示该地形坡面倾斜角度相同(图 1-1-4)。

(3) 所有等高线总是各自闭合的。由于设计红线范围或图框所限，在图纸上不一定每根等高线都能闭合，但实际上它还是闭合的，只不过闭合处在红线范围或图框之外。

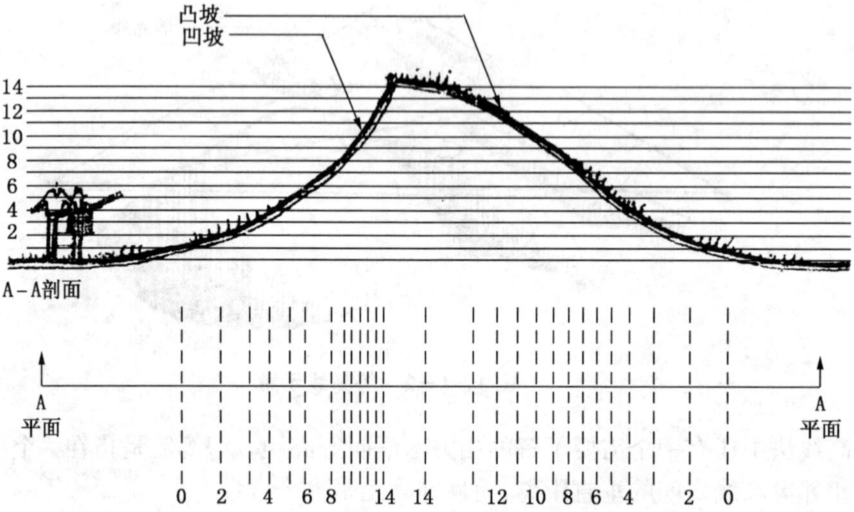

图 1－1－4　等高线的疏密说明了坡度的陡峭程度

(4) 等高线一般不相交或重叠。只有在表示某一悬挑物或一座固有桥梁时才可能出现相交的情况。在某些垂直于水平面的峭壁、挡墙处，等高线才会重合在一起(图 1－1－5)。

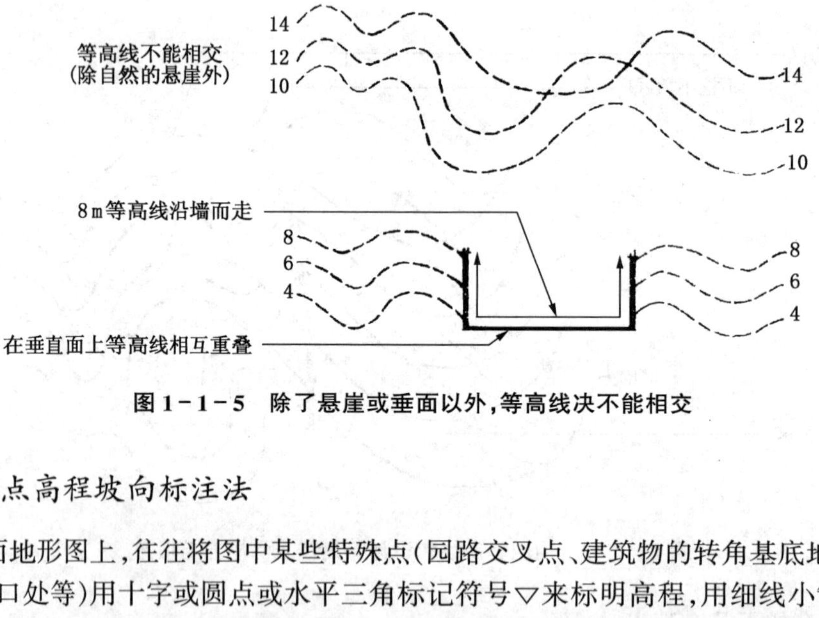

图 1－1－5　除了悬崖或垂面以外，等高线决不能相交

2. 重点高程坡向标注法

在平面地形图上，往往将图中某些特殊点(园路交叉点、建筑物的转角基底地坪、园桥顶点、涵闸出口处等)用十字或圆点或水平三角标记符号▽来标明高程，用细线小箭头来表示地形从高至低的排水方向。这种方法的特点是：对地面坡向变化情况的表达比较直观，容易理解；设计工作量小，图纸易于修改和变动，绘制图纸的过程比较快。其缺点则是：对地形竖向变化的表达比较粗略，在确定标高的时候要有综合处理竖向关系的工作经验。因此，高程箭头法比较适合于在园林地形设计的初步方案阶段使用，也可在地貌变化复杂时，作为一种指导性的地形设计方法(图 1－1－6)。

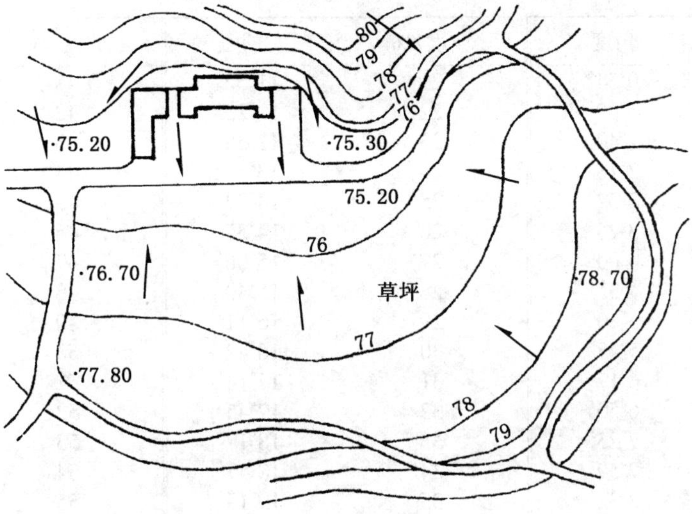

图 1-1-6　用高程箭头法表示地形

3. 坡度标注法

对地形的描述还可以用坡度的方法表示。坡度即地形的倾斜度，通过坡度的垂直距离与水平距离的比率说明坡度大小，坡向采用指向下坡方向的箭头表示，坡度百分数应标注在箭头的短线上。

坡度的计算可用下式来表示：

$$i = \frac{H}{L} \times 100\%$$

式中：i——坡度；

H——垂直高差；

L——水平距离。

例如：一斜坡在水平距离为 4 m 内上升 1 m，其坡度 i 应为

$i = \frac{1}{4} \times 100\% = 25\%$（图 1-1-7）

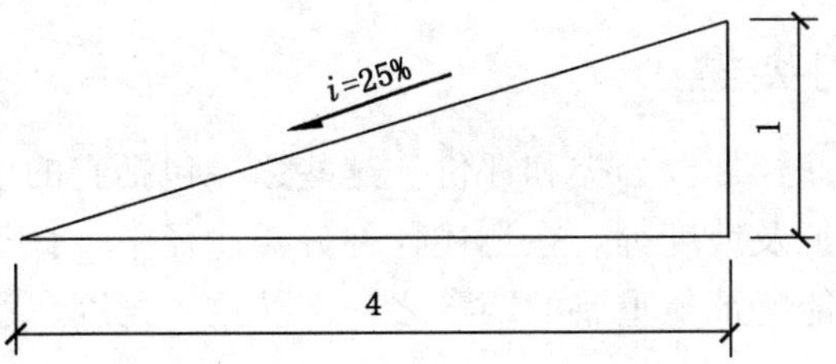

图 1-1-7　坡度标注法示意

在此要注意的是坡度不应与角度的概念混淆起来。这里指的角度即坡面与水平面的夹角。表 1-1-1 列出了坡度与角度的关系。

表 1-1-1 坡度与角度对照关系表

坡度/%	角度	坡度/%	角度	坡度/%	角度
1	0°34′	21	11°52′	41	22°18′
2	1°09′	22	12°25′	42	22°45′
3	1°40′	23	12°58′	43	23°18′
4	2°18′	24	13°30′	44	23°45′
5	2°52′	25	14°02′	45	24°16′
6	3°26′	26	14°35′	46	24°44′
7	4°00′	27	15°06′	47	25°10′
8	4°35′	28	15°40′	48	25°40′
9	5°10′	29	16°11′	49	26°08′
10	5°45′	30	16°42′	50	26°37′
11	6°17′	31	17°14′	51	27°02′
12	6°50′	32	17°45′	52	27°30′
13	7°25′	33	18°17′	53	27°55′
14	7°59′	34	18°47′	54	28°12′
15	8°32′	35	19°19′	55	28°50′
16	9°06′	36	19°08′	56	29°17′
17	9°40′	37	20°10′	57	29°40′
18	10°13′	38	20°48′	58	30°08′
19	10°47′	39	21°20′	59	30°35′
20	11°19′	40	21°50′	60	30°58′

4. 计算机绘图法

通过现有的一系列计算机绘图软件,可以建立和原地形地表形状相一致的电子模型,同样,也可以建立地形改造后的设计地形电子模型,对于设计师来说可以在屏幕上从任意视角来观察和体验地形的三维形态,甚至可以制作成多媒体动画,从而可以连续地、实时地得到地形变化的印象,并据此对设计地形做出进一步调整。另外,某些软件还可以通过土方原地形和设计地形的对比,计算机可以自动地计算出土方工程量,使工程技术人员从繁杂的手工土方工程量计算中解脱出来,大大地提高了工作效率。因此,对于设计师和工程师来说,该方法的潜在用途几乎是无限制的。

除以上举例介绍的地形表示法外,还有坡级图表示法、明暗与色彩表示法、模型法等,这里就不一一赘述了。

1.1.3 地形的类型

地形可以通过各种途径加以分类和评价。这些途径包括它的地表形态、地形分割条件、地质构造、地形规模、特征及坡度等。在上述各种分类途径中,对于园林造景来说,坡度乃是涉及到地形的视觉和功能特征最重要的因素之一。从这个角度,我们可以把地形分为平地、坡地、山地三大类。

1. 平地

在现实世界的外部环境中绝对平坦的地形是不存在的,所有的地面都有不同程度甚至是难以察觉的坡度,因此,这里的“平地”指的是那些总的看来是“水平”的地面,更为确切的描述是指园林地形中坡度小于4%的较平坦用地。平地对于任何种类的密集活动都是适用的。园林中,平地适于建造建筑,铺设广场、停车场、道路,建设游乐场,铺设草坪草地,建设苗圃等。因此,现代公共园林中必须设有一定比例的平地形以供人流集散以及交通、游览需要。

平地上可开辟大面积水体以及作为各种场地用地,可以自由布置建筑、道路、铺装广场及园林构筑物等景观元素,亦可以对这些景观元素按设计需求适当组合、搭配以创造出丰富的空间层次。

园林中对平地应适当加以地形调整,一览无余的平地不加处理容易流于平淡。适当地对平地形挖低堆高,造成地形高低变化,或结合这些高地变化设计台阶、挡墙,并通过景墙、植物等景观元素对平地形进行分隔与遮挡,可以创造出不同层次的园林空间。

从地表径流的情况来看,平地径流速度慢,有利于保护地形环境,减少水土流失,但过于平坦的地形不利于排水,容易积涝,破坏土壤的稳定,对植物的生长、建筑和道路的基础都不利。因此,为了排除地面水,要求平地也具有一定的坡度。

2. 坡地

坡地指倾斜的地面,园林中可以结合坡地形进行改造,使地面产生明显的起伏变化,增加园林艺术空间的生动性。坡地地表径流速度快,不会产生积水,但是若地形起伏过大或坡度不大但同一坡度的坡面延伸过长,则容易产生滑坡现象,因此,地形起伏要适度,坡长应适中。坡地按照其倾斜度的大小可以分为缓坡、中坡、陡坡3种。

1) 缓坡

坡度在4%~10%,适宜于运动和非正规的活动,一般布置道路和建筑基本不受地形限制。缓坡地可以修建为活动场地、游憩草坪、疏林草地等。缓坡地不宜开辟面积较大的水体,如要开辟大面积水体,可以采用不同标高水体叠落组合形成,以增加水面层次感。缓坡地植物种植不受地形约束。

2) 中坡

坡度在10%~25%,只有山地运动或自由游乐才能积极加以利用,在中坡地上爬上爬下显然很费劲。在这种地形中,建筑和道路的布置会受到限制。垂直于等高线的道路要做成梯道,建筑一般要顺着等高线布置并结合现状进行地形改造才能修建,并且占地面积不宜过大(图1-1-8)。对于水体布置而言,除溪流外不宜开辟河湖等较大面积的水体。中坡地植物种植基本不受限制。

3) 陡坡

坡度在25%~50%的坡地为陡坡。陡坡的稳定性较差,容易造成滑坡甚至塌方,因此,在陡坡地段的地形改造一般要考虑加固措施,如建造护坡、挡墙等。陡坡上布置较大规模建筑会受到很大限制,并且土方工程量很大。如布置道路,一般要做成较陡的梯道;如要通车,则要顺应地形起伏做成盘山道。陡坡地形更难设计较大面积水体,只能布置小型水池。陡坡地上土层较薄,水土流失严重,植物生根困难,因此陡坡地种植树木较困难,如要对陡坡进行绿化可以先对地形进行改造,改造成小块平整土地,或在岩石缝隙中种植树木,必要时可以对岩石打眼处理,留出种植穴并覆土种植。

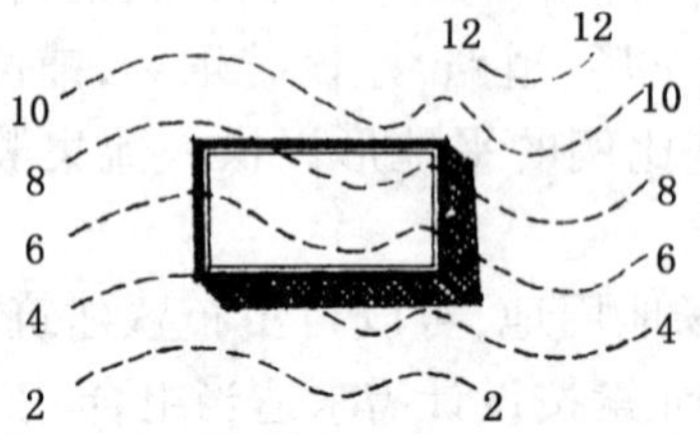

建筑平面平行于等高线，
使挖填土方量为最小

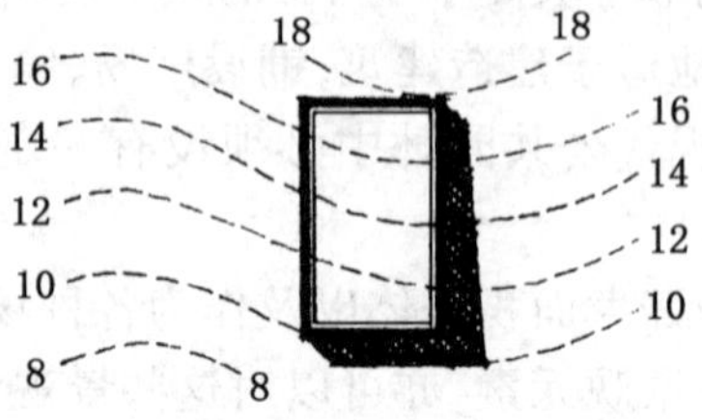

建筑平面垂直于等高线，
使挖填土方量为最大

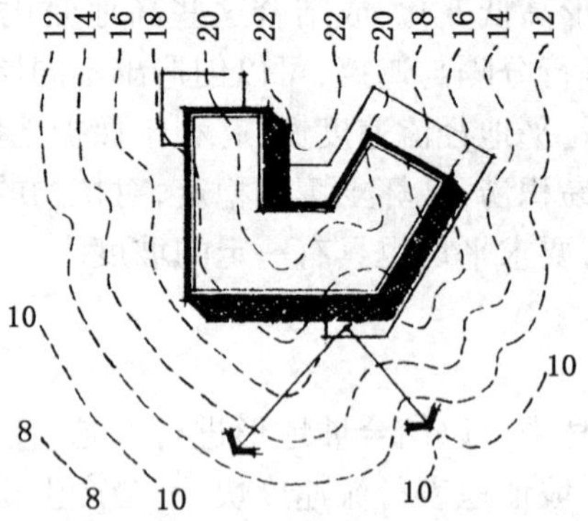

U字形建筑平面适合于布置在山脊的末端

图 1－1－8　建筑布置与等高线

3．山地

同坡地相比，山地的坡度更大，其坡度在 50％以上。山地根据坡度大小又可分为急坡地和悬坡地两种。急坡地地面坡度为 50％～100％，悬坡地是地面坡度在 100％以上的坡地。由于山地尤其是石山地的坡度较大，因此在园林地形中往往能表现出奇、险、雄等造景效果。山地上不宜布置较大建筑，只能通过地形改造点缀亭、廊等单体小建筑。山地上道路布置亦较困难，在急坡地上，车道只能曲折盘旋而上，浏览道需做成高而陡的爬山磴道；而在悬坡地上，布置车道则极为困难，爬山磴道边必须设置攀登用扶手栏杆或扶手铁链。山地上一般不能布置较大水体，但可结合地形设置瀑布、叠水等小型水体。山地与石山地的植物生存条件比较差，适宜抗性好、生性强健的植物生长。但是，利用悬崖边、石壁上、石峰顶等险峻地点的石缝石穴，配植形态优美的青松、红枫等风景树，却可以得到非常诱人的犹如盆景树石般的艺术景致。

1.2　土方工程量计算

土方量的计算工作，分为估算和计算两种。估算一般用于规划、方案阶段，而在设计的施工图阶段中，需要对土方工程量进行较为精细的计算。以下就一些常用的土方工程量计算方法逐一介绍。

1.2.1 体积公式估算法

体积公式估算法就是把所设计的地形近似地假定为锥体、棱台等几何形体，然后用相应的求体积公式计算土方量。该方法简便、快捷但精度不够，一般多用于规划方案阶段的土方量估算(表 1－2－1)。

表 1－2－1 体积公式估算土方工程量

序 号	几何体名称	几何体形状	体 积
1	圆 锥	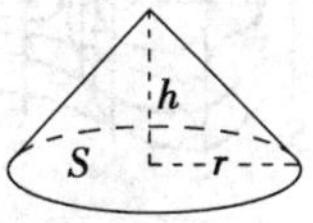	$V=\frac{1}{3}\pi r^2 h$
2	圆 台	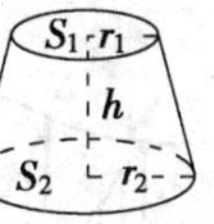	$V=\frac{1}{3}\pi h(r_1^2+r_2^2+r_1 r_2)$
3	棱 锥	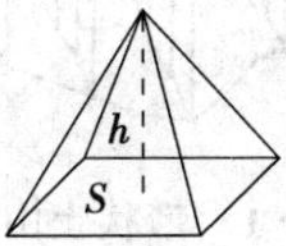	$V=\frac{1}{3}S\cdot h$
4	棱 台	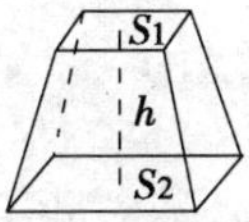	$V=\frac{1}{3}h(S_1+S_2+\sqrt{S_1 S_2})$
5	球 缺	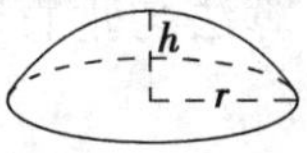	$V=\frac{\pi h}{6}(h^2+3r^2)$

V——体积 r——半径 S——底面积

h——高 r_1,r_2——分别为上、下底半径 S_1,S_2——分别为上、下底面积

1.2.2 垂直断面法

垂直断面法多用于园林地形纵横坡度有规律变化地段的土方工程量计算，如带状的山体、水体、沟渠、堤、路堑、路槽等。

此方法是以一组相互平行的垂直截断面将要计算的地形分截成“段”，然后分别计算每一单个“段”的体积，然后把各“段”的体积相加，求得总土方量。计算公式如下：

$$V=\frac{1}{2}(S_1+S_2)\cdot L$$

式中：V——相邻两断面的挖、填方量(m^3)；

S_1——截面 1 的挖、填方面积(m^2)；

S_2——截面 2 的挖、填方面积(m^2)；

L——相邻两截面间的距离(m)。

截断面可以设在地形变化较大的位置，这种方法的精确度取决于截断面的数量，如地形复杂，要求计算精度较高时，应多设截断面；地形变化小且变化均匀，要求仅作初步估算，截断面可以少一些(图 1－2－1)。

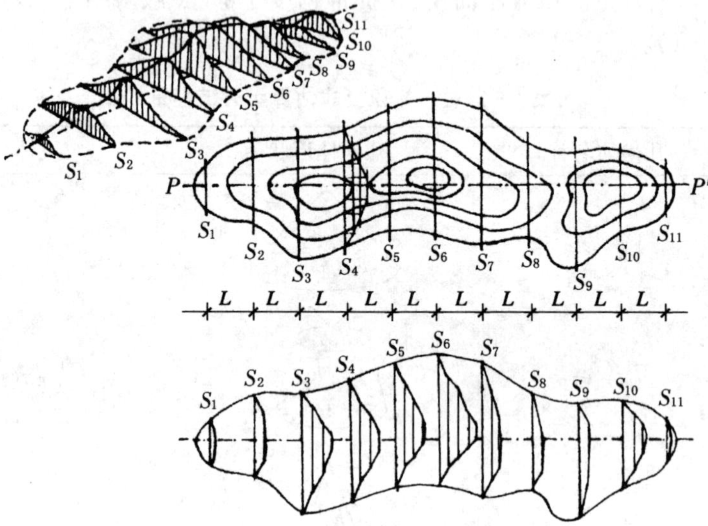

图 1－2－1　带状土山垂直断面取法

1.2.3　等高面法

等高面法是在等高线处沿水平方向截取断面，断面面积即为等高线所围合的面积，相邻断面之间高差即为等高距。等高面计算法与垂直断面法基本相似(图 1－2－2)，其求体积计算公式如下：

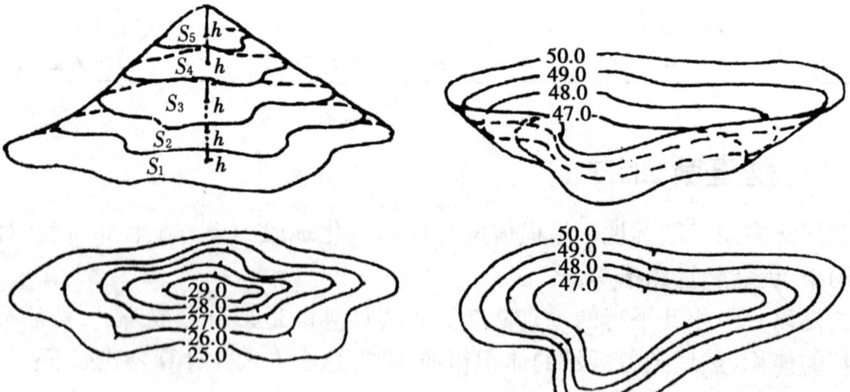

图 1－2－2　等高面法图示

$$V = \frac{S_1 + S_2}{2} \cdot h + \frac{S_2 + S_3}{2} \cdot h + \frac{S_3 + S_4}{2} \cdot h + \cdots + \frac{S_{n-1} + S_n}{2} \cdot h + \frac{S_n}{3} \cdot h$$

$$=\left(\frac{S_1+S_n}{2}+S_2+S_3+S_4+\cdots+S_{n-1}+\frac{S_n}{3}\right)\cdot h$$

式中：V——土方体积(m^3)；

S——各层断面面积(m^2)；

h——等高距(m)。

此法最适于大面积自然山水地形的土方计算。

无论是垂直断面法还是等高面法,不规则的断面面积的计算工作总是比较繁琐的。一般说来,对不规则面积的计算可以采用以下几种方法：

(1) 求积仪法:用求积仪进行测量,此法较简便精确。

(2) 方格纸法:把方格纸蒙在图上,通过数方格数,再乘以每个方格的面积即可。此法方格网越密,其精度越大。

1.2.4 方格网法

用方格网法计算土方量相对比较精确,一般用于平整场地,即将原来高低不平的、比较破碎的地形按设计要求整理成平坦的具有一定坡度的场地。其基本工作程序如下：

1. 划分方格网

在附有等高线的地形图上划分若干正方形的小方格网。方格的边长取决于地形状况和计算精度要求。在地形相对平坦地段,方格边长一般可采用 20～40 m;地形起伏较大地段,方格边长可采用 10～20 m。

2. 填入原地形标高

根据总平面图上的原地形等高线确定每一个方格交叉点的原地形标高,或根据原地形等高线采用插入法计算出每个交叉点的原地形标高,然后将原地形标高数字填入方格网点的右下角(图 1-2-3)。

施工标高 −1.00	设计标高 36.00
+⑨ 角点编号	35.00 原地形标高

图 1-2-3　方格网点标高的注写

当方格交叉点不在等高线上就要采用插入法计算出原地形标高。插入法求标高公式如下：

$$H_x=H_a\pm\frac{xh}{L}$$

式中：H_x——角点原地形标高(m)；

H_a——位于低边的等高线高程(m)；

x——角点至低边等高线的距离(m)；

h——等高距(m)；

L——相邻两等高线间最短距离(m)。

插入法求高程通常会遇到3种情况：

(1) 待求点标高 H_x 在二等高线之间(图1－2－4①)：

$$h_x : h = x : L \qquad h_x = \frac{xh}{L}$$

$$\therefore \quad H_x = H_a + \frac{xh}{L}$$

(2) 待求点标高 H_x 在低边等高线 H_a 的下方(图1－2－4②)。

$$h_x : h = x : L \qquad h_x = \frac{xh}{L}$$

$$\therefore \quad H_x = H_a - \frac{xh}{L}$$

(3) 待求点标高 H_x 在高边等高线 H_b 的上方(图1－2－4③)。

$$h_x : h = x : L \qquad h_x = \frac{xh}{L}$$

$$\therefore \quad H_x = H_a + \frac{xh}{L}$$

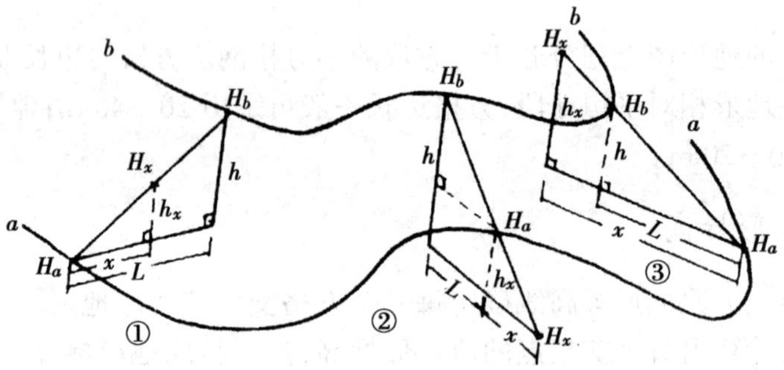

图1－2－4 插入法求任意点高程图示

3. 填入设计标高

根据设计平面图上相应位置的标高情况，在方格网点的右上角填入设计标高。

4. 填入施工标高

施工标高＝原地形标高－设计标高

得数为正(＋)数时表示挖方，得数为负(－)数时表示填方。施工标高数值应填入方格网点的左上角。

5. 求填挖零点线

求出施工标高以后，如果在同一方格中既有填土又有挖土部分，就必须求出零点线。所谓零点就是既不挖土也不填土的点，将零点互相连接起来的线就是零点线。零点线是挖方和填方区的分界线，它是土方计算的重要依据。

参照表 1－2－2 所示，可以用以下公式求出零点：

$$X=\frac{h_1}{h_1+h_3}\cdot a$$

式中：X——零点距 h_1 一端的水平距离(m)；

h_1,h_3——方格相邻二角点的施工标高绝对值(m)；

a——方格边长(m)。

6．土方量计算

根据方格网中各个方格的填挖情况，分别计算出每一方格土方量。由于每一方格内的填挖情况不同，计算所依据的图式也不同。计算中，应按方格内的填挖具体情况，选用相应的图式，并分别将标高数字代入相应的公式中进行计算。几种常见的计算图式及其相应计算公式参见表 1－2－2。

表 1－2－2　土石方量的方格网计算图式

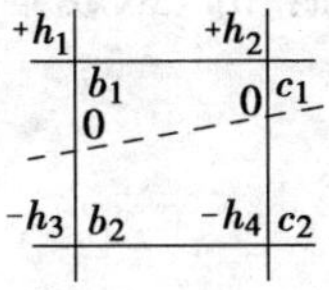		零点线计算 $b_1=a\cdot\frac{h_1}{h_1+h_3}$　$b_2=a\cdot\frac{h_3}{h_3+h_1}$ $c_1=a\cdot\frac{h_2}{h_2+h_4}$　$c_2=a\cdot\frac{h_4}{h_4+h_2}$
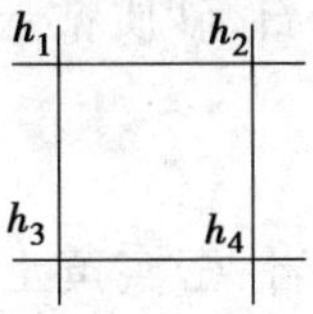	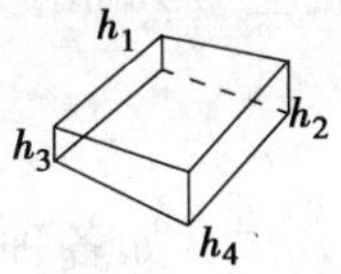	四点挖方或填方 $\pm V=\frac{a^2}{4}(h_1+h_2+h_3+h_4)$
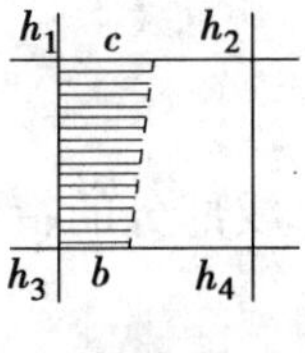	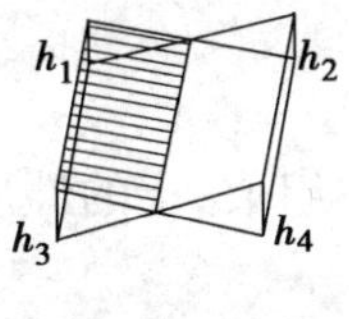	二点挖方或填方 $\pm V=\frac{b+c}{2}\cdot a\cdot\frac{\sum h}{4}$ $=\frac{(b+c)\cdot a\cdot\sum h}{8}$
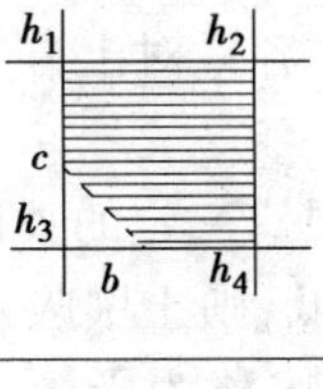	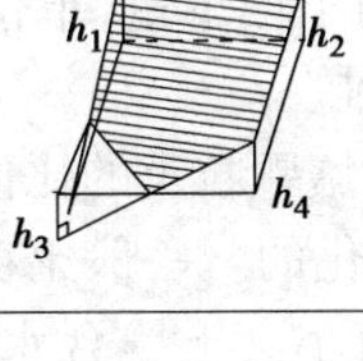	三点挖方或填方 $V=(a^2-\frac{b\cdot c}{2})\cdot\frac{\sum h}{5}$
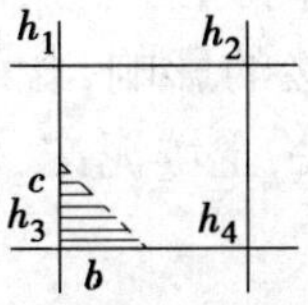		一点挖方或填方 $V=\frac{1}{2}\cdot b\cdot c\frac{\sum h}{3}$ $=\frac{b\cdot c\cdot\sum h}{6}$

当算出每个方格的土方工程量后，即对每个网格的挖方、填方量进行合计，算出填、挖方总量。

1.3 土方施工

1.3.1 土的工程分类与性质

土壤的类型很多，它们有着不同的物理性质。不同性质的土壤对土方工程的施工方法、工程量及工程投资等有着较大的影响，也涉及到工程设计、施工技术和施工组织的安排。因此，需要对土壤的类型与性质的基本知识有一定的了解。

1. 土的工程分类

关于土的类型有着不同的划分标准。工程部门为便于确定技术措施和施工成本，根据土质和工程特点，对土方加以分类。但各地的分类方法并不统一。

1）松土

用铁锹即可挖掘的土，如砂土、壤土、植物性土壤。

2）半坚土

用锹和部分十字镐翻松的土。如黄土类粘土，15 mm 以内的中小砾石、砂质粘土、混有碎石与卵石的腐殖土。

3）坚土

用人工撬棍或机具开挖，有时用爆破的方法。如各种不坚实的页岩、密实黄土、含有 50 kg 以下块石的粘土块石。

2. 土的工程性质

土一般由固体（土颗粒）、液体（水）和气体组成，土的性质取决于各组成部分的特性及其相对含量与相互作用。

1）土壤容重和含水量

土壤的容重指单位体积内天然状况下的土壤重量，单位为 kg/m^3。容重对土方工程的难易程度有着较大的影响，容重越大挖掘越难。

土壤的含水量是土壤孔隙中的水重和土壤颗粒重的比值。土壤虽具有一定的吸持水分的能力，但土壤水的实际含量是经常发生变化的。一般土壤含水量愈低，则土壤吸水力愈大；反之，土壤含水量愈高，则土壤吸水力愈小。土壤含水量在 5% 以内称为干土，5%～30% 称为潮土，大于 30% 称为湿土。土壤含水量对施工的难易有着直接的影响，含水量过大、过小均会增加施工难度。含水量过小，土质硬，不易挖掘；含水量过大，土壤泥泞，也不利于施工。

2）土壤的自然倾斜面和安息角

松散状态下的土壤颗粒，自然滑落而形成的天然斜坡面，叫做土壤自然倾斜面。该面与地平面的夹角，叫做土壤自然倾斜角（安息角）（图1－3－1）。在工程设计时，为了使工程稳定，就必须有意识地创造合理的边坡，使之小于或等于自然安息角。随着土壤颗粒、含水量、气候条件的不同，各类型土壤的自然安息角亦有所不同（表1－3－1）。

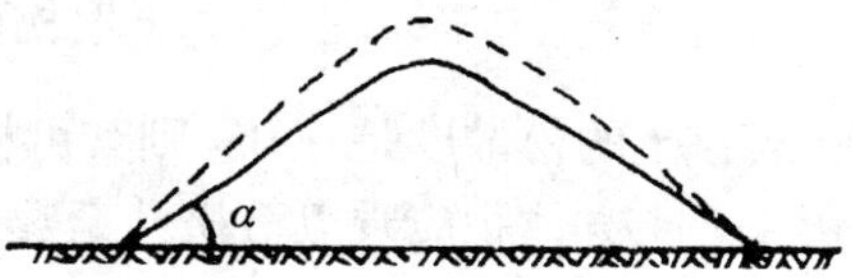

图1－3－1　土壤自然倾斜角示意

表1－3－1　土壤的自然倾斜角

土壤名称	土壤含水情况			土壤颗粒尺寸/mm
	干　的	潮　的	湿　的	
砾　石	40°	40°	35°	2～20
卵　石	35°	45°	25°	20～200
粗　砂	30°	32°	27°	1～2
中　砂	28°	35°	25°	0.5～1
细　砂	25°	30°	20°	0.05～0.5
粘　土	45°	35°	15°	<0.001～0.005
壤　土	50°	40°	30°	
腐殖土	40°	35°	25°	

3）土壤的相对密实度

相对密实度用来表示土壤在填筑后的密实程度，可用下式来表示

$$D=\frac{\varepsilon_1-\varepsilon_2}{\varepsilon_2-\varepsilon_3}$$

式中：D——土壤相对密实度；

ε_1——填土在最松散状况下的孔隙比；

ε_2——经辗压或夯实后的土壤孔隙比；

ε_3——最密实情况下的土壤孔隙比。

（注：孔隙比是指土壤空隙的体积与固体颗粒体积的比值）

一般说来，在地基或路基等土方工程施工时，要对土壤进行密实，采用的办法可为人工夯实和机械夯实两种。人工夯实其密实度可达87%，机械夯实其密实度在95%左右。填土厚度较大时，为达到较好的夯实效果，可以采用多次填土、分层夯实的办法。回填土如不加夯实，随着时间的推移，其会自然沉降，亦能达到一定的密实度。

4）土方松散度

土方从自然状态被挖动后，会出现体积膨胀的现象。这种现象与土壤类型有着密切的关系。往往因土体膨胀而造成土方剩余，或因造成塌方而给施工带来困难和不必要的经济损失。土壤膨胀的一般经验数值是虚方比实方大14%～50%，一般砂为14%、砾为20%、粘土为50%。填方后土体自落的快慢要看利用哪种外力的作用。若任其自然回落则需要1年时间，而一般以小型运土工具填筑的土体要比大型工具回落得快。当然如果随填随压，则填方较为稳定，但也要比实方体积大3%～5%。由于虚方在经过一段时间回落后方能稳定，故在进行土方量计算时，必须考虑这一因素。土壤的实方与虚方之比，便是土壤的松散度。

$$土壤松散度=\frac{原土体积(实方)}{松土体积(虚方)}$$

若该土的松散度是 0.05,则其可松性系数应是 1+0.05=1.05。因此在土方计算中,计算出来的土方体积应乘以可松性系数,方能得到真实的虚方体积。

1.3.2 土方施工

对地形的改造与设计最终需要土方工程施工才能得以实现,大凡园林工程建设必先动土。土方施工的速度与质量,将会直接影响到后续的其它工程,因此必须重视土方施工。土方施工一般可分为 4 个阶段,即挖、运、填、压。其施工方式有人力施工、半机械化施工、机械化施工等。可以根据施工现场的状况、条件和工程量等因素来决定施工方式。一般来说,规模大、土方较集中的工程应采用机械化施工;对于工程量小、施工点分散的工程,或因受场地限制等不便使用机械化施工的地段,应采用人工施工或半机械化施工。以下分阶段对土方施工加以介绍。

1. 土方施工的准备工作

在土方施工前应对工程建设进行认真、周全的准备,合理组织和安排工程建设,否则容易造成窝工甚至返工,进而影响工效,带来不必要的浪费。施工准备工作应包括以下几个方面:

1) 研究和审查图纸

检查图纸和资料是否齐全,图纸是否有错误和矛盾;掌握设计内容及各项技术要求,熟悉土层地质、水文勘察资料,进行图纸会审,搞清建设场地范围与周围地下设施管线的关系。

2) 勘查施工现场

摸清工程现场情况,收集施工相关资料,如施工现场的地形、地貌、地质、水文气象、运输道路、植被、邻近建筑物、地下设施、管线、障碍物、防空洞、地面上施工范围内的障碍物和堆积物状况,供水、供电、通讯情况,防洪排水系统等等。

3) 编制施工方案

在掌握了工程内容与现场情况之后,根据甲方需求的施工进度及施工质量进行可行性分析的研究,制定出符合本工程要求及特点的施工方案与措施。绘制施工总平面布置图和土方开挖图,对土方施工的人员、施工机具、施工进度及流程进行周全、细致的安排。

4) 清理现场

在施工地范围内,凡是有碍于工程的开展或影响工程稳定的地面物和地下物均应予以清理,以便于后续的施工工作正常开展。

(1) 生物性废物

有碍挖方和填方的草皮、乔灌木及竹类应先行挖除,凡土方挖深不大于 50 cm,或填方高度较小的土方施工,其施工现场及排水沟中的树木,都必须连根拔除。伐除树木,可用锯斧等工具进行。在锯大树时,为了控制树的倒向,应在指定倒向的一面先砍一缺口,然后从另一侧开始锯伐。伐除树木还可以用推土机将树推倒,清除树墩时可用拖拉机的牵引力,或装在拖拉机上的起重绞车,通过钢丝绳将树墩拔出。

清除直径在 50 cm 以上的大树墩或在冻土上清除树墩时,还可采用推土机铲除或用爆破法清除。在此需要说明的是大树一般不允许砍伐,如遇到现场的古树名木时,则更需要保存,必要时可与建设单位或设计单位共同考虑修正设计。

(2) 非生物性废物

在拆除建筑物与构筑物时,应根据其结构特点,按照一定次序进行,一定要按照《建筑工程安全技术规范》的规定进行操作。

另外,如果施工场地内的地面、地下或水中发现有管线通过或其它异常物体时,应事先请有关部门协调查清,在未查清前,不可动工,以免发生危险或造成其它损失。

5) 做好排水设施

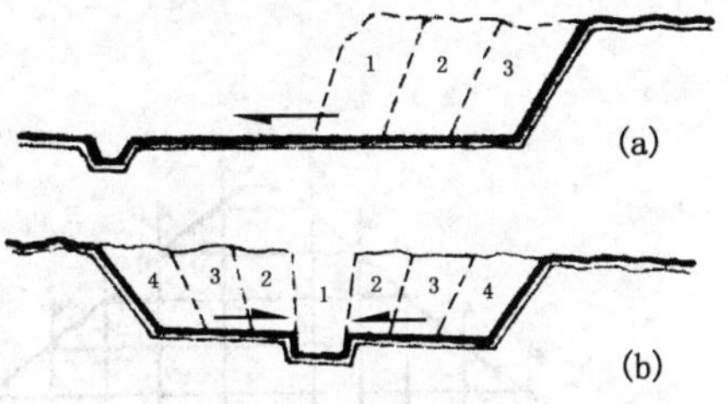

图 1-3-2　施工场地的排水方法

对场地积水应立即排除。特别是在雨季,在有可能流来地表水的方向都应设上堤或截水沟、排洪沟。在地下水位高的地段和河地湖底挖方时,必须先开挖先锋沟(图 1-3-2),设置抽水井,选择排水方向,并在施工前几天将地下水抽干,或保证在施工面 1.5 cm 以下。施工期间,更须及时抽水。为了保证排水通畅,排水沟的纵坡不应小于 2‰,沟的边坡值为 1:1.5,沟底宽及沟深不小于 50 cm。挖湖施工中的排水沟深度应深于水体挖深,沟可一次挖掘到底,也可以依施工情况分层下挖。

6) 定点放线

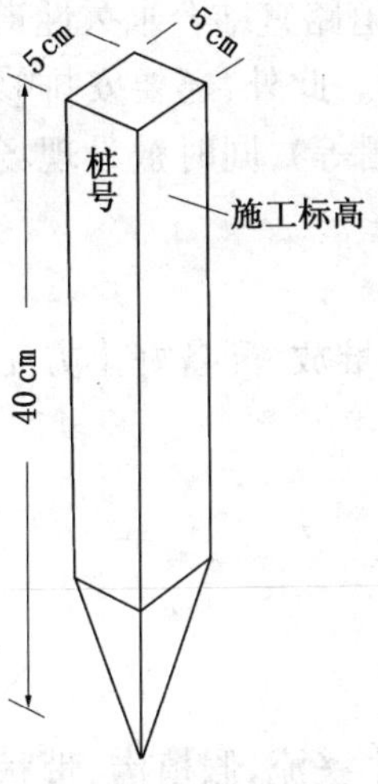

图 1-3-3　施工场地的排水方法

清场之后,为了确定填挖土标高及施工范围,应对施工现场进行放线打桩工作。土方施工类型不同,其打桩放线的方法亦不同。

(1) 平整场地的放线

平整场地的工作是将原来高低不平、比较破碎的地形按设计要求整理成为平坦的具有一定坡度的场地,如停车场、集散广场、体育场等。对土方平整工程,一般采用方格网法施工放线。将方格网放样到地上,在每个方格网交点处立桩木,桩木上应标有桩号和施工标高,木桩一般选用 5 cm×5 cm×40 cm 的木条,侧面须平滑,下端削尖,以便打入土中,桩上的桩号与施工图上方格网的编号相一致,施工标高中挖方注上"+"号,填方注"-"号(图 1-3-3)。在确定施工标高时,由于实际地形可能与图纸有出入,因此,如所改造地形要求较高,则需要放线时用水准仪重新测量各点标高,以重新确定施工标高。

(2) 挖湖堆山的放线

对挖湖堆山的放线,我们仍可以利用方格作为控制网(图 1-3-4)。堆山填土时由于土层不断加厚,桩可能被土埋没,所以常采用标杆法或分层打桩法。对于较高山体,采用分层打桩法(图 1-3-5)。分层打桩时,桩的长度应大于每层填土的高

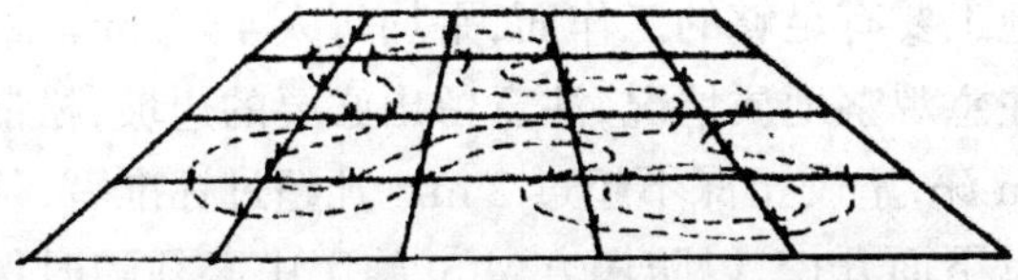
图 1-3-4　通过方格网放线

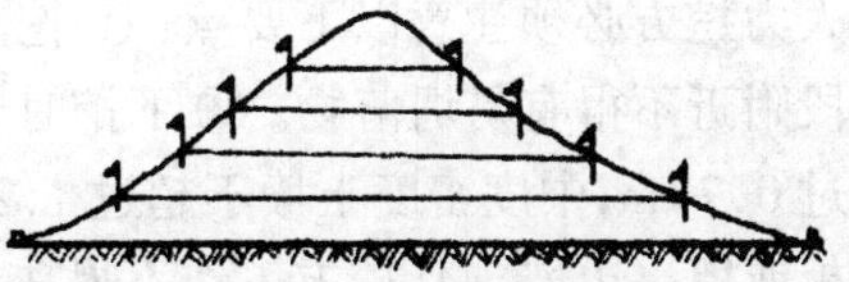
图 1-3-5　分层打桩法

度。土山不高于 5 m 的,可用标杆法,即用长竹竿做标杆,在桩上把每层标高定好(图 1－3－6)。挖湖工程的放线和山体放线基本相同,但由于水体挖深一般较一致,而且池底常年隐没在水下,放线可以粗放些,但水体底部应尽可能整平,不留土墩,这对养鱼和捕鱼有利。岸线和岸坡的定点放线应该准确,这不仅因为它是水上部分,有造景作用,而且和水体岸坡的稳定也有很大关系。为了精确施工,可以用边坡样板来控制边坡坡度(图 1－3－7)。

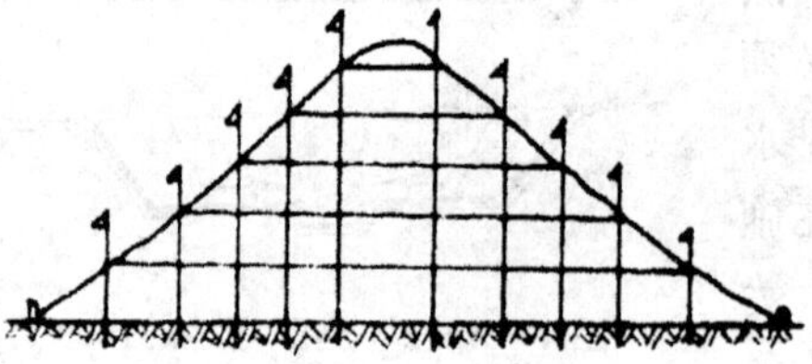

图 1－3－6　标杆法

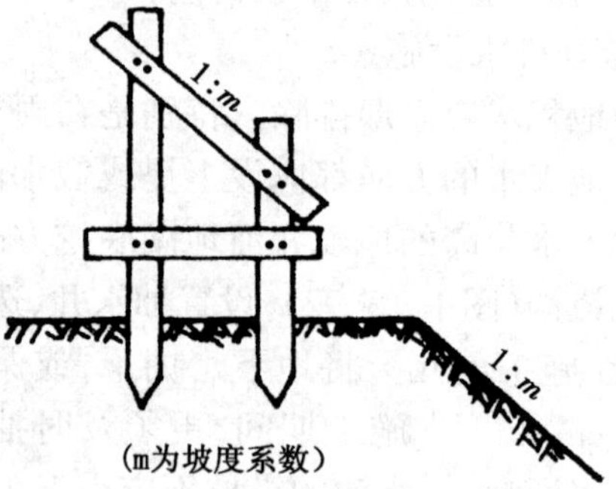

图 1－3－7　边坡样板

7) 修建临时设施及道路

修筑好临时道路,以供机械进场和土方运输之用,主要临时运输道路宜结合永久性道路的布置修筑。道路的坡度、转弯半径应符合安全要求,两侧作排水沟。此外,还要安排修建临时性生产和生活设施(如工具库、材料库、临时工棚、休息室、办公棚等),同时敷设现场供水、供电等管线并进行试水、试电等。

8) 准备机具、物资及人员

准备好挖土、运输车辆及施工用料和工程用料,并按施工平面图堆放,配备好土方工程施工所需的各专业技术人员、管理人员和技术工人等。

2. 土方施工

1) 挖方

(1) 人力挖方

人力挖方适用于一般园林建筑、构筑物的基坑(槽)和管沟以及小溪流、假植沟、带状种植沟和小范围整地的人工挖方工程。

施工机具主要为尖、平头铁锹、手锤、手推车、梯子、铁镐、撬棍、钢尺、坡度尺、小线或铅丝等。

施工流程为:确定开挖顺序和坡度——确定开挖边界与深度——分层开挖——修整边缘部位——清底。

人力挖方必须注意以下要点: ① 挖土施工要有足够的工作面,平均每人 4～6 m^2。② 开挖地段附近不得有易坍落物。③ 下挖时应注意观察地质情况,注意留出必要的边坡,松散土不超过 0.7 cm,中度密度土壤不超过 1.25 m 深,坚硬土深不超过 2 m。凡超过标准者,须加支撑板或留出边坡。④ 挖方工作不得在土壁下面开挖,以防塌方。⑤ 施工中必须随时保护基桩、龙门板或标杆,以防损坏。

(2) 机械挖方

机械挖方主要适用于较大规模的园林建筑、构筑物的基坑(槽)和管沟以及园林中的河流、湖泊、大范围的整地工程等的土方施工。

施工主要机械有挖土机、推土机、铲运机、自卸汽车等。

机械挖方操作流程为:确定开挖的顺序和坡度——分段分层平均下挖——修边和清底。

机械施工要点: ① 由于施工作业范围大,桩点和施工放线要明显,以引起施工人员和推土机手的注意; ② 在开挖有地下水的土方工程时,应采取措施降低地下水位,一般要降至开挖面以下 0.5 m,然后才能开挖; ③ 夜间施工应有足够照明,危险地段应设明显标志,防止错挖或超挖; ④ 施工机械进入现场所经过的道路、桥梁和卸车设施等,应事先经过检查,必要时进行加固或加宽等准备工作; ⑤ 在机械施工无法作业的部位和修整边坡坡度、清理槽底等,均应配备人工进行; ⑥ 开挖基坑(槽)和管沟,不得挖至设计标高以下,如不能准确地挖至设计基底标高时,可在设计标高以上暂留一层土不挖,以便在找平后由人工挖出。

(3) 挖方工程质量控制

首先,挖方工程应达到如下质量标准:

① 保证项目:柱基、基坑、基槽和管沟基底的土质必须符合设计要求,并严禁扰动。

② 允许偏差项目,见表 1－3－2。

表 1－3－2　土方工程的挖方和场地平整允许偏差值

项　次	项　　目	允许偏差/mm	检　验　方　法
1	标高	+0　－50	用水准仪检查
2	长度、宽度	－0	用经纬仪、拉线和尺量检查
3	边坡偏差	不允许	观察或用坡度尺检查

其次,挖方工程应注意以下质量问题:

① 基底超挖:开挖基坑(槽)或管沟均不得超过基底标高。如个别地方超挖时,其处理方法应取得设计单位的同意,不得私自处理。

② 软土地区桩基挖土应防止桩基位移:在密集群桩上开挖基坑时,应在打桩完成后,间隔一段时间,再对称挖土;在密集桩附近开挖基坑(槽)时,应事先确定防桩基位移的措施。

③ 基底未保护:基坑(槽)开挖后应尽量减少对基土的扰动。如基础不能及时施工时,可在基底标高以上留出 0.3 m 厚土层,待做基础时再挖掉。

④ 施工顺序不合理:土方开挖宜先从低处进行,分层、分段依次开挖,形成一定坡度,以利排水。

⑤ 施工机械下沉:施工时必须了解土质和地下水位情况。推土机、铲运机一般需要在地下水位 0.5 m 以上推铲土;挖土机一般需要在地下水位 0.8 m 以上挖土,以防机械自重下沉。正铲挖土机挖方的台阶高度,不得超过最大挖掘高度的 1.2 倍。

⑥ 开挖尺寸不足,边坡过陡:基坑(槽)或管沟底部的开挖宽度,除结构宽度外,应根据施工需要增加工作面宽度。如排水设施、支撑结构所需的宽度,在开挖前均应考虑。

⑦ 基坑(槽)或管沟边坡不直不平,基底不平:应加强检查,随挖随修,并要认真验收。

2）运土

在土方调配中，一般都按照就近挖方和就近填方的原则，力求土方就地平衡以减少土方的搬运量。运土关键是运输路线的组织。一般采用回环式道路，避免相互交叉。运土方式也分人工运土和机械运土两种。人工运土一般是短途的小搬运。搬运方式有用人力车拉、用手推车推或由人力肩挑背扛等。这种运输方式在有些园林局部或小型施工中经常使用。

长距离运土或工程量很大时的运土通常需要机械运土，运输工具主要是装载机和汽车。根据工程施工特点和工程量大小等不同情况，还可以采用半机械化与人工相结合的方式运土。

3）填方

填方时必须根据填方地面的功能和用途，选择合适土质的土壤和施工方法。如作为建筑用地的填方区则以要求将来的地基稳定为原则，而绿化地段的填方区土壤应满足植物的种植要求。

(1) 填方的施工流程：基底地坪的清整——检验土质——分层铺土、耙平——分层夯实——检验密实度——修整找平验收。

(2) 填埋顺序：先填石方，后填土方；先填底土，后填表土；先填近处，后填远处。

(3) 填埋方式

① 大面积填方应分层填土，一般每层 30～50 cm，一次不要填太厚，最好填一层就筑实一层。为保持排水，应保证斜面有 3% 的坡度。

② 在自然斜坡上填土时，为防止新填土方沿着坡面滑落，可先把斜坡挖成阶梯状，然后再填入土方，这样就增强了新填土方与斜坡的咬合性，以保证新填土方的稳定性(图 1－3－8)。

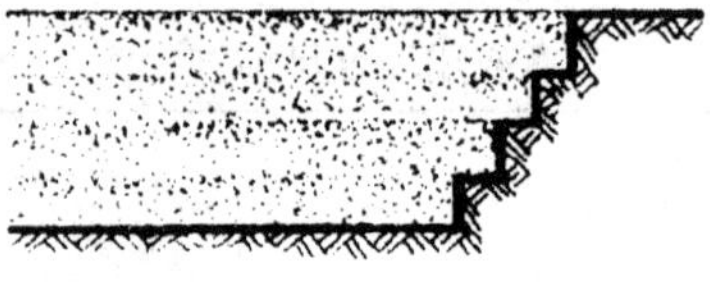

图 1－3－8　斜坡填土法

③ 在填自然式山体时，应以设计的山头为中心，采用螺旋式分路上土法，运土顺循环道路上填，每经过全路一遍，便顺次将土卸在路两侧，空载的车(人)沿线路继续前行下山，车(人)不走回头路，不交叉穿行。这不仅合理组织了人工，而且使土方分层上升，土体较稳定，表面较自然(图 1－3－9)。

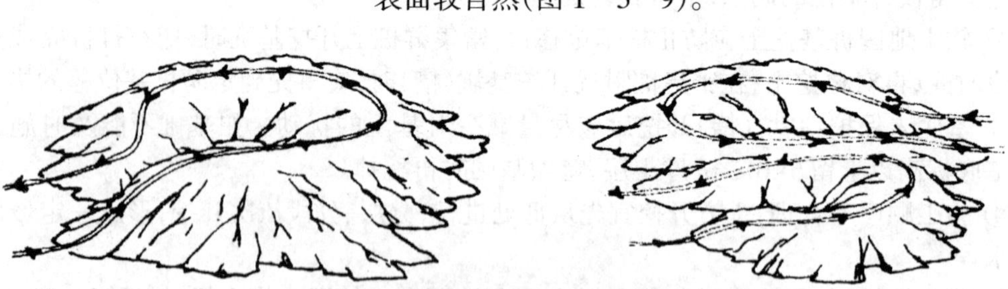

图 1－3－9　土山的堆卸土路线

④ 在堆土做陡坡时，要用松散的土堆出陡坡是不容易的，需要采取特殊处理。可以用袋装土垒砌的办法，直接垒出陡坡，其坡度可以做到 200% 以上。土袋不必装得太满，装土约 70%～80% 即可，这样垒成陡坡更为稳定。袋子可选用麻袋、塑料编织袋或玻璃纤维布袋。袋装土陡坡的后面，要及时填土夯实，使两者结成整体以增强稳定性。陡坡垒成后，还

需要湿土对坡面培土，掩盖土袋使整个土山浑为一体(图 1－3－10)。坡面上还可栽种须根密集的灌木或培植山草，利用树根和草根将坡土紧固起来。

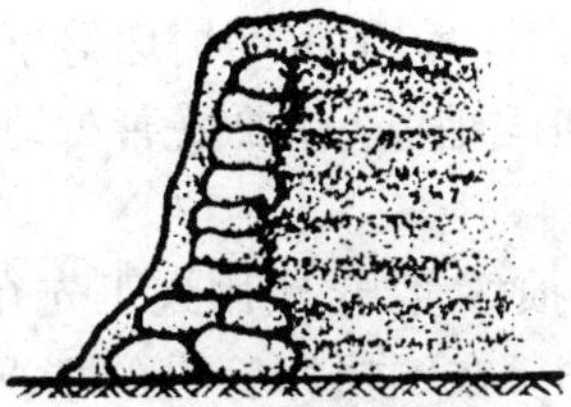
土袋堆陡坡

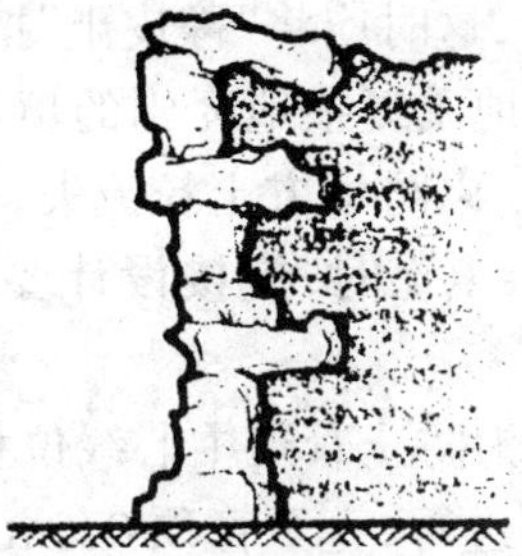
山石做崖壁

图 1－3－10　陡坡悬崖的堆土结构

⑤ 土山的悬崖部分用泥土堆不起来，一般要用假山石或块石浆砌做成挡土石壁，然后在背面填土，石壁后要有一些长条形石条从石壁入山体中，形成狗牙槎状，以加强山体与石壁的连接，增强石壁的稳定性。砌筑时，石壁砌筑 1.2～1.5 m，应停工几天，待水泥凝固硬化，并在石壁背面填土夯实之后，才能继续向上砌筑崖壁(图 1－3－10)。

(4) 填方工程质量控制

填方工程应达到如下质量标准：

① 保证项目

a. 基底处理，必须符合设计要求或施工规范的规定。

b. 回填的土料，必须符合设计或施工规范的规定。

c. 回填土必须按规定分层夯实。取样测定夯实后土的干土质量密度，其合格率不应小于 90%，不合格的干土质量密度的最低值与设计值的差，不应大于 0.08 g/cm^3，且不应集中。环刀取样的方法及数量应符合规定。

② 允许偏差项目见表 1－3－3。

表 1－3－3　回填土工程允许偏差

项　次	项　　目	允许偏差/mm	检　验　方　法
1	顶面标高	+0　－50	用水准仪或拉线尺检查
2	表面平整度	20	用 2 m 靠尺和楔形尺量检查

填方工程应注意以下质量问题：

① 未按要求测定的干土质量密度：回填土每层都应测定夯实后的干土质量密度，符合设计要求后才能铺摊上层土。试验报告要注明土料种类、试验日期、试验结论及试验人员签字。未达到设计要求部分，应有处理方法和复验结果。

② 回填土下沉：因虚铺土超过规定厚度或冬季施工时有较大的冻土块或夯实不够遍数，甚至漏夯，回填基底有机杂物或落土清理不干净，以及冬期做散水，施工用水渗入垫层中，受冻膨胀等造成。这些问题均应在施工中认真执行规范的有关各项规定，并要严格检查，发现问题及时纠正。

③ 管道下部夯填不实：管道下部应按标准要求填夯回填土，如果漏夯会造成管道下方

空虚，造成管道折断而渗漏。

④ 回填土夯实不密：在夯压时应对干土适当洒水以加以润湿；如回填土太湿同样夯不密实呈“橡皮土”现象，这时应将“橡皮土”挖出，重新换好土再予夯实。

⑤ 在地形、工程地质复杂地区内的填方，且对填方密实度要求较高时，应采取措施（如排水暗沟、护披桩等），以防填方土粒流失，造成不均匀下沉和坍塌等事故。

⑥ 填方基土为杂填土时，应按设计要求加固地基，并要妥善处理基底下的软硬点、空洞、旧基以及暗塘等。

⑦ 回填管沟时，为防止管道中心线位移或损坏管道，应用人工先在管子周围填土夯实，并应从管道两边同时进行，直至管顶 0.5 m 以上，在不损坏管道的情况下，方可采用机械回填和压实。

在林带接口处，防腐绝缘层或电缆周围，应使用细粒土料回填。

⑧ 填方应按设计要求预留沉降量，如设计无要求时，可根据工程性质、填方高度、填料种类、密实要求和地基情况等，与建设单位共同确定（沉降量一般不超过填方高度的 3%）。

4）压实

土方压实分为人力和机械两种。人力夯实可采用木夯、石硪、铁硪、滚筒、石碾等工具。一般 2 人或 4 人为一组。这种方式适用于面积较小的填方区。机械夯实所用机械为碾压机、电动震夯机、拖拉机带动的铁碾等。此方式适合于面积较大的填方区。

土方夯实应注意以下几点：

(1) 为保证土壤相对稳定，压实要求均匀。

(2) 填方时必须分层堆填，分层碾压夯实，否则会造成土方上紧下松。

(3) 注意土壤含水量，过多过少都不利于夯实。

(4) 自边缘向中心打夯，否则边缘土方外挤易引起坍落。

(5) 打夯应先轻后重。先轻打一遍，使土中细粉受震落下，填满下层土粒间的空隙；然后再加重打压，夯实土壤。

5）土方工程的雨季施工

大面积土方工程施工，应尽量在雨季前完成。如要在雨季时施工，则必须要掌握当地的气象变化，从施工方法上采取积极措施。

(1) 在雨季施工前要做好必要的准备工作。

雨季施工中特别重要的问题是：要保证挖方、填方及弃土区排水系统的完整和通畅，并在雨季前修成，对运输道路要加固路基，提高路拱，路基两侧要修好排水沟，以利泄水；路面要加铺炉渣或其它防滑材料。并要有足够的抽水设备。

(2) 在施工组织与施工方法上，可采取集中力量，分段突击的施工方法，做到随挖随填，保证填土质量。也可采取晴天做低处，雨天做高处，在挖土到距离设计标高 20～30 cm 时，预留垫层或基础施工前临时再挖。

6）土方冬季施工

冬季土壤冻结后，要进行土方施工是很困难的，因此要尽量避免冬季施工。但为了争取施工时间，加快建设速度，仍有必要采用冬季施工。

冬季开挖土方通常采用下面措施：

(1) 防止土壤冻结的方法是在土壤表面覆盖防寒保温层，使其与外界低温隔离，免遭冻结。具体方法有：

① 机械开挖：冻土层在 25 cm 以内的土壤可用 0.5～1.0 m^3 单斗挖土机直接施工，或用大型推土机和铲运机等综合施工。

② 松碎法：可分人工与机械两种。人工松碎法适合于冻层较薄的砂质土壤、砂粘土及植物性土壤等，在较松的土壤中采用撬棍，比较坚实的土壤用钢锥。在施工时，松土应与挖运密切配合，当天松破的冻土应当天挖运完毕，以免再度遭受冻结。

③ 爆破法：适用于松解冻结厚度在 0.5 m 以上的冻土。此法施工简便，工作效率高。

④ 解冻法：方法很多，常用的方法有热水法、蒸汽法和电热法等。

(2) 冬季土方施工的运输与填筑

冬季的土方运输应尽可能缩短装运与卸车时间，运输道路上的冰雪应加以清除，并按需要在道路上加垫防滑材料，车轮可装设防滑链，在土壤运输时须加覆盖保温材料以免冻结。

为了保证冬季回填土不受冻结或少受冻结，可在挖土时将未冻土堆在一处，就地覆盖保温，或在冬季前预存部分土壤，加以保温，以备回填之用。

冬季回填土壤，除应遵守一般土壤填筑规定外，还应特别注意土壤中的冻土含量问题，除房屋内部及管沟顶部以上 0.5 m 以内不得用冻土回填外，其它工程允许冻土的含量，应视工程情况而定，一般不得超过 15%～30%。

在回填土时，填土上的冰雪应加以清除，对大于 15 cm 厚的冻土应予以击碎，再分层回填，辗压密实，并预留下沉高度。

2 假山工程

2.1 概述

2.1.1 假山的概念

假山是中国古典园林中不可缺少的构成要素之一,也是中国古典园林最具民族特色的一部分,作为园林建设的专项工程之一,已经成为中国园林的象征。所谓“假山”,彭一刚先生在《中国古典园林分析》中做了言简意赅的阐述:“园林中的山石是对自然山石的艺术摹写,为此,又常称之为‘假山’,它不仅师法于自然,而且还凝聚着造园家的艺术创造。因而,与一般自然山石不同,园林中的山石除兼备自然山石的形神外,还可以具有传情的作用。”

人们通常称呼的假山实际上包括假山和置石两个部分。

假山,是以造景游览为主要目的,充分结合其它多方面的功能作用,以土、石等为材料,以自然山水为蓝本并加以艺术的提炼和夸张,用人工再造的山水景物的通称。根据假山使用土石情况,可分为4种:

(1) 土山:是以泥土作为基本堆山材料,在陡坎、陡坡处可有块石作护坡、挡土墙或作磴道,但不用自然山石在山上造景。这种类型的假山占地面积往往很大,是构成园林基本地形和基本景观背景的重要因素。

(2) 带石土山:又称“土包石”,是土多石少的山。其主要堆山材料是泥土,只是在土山的山坡、山脚点缀有岩石,在陡坎或山顶部分用自然山石堆砌成悬崖绝壁景观,一般还有山石做成的梯级蹬道。带石土同样可以做得比较高,但其用地面积却比较少,多用在较大的庭园中。

(3) 带土石山:又称“石包土”,是石多土少的山。山体从外观看主要是由自然山石造成的,山石多用在山体的表面,由石山墙体围成假山的基本形状,墙后则用泥土填实。这种土石结合而露石不露土的假山,占地面积较小,但山的特征最为突出,适于营造奇峰、悬崖、深峡、崇山峻岭等多种山地景观,在江南园林中数量最多。

(4) 石山:其堆山材料主要是自然山石,只在石间空隙处填土配植植物。这种假山一般规模都比较小,主要用在庭院、水池等空间比较闭合的环境中,或者作为瀑布、滴泉的山体应用。

一般说来,假山中如果无石,则很难堆出雄伟奇险、秀丽挺拔之势,但是石多土少或全部用石的假山,不但造价高,花费人力多,而且容易有不自然的毛病。

置石是以山石为材料作独立性或附属性的造景布置,主要表现山石的个体美或局部的组合而不具备完整的山形。置石可分为特置、散置和群置等。

一般说来，假山体量较大而集中，可观可游，使人有置身于山林之感。置石则主要以观赏为主，结合一些功能方面的作用，体量较小而分散。

除用自然山石营造假山外，我国岭南的园林中还有灰塑假山的工艺，后来又逐渐发展成为用水泥塑的置石和假山，成为假山的一种专门工艺。

2.1.2 假山的沿革

真正造园意义上的堆山应是从秦汉开始的。秦始皇统一全国后在咸阳“作长池，引渭水，筑土为蓬莱山”(《三秦记》)，汉武帝在长安城西建章宫区域内开凿太液池，池中堆土为蓬莱、方丈、瀛洲诸山，以像东海神山。据《三辅黄图》载，梁孝王刘武于河南商丘建“兔园”，“园中有百灵山，有肤寸石，落猿岩，栖龙岫”。而家住茂陵陵邑的富户袁广汉在北邙山下筑园，“东西四里，南北五里，激水流注其中。构石为山，高十余丈，连延数里。”东汉大将军梁冀在洛阳筑园，园中采土筑山，十里九坂，以像二崤。(注：东西二崤山在洛阳之西，其间有数里石坂，多峻阜深涧。《后汉书·梁冀传》)。由此可见，秦汉时期的自然山水园林中已经开始有意识地以自然山水为蓝本并对其进行了初步的摹仿。

六朝时期，人工堆山更为兴盛，此时堆山不再是对自然山水的简单摹仿，而以追求“仿佛丘中”、“有若自然”为目的的写意堆山法渐占主导地位。如徐勉为培塿之山“以娱休沐”、“以托灵性”，齐宗室肖映宅园土山取名为“栖静”。北魏张伦造景阳山“其中重岩复岭、嵚崟相属；深溪洞壑，逦迤连接。高林巨树，足使日月蔽亏，悬葛垂罗，能令风烟出入；崎岖石路，似壅而通，峥嵘涧道，盘纡复直，是以山情野兴之士，游以忘归”(《洛阳伽兰记》)。洛阳城内的帝王园苑华林园中，亦有景阳山之作，“体量较大，已非模拟自然山川体势的远景造型，而具近景造型之悬崖绝涧的形象和意境”(张家骥《中国造园史》)。

唐代是风景园林全面发展时期，唐代园林虽然亦挖池堆山，但园林更趋向小型化发展，园林欣赏也出现了近观、细玩的喜好。园林中以小见大的手法在唐代园林中逐步建立，因此，在假山方面，唐代人不但堆山，还更喜石，欣赏怪石成了某些人的癖好。例如牛僧孺、李德裕、白居易都爱收罗各地奇石于园中，大石立于水侧，小石置于案头。牛僧孺还分石为九等，分刻于石阳，并铭之曰“牛氏石”。李德裕石则刻“有道”二字，白居易曾作《太湖石记》。

宋代园林最为著名的艮岳，宋徽宗兴艮岳寿山大役，积时六年，建成历史上罕见的大假山，使用大量石材，构成土石混合的山体，据宋人张淏《艮岳记》所述，其峰峦叠起，千叠万复，几乎达数十里之方圆，这种大量用石堆山的作风对后世追求奇险的造山风气产生了一定影响。大量用石叠山也造就了一批专业匠人，当时的吴兴出现了一种称为“山匠”的假山工。对于奇石的追求，宋人不亚于唐人。如苏轼嗜石，家中以雪浪、仇池二石最为著名。宋米芾竟对石具袍笏而拜，并呼之为“石丈”。他对奇石所订“瘦、皱、漏、透”四字品评标准久为后人所沿用。

明清时代是我国古代园林的最后兴盛时期，其叠石造山理论与技法已全面成熟，并且还出现了一批堆山专家，著名的有计成、张南垣、戈裕良、李渔等，其中明计成所作的《园冶》，是中国古代造园史上惟一一部造园专著，其中《掇山》、《选石》等章专论叠石造山。戈裕良堆叠苏州环秀山庄假山，山势雄浑，谷壑奇险，极具自然神韵，为现存中国假山中艺术水准首屈一指之作。

2.1.3 假山的功能作用

1. 骨架功能

利用假山形成全园的骨架。现存的许多中国古代园林莫不如此。整个园子的地形骨架、起伏、曲折皆以假山为基础来变化。如:明代南京徐达王府之西园(今南京之瞻园)、明代所建今上海之豫园、清代扬州之个园和苏州的环秀山庄等,总体布局都是以山为主,以水为辅,而建筑并不一定占主要的地位。

2. 空间功能

利用假山,可以对园林空间进行分隔和划分,将空间分成大小不同、形状各异、富于变化的形态。通过假山的穿插、分隔、夹拥、围合、聚汇,在假山区可以创造出路的流动空间、山坳的闭合空间、峡谷的纵深空间、山洞的拱穹空间等等各具特色的空间形式。假山还能够将游人的视线或视点引到高处或低处,创造仰视空间景象或俯视空间景象。从这些情况看来,假山的空间组织作用是明显的。

用假山组织空间还可以结合障景、对景、背景、框景、夹景等手法灵活运用。例如清代所建北京的圆明园、颐和园的某些局部,苏州的网师园、拙政园的某些局部,承德的避暑山庄等。

3. 造景功能

假山景观是自然山地景观在园林中的再现。自然界奇峰异石、悬崖峭壁、层峦叠嶂、深峡幽谷、泉石洞穴、海岛石礁等等景观形象,都可以通过假山石景在园林中再现出来。在庭院中、园路边、广场上、墙角处、水池边,甚至在屋顶花园等等多种环境中,假山和石景还能作为观赏小品,用来点缀风景,增添情趣。

作为附属性的景物成分,山石还被广泛用于陪衬、烘托其它重要景物。例如,在草坪上的孤植风景树下半埋两三块山石,在园林湖池、溪涧边做山石驳岸,用自然山石做花台的边缘石,或作为其它特置景物的基座石,在亭廊前放置山石与建筑相伴等等,都可以很好地陪衬主景。

4. 工程功能

用山石作驳岸、挡土墙、护坡和花台等。在坡度较陡的土山坡地常散置山石以护坡,这些山石可以阻挡和分散地面径流,降低地面径流的流速,从而减少水土流失。例如,北海琼华岛南山部分的群置山石、颐和园龙王庙土山上散点山石等都有减少冲刷的效用。在坡度更陡的山上往往开辟成自然式的台地,在山的内侧所形成的垂直土面多采用山石做挡土墙。自然山石挡土墙的功能和整形式挡土墙的基本功能相同,而在外观上曲折、起伏、凹凸多致。例如颐和园的“圆明斋”、“写秋轩”,北海的“酶古堂”、“亩鉴室”,周围都是自然山石挡土墙的佳品。

5. 使用功能

可以用假山作为室内外自然式的家具或器设。如石屏风、石榻、石桌、石几、石凳、石栏等,既不怕日晒夜露,又可结合造景。例如现置无锡惠山山麓唐代之"听松石床",床、枕兼得于一石,石床另一端又有李阳冰所题的篆字"听松",是实用结合造景的好例子。此外,山石还用做室内外楼梯(称为云梯)、园桥、汀石和镶嵌门、窗、墙等。

这里要着重指出的是,假山和置石的这些功能都是和造景密切结合的。它们可以因高就低,随势赋形。山石与园林中其它组成要素诸如建筑、园路、广场、植物等组成各式各样的园景,使人工建筑或构筑物自然化,减少建筑物某些平板、生硬的线条,增加自然、生动的气氛,使人工美通过假山或山石的过渡和自然山水园的环境取得协调的关系。因此,假山成为表现中国自然山水园最普遍、最灵活和最具体的一种造景手段。

2.1.4 假山常用石材

在古代,对假山石多以产地相称,如产于广东英德县的英石、产于太湖的太湖石等都是如此。还有一些山石则是按地方的习惯名称来称呼的,如苏州的黄石、北京的青石和西南地区的钟乳石、水秀石等。只有少数山石是按岩石学的名称来命名的,如四川目前所用的云母片石,就是黑云母板岩的岩石。

下面,我们就来了解目前常用的古代假山中最重要的假山石种类。

1. 湖石类

即太湖石,因原产太湖一带而得名,它是江南园林中运用最为普遍的一种,它是经过溶融的石灰岩,在我国分布很广,只是在色泽、纹理和形态方面有些差别。

1) 太湖石

真正的太湖石原产于苏州所属太湖中的洞庭西山,山石质坚而脆。由于风浪或溶融作用,其纹理纵横,脉络显隐。石面上遍多坳坎,称"弹子窗",叩之有微声。还很自然地形成沟、缝、穴、洞,有时窗洞相套,玲珑剔透。

2) 房山石

产于北京房山大灰厂一带山上,并因之为名。也是石灰岩,但为红色山土所渍满。新开采的房山岩呈土红色、桔红色或更淡一些的土黄色,日久以后表面带些灰黑色,质地不如南方的太湖石那样脆,但有一定的韧性,这种山石也具有太湖石的涡、沟、环、洞的变化,因此也有人称之为北方湖石。它的特征除了颜色和太湖石有明显区别之外,容量比太湖石大,叩之无共鸣声,多密集的小孔穴而少有大洞。外观比较沉实、浑厚、雄壮,这与太湖石外观轻巧、清秀、玲珑有明显的差别。和这种山石比较接近的还有镇江所产的岘山石,形态颇多变化而色泽淡黄、清润,叩之有微声,也有灰褐色的,石多穿眼相通,有外运至外省掇山的。

3) 英石

是岭南园林中所用的山石,也常见于几案石品,原产广东省英德县一带,英石质坚而特别脆,用手指弹叩有较响的共鸣声。淡青灰色,有的间有自然脉络,这种山石多为中、小形体,很少见有大块的。现存广州市西关逢源大街八号名为"风云际会"的假山,完全用英石掇成,别具一番风味。英石又分白英、灰英和黑英三种,一般所见以灰英属多,白英、黑英均甚罕见，所以多用特置或散点。

4）灵璧石

原产安徽省灵璧县，石产土中，被赤泥渍满，须刮洗方显本色，其石中灰色而甚为清润，质地亦脆，用手指弹亦有共鸣声，石面有坳坎的变化，石形亦千变万化，但其眼少，有婉转回折之势，须藉人工以全其美，这种山石可掇山石小品，更多的情况下作为盆景石玩。

5）宣石

产于宁国县，其色犹如积雪覆于灰色石面上，也由于为赤土积渍，因此又带些赤黄色，非刷净不见其质，所以愈旧愈白。由于它有积雪一般的外貌，扬州个园用它作为冬山的材料，效果很好。

2. 黄石

黄石是一种带橙黄颜色的细砂岩，产地很多，以常熟虞山的自然景观为著名。苏州、常州、镇江等地皆有所产。其石形体顽夯，见棱见角，节理面近乎垂直、雄浑沉实，与湖石相比它又别是一番景象，平正大方，立体感强，块钝而棱锐，具有强烈的光影效果。明代所建上海豫园的大假山、苏州耦园的假山和扬州个园的秋山均为黄石掇成的佳品。

3. 青石

即一种青灰色的细砂岩，北京西郊洪山口一带均有所产。青石的节理面不像黄石那样规整，不一定是相互垂直的纹理，也有交叉互织的斜纹，就形体而言，多呈片状，故又有“青云片”之称。北京圆明园“武陵春色”的桃花洞，北海的濠濮涧和颐和园后湖某些局部都用这种青石为山。

4. 石笋

即外形修长如竹笋的一类山石的总称。这类山石产地颇广，石皆卧于山土中，采出后直立地上，园林中常作独立小景布置，如个园的春山等。常见石笋有以下几种：

1）白果笋

在青灰色的细砂中沉积了一些卵石，如银杏树所产的白果嵌在石中，因此得名。有些地方把大而圆的头向上的称为“虎头笋”，而上面尖而小的称为“凤头笋”。

2）乌炭笋

顾名思义，这是一种乌黑色的石笋，比煤炭的颜色稍浅而无甚光泽，常用浅色景物作背景，使石笋的轮廓更清新。

3）慧剑

这是北京的称法，指的是一种净面青灰色的石笋，北京颐和园前山东腰有高达数丈的大石笋，就是这种石笋作特置的小品。

5. 其它石品

诸如木化石、松皮石、石珊瑚、石蛋等。木化石古老质朴，常作特置或对置。松皮石是一种暗土红的石质中杂有石灰岩的交织细片，石灰石部分经长期溶融或人工处理以后脱落成空块洞，外观像松树皮突出斑驳一般。石蛋即产于海边、江边或旧河床的大卵石，有砂岩及各种质地的。

各类假山材料见图 2－1－1。

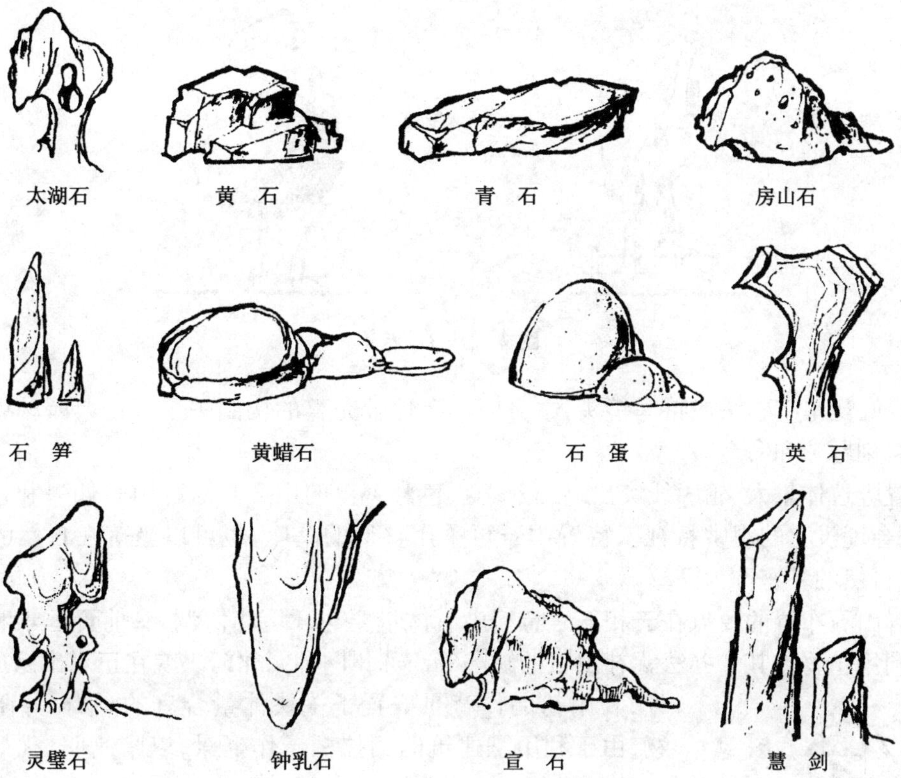

图 2－1－1　各类假山材料

2.2　假山的布置形式

2.2.1　置石

用山石零星布置,不加堆叠称为置石。置石时山石半埋半露,土中生石,石中有根,别有风趣。置石以点缀局部景点,如土山、水畔、庭院、墙角、路边及树下,作为观赏引导和联系定向。根据造景作用和观赏效果方面的差异,置石可有特置、孤置、对置、群置、散置和作为器设小品等几种布置方式。

1. 特置

由于某单块山石的姿态突出,或玲珑或奇特,立之可观时,就特意摆在一定的地点作为一个小景或局部的一个构图中心来处理,这种理石方法就叫做“特置”(图 2－2－1)。特置石多为湖石,对于湖石的特置要求“透、漏、瘦、皱”四字,后人又加一“丑”字。特置可在正对大门的广场上,门内前庭中或别院中。例如,瞻园入口处的“仙人峰”既为框景,又是小空间构图中心，与大空间产生对比。较为著名的特置有江南三大名石：上海豫园内的“玉玲珑”，杭州花圃内的“绉云峰”，苏州第十中学内的“瑞云峰”。

图 2-2-1 特置

特置好比单字书法或特写镜头，本身应具有比较完整的构图关系。古典园林中的特置山石常镌刻题咏和命名。

特置应选体量大、轮廓线突出、姿态多变、色彩突出的山石。这种山石如果和一般山石混用，便会埋没它的观赏特征。特置山石可采用整形的基座，也可以坐落在自然的山石上面，这种自然的基座称为“磐”。

特置山石布置的要点在于相石之意。山石体量要与环境相协调，有前置框景和背景的衬托及利用植物或其它办法弥补山石的缺陷等。苏州网师园北门小院在正对出园通道转折处，利用粉墙作背景安置了一块体量合宜的湖石，并陪衬以植物，由于利用了建筑的倒挂楣子作框景，以暗遮明，犹如一幅生动的画面。

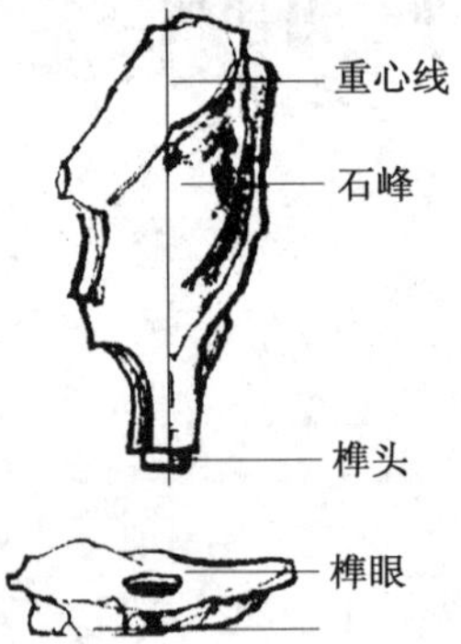

图 2-2-2 石榫示意

特置山石在工程结构方面要求稳定和耐久，关键是掌握山石的重心线，使山石本身保持重心的平衡。我国传统的做法是用石榫头稳定，榫头一般不用很长，大致十几厘米到二十几厘米，根据石之体量而定。但榫头要争取比较大的直径，周围石边留有 3 cm 左右即可。石榫头必须正好在重心线上，基磐上的榫眼比石榫的直径略大一点，但应该比石榫头的长度要深一点，这样可以避免因石榫头顶住榫眼底部而石榫头周边不能和基磐接触，吊装山石之前，只须在石榫眼中浇灌少量粘合材料，待石榫头插入时，粘合材料便自然地充满了空隙的地方(图 2-2-2)。

2. 孤置

孤立独处地布置单个山石，并且山石是直接放置在或半埋在地面上，这种石景布置方式是孤置。孤置石景与特置石景主要的不同是没有基座承托石景，石形的罕见程度及山石的观赏价值都没有后者高(图 2-2-3(a))。

孤置的石景一般能够起到点缀环境的作用，常常被当做园林局部地方的一般陪衬景物使用，也可布置在其它景物之旁。作为附属的景物，孤置石的布置环境，可以在路边、草坪上、水边、亭旁、树下，也可以布置在建筑或园墙的漏窗或取景窗后，与窗口一起构成漏景或框景。

在山石材料的选择方面，孤置石的要求并不高，只要石形是自然的，石面是由风化所形成，而不是人工劈裂或雕琢形成的，都可以使用。当然，石形越奇特，观赏价值越高，孤置石的布置效果也会越好。

3. 对置

两个山石布置在相对的位置上，呈对称或者对立、对应状态，这种置石方式即是对置（图 2－2－3(b)）。两块山石的体量大小、姿态方向和布置位置，可以对称，也可以不对称。前者就叫对称对置，而后者则叫不对称对置。

(a) 孤置　　(b) 对置

图 2－2－3　孤置与对置

对置的石景可起到装饰环境的配景作用。其布置一般是在庭院门前两侧、园林主景两侧、路口两侧、园路转折点两侧、河口两岸等环境条件下。

选用对置石的材料要求稍高，石形应有一定的奇特性和观赏价值，即是能够作为单峰石使用的山石。两块山石的形状不必对称，大小高矮可以一致也可以不一致。在取材困难的地方，也可以小石拼成单峰石形状，但须用两三块稍大的山石封顶，并掌握平衡，使之稳固而无倾倒的隐患。

对置在北京古典园林中运用较多。例如锣鼓巷可园主体建筑前面对称安置的房山石；颐和园仁寿殿前的山石布置等。

4. 散置

是将山石零星散置，所谓“攒三聚五”，散漫布置有立有卧，或大或小。散点之石要不感到零乱散漫或整齐划一，而要有自然的情趣，若断若续，相互联贯，彼此呼应，仿若山岩余脉和山间巨石散落或风化后残存的岩石。散置的运用最为广大，在掇山的山脚、山坡、山头，在池畔水际，在溪涧河流，在林下，在花境中，在路旁，都可以散点而得到意趣。例如山脚部分常以岩石横卧半含土中，然后又有或大或小、或竖或横的块石散点直到平坦的山麓，仿佛山岩余脉或滚下留住的散石。一般山坡要力求自然，为种植、保持水土创造条件，山顶的创造要好似强烈风化过程中留下的较坚固的岩石。总之，散点无定式，随势随形而定点（图 2－2－4）。

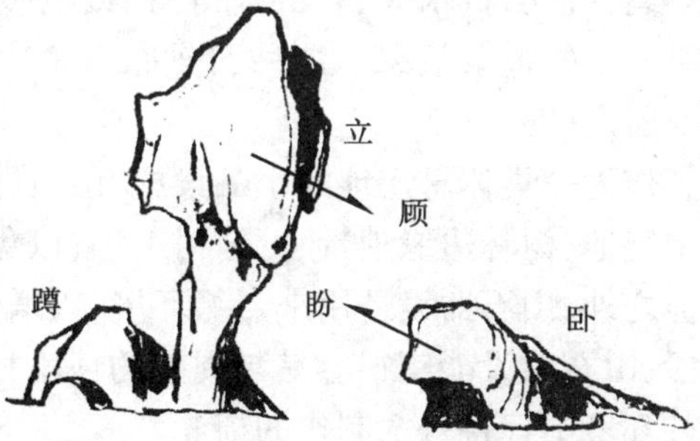

图 2－2－4　散置

5. 群置

山石成群布置，作为一个群体来表现，我们称之为“群置”（聚点）。群置的手法看气势，关键在于一个“活”字。要求石块大小不等，体形各异布置时疏密有致，前后错落，左右呼应，高低不一，形成生动的自然石景(图2－2－5)。

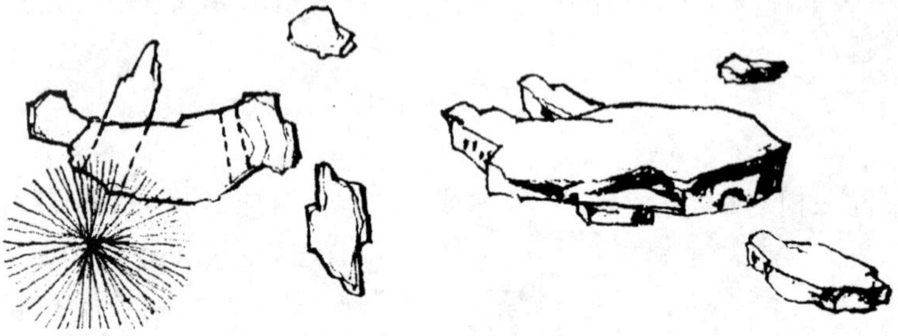

图2－2－5　群置

群置的运用很广，如在建筑物或园林的角隅部分常用群置块石的手法来配饰，这在传统上叫做“抱角”或“镶隅”。另外“蹲配”是山石在台阶踏跺(涩浪)边的处理，以体量大而高者为“蹲”，体量小而低者为“配”(图2－2－6)。明代画家龚贤所著《画诀》说：“石必一丛数块，大石间小石，然后联络。面宜一向，即不一向亦宜大小顾盼。石小宜平，或在水中，或从土出，要有着落。”又说：“石有面、有足、有腹。亦如人之俯、仰、坐、卧，岂独树则然乎。”所以在群置时要考虑到这些，虽然寥寥数块山石却要主次分明，高低错落，能有“寸石生情”。

图2－2－6　踏跺、蹲配与抱角

6．山石器设

用自然山石作室外环境中的家具器设，如作为石桌凳、石几、石水钵、石屏风等等，既有实用价值，又有一定的造景效果。这种石景布置的方式，即是山石器设(图2－2－7)。

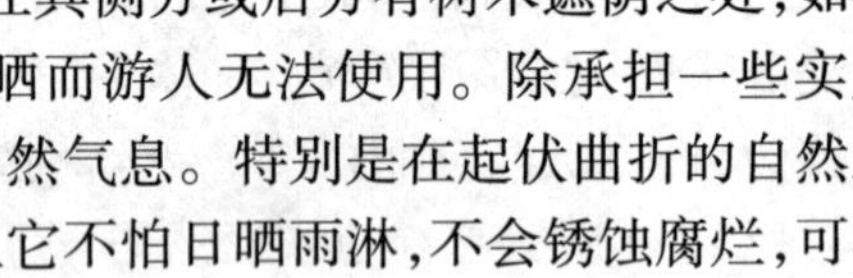

图2－2－7　山石器设

作为一类休息用地的小品设施，山石器设宜布置在其侧方或后方有树木遮荫之处，如在林中空地、树林边缘地带、行道树下等，以免因夏季日晒而游人无法使用。除承担一些实用功能之外，山石器设还用来点缀环境，以增强环境的自然气息。特别是在起伏曲折的自然式地段，山石器设能够很容易与周围的环境相协调；而且它不怕日晒雨淋，不会锈蚀腐烂，可在室外环境中代替铁木制作的椅凳。

用做山石器设的石材，应根据其用途来选择。如果作为山石几案或石桌的面材，则应选片状山石，或至少有一个平整表面的块状山石。如做桌、几的脚柱，则要选墩实的块状山石；如果是用做香炉的，则应选孔洞密布的玲珑形山石。

江南园林也常结合花台做几案处理。这一类可以说是一种无形的、附属于其它景物的山石器设。从以上坡地几案来说，乍一看是山坡上用做护坡的散点山石，但需要休息的游人到此很自然地就坐下休息，这才意识到它的用处。

2.2.2 掇山

掇山是堆叠山石以构成艺术造型，它要求有天然巧奇之趣，而不露斧凿之痕，叠石关键在于"源石之生，辨石之灵，识石之态"。即应根据石性——石块的阴阳向背、纹理脉络、石形石质，使叠石形象、生动、优美。

掇山的基本法则是："有真为假，作假成真"，"虽由人作，宛自天开"。

掇山的具体方法可概括为32个字，即：因地造山，巧于因借，山水结合，主次分明，三远变化，远近相宜，寓情于石，情景交融。

2.2.3 假山布置的图纸表现

作为假山材料的山石千姿百态，它不同于建筑材料的砖瓦具有一定的规格，这就给假山设计带来了困难，同时，也使得假山设计有别于建筑图。那么，怎样绘制假山设计图？假山设计图要表现一些什么呢？

一般来说，假山设计要完成的图纸有：

(1) 总平面图：标出所设计的假山在全园的位置，以及与周围环境的关系。比例根据假山的大小一般可选用1∶1000～1∶200。

(2) 平面图：表示主峰、次峰、配峰在平面上的位置及相互间的关系，并标上标高，如果所设计的假山有多层，要分层画出平面图。比例根据假山的大小一般可选用1∶300～1∶50。

(3) 主要立面图：表明主峰、次峰、配峰等在立面上的关系，并画出主要的纹理、走向。比例同平面图。

(4) 透视图：用透视图可以形象、生动地表示出设计意图，并可解决某些假山师傅不识图的问题。

(5) 主要断面图：必要时可画一至数个主要横、纵断面图，比例根据具体情况而定。

2.3 假山的分层结构与施工

2.3.1 施工前期的准备

1. 施工材料的准备

1) 山石备料

要根据假山设计意图，确定所选用的山石种类，最好到产地直接对山石进行初选，初选的标准可适当放宽。变异大的、孔洞多的和长形的山石可多选些；石形规则、石面非天然生成而是爆裂面的、无孔洞的矮墩状山石可少选或不选。在运回山石过程中，对易损坏的奇石应给予包扎防护。山石材料应在施工之前全部运进施工现场，并将形状最好的一个石面向着上方放置。山石在现场不要堆起来，而应平摊在施工场地周围待选用。如果假山设计的结构形式是以竖立式为主，则需要长条形山石比较多；在长形石数量不足时，可以在地面将形状相互吻合的短石用水泥砂浆对接在一起，成为一块长形山石留待选用。山石备料数量的多少,应根据设计图估算出来。为了适当扩大选石的余地,在估算的吨位数上应再增加1/4～1/2的吨位数,这就是假山工程的山石备料总量了。

2）辅助材料准备

堆叠假山所用的辅助材料,主要是指在叠山过程中需要消耗的一些结构性材料,如水泥、石灰、砂石及少量颜料等。

水泥:在假山工程中,水泥需要与砂石混合,配成水泥砂浆和混凝土后再使用。

石灰:在古代,假山的胶结材料就是以石灰浆为主,再加进糯米浆使其粘合性能更强。而现代的假山工艺中已改用水泥作胶结材料,石灰则一般是以灰粉和素土一起,按3∶7的配合比配制成灰土,作为假山的基础材料。

砂:砂是水泥砂浆的原料之一,它分为山砂、河砂、海砂等,而以含泥少的河砂、海砂质量最好。在配制假山胶结材料时,应尽量用粗砂。粗砂配制的水泥砂浆与山石质地要接近一些,有利于削弱人工胶合痕迹。

颜料:在一些颜色比较特殊的山石的胶合缝口处理中,或是在以人工方法用水泥材料塑造假山和石景的时候,往往要使用颜料来为水泥配色。需要准备什么颜料,应根据假山所采用山石的颜色而确定。常用的水泥配色颜料是:炭黑、氧化铁红、柠檬铬黄、氧化铬绿和钴蓝。

另外,还要根据山石质地的软硬情况,准备适量的铁爬钉、银锭扣、铁吊架、铁扁担、大麻绳等施工消耗材料。

2. 施工工具的准备

1）绳索

绳索是绑扎石料后起吊搬运的工具之一。一般来说,任何假山石块,都是经过绳索绑扎后起吊搬运到施工地后叠置而成的。所以说绳索是很重要的工具之一。

绳索的规格很多,假山用起吊搬运的绳索是用黄麻长纤维丝精制而成的,选直径20 mm粗8股黄麻绳,25 mm粗12股黄麻绳,30 mm粗16股黄麻绳、40 mm粗18股黄麻绳,作为对各种石块绑扎起吊用绳索。因黄麻绳质较柔软,打结与解扣方便且使用次数也较长,可以作为一般搬运工作的主要结扎工具。以上绳索的负荷值为200～1 500 kg(单根)。在具体使用时可以自由选择,灵活使用(辅助性小绳索不计在内)。

绳索活扣是吊运石料的惟一正确操作方法,它的打结法与一般起吊搬运技工的活结法相同。

绳索打结是对吊运套入吊钩或杠棒而用的活结,但如何绑扎是很重要的,绑扎的原则是选择在石料(块)的重心位置处,或重心稍上的地方。两侧打成环状,套在可以起吊的突出部分或石块底面的左右两侧角端,这样便于在起吊时愈吊因重力作用反而附着牢固的程度愈大。严禁有因稍事移动而滑脱的情况出现。

2）杠棒

杠棒是原始的搬抬运输工具,但因其简单、灵活、方便,在假山工程运用机械化施工程度不太高的现阶段,仍有其使用价值,所以我们还需要将其作为重要搬运工具之一来使用。杠棒在南方取毛竹为材,直径6～8 cm。要求取节密的新毛竹根部,节间长约为6～11 cm为宜。毛竹杠棒长度约为1.8 m。北方杠棒多用柔韧的黄檀木为优,多加工成扁形适合人肩杠抬,杠棒单根的负荷重量要求达到 200 kg 左右为佳。较重的石料要求双道杠棒或 3～4 道杠棒由 6～8 人杠抬。这时要求每道杠棒的负荷平均,避免负荷不均而造成工伤事故。

3) 撬棍

撬棍是指用粗钢筋或六角空芯钢长约 1～1.6 m 不等的直棍段,在其两端各锻打成偏宽锲形,与棍身呈 45°～60°不等的撬头,以便将其深入待撬拨的石块底下,用于撬拨要移动的石块,这是假山施工中使用最多且重要的另一手工操作的必备工具。

4) 破碎工具(大、小榔头)

破碎假山石料要运用大、小榔头。一般多用 24 磅、20 磅到 18 磅大小不等的大型榔头,用于锤击石块需要击开的部分,是现场施工中破石用的工具之一。为了击碎小型石块或使石块靠紧,也需要小型榔头,其尺寸与形状是一头与普通榔头一样为平面,另一头为尖啄嘴状,小榔头的尖头是用做修凿之用,大榔头是用做敲击之用。

5) 运载工具

对石料的较远水平运输要靠半机械的人力车或机动车。这些运输工具的使用一般属于运输业务,在此不多赘述。

6) 垂直吊装工具

(1) 吊车

在大型假山工程中,为了增强假山的整体感 ,常常需要吊装一些巨石,在有条件的情况下,配备一台吊车还是有必要的。如果不能保证有一台吊车在施工现场随时待用,也应做好用车计划,在需要吊装巨石的时候临时性地租用吊车。一般的中小型假山工程和起重重量在 1 t 以下的假山工程,都不需要使用吊车,而用其它方法起重。

(2) 吊称起重架

这种杆架实际上是由一根主杆和一根臂杆组合成的可作大幅度旋转的吊装设备。架设这种杆架时,先要在距离主山中心点适宜位置的地面挖一个深 30～50 cm 的浅窝,然后将直径 150 mm 以上的杉杆直立在其上作为主杆。主杆的基脚用较大石块围住压紧,不使其移动;而杆的上端则用大麻绳或用 8 号铅丝拉向周围地面上的固定铁桩并拴牢绞紧。用铅丝时应每 2～4 根为一股,用 6～8 股铅丝均匀地分布在主杆周围。固定铁桩粗度应在30 mm 以上,长 50 cm 左右,其下端为尖头,朝着主杆的外方斜着打入地面,只留出顶端供固定铅丝。然后在主杆上部适当位置吊拴直径在 120 mm 以上的臂杆,利用械杆作用吊起大石并安放到合适的位置上(图 2-3-1(a))。

(3) 起重绞磨机

在地上立一根杉杆,杆顶用 4 根大绳拴牢,每根大绳各由一人从 4 个方向拉紧并服从统一指挥,既扯住杉杆,又能随时作松紧调整,以便吊起山石后能作水平方向移动。在杉杆的上部还要拴上一个滑轮,再用一根大绳或钢丝绳从滑轮穿过,绳的一端拴吊着山石,另一端再穿过固定在地面的第二滑轮,与绞磨机相连。转动绞磨,山石就被吊起来了(图 2-3-1(b))。

(4) 手动铁链葫芦(铁辘轳)

手动葫芦简单实用,是假山工程必备的一种起重设备。使用这种工具时,也要先搭设起重杆架。可用两根结实的杉杆,将其上端紧紧拴在一起,再将两杉杆的柱脚分开,使杆架构成一个三角架。然后在杆架上端拴两条大绳,从前后两个方向拉住并固定杆架,绳端可临时拴在地面的石头上。将手动的铁链葫芦挂在杆顶,就可用来起重山石。起吊山石的时候,可以通过拉紧或松动大绳和移动三角架的柱脚，来移动和调整山石的平面位置，使山石准确地吊装到位(图2-3-1(c))。

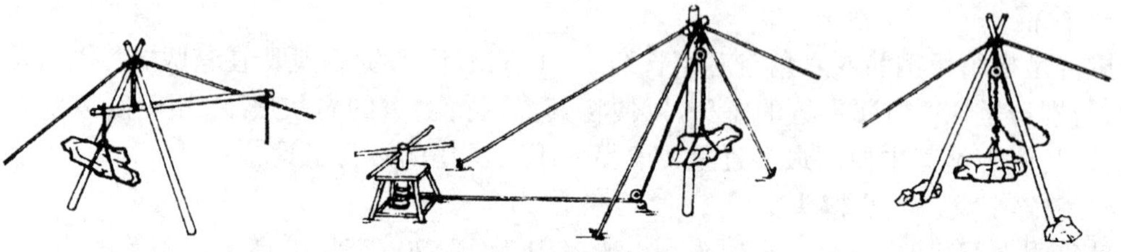

(a) 吊称起重　(b) 绞磨起重　(c) 手动葫芦起重

图2-3-1　山石的起重方法

7) 嵌填修饰用工具

(1) 假山施工中，对嵌缝修饰需用一简单的手工工具，像泥雕艺术家用的塑刀一样，用大致宽20 mm，长约300 mm，厚为5 mm的条形钢板制面，呈正反S形，俗称“柳叶抹”。

(2) 为了修饰抹嵌好的灰缝使之与假山混同，除了在水泥砂浆中加色外，还要用毛刷沾水轻轻刷去砂浆的毛渍处。一般用油漆工常用的大、中、小3种型号的漆帚作为修饰灰缝表面的工具。蘸水刷光的工序，要待所嵌的水泥缝初凝后开始，不能早于初凝之前(嵌缝约45 min后)，以免将灰缝破坏。

3. 假山工程量估算

假山工程量一般以设计的山石实用吨位数为基数来推算，并以工日数来表示。假山采用的山石种类不同、假山造型不同、假山砌筑方式不同，都会影响工程量。由于假山工程的变化因素太多，每工日的施工定额也不容易统一，因此准确计算工程量有一定难度。根据十几项假山工程施工资料统计的结果，包括放样、选石、配制水泥砂浆及混凝土、吊装山石、堆砌、刹垫、搭拆脚手架、抹缝、清理、养护等全部施工工作在内的山石施工平均工日定额，在精细施工条件下，应为0.1～0.2 t/每工日；在大批量粗放施工情况下，则应为0.3～0.4 t/每工日。

4. 施工人员配备

假山工程需要的施工人员主要分三类，即施工主持人员、假山技工和普通工。对各类人员的基本要求如下。

1) 假山施工工长

即假山工程专业的主办施工员，有人也称之为假山相师，在明、清两代则曾被叫做“山匠”、“山石匠”、“张石山、李石山”等。假山工长要有丰富的叠石造山实践经验和主持大小假山工程施工的能力，要具备一定的造型艺术知识和国画、山水画理论知识，并且对自然山水风景要有较深的认识和理解。其本身也应当熟练地掌握假山叠石的技艺，是懂施工、会操作的技术人才。在施工过程中，施工工长负有全面的施工指挥职责和施工管理职责，从选石到每一块山石的安放位置和姿态的确定，他都要在现场直接指挥。对每天的施工人员调配、施工步骤与施工方法的确定、施工安全保障等管理工作，也需要他亲自做出安排。假山施工工长是假山施工成败的关键人员，一定要选准人。每一项假山工程，只需配备一名这样的施工员，一般不宜多配备，否则施工中难免会出现认识不一致，指挥不协调，影响施工进度和质量的情况。

2）假山技工

这类人员应当掌握山石吊装技术、调整技术、砌筑技术和抹缝修饰技术的熟练技术工作，他们应能够及时、准确地领会工长的指挥命令，并能够带领几名普通工进行相应的技术操作，操作质量能达到工长的要求。假山技工的配备数量，应根据工程规模大小来确定。中小型工程配2～5名即可，大型工程则应多一些，可以多达8名左右。

3）普通工

应具有基本的劳动者素质，能正确领会施工工长和假山技工的指挥意图，能按技术示范要求进行正确的操作。在普通工中，至少要有4名体力强健和能够抬重石的工人。普通工的数量，在每施工日中不得少于4人，工程量越大，人数相应越多。但是，由于假山施工具有特殊性，工人人数太多时容易造成窝工或施工相互影响的现象，所以宁愿拖长工期，减少普通工人数。即使是特大型假山工程，最多配备12～16人就可以了。

2.3.2 假山基础施工

假山施工第一阶段的程度，首先是定位与放线，其次是进行基础施工，再次就是做山脚部分。山脚做好后才进入第二阶段，即山体、山顶的堆叠阶段。

1. 假山定位与放线

首先在假山平面设计图上按5 m×5 m或10 m×10 m(小型的石假山也可用2 m×2 m)的尺寸绘出方格网，在假山周围环境中找到可以作为定位依据的建筑边线、围墙边线或园路中心线，并标出方格网的定位尺寸。

按照设计图方格网及其定位关系，将方格网放大到施工场地的地面。在假山占地面积不大的情况下，方格网可以直接用白灰画到地面；在占地面积较大的大型假山工程中，也可以用测量仪器将各方格交叉点测设到地面，并在点上钉下坐标桩。放线时，用几条细绳拉直连上各坐标桩，就可表示出地面的方格网。

以方格网放大法，用白灰将设计图中的山脚线在地面方格网中放大绘出，把假山基底的平面形状(也就是山石的堆砌范围)绘在地面上。假山内有山洞的，也要按相同的方法在地面绘出山洞洞壁的边线。

最后，依据地面的山脚线，向外取50 cm宽度绘出一条与山脚线相平行的闭合曲线，这条闭合线就是基础的施工边线。

2. 基础施工

假山基础施工可以不用开挖地基而直接将地基夯实后就做基础层，这样既可减少土方工程量，又可以节约山石材料。当然，如果假山设计中要求开挖基槽，则还是应挖了基槽再做基础。

在做基础时，一般应先将地基土面夯实，然后再按设计摊铺和压实基础的各结构层，只有做桩基础可以不夯实地基，而直接打下基础桩(图2-3-2)。

打桩基时，桩木按梅花形排列，称“梅花桩”。桩木相互的间距约为20 cm。桩木顶端可

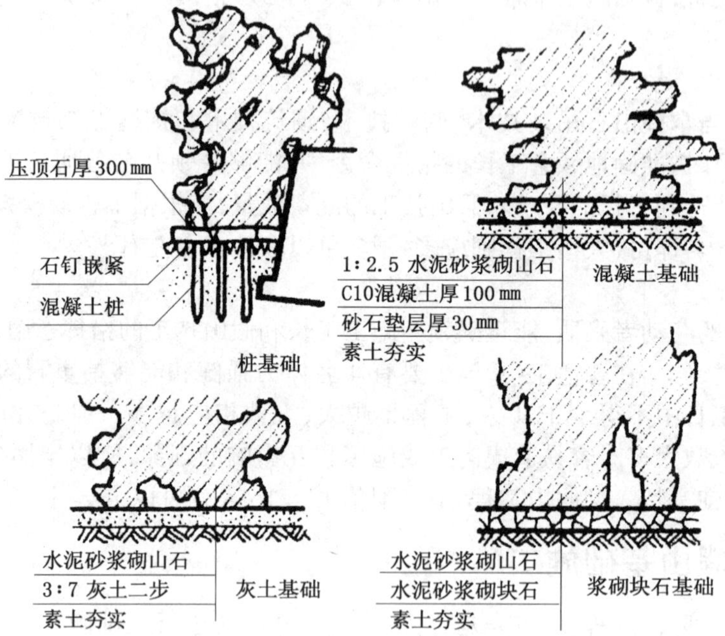

图 2－3－2　假山的基础

露出地面或湖底 10～30 cm，其间用小块石嵌紧嵌平，再用平正的花岗石或其它石材铺一层在顶上，作为桩基的压顶石。或者，不用压顶石而在桩基的顶面用一步灰土平铺并夯实，做成灰土桩基也可以。混凝土桩基的做法和木桩桩基一样，也有在桩基顶上设压顶石与设灰土层两种做法。

如果是灰土基础的施工，则要先开挖（也可不挖）基槽。基槽的开挖范围按地面绘出的基础施工边线确定，即应比假山山脚线宽 50 cm。基槽一般挖深为 50～60 cm。基槽挖好后，将槽底地面夯实，再填铺灰土做基础。灰土基础所用石灰应选新出窑的块状灰，在施工现场浇水化成细灰后再使用。灰土中的泥土一般就地采用素土，泥土应整细，干湿适中，土质粘性稍强的比较好。灰、土应充分混合，铺一层（一步）就要夯实一层，不能几层铺下后只作一层来夯实。顶层夯实后，一般还应将表面找平，使基础的顶面成为平整的表面。

浆砌块石基础施工，其块石基础的基槽宽度也和灰土基础一样，要比假山底面宽 50 cm左右。基槽地面夯实后，可用碎石、3∶7 灰土或 1∶3 水泥干砂铺在地面做一个垫层。垫层之上再做基础层。做基础用的块石应为棱角分明的、质地坚实的、有大有小的石材，一般用水泥砂浆砌筑。用水泥砂浆砌筑块石可采用浆砌与灌浆两种方法。浆砌就是用水泥砂浆挨个地拼砌；灌浆则是先将块石嵌紧铺装好，然后再用稀释的水泥砂浆倒在块石层上面，并促使其流动灌入块石的每条缝隙中。

混凝土基础的施工也比较简便。首先挖掘基础的槽坑，挖掘范围按地面的基础施工边线，挖槽深度一般可按设计的基础层厚度，但在水下作假山基础时，基槽的顶面应低于水底10 cm 左右。基槽挖成后夯实底面，再按设计做好垫层。然后，按照基础设计所规定的配合比，将水泥、砂和卵石搅拌配制成混凝土，浇筑于基槽中并捣实铺平。待混凝土充分凝固硬化后，即可进行假山山脚的施工。

2.3.3 假山山脚施工

假山山脚直接落在基础之上，是山体的起始部分。山脚施工的主要工作内容是拉底、起脚和做脚三部分。这3个方面的工作是紧密联系在一起的。

1. 拉底

所谓拉底，就是在山脚线范围内砌筑第一层山石，即做出垫底的山石层。拉底的方式和拉底山脚线的处理见下面的叙述。

1) 拉底的方式

假山拉底的方式有满拉底和周边拉底两种。

(1) 满拉底：就是在山脚线的范围内用山石满铺一层。这种拉底的做法适宜规模较小、山底面积也较小的假山，或在北方冬季有冻胀破坏地方的假山。

(2) 周边拉底：则是先用山石在假山山脚沿线砌成一圈垫底石，再用乱石碎砖或泥土将石圈内全部填起来，压实后即成为垫底的假山底层。这一方式适合基底面积较大的大型假山。

2) 山脚线的处理

拉底形成的山脚边线也有两种处理方式。其一是露脚方式，其二是埋脚方式。

(1) 露脚：即在地面上直接做起山底边线的垫脚石圈，使整个假山就像是放在地上似的。这种方式可以减少山石用量和用工量，但假山的山脚效果稍差一些。

(2) 埋脚：是将山底周边垫底山石埋入土下约20 cm深，可使整座假山仿佛是从地下长出来似的。在石边土中栽植花草后，假山与地面的结合就更加紧密、更加自然了。

3) 拉底的技术要求

在拉底施工中，首先要注意选择适合的山石来做山底，不得用风化过度的松散的山石。其次，拉底的山石底部一定要垫平垫稳，保证不能摇动，以便于向上砌筑山体。第三，拉底的石与石之间要紧连互咬，紧密地扣合在一起。第四，山石之间还是要不规则地断续相间，有断有连。第五，拉底的边缘部分，要错落变化，使山脚线弯曲时有不同的半径，凹进时有不同的凹深和凹陷宽度，要避免山脚的平直和浑圆形状。

2. 起脚

在垫底的山石层上开始砌筑假山，就叫“起脚”。

1) 起脚边线的做法

可以采用点脚法、连脚法或块面脚法3种做法(图2-3-3)。

(1) 点脚法：所谓点脚，就是先在山脚线处用山石做成相隔一定距离的点，点与点之上再用片状石或条状石盖上，这样，就可在山脚的一些局部造出小的洞穴，加强了假山的深厚感和灵秀感。

(2) 连脚法：就是做山脚的山石依据山脚的外轮廓变化，呈曲线状起伏连接，使山脚具有连续、弯曲的线形。一般的假山都常用这种连续做脚方法处理山脚。采用这种山脚做法，主要应注意使做脚的山石以前错后移的方式呈现不规则的错落变化。

(3) 块面脚法：这种脚也是连续的，但与连脚法不同的是，坡面脚要使做出的山脚线呈现大进小退的形象,山脚凸出部分与凹进部分各自的整体感都要很强,而不是像连脚法那样小幅度的曲折变化。

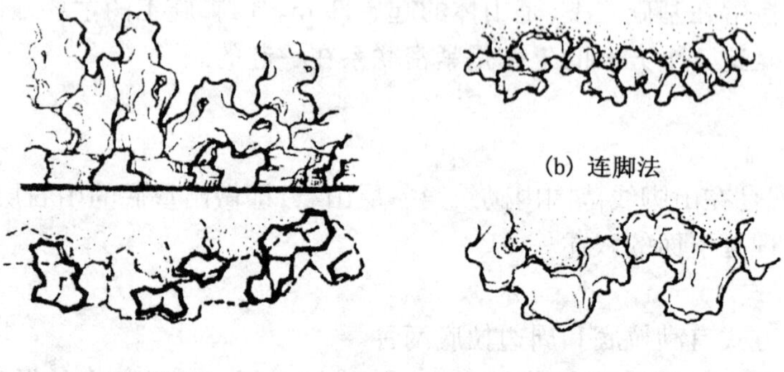

(a) 点脚法　(b) 连脚法　(c) 块面脚法

图 2-3-3　起脚边线的做法

2) 起脚的技术要求

起脚石直接作用于山体底部的垫脚石,它和垫脚石一样,都要选择质地坚硬、形状安稳、少有空穴的山石材料,以保证能够承受山体的重压。

除了土山和带石土山之外,假山的起脚安排宜小不宜大,宜收不宜放。起脚一定要控制在地面山脚线的范围内,宁可向内收一些,也不要向山脚线外突出。这就是说山体的起脚要小,不能大于上部分准备拼叠造型的山体。即使因起脚太小而导致砌筑山体时的结构不稳,还有可能通过补脚来加以弥补。如果起脚太大,以后砌筑山体时造成山形臃肿、呆笨、没有一点险峻的态势时,就不好挽回了。到时要通过打掉一些起脚石来改变臃肿的山形,就极易将山体结构震动松散,造成整座假山的倒塌隐患。所以,假山起脚还是稍小点为好。

起脚时,定点、摆线要准确。先选到山脚突出点的山石,并将其沿着山脚线先砌筑上,待多数主要的凸出点山石都砌筑好了,再选择和砌筑平直线、凹进线处所用山石。这样,既保证了山脚线按照设计而呈弯曲转折状,避免山脚平直的毛病,又使山脚凸出部位具有最佳的形状和最好的皴纹,增加了山脚部分的景观效果。

3. 做脚

做脚,就是用山石砌筑成山脚,它是在假山的上面部分山形山势大体施工完成以后,于紧贴起脚石外缘部分拼叠山脚,以弥补起脚造型不足的一种操作技法。在施工中,山脚可以做成如下所示的几种形式(图 2-3-4)。

(1) 凹进脚:山脚的山内凹进,随着凹进的深浅宽窄不同,脚坡做成直立、陡坡或缓冲坡都可以。

(2) 凸出脚:是向外凸出的山脚,其脚坡可做成直立状或坡度较大的陡坡状。

(3) 断连脚:山脚向外凸出,凸出的端部与山脚本体部分似断似连。

(4) 承上脚:山脚向外凸出,凸出部分对着其上方的山体悬垂部分,起着均衡上下重力和承托山顶下垂之势的作用。

(5) 悬底脚:局部地方的山脚底部做成低矮的悬空状,与其它非悬底山脚构成虚实对比,可增强山脚的变化。这种山脚最适于用在水边。

(6) 平板脚:片状、板脚山石连续地平放山脚,做成如同山边小路一般的造型,突出了假山上下的横竖对比,使景观更为生动。

(a) 凹进脚　　(b) 凸出脚　　(c) 断连脚

(d) 承上脚　　(e) 悬底脚　　(f) 平板脚

图 2-3-4　山脚的造型

2.3.4　山体的结构与施工

假山山体的施工,主要是通过吊装、堆叠、砌筑操作来完成假山的造型。由于假山可以采用不同的结构形式,因此在山体施工中也就相应要采用不同的堆叠方法。而在基本的叠山技术方法上,不同结构形式的假山也有一些共同的地方。下面,就对这些相同和不同的施工方法作一些介绍。

1. 山体结构

山体内部的结构形式主要有 4 种,即环透结构、层叠结构、竖立结构和填充结构。这几种结构的基本情况和设计要点如下(图 2-3-5):

1) 环透式结构

它是指采用多种不规则孔洞和孔穴的山石,组成具有曲折环行通道或通透形空洞的一种山体结构。所用山石多为太湖石和石灰岩风化后的怪石。

2) 层叠式结构

假山结构若采用层叠式,则假山立面的形象就具有丰富的层次感,一层层山石叠砌

环透式假山

层叠式假山

竖立式假山

图 2-3-5　山体结构形式

为山体，山形朝横向伸展，或是敦实厚重，或是轻盈飞动，容易获得多种生动的艺术效果。在叠山方式上，层叠式假山又可分为下述两种：

（1）水平层叠：每一块山石都采用水平状态叠砌，假山立面的主导线条都是水平线，山石向水平方向伸展。

（2）斜面层叠：山石倾斜叠砌成斜卧状、斜升状；石的纵轴与水平线形成一定夹角，角度一般为10°～30°，最大不超过45°。

层叠式假山石材一般可用片状的山石，片状山石最适于做层叠的山体，其山形常有“云山千叠”般的飞动感。体形厚重的块状、墩状自然山石，也可用于层叠式假山。而由这类山石做成的假山，则山体充实，孔洞较少，具有浑厚、凝重、坚实的景观效果。

3）竖立式结构

这种结构形式可以造成假山挺拔、雄伟、高大的艺术形象。山石全部采用立式砌叠，山体内外的沟槽及山体表面的主导皴纹线，都是从下至上竖立着的，因此整个山势呈向上伸展的状态。根据山体结构的不同竖立状态，这种结构形式又分直立结构与斜立结构两种。

（1）直立结构：山石全部采取直立状态砌叠，山体表面的沟槽及主要皴纹线都相互平行并保持直立。采取这种结构的假山，要注意山体在高度方向上的起伏变化和在平面上的前后错落变化。

（2）斜立结构：构成假山的大部分山石，都采取斜立状态；山体的主导皴纹线也是斜立的。山石与地平面的夹角在45°以上，并在90°以下。这个夹角一定不能小于45°，不然就成了斜卧状态而不是斜立状态。假山主体部分的倾斜方向和倾斜程度应是整个假山的基本倾斜方向和倾斜程度。山体陪衬部分则可以分为1～3组，分别采用不同的倾斜方向和倾斜程度，与主山形成相互交错的斜立状态，这样能够增加变化，使假山造型更加具有动感。

采用竖立式结构的假山石材，一般多是条状或长片状的山石，矮而短的山石不能多用。这是因为，长条形的山石易于砌出竖直的线条。但长条形山石在用水泥砂浆粘合成悬垂状时，全靠水泥的粘结力来承受其重量。因此，对石材质地就有了新的要求。一般要求石材质地粗糙或石面小孔密布，这样的石材用水泥砂浆作粘合材料的附着力很强，容易将山石粘合牢固。

4）填充式结构

一般的土山、带土石山和个别的石山，或者在假山的某一局部山体中，都可以采用这种结构形式。这种假山的山体内部是由泥土、废砖石或混凝土材料填充起来的，因此其结构上的最大特点就是填充。按填充材料及其功用的不同，可以将填充式假山结构分为以下3种情况。

（1）填土结构：山体全由泥土堆填构成；或者，在用山石砌筑的假山壁后或假山穴坑中用泥土填实，都属于填土结构。假山采取这种结构形式，既能够造出陡峭的悬崖绝壁，又可少用山石材料，降低假山造价，而且还能保证假山有足够大的规模，也十分有利于假山上的植物配植。

（2）砖石填充结构：以无用的碎砖、石块、灰块和建筑渣土作为填充材料，填埋在石山的内部或者土山的底部，既可增大假山的体积，又处理了园林工程中的建筑垃圾，一举两得。这种方式在一般的假山工程中都可以应用。

（3）混凝土填充结构：有时，需要砌筑的假山山峰又高又陡，在山峰内部填充泥土或碎砖石都不能保证结构的牢固,山峰容易倒塌。在这种情况下,就应该用混凝土来填充,使混凝土作为主心骨,从内部将山峰凝固成一个整体。混凝土是采用水泥、砂、石按 1:2:4～1:2:6 的比例搅拌配制而成,主要是作为假山基础材料及山峰内部的填充材料。混凝土填充的方法是:先用山石将山峰砌筑成一个高 70～120 cm(要高低错落)、平面形状不规则的山石筒体,然后用 C15 混凝土浇筑筒中至筒的最低口处。待基本凝固时,再砌筑第二层山石筒体,并按相同的方法浇筑混凝土。如此操作,直至峰顶为止,就能够砌筑起高高的山峰。

2. 山洞结构

大中型假山一般要有山洞。山洞使假山幽深莫测,对于创造山景的幽静和深远境界是十分重要的。山洞本身也有景可观,能够引起游人极大的游览兴趣。在假山山洞的设计中,还可以使假山洞产生更多的变化,从而更加丰富其景观内容。

1) 洞壁的结构形式

从结构特点和承重分布情况来看,假山洞壁可分为以山石墙体承重的墙式洞壁和以山石洞柱为主、山石墙体为辅而承重的墙柱式洞壁两种形式(图 2－3－6)。

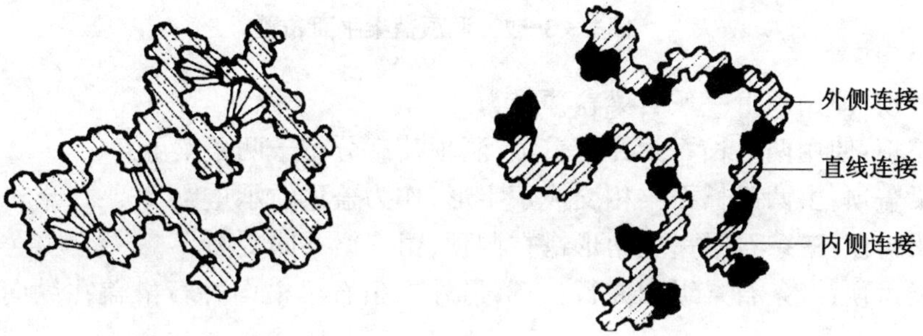

(a) 墙式洞壁　　(b) 墙柱组合洞壁

图 2－3－6　洞壁结构形式

(1) 墙式洞壁:这种结构形式是以山石墙体为基本承重构件的。山石墙体是用假山石砌筑的不规则石山墙,用做洞壁具有整体性好、受力均匀的优点。但洞壁内表面比较平,不易做出大幅度的凹凸变化,因此洞内景观比较平淡。采用这种结构形式做洞壁,所需石材总量比较多,假山造价稍高。

(2) 墙柱式洞壁:由洞柱和柱间墙体构成的洞壁,就是墙柱式洞壁。在这种洞壁中,洞柱是主要的承重构件,而洞墙只承担少量的洞顶荷载。由于洞柱支承了主要的荷载,柱间墙就可以做得比较薄,可以节约洞壁所用的山石。墙柱式洞壁受力比较集中,壁面容易做出大幅度的凹凸变化,洞内景观自然,所用石材的总量可以比较少,因此假山造价可以降低一些。洞柱有连墙柱和独立柱两种,独立柱有直立石柱和层叠石柱两种做法。直立石柱是用长条形山石直立起来作为洞柱,在柱底有固定柱脚的座石,在柱顶有起联系作用的压顶石。层叠石柱则是用块状山石错落地层叠砌筑而成,柱脚、柱顶也可以有垫脚座石和压顶石。

2) 山洞洞顶设计

由于一般条形假山的长度有限,大多数条石的长度都在 1～2 m。如果山洞设计为 2 m 左右宽度,则条石的长度就不足以直接用做洞顶石梁,这就要采用特殊的方法才能做出洞顶来。因此,假山洞的洞顶结构一般都要比洞壁、洞底复杂一些。从洞顶的常见做法来看,其基本结构方式有3种,就是盖梁式、挑梁式和拱券式。下面,分别就这3种洞顶结构来考察它们的设计特点。

(1) 盖梁式洞顶

假山石梁或石板的两端直接放在山洞两侧的洞柱上,呈盖顶状,这种洞顶结构形式就是盖梁式。盖梁式结构的洞顶整体性强,结构比较简单,也很稳定,因此是造山中最常用的结构形式之一。但是,由于受石梁长度的限制,采用盖梁式洞顶的山洞不宜做得过宽,而且洞顶的形状往往太平整,不像自然的洞顶。因此,在洞顶设计中就应对假山施工提出要求,希望尽量采用不规则的条形石材来作洞顶石梁。石梁在洞顶的搭盖方式一般有以下几种(图2-3-7):

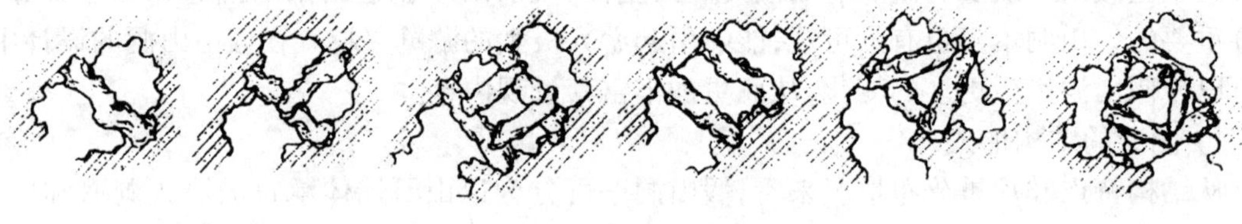

单梁　丁字梁　井字梁　双梁　三角梁　藻井梁

图2-3-7　洞顶盖梁平面布置

单梁盖顶:即洞顶由一条石梁盖顶受力。

双梁盖顶:使用两条长石梁并行盖顶,洞顶荷载分布于两条梁上。

丁字梁盖顶:由两条长石梁相交成丁字形,作为盖顶的承重梁。

三角梁盖顶:三条石梁呈三角形搭在洞顶,由三梁共同受力。

井字梁盖顶:二条石梁纵向并行在下,另外二条石梁横向并行搭盖在纵向石梁上,多梁受力。

藻井梁盖顶:洞顶由多梁受力,其梁头交搭成藻井状。

(2) 挑梁式洞顶

用山石从两侧洞壁洞柱向洞中央相对悬挑伸出,并合拢做成洞顶,这种结构就是挑梁式洞顶结构(图2-3-8(a))。

(3) 拱券式洞顶

这种结构形式多用于较大跨度的洞顶,是用块状山石作为券石,以水泥砂浆作为粘合剂,顺序起拱,做成拱形洞顶。这种洞顶的做法也有称作造环桥法的,其环拱所承受的重力是沿着券石从中央分向两侧相互挤压传递,能够很好地向洞柱洞壁传力,因此不会像挑梁式和盖梁式洞顶那样将石梁压裂,将挑梁压塌。由于做成洞顶的石材不是平直的石梁或石板,而是多块不规则的自然山石,其结构形式又使洞顶顶壁连成一体,因此这种结构的山洞洞顶整体感很强,洞景自然变化,与自然山洞形象相近。在拱券式结构的山洞施工过程中,当洞壁砌筑到一定高度后,须先用脚手架搭起操作平台,而后人在平台上进行施工,这样就能够方便操作,同时也容易对券石进行临时支撑,使拱券工作能够保证质量(图2-3-8(b))。

3. 山顶结构

山顶立峰,俗称为"收头",叠山常作为最后一道工序,所以它实际就是山峰部分造型上的要求,而出现了不同的结构特点。凡"纹"、"体"、"面"、"姿"为观赏最佳者,多用于收头之

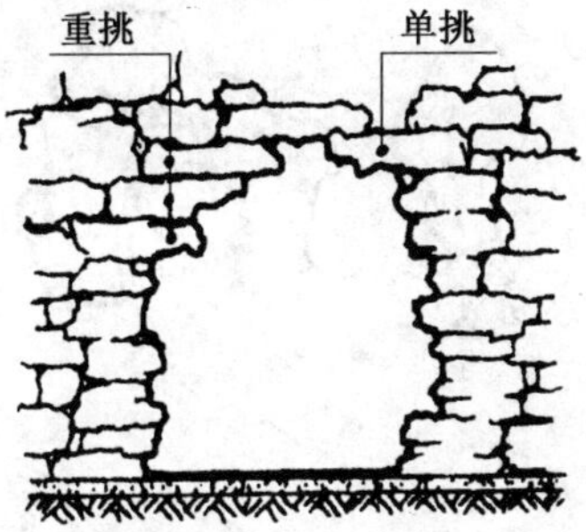

(a) 挑梁式洞顶

(b) 拱券式洞顶

图 2-3-8　挑梁式洞顶的两种做法与拱券式洞顶做法

中。不同峰顶及其要求如下：

(1) 堆秀峰：其结构特点在于利用丰厚强大的重力，镇压全局，它必须保证山体重力线垂直于底面中心，并起均衡山势的作用。

峰石其本身可为单块，也可为多块拼叠而成。体量宜大，但也不能过大而压塌山体。

(2) 流云顶：流云式重于挑、飘、环、透的做法。因此在其中层，已大体有了较为稳固的结构关系，所以一般在收头时，不宜作特别突出的处理，但也要求把环透飞舞的中层收合为一。在用石料方面，常要用与中层类似形态和色彩的石料，以便将开口自然收压于石下，它本身可能完成一个新的环透体，但也可能作为某一个挑石的后盾，掇压于后，这样既不会破坏流云式轻松的特色，又能保证叠石的绝对安全。除用一块山石外，还可以利用多块山石巧安巧斗，充分发挥叠石手法的多变性，从而创造出变化多端的流云顶，但应注意避免形成头重脚轻的不协调现象。

(3) 剑立峰：凡利用竖向石形纵立于山顶者，称之为剑立峰。首先要求其基石稳重，同时在剑石安放时必须充分落实，并与周围石体靠紧，另外，最主要的就是力求重心平衡。

4. 山体的堆叠手法

无论是堆山还是叠石，要取得完美的造型并保证其坚固耐久，就必须给其以合理的结构关系。依靠对石料本身重力的安排而构成的假山主体结构，在传统的施工中，总结出以下十字诀(图 2-3-9)：

(1) 安：一切对山石之摆放叠置均称“安”。

(2) 连：左右水平的搭接相继者为“连”。

(3) 接：上下联合全其石体美者称“接”。

(4) 斗：置石成拱状腾空而立者称“斗”。

(5) 跨：为增加石美而旁侧挂石者称“跨”。

(6) 拼：石块体面残缺而数块拼合者称“拼”。

(7) 悬：当空下垂者称“悬”。

(8) 卡：按石多方支撑而稳其左右者称“卡”。

(9) 剑：以竖向特征取胜之安石均称“剑”。

(10) 垂:旁侧下垂之安石,称为“垂”。

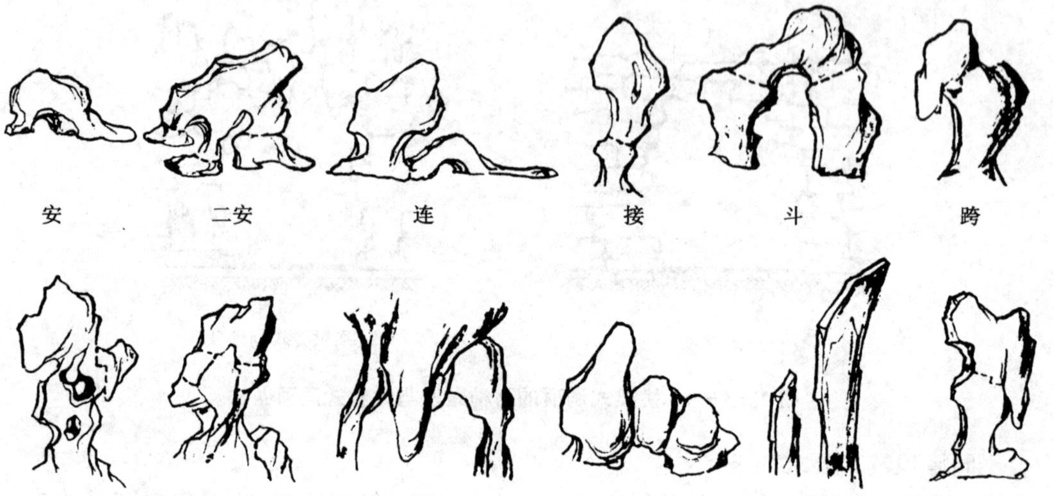

图 2-3-9 山体堆叠的手法

5. 山体的辅助结构施工

叠山施工中,无论采用哪一种结构形式,都要解决山石与山石之间的固定与衔接问题,而这方面的技术方法在任何结构形式的假山中都是通用的。

这是与主体结构相对而言,即利用主要山石本体以外的结构方法,来满足加固要求,实际上它常是总体结构中的关键所在,在施工程序上它几乎和主体结构同时进行。

山体的辅助结构施工大致有以下几种(图 2-3-10):

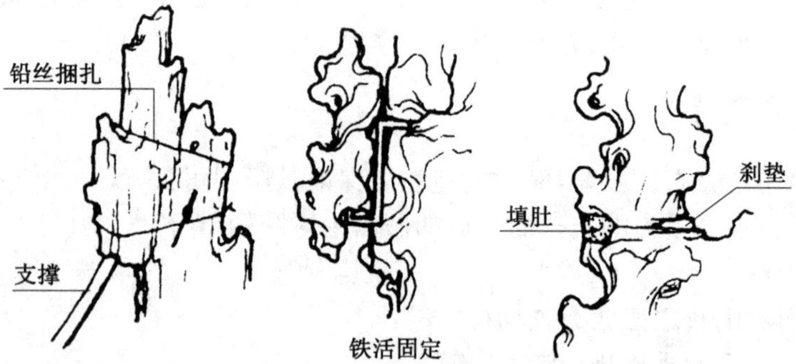

图 2-3-10 辅助结构施工

1) “刹”

在操作过程中,常称“打刹”、“刹一块”等,意在向石下放一石,以托垫石底,保持其平稳,用于叠石均力求大面或坦面朝上,而底面必然残缺不全、凹凸不平,为求其平衡稳固,就必须利用不同种类的小型石块填补于石下,对此称为打刹,而小石本身称之为“刹”。为了弥补叠石底面的缺陷,刹石技术是叠山的关键环节。下面对几类刹石作一介绍。

(1) 材料

青刹——一般有青石类的块刹与片刹之分。块状的无显著内外厚薄之分,片状的有明显的厚薄之分,一般常用于一些缝中。

黄刹——一般湖石类之刹称为黄刹,常无平滑断面或节理石,多呈圆团状或块状,适用于太湖石的叠石当中。

不论哪种刹石,都要求质地密结,性质坚韧,不易松脆,其大小很不一致,小者掌指可取,大者双手难持,可随机应变。

(2) 应用方式

单刹——因单块最为稳固,不论底面大小,刹石力求单块解决问题,严防碎小。一块刹石称为单刹。

重刹——用单刹力所不及者,可重叠使用,重一、重二、重三均可,但必须卡紧无脱落之危险。

浮刹——凡不起主力作用而填入底口者,一方面美其石体,更为便于抹灰,这种刹石为浮刹。

(3) 操作要点

尽力因口选刹,避免就刹选口("口"是指底石面准备填刹的地方)。

叠石底口朝前者为前口,朝后者为后口,刹石应前后左右照顾周全,需在四面找出吃力点,以便控制全局。

打刹必须在确定山石的位置以后再进行,所以应先用托棍将石体顶稳,不得滑脱。

向石底放刹,必须左右横握,不得上下手拿,以防压伤。

安放刹石和叠石相同,均力求大面朝上。

用刹常薄面朝内插入,随即以平锤式撬棍向内稍加锤打,以求底达最大吃力点,俗称"随口锤"或"随紧"。

若几个人围着石同时操作,则每面刹石向内锤打,用力不得过猛,得知稳固即可停止,否则常因用力过大,一点之差而使其它刹石失去作用,或因为用力过大而砸碎刹石。

若叠石处于前悬状态,必须使用刹块,这时必须先打前口再打后口,否则,会因次序颠倒而造成叠石塌落现象。

施工人员应一手扶石,一手打刹,随时察觉其动态与稳固情况。

石之中,刹石外表可凹凸多变,以增加石表之"魂",在两个巨石叠落时相接,刹的表面应当缓其接口变化,使上下叠石相接自如,不致生硬。

2) 支撑

山石吊装到山体一定位点上,经过位置、姿态的调整后,就要将山石固定在一定的状态上,这时就要先进行支撑,使山石临时固定下来。支撑材料应以木棒为主,以木棒的上端顶着山石的某一凹处,木棒的下端则斜着落在地面,并用一块石头将棒脚压住。一般每块山石都要用2～4根木棒支撑,因此,工地上最好能多准备一些长短不同的木棒。此外,使用铁棍或长形山石,也可以作为支撑材料。用支撑固定方法主要是针对大而重的山石,这种方法对后续施工操作将会有一些阻碍。

3) 捆扎

为了将调整好位置和姿态的山石固定下来,还可采用捆扎的方法。捆扎方法比支撑方法简便，而且对后续施工基本没有阻碍现象。这种方法最适宜体量较小山石的固定，对体量特大的山石则还应该辅之以支撑方法。山石捆扎固定一般采用 8 号或 10 号铅丝。用单根或双根铅丝做成圈，套上山石，并在山石的接触面垫上或抹上水泥砂浆后再进行捆扎。捆扎时铅丝圈先不必收紧，应适当松一点；然后再用小钢钎(錾子)将其绞紧，使山石无法松动。

4) 铁活固定

对质地比较松软的山石，可以用铁耙钉打入两相连接的山石上，将两块山石紧紧地抓在一起，每一处连接部位都应打入 2～3 个铁耙钉。对质地坚硬的山石连接，要先在地面用银锭扣连接好后，再作为一整块山石用在山体上。或者，在山崖边安置坚硬山石时，使用铁吊架，也能达到固定山石的目的。

5) 填肚

山石接口部位有时会有凹缺，使石块的连接面积缩小，也使连接两块山石之间成断裂状，没有整体感。这时就需要“填肚”。所谓填肚，就是用水泥砂浆把山石接口处的缺口填补起来，一直要填得与石面平齐。

6) 勾缝与胶结

没有发明石灰以前，假山的勾缝只可能是干砌或用素泥浆砌。从宋代李诫《营造法式》中可以看到用灰浆泥胶结假山，并用粗墨调色勾缝的记载。明、清的假山勾缝做法尚有桐油石灰(或加纸筋)、石灰纸筋、明矾石灰、糯米浆拌石灰等多种，湖石勾缝再加青煤，黄石勾缝后刷铁屑盐卤等，使之与石色相协调。

现代假山的勾缝与胶结，广泛使用水泥砂浆。勾缝用“柳叶抹”。有勾明缝和暗缝两种做法。一般是水平向缝都勾明缝，在需要时将竖缝勾成暗缝，即在结构上成为一体，而外观上有自然山石缝隙。勾明缝务必不要过宽，最好不要超过 2 cm。如缝过宽，可用随形之石块填缝后再勾浆。

6. 人工塑山石

人工塑山石可省采石、运石之功，造型不受石材限制且具有施工期短和见效快的优点。惟一的缺陷就是不如石材延年，使用期有限。

人工塑造的山石其内部构造有两种形式，其一是钢筋铁丝网结构，其二是砖石结构。前者用钢筋编扎成山石的模胚形状，作为其结构骨架；然后再用铁丝网蒙在钢筋骨架外面，并且用铁丝紧紧地扎牢；接着用水泥砂浆仿石纹抹面。后者是用废旧砖石材料砌筑起来，砌成与设计石形差不多的形状，有时为节省材料，可在砌体内留出空室。当砌体完成后，再用水泥砂浆仿石纹抹面。

3 园林挡墙景观工程

在园林环境中，建筑、山石、植物、水体四大要素并不能完全满足景观设计所需要的全部视觉和功能要求。一个合格的风景园林师还应知道运用其它的设计要素，例如当地形改造中相邻的两块地出现较大高差时，地块之间就需要设置挡土墙，以保证高地和低地之间的正常交接和各自地块形状的相对完整及结构的安全。有时为了在园林局部营造某种障碍性景物或阻挡一览无余的视线，也需要设置一些挡墙。由于挡墙类构筑物在园林的立面视觉形象中占有较重的分量，所以在园林设计中就必须重视对挡墙构筑物的景观设计，以便能进一步提高园林风景的艺术表现力。

广义地讲，园林挡墙应包括园林内所有能够起阻挡作用的，以砖石、混凝土等实体性材料修筑的竖向工程构筑物。根据其所处位置和功能作用不同，园林挡墙又可分为挡土墙、驳岸和景墙等。由自然土体形成的陡坡超过所容许的极限坡度时，土体的稳定性就遭到了破坏，从而产生了滑坡和塌方，如若在土坡外侧修建人工的墙体便可维持稳定，这种在斜坡或一堆土方的底部起抵挡泥土崩散作用的工程结构体，称为挡土墙；在园林水体边缘与陆地交界处，为稳定岩壁、保护河岸不被冲刷或水淹所设置的与挡土墙类似的构筑物称为驳岸，或叫“浸水挡土墙”；在园林中为截留视线，丰富园林景观层次，或者作为背景，以便突出景物时所设置的挡墙称为景墙。本章主要介绍园林挡墙中的挡土墙和景墙工程技术及园林护坡设计与做法，驳岸在本书相关章节中另作介绍。

3.1 园林挡土墙和景墙工程

挡土墙被广泛应用于园林环境中，是防止土坡坍塌、承受侧向压力的构筑物，它在园林建筑工程中被广泛地用于房屋地基、堤岸、码头、河池岸壁、路堑边坡、桥梁台座、水榭、假山、地道、地下室等工程中。在山区、丘陵地区的园林中，挡土墙常常是非常重要的地上构筑物，起着十分重要的作用。在地势平坦的园林中，为分割空间、遮挡视线、丰富景观层次，有时会人工砌筑墙体，成为造景功能上的景墙。

3.1.1 园林挡土墙的功能作用

挡土墙是园林环境中重要的地上构筑物之一，它在园林景观设计中有着十分重要的作用。具体作用可归结如下：

1. 固土护坡，阻挡土层塌落

挡土墙的主要功能是在较高地面与较低地面之间充当泥土阻挡物，以防止陡坡坍塌。当由厚土构成的斜坡坡度超过所允许的极限坡度时，土体的平衡即遭到破坏，发生滑坡与坍塌。因此，对于超过极限坡度的土坡，就必须设置挡土墙，以保证陡坡的安全。

2. 节省占地，扩大用地面积

在一些面积较小的园林局部，当自然地形为斜坡地时，要将其改造成平坦地，以便能在其上修筑房屋。为了获得最大面积的平地，可以将地形设计为两层或几层台地，这时，上下台地之间若以斜坡相连接，则斜坡本身需要占用较多的面积，坡度越缓，所占面积越大。如果不用斜坡而用挡土墙来连接台地，就可以少占面积，使平地的面积更大些。可见，挡土墙的使用，能够节约用地并扩大园林平地的面积。

3. 削弱台地高差

当上下台地地块之间高差过大，下层台地空间受到强烈压抑时，地块之间挡土墙的设计可以化整为零，分作几层台阶形的挡土墙，以缓和台地之间高度变化太强烈的矛盾。这就是说，挡土墙还有削弱台地高差的作用。

4. 制约空间和空间边界

当挡土墙采用两方甚至三方围合的状态布置时，就可以在所围合之处形成一个半封闭的独立空间。有时，这种半闭合的空间很有用处，能够为园林造景提供具有一定环绕性的良好的外在环境。如西方文艺复兴后期出现的巴洛克式园林的“水剧场”景观，就是在采用幻想式洞窟造型的半环绕式的台地挡土墙前创造出的半闭合喷泉水景空间。

5. 造景作用

由于挡土墙是园林空间的一种竖向界面，在这种界面上进行一些造型造景和艺术装饰，就可以使园林的立面景观更加丰富多彩，进一步增强园林空间的艺术效果。因此我们说，挡土墙可以美化园林的立面。

挡土墙的作用是多方面的，除了上述几种主要功能外，它还可作为园林绿化的一种载体，增加园林绿色空间或作为休息之用(图 3-1-1)。

图 3-1-1 具有造景功能的挡土墙

3.1.2　园林挡土墙的材料与构造

1. 园林挡土墙的材料

在古代有用麻袋、竹筐取土，或者用铁丝笼装卵石成“石龙”，堆叠成庭园假山的陡坡，以取代挡土墙，也有用连排木桩插板做挡土墙的，这些土、铁丝、竹木材料都用不太久，所以现在的挡土墙常用石块、砖、混凝土、钢筋混凝土等硬质材料构成。

1) 石块

不同大小、形状和地区的石块，都可以用于建造挡土墙。

石块一般有两种形式：① 毛石(或天然石块)(如图 3－1－2 所示)；② 加工石。

无论是毛石或加工石用来建造挡土墙都可使用下列两种方法：① 浆砌法；② 干砌法。浆砌法，就是将各石块用粘结材料粘合在一起。干砌法是不用任何粘结材料来修筑挡土墙，此种方法是将各个石块巧妙地镶嵌成一道稳定的砌体，则由于重力作用，每块石头相互咬合十分牢固，增加了墙体的稳定性。

2) 砖

砖也是挡土墙的建造材料，它比起石块，能形成平滑、光亮的表面。砖砌挡土墙需用浆砌法。

3) 混凝土和钢筋混凝土

挡土墙的建造材料还有混凝土，既可现场浇筑，又可预制。现场浇筑具有灵活性和可塑性；预制水泥件则有不同大小、形状、色彩和结构标准。从形状或平面布局而言，预制水泥件没有现浇的那种灵活和可塑之特性(图 3－1－3)。有时为了进一步加固，常在混凝土中加钢筋，成为钢筋混凝土挡土墙，也可分为现浇和预制两种，外表与混凝土挡土墙相同。

图 3－1－2　卵石挡土墙

图 3－1－3　预制混凝土砌块挡土墙

4) 木材

粗壮木材也可以做挡土墙，但须进行加压和防腐处理。用木材做挡土墙，其目的是使墙的立面不要有耀眼和突出的效果，特别能与木建筑产生统一感。其缺点是没有其它材料经久耐用，而且还需要定期维护，以防止其受风化和潮湿的侵蚀。木质墙面最易受损害的部位是与土地接触的部分，因此，这一部分应安置在排水良好、干燥的地方，尽量保持干燥。实际工程中应用较少。

2. 园林挡土墙的构造类型

园林中一般挡土墙的构造情况有如下几类(图 3-1-4)：

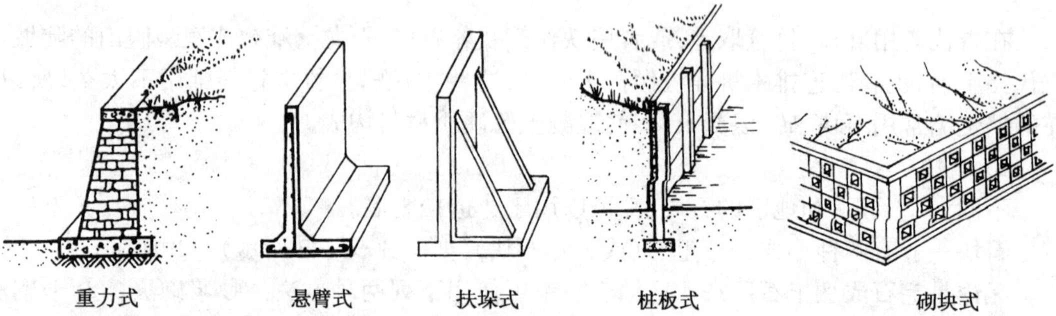

图 3-1-4　各类挡土墙示意图

1) 重力式挡土墙

这类挡土墙依靠墙体自重取得稳定性,在构筑物的任何部分都不存在拉应力,砌筑材料大多为砖砌体、毛石和不加钢筋的混凝土。用不加筋的混凝土时,墙顶宽度至少应为 200 mm,以便于混凝土浇筑和捣实。基础宽度则通常为墙高的 1/3 或 1/5。从经济的角度来看,重力墙适用于侧向压力不太大的地方,墙体高度以不超过 1.5 m 为宜,否则墙体断面增大,将使用大量砖石材料,其经济性反而不如其它的非重力式墙。园林中通常都采用重力式挡土墙。

2) 悬臂式挡土墙

其断面通常作 L 形或倒 T 形,墙体材料都是用混凝土。墙高不超过 9 m 时,都是经济的。3.5 m 以下的低矮悬臂墙,可以用标准预制构件或者预制混凝土块加钢筋砌筑而成。根据设计要求,悬臂的脚可以向墙内一侧、墙外一侧或者墙的两侧伸出,构成墙体下的底板。如果墙的底板伸入墙内侧,便处于它所支承的土壤下面,也就利用了上面土壤的压力,使墙体自重增加,可更加稳固墙体。

3) 扶垛式挡土墙

当悬臂式挡土墙设计高度大于 6 m 时,在墙后加设扶垛,连起墙体和墙下底板,扶垛间距为 1/2～2/3 墙高,但不小于 2.5 m。这种加了扶垛壁的悬臂式挡土墙,即被称为扶垛式墙。扶垛壁在墙后的,称为后扶垛墙;若在墙前设扶垛壁,则叫前扶垛墙。

4) 桩板式挡土墙

预制钢筋混凝土桩,排成一行插入地面,桩后再横向插下钢筋混凝土栏板,栏板相互之间以企口相连接,这就构成了桩板式挡土墙。这种挡土墙的结构体积最小,也容易预制,而且施工方便,占地面积也最小。

5) 砌块式挡土墙

按设计的形状和规格预制混凝土砌块,然后用砌块按一定花式做成挡土墙。砌块一般是实心的,也可做成空心的。但孔径不能太大,否则挡土墙的挡土作用就降低了。这种挡土墙的高度在 1.5 m 以下为宜。用空心砌块砌筑的挡土墙,还可以在砌块空穴里充填树胶、营养土,并播种花卉或草籽,以保证水分供应;待花草长出后,就可形成一道生趣盎然的绿墙或花卉墙。这种与花草种植结合一体的砌块式挡土墙,被称做“生态墙”。

3.1.3　园林挡土墙的设计

1. 挡土墙的剖面细部构造

挡土墙的剖面细部构造如图 3－1－5 所示。

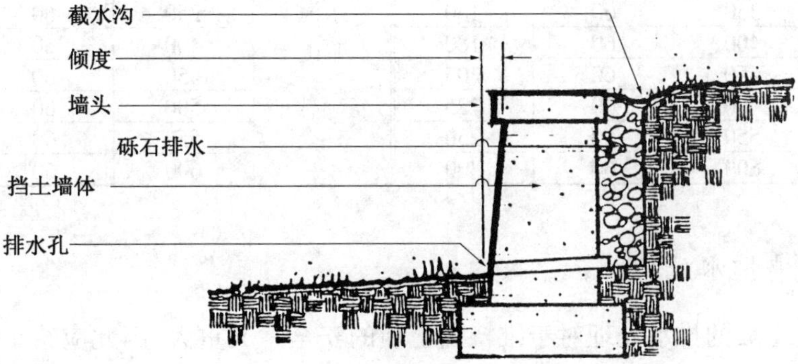

图 3－1－5　挡土墙的剖面细部构造

2. 园林挡土墙的横断面确定(以重力式为例)

1) 挡土墙横断面的选择

重力式挡土墙常见的横断面形式有以下 3 种(图 3－1－6)：

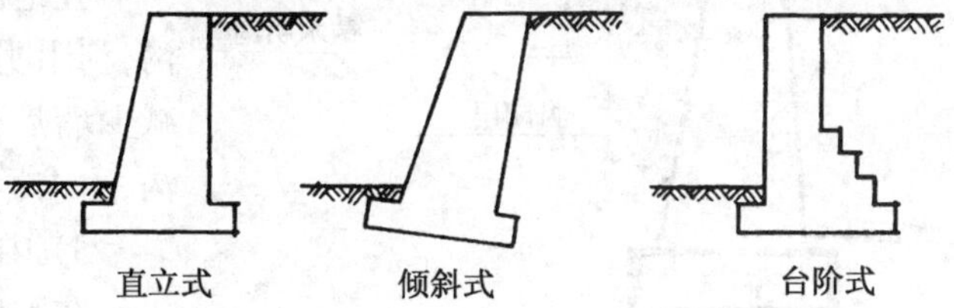

图 3－1－6　重力式挡土墙的几种断面形式

(1) 直立式：直立式挡土墙指墙面基本与水平面垂直，但也允许有约 10∶0.2～10∶1 的倾斜度的挡土墙。直立式挡土墙由于墙背所承受的水平压力大，只适用于几十厘米到 2 m 左右高度的挡土墙。

(2) 倾斜式：倾斜式挡土墙常指墙背向土体倾斜，倾斜坡度在 20°左右的挡土墙。这种形式水平压力相对减少，同时墙背坡度与天然土层比较密贴。倾斜式挡土墙可以减少挖方数量和墙背回填土的数量，适用于中等高度的挡土墙。

(3) 台阶式：对于更高的挡土墙，为了适应不同土层深度的土压力和利用土的垂直压力增加稳定性，可将墙背做成台阶形。

2) 挡土墙横断面尺寸的确定

挡土墙横断面的结构尺寸根据墙高来确立墙顶宽和底宽(图 3－1－7)。表 3－1－1 中的数据可作为参考。挡土墙力学计算是十分复杂的工作，实际工作中较高的挡土墙(高于 122 cm)则必须经过结构工程师专门计算，保证稳定，方可施工。

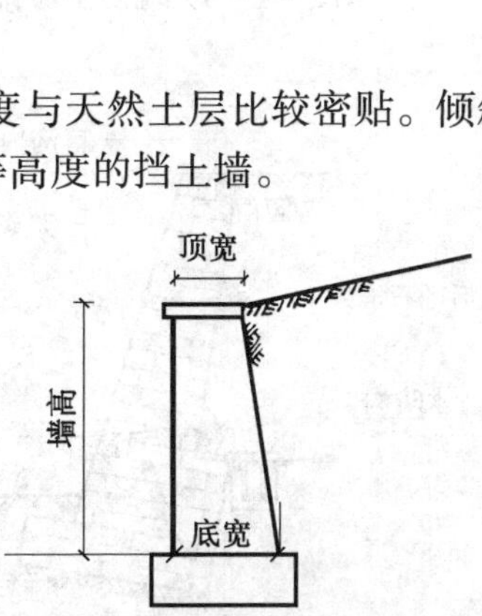

图 3－1－7　浆砌块石挡土墙尺寸图

表 3-1-1　重力式浆砌块石挡土墙尺寸表　(单位:cm)

类别	墙高	顶宽	底宽	类别	墙高	顶宽	底宽
1:3 白灰浆砌	100	35	40	1:3 水泥浆砌	100	30	40
	150	45	70		150	40	50
	200	55	90		200	50	80
	250	60	115		250	60	100
	300	60	135		300	60	120
	350	60	160		350	60	140
	400	60	180		400	60	160
	450	60	205		450	60	180
	500	60	225		500	60	200
	550	60	250		550	60	230
	600	60	300		600	60	270

3. 挡土墙排水处理

挡土墙后土坡的排水处理对于维持挡土墙的安全意义重大,因此应给予充分重视。常用的排水处理方式有:

1) 地面封闭处理

在墙后地面上根据各种填土及使用情况采用不同地面封闭处理以减少地面渗水。在土壤渗透性较大而又无特殊使用要求时,可作 20～30 cm 厚夯实粘土层或种植草皮封闭。还可采用胶泥、混凝土或浆砌毛石封闭。

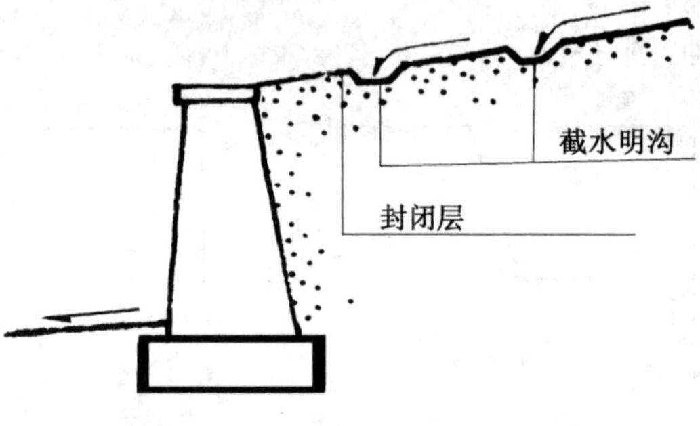

图 3-1-8　墙后土坡排水明沟

2) 设地面截水明沟

在地面设置一道或数道平行于挡土墙的明沟,利用明沟纵坡将降水和上坡地面径流排除,减少墙后地面渗水。必要时还要设纵、横向盲沟,力求尽快排除地面水和地下水(图 3-1-8)。

3) 内外结合处理

在墙体之后的填土之中,用乱毛石做排水盲沟,盲沟宽不小于 50 cm。经盲沟截下的地下水,再经墙身的泄水孔排出墙外。泄水孔一般宽 20～40 mm,高以一层砖石的高度为准,在墙面水平方向上每隔 2～4 m 设一个,竖向上则每隔 1～2 m 设一个。混凝土挡土墙可以用直径为 5～10 cm 的圆孔或用毛竹竹筒作泄水孔。有的挡土墙由于美观上的要求不允许墙面留泄水孔,则可以在墙背面刷防水砂浆或填一层厚度 50 cm 以上的粘土隔水层;并在墙背面盲沟以下设置一道平行于墙体的排水暗沟。暗沟两侧及挡土墙基础上面用水泥砂浆抹面或做出沥青砂浆隔水层,做一层粘土隔水层也可以。墙后积水可以通过盲沟、暗沟再从沟端被引出墙外(图 3-1-9)。

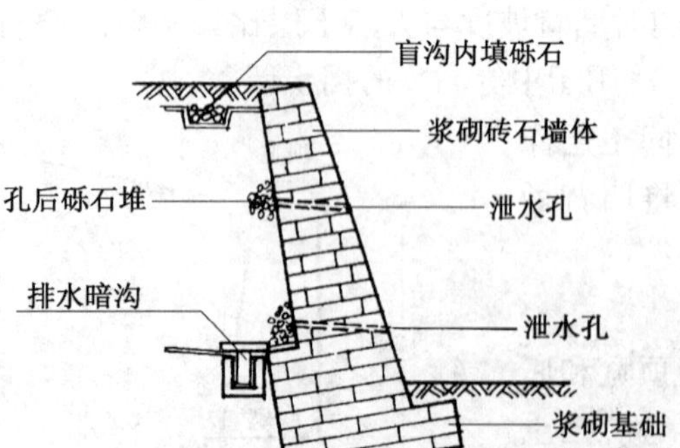

图 3-1-9　墙背排水盲沟和暗沟

3.1.4 园林景墙工程

景墙在园林中用于分割空间，遮挡视线，同时也是增加景观、变化空间构图的手段（图 3-1-10）。我国古典园林中的云墙、漏明墙、平墙等是对景墙的较早应用，并在墙上开有漏窗、门洞、空窗等形成空间的渗透和扩展。景墙常与花坛、坐凳结合布置，形成活泼、独立的空间（图 3-1-11）。

图 3-1-10 景墙划分空间层次

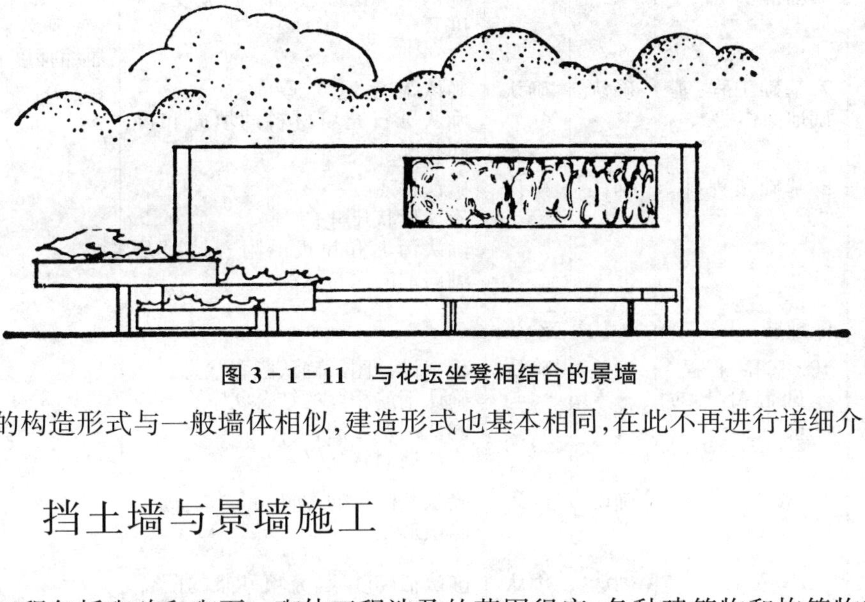

图 3-1-11 与花坛坐凳相结合的景墙

景墙的构造形式与一般墙体相似，建造形式也基本相同，在此不再进行详细介绍。

3.2 挡土墙与景墙施工

砌体工程包括砌砖和砌石。砌体工程涉及的范围很广，各种建筑物和构筑物都有砌体工程项目。

如花池、水池、挡土墙、驳岸、围墙、管沟、检查井等构筑物都应用到砌体工程。砖石结构有许多优点，如取材易，施工方便，造价低，可节约铜材、木材和水泥，耐火、隔热、隔声性能好等。同时，它也存在一些缺点，如砖石结构强度低、自重大、抗震性能差等。以下阐述一般砌体的施工。

3.2.1 砖石砌体施工流程

1. *砖砌体施工流程*

砖砌体施工流程见表 3-2-1 和图 3-2-1。

表 3-2-1　砖砌体施工流程表

施工流程	管理项目	施工管理方法		管理的要点(着眼点)	准备文件
		监督人	现场代理人		
准备	1. 施工位置的确认	确认	确认	根据设计图,测定并核对位置	根据需要编制施工图(施工计划书)
	2. 不同施工方法的工程量		确认	根据设计图纸计算不同施工方法(装饰性混凝土砌块垒砌或砖砌)的工程量,并加以确认	
材料	3. 装饰式混凝土砌块,砖块	确认	确认	依据标准,确认规格尺寸; 确认裂损等质量问题; 确认数量	各种质量证明书材料调拨申请
	4. 砂浆材料	确认	确认	确认质量; 确认数量	
	5. 钢筋	确认	确认	确认形状、尺寸和数量	
施工	6. 基础工程:挖掘基槽	确认	确认	确认水平; 确认基槽挖掘量(距离、宽度、深度)	根据需要,编制配筋分项图,根据施工规模,现场采取试样及压缩强度试验报告书
	7. 基础工程:基础地面作业	确认	确认	确认距离、宽度、厚度; 确认砾石充填材料的填充和捣固状况	
	8. 基础工程:模板	确认	确认	确认材质; 确认形状尺寸; 确认污垢和垃圾的附着情况及剥离剂的涂布状况	
	9. 配筋	确认	确认		
	10. 基础工程:基础混凝土的浇筑	确认	确认	根据设计图纸确认配置状态; 确认钢筋相互的结合状态; 确认浇筑方法; 确认捣固状况	
	11. 放线	确认	确认	确认龙门桩的位置; 确认形状	
	12. 垒砌	确认	确认	确认铺砌砂浆、充填砂浆的配合及拌和状态; 确认铺砌砂浆及砂浆充填的施工方法; 确认砖块的吸水状况; 确认并遵守每天的垒砌高度和垒砌层数(1.20 m/日)	
	13. 养护	确认	确认	确认养护方法和养护期限	
完成	14. 完工形状	确认	确认	计测并确认不同施工方法的完工数量; 从美观的角度出发确认完工状态(特别要注意接缝的施工情况和污垢等)	完成形状管理图

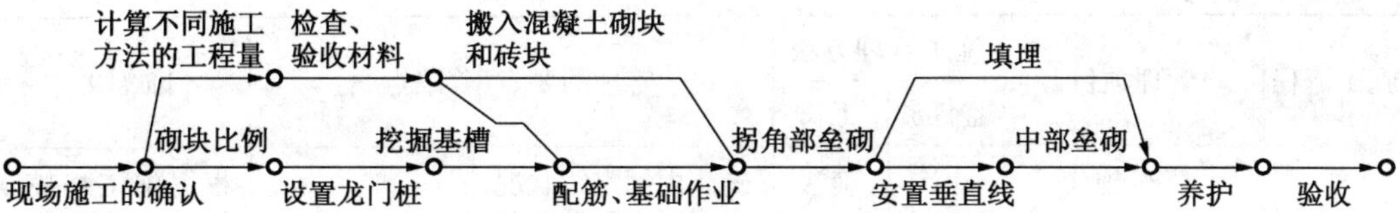

图 3-2-1　砖砌体施工流程图

2. 石砌体施工流程

石砌体施工流程见表 3-2-2、图 3-2-2。

表 3-2-2　石砌体施工流程表

施工流程	管理项目	施工管理方法		管理的要点(着眼点)	准备文件
		监督员	工长		
准备	1. 施工现场的确认	确认	确认	根据设计图测定位置,进行核对; 在建筑用地边界部位确认界线;	
	2. 编制不同施工方法的工程量及设计图	确认	确认	根据设计图纸,计算出不同施工方法的工程量,进行设计	施工计划书根据需要编制施工图
材料	3. 石材的形状、尺寸	确认	确认	计测宽度、长度、厚度、备用长度等	
	4. 石材的材质(质量)	确认	确认	观察规格、制品、质量,注意裂缝、缺陷等	石材产地证明书
	5. 不同材料的数量	确认	确认	确认不同石材的需要量	
	6. 基础材料和内侧装填材料	确认	确认	确认材质、粒径、数量	骨料各种试验表
	7. 混凝土材料和灰浆材料	确认	确认	确认质量、数量	混凝土配合报告书,不同场合的试验搅拌及其试验报告书,灰浆(水泥砂)的质量证明书
	8. 排水材料	确认	确认	确认材质、尺寸、数量	排水材料质量证明书
施工	9. 挖方、挖槽、掘削	确认	确认	确认龙门桩; 计测基槽挖掘量(距离、宽度、深度)	
	10. 基础作业	确认	确认	确认块石的铺设和捣固状况; 确认基础的宽度、厚度,以及砾石填充材料的填塞状态	
	11. 堆砌方法	确认	确认	确认间隙处理状态; 确认合缝及堆砌形状是否正确; 计测施工量	

续表 3-2-2

施工流程	管理项目	施工管理方法		管理的要点(着眼点)	准备文件
		监督员	工长		
施工	12.填充施工主体及内侧装填混凝土	确认	确认	确认内侧定线状况; 确认厚度和填充状况	根据施工规模现场采取试件,准备试件压缩强度试验报告书
	13.内侧装填卵石	确认	确认	确认厚度填充砾石材料; 确认捣固状况	
	14.配置伸缩缝	确认	确认	确认伸缩缝间隔、位置	
	15.设置排水设施	确认	确认	检查配置情况; 检查坡度、防止堵塞	
	16.填埋	确认	确认	确认捣固状态	
	17.上表面及端部的施工	确认	确认	确认上表面的完工形状; 确认端部的完工形状	
	18.表面施工的状态	确认	确认	观察垒石整体的平衡情况; 检查表面施工状态是否美观	
	19.养护	确认	确认	确认养护法和期限	
完成	20.竣工形态	确认	确认	根据设计图纸的形状计测; 计测不同施工方法竣工量; 从审美的角度检查完工情况	完工形状管理图

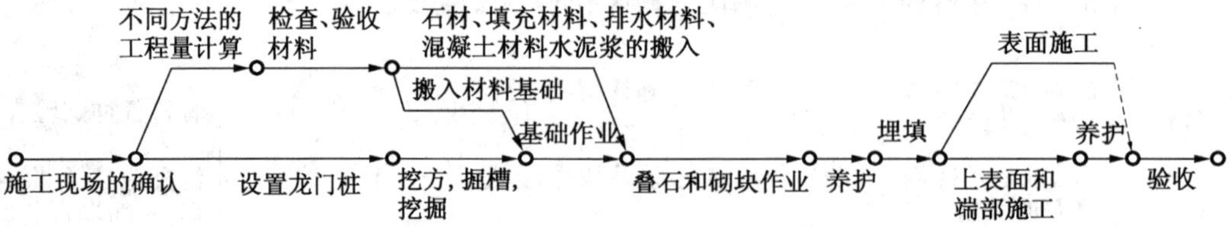

图 3-2-2 石砌体施工流程图

3.2.2 砖石基础大放脚摆砖撂底施工工艺

1. 适用范围

本工艺适用于园林建筑、构筑物的基础砌筑工程施工工艺。

2. 工艺流程

1) 砖基础

检查放线→垫层标高修正→摆底→收退(放脚)→正墙→检查、抹防潮层完成基础。

2) 毛石基础

检查放线→基底或垫层标高修正→摆底→收退→正墙→抹找平层和结束基础→勾缝。

3. 质量标准

1) 砖基础质量标准

(1) 保证项目

① 砖的品种、强度等级必须符合设计要求,并应规格一致。

② 砂浆的品种必须符合设计要求,强度必须符合下列规定:

a. 同品种、同强度砂浆各组试块的平均强度不小于 $f_{m,k}$(设计强度);

b. 任意一组试块的强度不小于 0.75 $f_{m,k}$;

c. 砌体砂浆必须密实饱满,实心砌体水平灰缝的砂浆饱满度不小于 80%;

d. 外墙的转角处严禁留直槎,其它的临时间断处,留槎的做法必须符合施工验收规范的规定。

(2) 基本项目

① 砌体上下错缝:每间(处)4~6 皮砖的通缝不超过 3 处为合格;每间(处)无 4 皮砖的通缝为优良;砖柱与垛基无包心砌法。

② 砌体接槎处灰浆密实,缝、砖平直。每处接槎部位水平灰缝厚度小于 5 mm 或透亮的缺陷不超过 10 个为合格,不超过 5 个时为优良。

③ 预埋拉结筋的数量、长度均应符合设计要求和施工验收规范规定。留置间距偏差不超过 3 皮砖者为合格,偏差不超过 1 皮砖者为优良。

④ 构造柱位留置应正确,大马牙槎要先退后进,残留砂浆要清理干净。大马牙槎上下顺直者为优良,否则为合格。

(3) 允许偏差项目

① 轴线位置偏移:用经纬仪或拉线检查,其偏差不得超过 10 mm。

② 基础顶面标高:用水准仪和尺量检查,其偏差不得超过 ±15 mm。

③ 顶留构造柱的截面:允许偏差不得超过 ±10 mm,用尺量检验。

④ 表面平整度和水平灰缝平直度均应符合要求。

2) 毛石基础质量标准

(1) 保证项目

① 石料的质量、规格必须符合设计要求和施工验收规范规定。

② 砂浆品种必须符合设计要求,强度必须符合下列规定:

同标号砂浆各组试块的平均强度不小于 $f_{m,k}$;任意一组试块的强度不小于 0.75 $f_{m,k}$。

③ 转角处必须同时砌筑,交接处不能同时砌筑时必须留斜槎,留槎高度以每次 1 m 为宜,一次到顶的留槎是不允许的。

(2) 基本项目

① 毛石砌体的形式应符合以下规定:

合格:内外搭砌,上下错缝 ,拉结石、丁砌石交错设置,拉结石每 0.7 m^2 墙面不少于 1 块。

优良:内外搭砌,上下错缝,拉结石、丁砌石交错设置,分布均匀;毛石分皮卧砌,无填心砌法,拉结石每 0.7 m^2 墙面不少于 1 块。

② 墙面勾缝应符合以下规定:

合格:勾缝密实,粘结牢固,墙面清洁。

优良:勾缝密实,粘结牢固,墙面清洁,缝条光洁、整齐、清晰、美观。

(3) 允许偏差项目(用经纬仪、水准仪、拉线或尺量检查)

① 轴线位置偏移不超过 20 mm;

② 基础和墙砌体顶面标高不超过 ±25 mm;

③ 砌体厚度不超过 +30 mm 或 −10 mm。

3) 检查数量及检验方法

应符合《建筑安装工程质量检验评定标准》(GBJ301−88)的规定。

4. 安全要求

除了应遵守建筑工地常规安全要求外,还必须做到以下几点:

1) 对基槽、基坑的要求

基槽、基坑应视土质和开挖深度留设边坡,如因场地小,不能留设足够的边坡,则应支撑加固。基础摆底前还必须检查基槽或基坑,如有塌方危险或支撑不牢固,则必须采取可靠措施后再进行工作。工作过程中要随时观察周围土壤情况,发现裂缝和其它不正常情况时,应立即离开危险地点,待采取必要措施后才能继续工作。基槽外侧 1 m 以内严禁堆物。人进入基槽工作应有上下设施(踏步或梯子)。

2) 材料运输

搬运石料时,必须起落平稳,两人抬运应步调一致,石料不准随意乱堆。

向基槽内运送石料或砖块,应尽量采用滑槽,上下工作要相互联系,以免伤人或损坏墙基或土壁支撑。

当搭跳板(又称铺道)或搭设运输通道运送材料时,要随时观察基槽(坑)内操作人员,以防砖块等掉落伤人。

3) 取石

在石堆上取石,不准从下掏挖,必须自上而下进行,以防倒塌。

4) 基槽积水的排除

当基槽内有积水,需要边砌筑边排水时,要注意安全用电,水泵应用专用闸刀和触电保护器,并指派专人监护。

5) 雨雪天的要求

雨雪天应注意做好防滑工作,特别是上下基槽的设施和基槽上的跳板要钉好防滑条。

3.2.3 一般砖体砌筑施工工艺

1. 适用范围

本工艺适用于园林建筑、构筑物的砖墙砌筑工程施工工艺。

2. 施工准备

1) 材料及主要机具

(1) 砖:品种、强度等级必须符合设计要求,并有出厂合格证、试验单。清水墙的砖应色泽均匀,边角整齐。

(2) 水泥:品种及标号应根据砌体部位及所处环境条件选择,一般宜采用325号普通硅酸盐水泥或矿渣硅酸盐水泥。

(3) 砂:用中砂,配制M5以下砂浆所用砂的含泥量不超过10%,M5及其以上砂浆所用砂的含泥量不超过5%,使用前用5 mm孔径的筛子过筛。

(4) 掺合料:白灰熟化时间不少于7天,或采用粉煤灰等。

(5) 其它材料:墙体拉结筋及预埋件、木砖应刷防腐剂等。

(6) 主要机具:应备有大铲、刨锛、瓦刀、扁子、托线板、线坠、小白线、卷尺、铁水平尺、皮数杆、小水桶、灰槽、砖夹子、扫帚等。

2) 作业条件

(1) 完成室外及房心回填土,安装好沟盖板。

(2) 办完地基、基础工程隐检手续。

(3) 按标高抹好水泥砂浆防潮层。

(4) 弹好轴线墙身线,根据进场砖的实际规格尺寸,弹出门窗洞口位置线,经验线符合设计要求,办完预检手续。

(5) 按设计标高要求立好皮数杆,皮数杆的间距以15~20 m为宜。

(6) 砂浆由试验室做好试配,准备好砂浆试模(6块为一组)。

3. 操作工艺流程(图3-2-3)

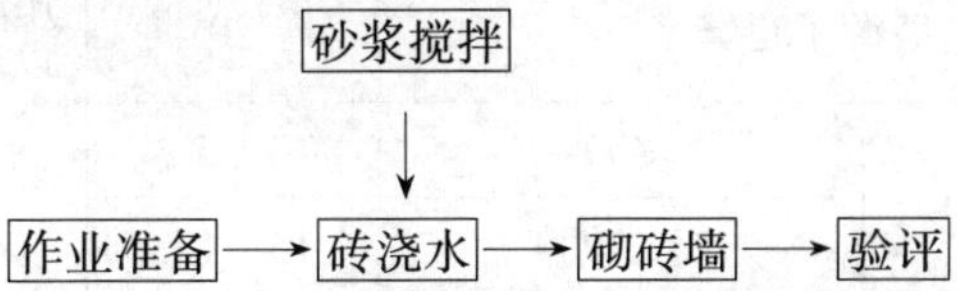

图3-2-3　一般砖体砌筑施工工艺操作流程图

4. 质量标准

1) 保证项目

(1) 砖的品种、强度等级必须符合设计要求。

(2) 砂浆品种及强度应符合设计要求。同品种、同强度等级砂浆各组试块抗压强度平均值不小于设计强度值,任一组试块的强度最低值不小于设计强度的75%。

(3) 砌体砂浆必须密实饱满,实心砖砌体水平灰缝的砂浆饱满度不小于80%。

(4) 外墙转角处严禁留直槎,其它临时间断处留槎做法必须符合规定要求。

2) 基本项目

(1) 砌体上下错缝,砌柱、垛无包心砌法;窗间墙及清水墙面无通缝;混水墙每间(处)无4皮砖的通缝(通缝指上下二皮砖搭接长度小于25 mm)。

(2) 砖砌体接槎处灰浆应密实,缝、砖平直,每处接槎部位水平灰缝厚度小于5 mm或透亮的缺陷不超过5个。

(3) 预埋拉筋的数量、长度均符合设计要求和施工规范的规定,留置间距偏差不超过一皮砖。

(4) 构造柱留置正确,大马牙槎先退后进,上下顺直;残留砂浆清理干净。

(5) 清水墙组砌正确,竖缝通顺,刮缝深度适宜、一致,棱角整齐,墙面清洁美观。

3) 允许偏差项目

允许偏差项目见表 3-2-3。

表 3-2-3　允许偏差项目

<table>
<tr><th>项次</th><th colspan="3">项目</th><th>允许偏差/mm</th><th>检验方法</th></tr>
<tr><td>1</td><td colspan="3">轴线位置偏移</td><td>10</td><td>用 2 m 托线板检查</td></tr>
<tr><td>2</td><td colspan="3">基础和墙砌体顶面标高</td><td>±15</td><td>用水准仪和尺量检查</td></tr>
<tr><td rowspan="3">3</td><td rowspan="3">垂直度</td><td colspan="2">每层</td><td>5</td><td>用经纬仪或吊线和尺量检查</td></tr>
<tr><td rowspan="2">全高</td><td>≤10 m</td><td>10</td><td rowspan="2">用经纬仪或吊线和尺量检查</td></tr>
<tr><td>>10 m</td><td>20</td></tr>
<tr><td rowspan="2">4</td><td rowspan="2">表面平整度</td><td colspan="2">清水墙、柱</td><td>5</td><td rowspan="2">用 2 m 靠尺和楔形塞尺检查</td></tr>
<tr><td colspan="2">混水墙、柱</td><td>8</td></tr>
<tr><td rowspan="2">5</td><td rowspan="2">水平灰缝平直度</td><td colspan="2">清水墙</td><td>7</td><td rowspan="2">拉 10 m 线和尺量检查</td></tr>
<tr><td colspan="2">混水墙</td><td>10</td></tr>
<tr><td>6</td><td colspan="3">水泥、灰缝厚度(10 皮砖累计数)</td><td>±8</td><td>与皮数杆比较尺量检查</td></tr>
<tr><td>7</td><td colspan="3">清水墙游丁走缝</td><td>20</td><td>吊线和尺量检查,
以底层第一皮砖为准</td></tr>
<tr><td rowspan="2">8</td><td rowspan="2">门窗洞口(后塞口)</td><td colspan="2">宽度</td><td>±5</td><td rowspan="2">尺量检查</td></tr>
<tr><td colspan="2">门口高度</td><td>+15 (-5)</td></tr>
<tr><td>9</td><td colspan="3">预留构造柱(宽度、深度)</td><td>±10</td><td>尺量检查</td></tr>
<tr><td>10</td><td colspan="3">外墙上、下窗口偏移</td><td>20</td><td>用经纬仪或吊线检查,
以底层窗口为准</td></tr>
</table>

5. 成品保护

(1) 墙体拉结筋、抗震构造柱钢筋、大模板混凝土墙体钢筋及各种预埋件、暖卫、电气管线等,均应注意保护,不得任意拆改或损坏。

(2) 砂浆稠度应适宜,砌墙时应防止砂浆溅脏墙面。

(3) 在吊放平台脚手架或安装大模板时,指挥人员和吊车司机要认真指挥和操作,防止碰撞已砌好的砖墙。

(4) 在高车架进料口周围,应用塑料薄膜或木板等遮盖,以保持墙面洁净。

(5) 尚未安装楼板或层面板的墙和柱,当遇到大风时,应采取临时支撑等措施,以保证施工中墙体的稳定性。

6. 应注意的质量问题

1) 基础墙与上部墙错台

基础砖撂底要正确，收退大放角两边要相等，退到墙身之前要检查轴线和边线是否正确，如偏差较小可在基础部位纠正，不得在防潮层上退台或出沿。

2）清水墙游丁走缝

排砖时必须把立缝排匀，砌完一步架高度，每隔 2 m 间距在砖立楞处用托线板吊直弹线，二步架往上继续吊直弹粉线，由底往上所有七分头的长度应保持一致，上层分窗口位置时必同下窗口保持垂直。

3）灰缝大小不匀

立皮数杆要保证标高一致，盘角时灰缝要掌握均匀，砌砖时小线要拉紧，防止一层线松，一层线紧。

4）窗口上部立缝变活

清水墙排砖时，为了使窗间墙、垛排成好活，把破活排在中间或不明显位置，在砌过梁上第一砖时，不得随意变活。

5）砖墙鼓胀

外砖内模墙体砌筑时，在窗间墙上、抗震柱两边分上、中、下留出 6 cm×12 cm 通孔，在抗震柱外墙面上垫木模板，用花篮螺栓与大模板连接牢固。混凝土要分层浇筑，振捣棒不可直接触及外墙。楼层圈梁外三皮 12 cm 砖墙也应认真加固。如在振捣时发现砖墙已鼓胀，则应及时拆掉重砌。

6）混水墙粗糙

舌头灰未刮尽，半头砖集中使用，造成通缝；一砖厚墙背面偏差较大；砖墙错层造成螺丝墙。半头砖应分散使用于墙体较大的面上。首层或楼层的第一皮砖要查对皮数杆的标高及层高，防止到顶砌成螺丝墙。一砖厚墙应外手挂线。

7）构造柱处砌筑不符合要求

构造柱砖墙砌成大马牙槎，设置好拉结筋，从柱脚开始两侧都应先退后进，当凿深12 cm时，宜上口一皮进 6 cm，再上一皮进 12 cm，以保证混凝土浇筑时上角密实，构造柱内的落地灰、砖渣杂物必须清理干净，防止混凝土内夹渣。

7. 质量记录

本工艺标准应具备以下质量记录：

(1) 材料(砖、水泥、砂、钢筋等)的出厂合格证及复试报告。

(2) 砂浆试块试验报告。

(3) 分项工程质量检验评定。

(4) 隐检、预检记录。

(5) 冬期施工记录。

(6) 设计变更及洽商记录。

(7) 其它技术文件。

3.2.4 料石砌筑施工工艺

1. 适用范围

本工艺适用于园林建筑、构筑物的室外勒脚、台阶、坡道、水池、花池等料石砌筑工程施工工艺。

2. 施工准备

1）材料及主要机具

(1) 石料:其品种、规格、颜色必须符合设计要求和有关施工规范的规定,应有出厂合格证。

(2) 砂:宜用粗、中砂。用 5 mm 孔径筛过筛,配制小于 M5 的砂浆,砂的含泥量不得超过 10%;不小于 M5 的砂浆,砂的含泥量不得超过 5%,不得含有草根等杂物。

(3) 水泥:一般采用 325 号矿渣硅酸盐水泥和普通硅酸盐水泥。有出厂证明及复试单。如出厂日期超过 3 个月,应按复验结果使用。

(4) 水:应用自来水或不含有害物质的洁净水。

(5) 其它材料:接结筋、预埋件应做好防腐处理。

(6) 主要机具:应备有搅拌机、筛子、铁锹、小手锤、大铲、托线板、线坠、水平尺、钢卷尺、小白线、半截大桶、扫帚、工具袋、手推车、皮数杆等。

2）作业条件

(1) 基础、垫层已施工完毕,并已办完隐检手续。

(2) 基础、垫层表面已弹好轴线及墙身线,立好皮数杆,其间距约 15 mm 为宜。转角处应设皮数杆,皮数杆上应注明砌筑皮数及砌筑高度等。

(3) 砌筑前拉线检查基础、垫层表面,标高尺寸是否符合设计要求,如第一皮水平灰缝厚度超过 20 mm 时,应用细石混凝土找平,不得用砂浆掺石子代替。

(4) 砂浆配合比由试验室确定,计量设备经检验,砂浆试模已准备好。

3. 操作工艺

1）工艺流程(图 3-2-4)

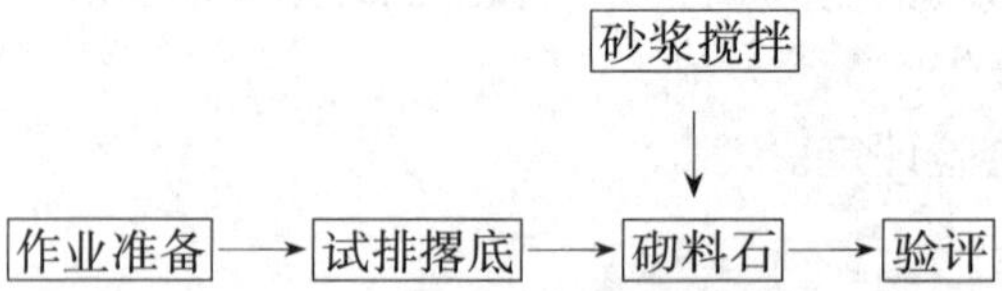

图 3-2-4　料石砌筑施工工艺流程图

2）砌筑前准备

应对弹好的线进行复查,位置、尺寸应符合设计要求,根据进场石料的规格、尺寸、颜色进行试排、撂底,确定组砌方法。

3）砂浆拌制

(1) 砂浆配合比应用重量比,水泥计量精度在 ±2% 以内。

(2) 宜采用机械搅拌,投料顺序为砂子→水泥→掺合料→水。搅拌时间不少于 90 s。

(3) 应随拌随用,拌制后应在 3 h 内使用完毕,如气温超过 30℃,应在 2 h 内用完,严禁用过夜砂浆。

(4) 砂浆试块:基础按一个楼层或 250 m^3 砌体每台搅拌机做一组试块(每块 6 块),如材料配合比有变更时,还应做试块。

4) 料石砌筑

(1) 组砌方法应正确,料石砌体应上、下错缝,内外搭砌料石基础第一皮应用丁砌。坐浆砌筑,踏步形基础,上级料石应压下级料石至少 1/3。

(2) 料石砌体水平灰缝厚度,应按料石种类确定,细料石砌体不宜大于 5 mm;半细料石砌体不宜大于 10 mm;粗料石砌体不宜大于 20 mm。

(3) 料石墙长度超过设计规定时,应按设计要求设置变形缝,料石墙分段砌筑时,其砌筑高低差不得超过 12 mm。

5) 冬雨期施工

(1) 当预计连续 10 日内日平均气温低于 5℃或当日最低气温低于 -3℃时,即进入冬期施工。

(2) 冬期施工宜采用普通硅酸盐水泥,按冬施方案进行,并对水、砂进行加热,砂浆使用时的温度在 +5℃以上。

(3) 雨季施工应防止雨水冲刷墙体,下班收工时应覆盖砌体上表面,每天砌筑高度不宜超过 1.2 m。

4. 质量标准

1) 保证项目

(1) 料石的品种、规格、强度、颜色必须符合设计要求,有出厂合格证。

(2) 砂浆的品种/强度必须符合设计要求,同强度等级砂浆必须符合下列规定:

① 各组试块的平均强度不小于 $f_{m,k}$

② 任意一组试块强度不小于 0.75 $f_{m,k}$

当仅有一组试块时其强度不小于 $f_{m,k}$

③ 转角处必须同时砌筑,交接处不能同时砌筑时必须留斜槎。

2) 基本项目

(1) 料石砌体应内外搭砌,上下错缝,拉结石、丁砌石交替设置,料石放置平稳,灰缝均匀一致,灰缝厚度符合施工的规定。

(2) 料石砌体墙面应采用叨灰勾缝,粘结牢固,密实光洁,横、竖缝交接平整,墙面洁净,清晰美观。

3) 允许偏差项目(见表 3-2-4)

表 3-2-4

项次	项目		允许偏差/mm						检验方法
			毛料石		粗料石		半细料石	细料石	
			基础	墙	基础	墙	墙、柱	墙、柱	
1	细线位移		20	15	15	10	10	10	
2	基础及顶面标高		±25	±15	±15	±15	±10	±10	用经纬仪、水准仪、尺量检查
3	砌体高度		+30	+20 −10	±15	+10 −5	+10 −5	+10 −5	尺量检查
4	垂直度	每层	−	20	−	10	7	5	用经纬仪或吊线坠，每层用托线板检查
		全高	−	30	−	25	20	15	
5	平整度墙、柱		−	20	−	10	7	5	用靠尺和楔形塞检查
6	水平灰缝平直度		−	−	−	10	7	5	拉 10 m 小线尺量检查

5. 成品保护

(1) 料石墙砌筑完后，未经有关人员检查验收，轴线桩、水准桩、皮数杆应加以保护，不得碰坏、拆除。

(2) 砌体中埋设的构造筋应注意保护，不得随意踩倒弯折。

(3) 细料石墙、柱、垛应用木板、塑料布保护，防止损坏楞角或污染。

6. 应注意的质量问题

1) 砂浆强度不稳定

材料计量要准确，搅拌时间要达到规定的要求。试块的制作养护、试压要符合规定的要求。

2) 水平灰缝不平

皮数杆应立牢固，标高一致，砌筑时小线要拉紧，穿平墙面，砌筑跟线。

3) 料石质量不符合要求

对进场的料石品种、规格和颜色进行验收时要严格把关。不符合要求的拒收，不用。

4) 勾缝粗糙

应叨灰操作，灰缝深度一致，横、竖缝交接平整，表面洁净。

7. 质量记录

本工艺标准应具备以下质量记录：

(1) 材料(料石、水泥、砂等)出厂合格证及复试报告。

(2) 砂浆试块试验报告。

(3) 分项工程质量检验评定。

(4) 隐检、预检记录。

(5) 冬期施工记录。

(6) 设计变更及洽商记录。

(7) 其它技术资料。

3.2.5 相关标准、规范、规程

相关标准、规范、规程有：

(1) 砌体工程施工及验收规范(GB50203-98)

(2) 混凝土小型空心砌块建筑技术规程(JGJ/T14-95)

(3) 中型砌块建筑设计与施工规程((JGJ5-80)

(4) 多孔砖(KPⅠ型)建筑抗震设计与施工规程(JGJ68-90)

(5) 设置钢筋混凝土构造柱多层砖房抗震技术规程(JGJ/T13-94)

(6) 屋面工程技术规范(GB50207-94)

(7) 砌筑砂浆配合比设计规程(JGJ/T98-96)

(8) 建筑安装工程质量检验评定统一标准(GBJ300-88)

(9) 天然沸石粉在混凝土与砂浆中应用技术规程(JGJ/J112-97)

(10) 用于水泥和混凝土中的粉煤灰(GB1596-91)

(11) 硅酸盐水泥、普通硅酸盐水泥(GB175-92)

(12) 建筑工程质量检验评定标准(GBJ301-88)

(13) 建筑工程冬期施工规程(JGJ104-97)

(14) 建筑施工安全检查标准(JGJ59-99)

(15) 施工现场临时用电安全技术规范(JGJ46-88)

(16) 建筑工程施工现场供用电安全规范(GB50194-93)

3.2.6 小型园林挡土墙施工示例

1. 材料

建造一个6 m长、1 m高的挡土墙所需材料：

平台块石：84块，每块400 mm×200 mm×200 mm

土壤：0.7 m^3

建造6 m长、0.8 m宽的台阶和种植地所需材料：

平台块石：116块，每块400 mm×200 mm×200 mm

水泥：75 kg

沙子：405 kg

2. 施工步骤(图3-2-5)

(1) 准备工作

第1步：虽然不必用混凝土地基，但挡土墙地基必须水平、压实。从挡土墙的开始处，挖大约600 mm宽、6 m长的沟。

第2步：把土壤堆在一边。如果是渗水良好的粘土，可以重新填充于挡土墙后。否则，就得另外放入1.2 m^3的土壤或沙子。

第3步：开始放置块石之前，用酒精水平仪来检查地面是否平坦。

第 4 步:如果地面有坡度,就把沟做成台阶状,并在低的一面另放一层块石。

(2) 挡土墙施工

第 5 步:开始放置块石。在挖掘的坡度与块石层之间留出大约 200 mm 宽的缝,并按角度放置,以便每个拐角能安插在一起。这样它们可以连接起来,使墙既具有强度,又有稳定性。最后墙后用沙子或土壤回填后压实。如果有水渗流或粘土层的问题,最好在土壤下面砌一个碎石和河沙的排水层。

第 6 步:放完一层块石后,用肥沃的土壤填满它们之间的孔隙及后边的空间。

第 7 步:把第二排放在第一排上面,但稍微靠后。这使得底层块石上的部分孔洞可见,完工后用于种植。

第 8 步:用酒精水平仪确保水平面平坦,也可用建造线维持墙体笔直。

第 9 步:继续放置块石,直至需要的高度。

第 10 步:一旦全部块石放好后,就往填土的块石上浇水,并压实。然后所有的缝隙均可再加土填满。

(3) 台阶施工

第 11 步:台阶可以达到希望的宽度。若每排 4 块,宽度是 800 mm。因踏面部分重叠 20 mm,所以每个块石踏步为 380 mm。小坡度上放双排块石也很好,这样台阶可以弯曲。注意,每块块石的空心部分均要等到块石放好后才能铲入砂浆。

第 12 步:压实每步台阶后面的土壤,并确保开始放置下排块石之前其表面绝对水平。

(4) 种植容器

第 13 步:沿着台阶竖直摆放额外的块石长路,并让中空面朝上。必要时,还可把它们堆起来,使块石高于踏步。

第 14 步:用肥沃的土壤填满石孔制作种植容器。

第 15 步:若台阶是弯曲的,则踏步的有些部分可能还有缝隙。这时要用砂浆填满或种上地被植物。

(5) 结尾

第 16 步: 在墙上和台阶的边缘种上抗逆性强的爬藤或攀援植物,不久这个结构就将被繁茂的枝叶覆盖。

第 1 步

第 5 步

第 6 步

第 8 步

第 9 步

第 10 步

第 11 步

第 12 步

第 14 步

完成后的挡墙效果

完成后的台阶效果

图 3－2－5　小型园林挡土墙施工示意图

4 园路与铺地工程

4.1 概述

园路和铺地是园林平面构图的重要元素,系平面硬质景观,与人在园林中的活动密切相关,在园林工程设计中占有重要地位。本书将园路界定为在园中起交通组织、引导游览、停车等作用的带状、狭长形的硬质地面;而铺地则专指相对较为宽广,提供人流集散、休憩等功能的硬质铺装地面。在园林中,广义上的道路根据所包含的活动层面大小又可分为风景旅游道路和一般园路两大类,前者专指风景名胜区规划设计中涉及的道路,后者系指一般意义上在园中既是交通线又是风景线的园林道路。本书所要介绍的为一般园路。

4.1.1 园路综述

园路的修建可谓历史悠久,我国古典园林中出现过多种结构及图案均十分精美,由砖、瓦、卵石、碎片石等铺面的园路,风格雅致、朴素,成为我国园林艺术的成就之一。《园冶》中记载的砖铺地图案形式就有12种之多,如人字式、席纹式、间方式、斗纹式、海棠式等,变化十分丰富。在现代造园中,园路同样受到重视,出现了一些用新材料、新工艺、适应功能需要的路面,从某种意义上来说也反映了新时期园路的时代特点和变化。

1. 园路的功能作用

园路犹如园中的脉络,既是贯穿全园的交通网络,同时又是分隔各个景区、联系不同景点的纽带。其功能可归结为以下几个方面:

1) 组织交通

呈现在游人面前的总是园林景观优美的一面,但其背后实际包含一个复杂的综合体,需要一系列的园务活动来支撑,如维修、养护等等。园路承担了游客的集散、疏导,满足园林绿化、建筑维修、养护、管理等工作的运输工作和安全、防火、职工生活、公共餐厅、小卖部等园务工作的运输任务。对于小公园,这些任务可综合考虑,对于大型公园,由于园务工作交通量大,有时可以设置专门的路线和出入口。

2) 引导游览

"人随路走"、"步移景异"说明园林不是设计一个个静止的"境界",而是创作一系列运动中的"境界"。游人所获得的是连续印象所带来的综合效果,即由印象的积累在思想情感上所带来的感染力。园路能担负起组织园林的观赏程序,向游客展示园林风景画面的作用。园路中的主路和一部分次路,被赋予明显的导游作用,能够自然而然地引导游人按照预定路线有序地进行游览,这部分园路就成了导游线。从某种意义上说,园路其实就是园林中游客的“导游者”。

3）划分空间，构成园景

园林中常常利用地形、建筑、植物或道路把全园分隔成各种不同功能的景区，同时又通过道路，把各个景区联系成一个整体。园路本身是一种线性狭长空间，同时由于园路的穿插划分，又把园林其它空间划成了不同形状、不同大小的一系列空间，通过大小、形式的对比，极大地丰富了园林空间的形象，增强了空间的艺术性表现。通过园路联系园中不同景点，组成园林景观整体，同时又形成一条条风景序列，并且园路优美的曲线、丰富多彩的路面铺装，可与周围的山、水、建筑、花草、树木、石景等景物紧密结合，在起联系作用的同时又“因路得景”，自成景观。

2. 园路的分类

园路根据划分依据的不同可以有许多种不同的分类体系，现介绍按等级和性质不同所进行的分类情况（表4－1－1）。

表4－1－1　园路分类与技术标准（参考）

分类		路面宽度/m	游人步道宽（路肩）/m	车道数/条	路基宽度/m	红线宽（含明沟）/m	车速/($km.h^{-1}$)	备注
园路	主园路	6.0～7.0	≥2.0	2	8～9	－	20	
	次园路	3～4	0.8～1.0	1	4～5	－	15	
	小径（游览步道）	0.8～1.5	－	－	－	－	－	
	专用道	3.0	≥1	1	4	不定		防火、园务、拖拉机道等

1）主园路

景园内的主要道路，从园林景区入口通向全园各主景区、广场、公建、观景点、后勤管理区，形成全园骨架和环路，组成导游的主干路线，并能适应园内管理车辆的通行要求。

2）次园路

是主园路的辅助道路，呈支架状连接各景区内景点和景观建筑，车辆可单向通过，为园内生产管理和园务运输服务。路宽可为主园路之半。自然曲度大于主园路，以优美舒展和富有弹性的曲线线条构成有层次的风景画面。

3）小径

是园路系统的最末梢，是供游人休憩、散步、游览的通幽曲径。可通达园林绿地的各个角落，是通达广场、园景的捷径，允许有手推童车通行，宽度0.8～1.5 m不等，并结合园林植物小品建设和起伏的地形，形成亲切自然、静谧幽深的自然游览步道。

3. 园路系统的布局形式

风景园林的道路系统不同于一般的城市道路系统，有自己的布置形式和布局特点。一般所见的园路系统布局形式有套环式、条带式和树枝式（图4－1－1）。

1）套环式园路系统

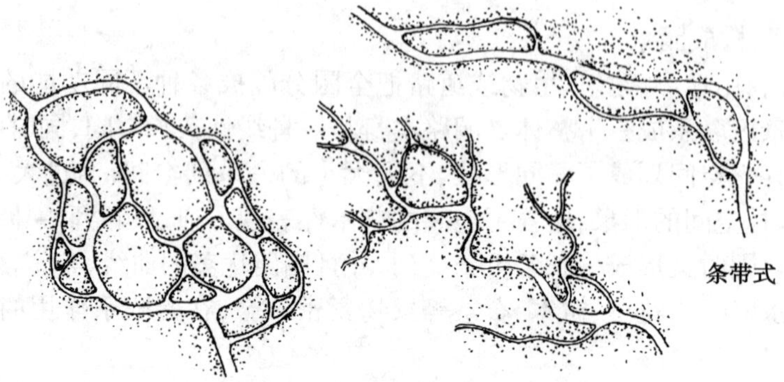

图 4-1-1　常见园路布局形式

这种园路系统的特征是:由主园路构成一个闭合的大型环路或一个“8”字形的双环路,再由很多的次园路和游览小道从主园路上分出,并且相互穿插连接与闭合,构成另一些较小的环路。主园路、次园路和小路构成的环路之间的关系,是环环相套、互通互连的关系,其中少有尽端式道路。因此,这样的道路系统可以满足游人在游览中不走回头路的愿望。套环式园路是最能适应公共园林环境,并且在实践中也是得到最为广泛应用的一种园路系统。但是,在地形狭长的园林绿地中,由于受到地形的限制,套环式园路也有不易构成完整系统的遗憾之处,因此在狭长地带一般都不宜采用这种园路布局形式。

2) 条带式园路系统

在地形狭长的园林绿地上,采用条带式园路系统比较合适。这种布局形式的特点是:主园路呈条带状,始端和尽端各在一方,并不闭合成环。在主路的一侧或两侧,可以穿插一些次园路和游览小道。次路和小路相互之间也可以局部闭合成环路,但主路不会闭合成环。条带式园路布局不能保证游人在游园中不走回头路,所以,只有在林阴道、河滨公园等带状公共绿地中才采用条带式园路系统。

3) 树枝式园路系统

以山谷、河谷地形为主的风景区和市郊公园,主园路一般只能布置在谷底,沿着河沟从下往上延伸。两侧山坡上的多处景点都是从主路上分出一些支路,甚至再分出一些小路加以连接。支路和小路多数只能是尽端式道路,游人到了景点游览之后,要原路返回到主路再向上行。这种道路系统的平面形状,就像是有许多分枝的树枝一样,游人走回头路的时候很多。因此,从游览的角度看,它是游览性最差的一种园路布局形式,只有在受到地形限制时,才不得已而采用这种布局。

4.1.2　园林铺地

在本书中,园林铺地的范畴是指园林中除道路以外提供人流集散、休闲娱乐、车辆停放等功能的硬质铺装地。室外园林空间中,地面通常被 3 种材料所覆盖:植被、水和铺装材料,而后者是惟一的硬质结构要素。铺装材料系指具有任何硬质的自然或人工的铺地材料,主要包括石、砖、磁砖、水泥、沥青、木材等。

1. 园林铺地的种类

园林铺地的实用功能不同，其设计形式也不会相同，因此也就出现了不同的类别。常见类别有：

1）园景广场

是将园林立地景观集中汇聚、展示在一处，并突出表现宽广的园林地面景观（如装饰地面等）的一类园林铺装地。园林中常见的门景广场、纪念广场、中心花园广场、音乐广场等，都属于这类广场。一方面，园景广场在园林内部留出一片开敞空间，增强了空间的艺术表现力；另一方面，它可以作为季节性的大型花卉园艺展览或盆景艺术展览等的展出场地；再一方面，它还可以作为节假日大规模人群集会活动的场所。

2）集散场地

设在主体性建筑前后、主路路口、园林出入口等人流频繁的重要地点，以人流集散为主要功能，表现形式主要为园林出入口广场和建筑附属铺装地等。

3）停车场和回车场

主要指设在公共园林内外的汽车停放场、自行车停放场和扩宽路口形成的回车场地。停车场多布置在园林入口内外，回车场则一般在园林内部适当地点灵活设置。

4）其它铺装地

附属于公共园林内外的场地，如旅游小商品市场、滨水观景平台、泳池休闲铺装地、露台等。

2. 园林铺地的主要功能

1）提供活动和休憩场所

游人在园林中的主要活动空间，毫无疑问应该是园路和各种铺装地。园林中硬质地面的比例控制，规划时会按照相关因素给予确定。大型的活动场地需要一定面积的铺装地支持，当铺装地面以相对较大并且无方向性的形式出现时，它会暗示着一个静态停留感（图 4－1－2），无形中创造出一个休憩场所。

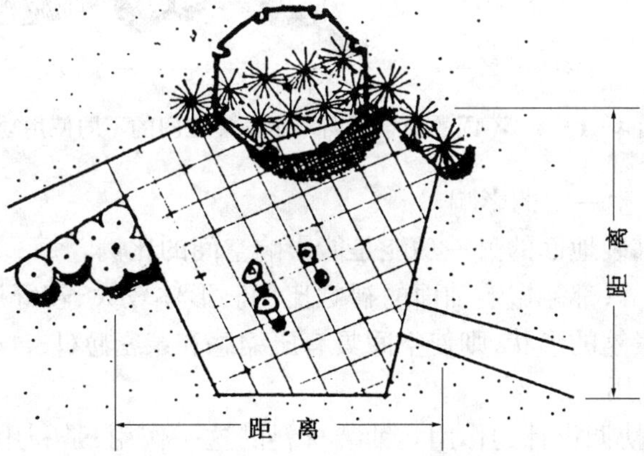

图 4－1－2　暗示休憩空间的铺装

2）引导和暗示地面的用途

铺装地能提供方向性，引导视线从一个目标移向另一目标(图 4－1－3)。铺装材料及其在不同空间中的变化，都能在室外空间中表示出不同的地面用途和功能。改变铺装材料的色彩、质地或铺装材料本身的组合，空间的用途和活动的区别也由此而得到明确(图 4－1－4)。

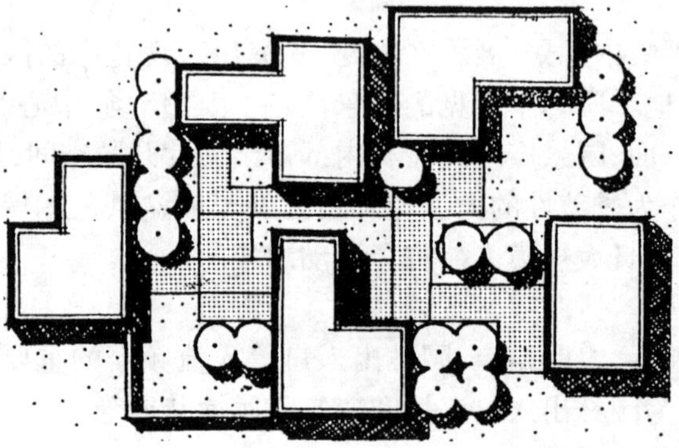

图 4－1－3　引导游人通向邻近空间的铺装

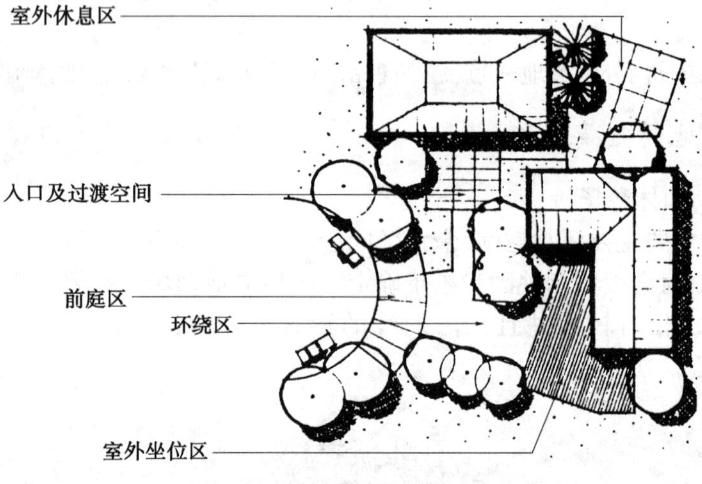

图 4－1－4　不同的铺装材料表示室外空间的不同使用功能

3) 对空间比例产生一定的影响

在外部空间中，铺装地面的另一功能是能影响空间的比例。每一块铺料的大小，以及铺砌形状的大小和间距等，都能影响铺面的视觉比例。形体较大、较舒展，会使空间产生宽敞的尺度感。而较小、紧缩的形状，则使空间具有压缩感和亲密感(图 4－1－5)。

4) 统一和背景作用

铺装地面有统一协调设计的作用。铺装材料的这一作用，是利用其充当与其它设计要素和空间相关联的公共因素来实现的。即使在设计中，其它因素在尺度和特性上也有着很大的差异，但在总体布局中，因处于一共同的铺装之中，相互之间便连接成一整体(图 4－1－6)。当铺装地面具有明显或独特的形状，易被人识别和记忆时，可谓是最好的统一者。在景观中，铺装地面还可以为其它引人注目的景物作中性背景。在这一作用中，铺装

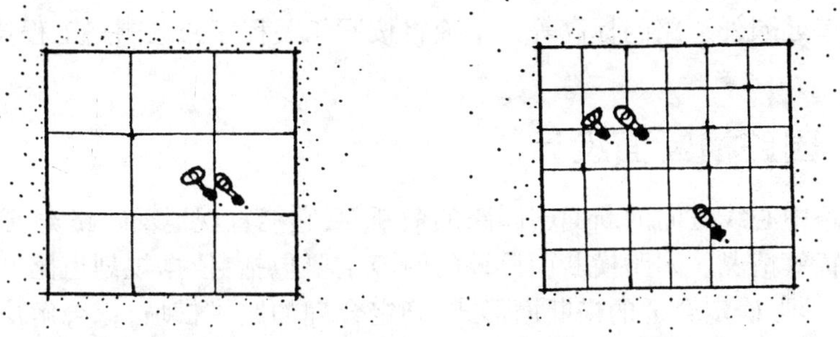

铺装图案使人感到尺度大　　　　铺装图案使人感到尺度小

图 4－1－5　铺装对空间比例的影响

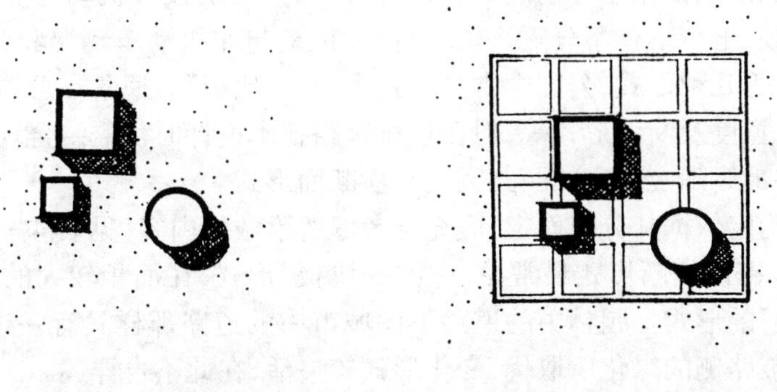

单独的元素缺少联系　　　　独特的铺装作为普通背景统一了各单独的因素

图 4－1－6　铺装的统一功能

地面被看做是一张空白的桌面或一张白纸，为其它焦点物的布局和安置提供基础。铺装地面可作为这样一些因素的背景，如建筑、雕塑、盆栽植物、陈列物、休息椅等。

5) 构成空间个性，创造视觉趣味

铺装地面具有构成和增强空间个性的作用。用于设计中的铺装材料及其图案和边缘轮廓，都能对所处的空间产生重要影响。不同的铺料和图案造型，都能形成和增强这样一些空间个性，产生不同的空间感，如细腻感、粗犷感、宁静感、喧闹感等。就特殊的材料而言，方砖能赋予空间以温暖亲切感，有角度的石板会形成轻松自如、不拘谨的气氛。而混凝土则会产生冷清、无人情味的感受。

4.2　园路工程

在园路工程技术设计之前，必须先进行实地勘查，熟悉设计场地现状及周围的情况，对园路的客观环境进行全面的认识。勘查时应注意的事项包括：了解基地现场的地形地貌情况，并核对图纸；了解基地的土壤、地质、地下水位、地表积水情况，原因及范围；了解基地内原有建筑物、道路、河池及植物种植的情况，要特别注意保护大树和名贵树木，必要时路可适当避让大树；了解地下管线(包括煤气、供电缆、电话、给排水等)的分布情况及园外道路的宽度和公园出入口处园外道路的标高等。下面将按照相关程序介绍园路工程技术设计的有关内容。

4.2.1 园路横断面设计

垂直于园路中心线方向的断面叫园路的横断面，它能直观地反映路宽、道路和横坡及地上地下管线位置等情况。园路横断面设计的内容主要包括：依据规划道路宽度和道路断面形式，结合实际地形确定合适的横断面形式，确定合理的路拱横坡，综合解决路与管线及其它附属设施之间的矛盾等。

1. 园路横断面形式的确定

道路的横断面形式依据车行道的条数通常可分为“一块板”(机动与非机动车辆在一条车行道上混合行驶，上行下行不分隔)、“二块板”(机动与非机动车辆混驶，但上下行由道路中央分隔带分开)等几种形式，公园中常见的路多为“一块板”。通常在总体规划阶段会初步定出园路的分级、宽度及断面形式等，但在进行园路技术设计时仍需结合现场情况重新进行深入设计，选择并最终确定适宜的园路宽度和横断面形式。

园路宽度的确定依据其分级而定，应充分考虑所承载的内容(见表4-2-1)，详细情况见表4-1-1。园路的横断形式最常见的为“一块板”形式，在面积较大的公园主路中偶尔也会出现“二块板”的形式。园林中的道路不像城市中的道路那样具有一定的程式化，有时道路的绿化带会被路侧的绿化所取代，变化形式较灵活，在此不再详述。

表4-2-1 游人及各种车辆的最小运动宽度表

交通种类	最小宽度/m	交通种类	最小宽度/m
单　人	≥0.75	小轿车	2.00
自行车	0.6	消防车	2.06
三轮车	1.24	卡　车	2.50
手扶拖拉机	0.84～1.5	大轿车	2.66

2. 园路路拱设计

为能使雨水快速排出路面，道路的横断面通常设计为拱形、斜线形等形状，称之为路拱，其设计主要是确定道路横断面的线形和横坡坡度。

园路路拱基本设计形式有抛物线形、折线形、直线形和单坡形4种(图4-2-1)。

抛物线形路拱。是最常用的路拱形式。其特点是路面中部较平，愈向外侧坡度愈陡，横断路面呈抛物线形。这种路拱对游人行走、行车和路面排水都很有利，但不适于较宽的道路以及低级的路面。抛物线形路拱路面各处的横坡度一般宜控制在：$i_1 \geqslant 0.3\%$，$i_4 \leqslant 5\%$，且i平均为2%左右。

折线形路拱。系将路面做成由道路中心线向两侧逐渐增大横坡度的若干短折线组成的路拱。这种路拱的横坡度变化比较徐缓，路拱的直线较短，近似于抛物线形路拱，对排水、行

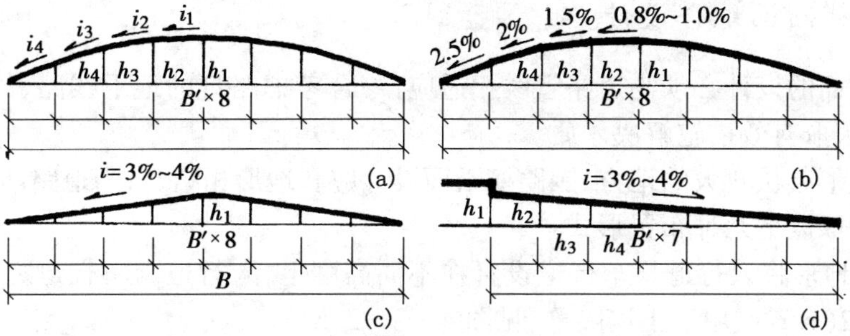

图 4-2-1　园路路拱的设计形式

(a) 抛物线形；(b) 折线形；(c) 直线形；(d) 单坡直线形

人、行车也都有利，一般用于比较宽的园路。

直线形路拱。适用于二车道或多车道并且路面横坡坡度较小的双车道或多车道水泥混凝土路面。最简单的直线形路拱是由两条倾斜的直线所组成的。为了行人和行车方便，通常可在横坡1.5%的直线形路拱的中部插入两段0.8%～1.0%的对称连接折线，使路面中部不至于呈现屋脊形。在直线形路拱的中部也可以插入一段抛物线或圆曲线，但曲线的半径不宜小于50 m，曲线长度不应小于路面总宽度的10%。

单坡形路拱。这种路拱可以看作是以上3种路拱各取一半所得到的路拱形式，其路面单向倾斜，雨水只向道路一侧排除。在山地园林中，常常采用单坡形路拱。但这种路拱不适宜较宽的道路，道路宽度一般都不大于9 m；并且夹带泥土的雨水总是从道路较高一侧通过路面流向较低一侧，容易污染路面，所以在园林中采用这种路拱也要受到很多限制。

园路横坡坡度的设计受园路路拱的平整度、铺路材料的种类以及路面透水性能等条件的影响。根据我国交通部的道路技术标准，路拱横坡坡度的设计可以参考表4-2-2。

表 4-2-2　不同路面面层的横坡度

道路类别	路面结构	横坡度/%
人行道	砖石、板材铺砌 砾石、卵石镶嵌面层 沥青混凝土面层 素土夯实面层	1.5～2.5 2.0～3.0 3.0 1.5～2.0
自行车道 广场行车路面 汽车停车场	水泥混凝土	1.5～2.0 0.5～1.5 0.5～1.5
车行道	水泥混凝土 沥青混凝土 沥青结合碎石或表面处理 修整块料 圆石、卵石铺砌，以及砾石、碎石或矿渣(无结合料处理)、结合料稳定土壤 级配砂土、天然土壤、粒料稳定土壤	1.0～1.5 1.5～2.5 2.0～2.5 2.0～3.0 2.5～3.5 3.0～4.0

3. 园路横断面综合设计

园路横断面的设计必须与道路管线相适应，综合考虑路灯的地下线路、给水管、排水管等附属设施，采取有效措施解决矛盾。

在自然地形起伏较大的地方，园路横断面设计应和地形相结合，当道路两侧的地形高差较大时可以采取以下几种布置形式：

(1) 结合地形将人行道与车行道设置在不同高度上，人行道与车行道之间用斜坡隔开(见图 4－2－2(a))，或用挡土墙隔开(见图 4－2－2(b))。

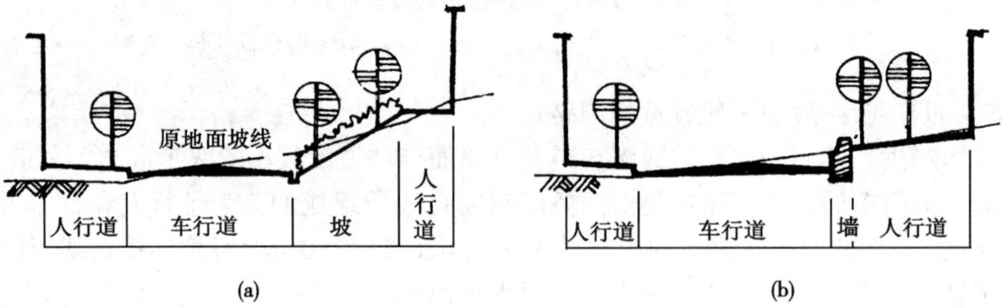

图 4－2－2

(2) 将两个不同行车方向的车行道设置在不同高度上(见图 4－2－3)。

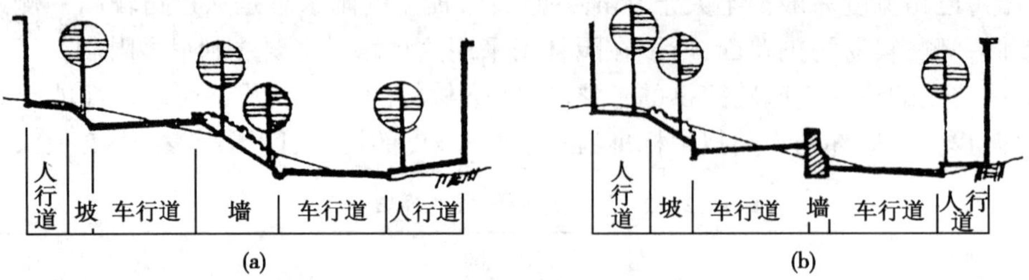

图 4－2－3

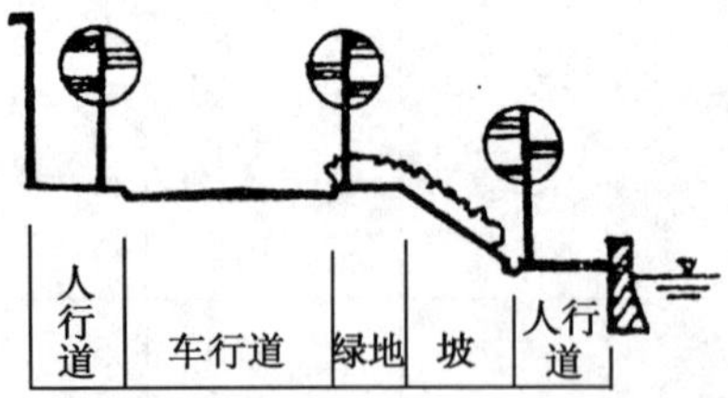

图 4－2－4

(3) 结合岸坡倾斜地形，将沿河一边的人行道布置在较低的不受水淹的河滩上，供居民散步休息之用。车行道设在上层，以供车辆通行(见图 4－2－4)。

(4) 当道路沿坡地设置，车行道和人行道同在一个高度上，横断面布置应将车行道中线的标高接近地面，并向土坡靠(如图 4－2－5 所示)。图中横断面 2 为合理位置。这样可避免出现多填少挖的不利现象(一般为了使路基比较稳固，而出现多挖少填的情况)，以减少土方和护坡工程。

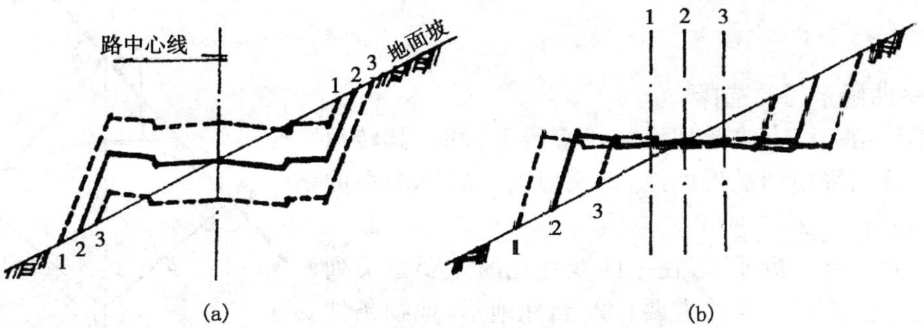

图 4-2-5　铺装的统一功能

(a) 中线位置不变,标高改变　　(b) 中线位置变动,标高不变

4.2.2　园路的平面线形设计

在确定好园路宽度和横断面形式之后就可以进行园路的平面线形设计,其基本内容是结合规划定出道路中心线的位置,确定直线段,选择平曲线半径,合理解决曲线与直线的衔接等。

1. 园路平曲线设计

园路根据类型不同也可以分为规则式和自然式两大类。规则式讲求采用严谨整齐的几何式道路布局,突出人工的痕迹,此类型在西方园林中应用较多;自然式则恰好相反,崇尚自然,园路常出现流畅的线条,萦纡回环,"虽由人作,宛自天开",讲究含蓄美和自然美。近年来,随着东西方造园艺术交流的日渐增进,规则与自然相结合的园路布局手法也不鲜见。

园林道路的平面是由直线和曲线组成的。规则式园路以直线为主,自然式园路以曲线为主。曲线形园路是由不同曲率、不同弯曲方向的多段弯道连接而成,其平面的曲线特征十分明显;就是在直线形园路中,其道路转折处一般也应设计为曲线的弯道形式。园路平面的这些曲线形式,就叫园路平曲线。

1) 平曲线线形设计

在设计自然式曲线道路时,道路平曲线的形状应满足游人平缓自如转弯的习惯,弯道曲线要流畅,曲率半径要适当,不能过分弯曲,不得矫揉造作(图 4-2-6)。

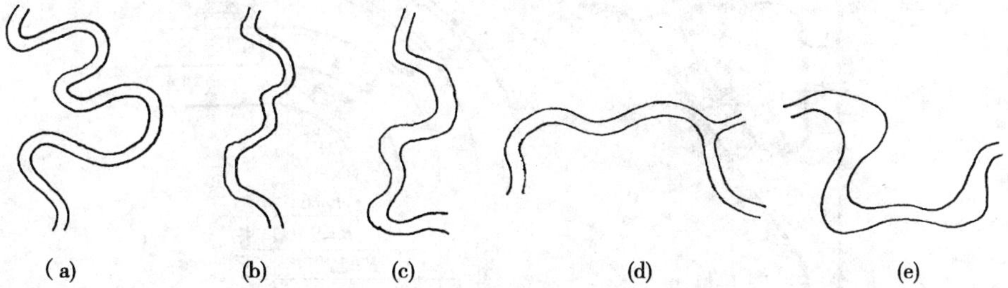

图 4-2-6　园路平面曲线线形比较

(a) 园路过分弯曲; (b) 曲弯不流畅; (c) 宽窄不一致;
(d) 正确的平行曲线园路; (e) 特殊的不平行曲线园路

2）平曲线半径的选择

当道路由一段直线转到另一段直线上去时，其转角的连接部分均采用圆弧形曲线，该圆弧的半径称为平曲线半径，如图4－2－7所示。

自然式园路曲折迂回，在平曲线变化时主要由下列因素决定：① 园林造景的需要；② 当地地形、地物条件的要求；③ 在通行机动车的地段上，要注意行车安全。一般园路的弯道平曲线半径可以设计得比较小，仅供游人通行的游步道，平曲线半径还可更小（表4－2－3）。

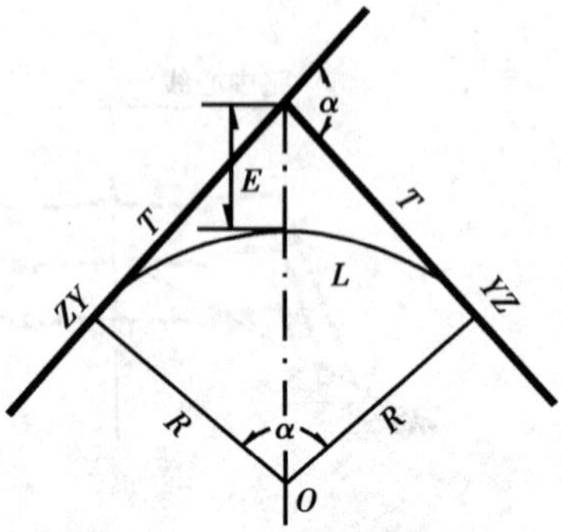

图4－2－7 平曲线图

T—切线长（m）；E—曲线外距（m）；L—曲线长（m）；α—路线转折角度；R—平曲线半径（m）；ZY—直圆点（曲线起点）；YZ—圆直点（曲线终点）

表4－2－3 园路内侧平曲线半径参考值 （单位：m）

园路类型	一般情况下	最小
游览小道	3.5～20.0	2.0
次园路	6.0～30.0	5.0
主园路	10.0～50.0	8.0

2. 园路转弯半径的确定

通行机动车辆的园路在交叉口或转弯处的平曲线半径要考虑适宜的转弯半径，以满足通行的需求。转弯半径的大小与车速和车类型号（长、宽）有关，个别条件困难地段也可以不考虑车速，采用满足车辆本身的最小转弯半径（图4－2－8）。

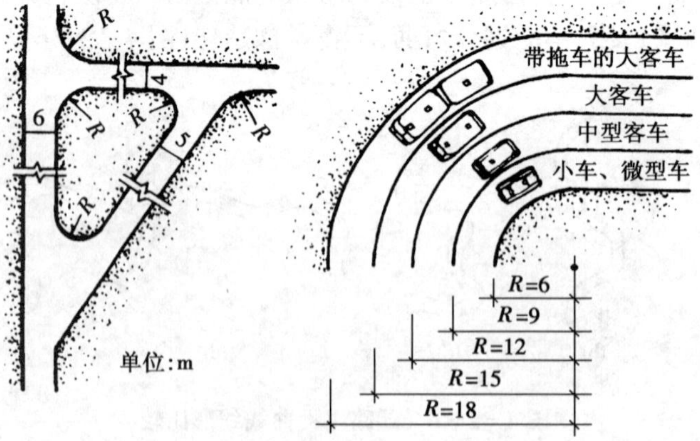

图4－2－8 园路转弯半径的确定

3. 曲线加宽

汽车在弯道上行驶,由于前后轮的轮迹不同,前轮的转弯半径大,后轮的转弯半径小。因此,弯道内侧的路面要适当加宽,如图 4-2-9 所示。

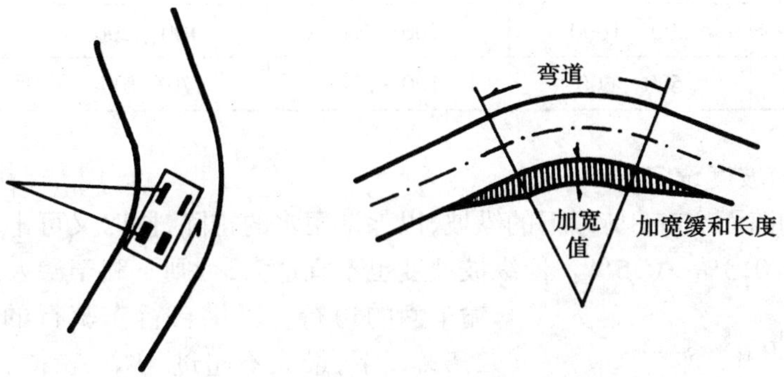

图 4-2-9　弯道行车道后轮轮迹与曲线加宽

4.2.3　园路的纵断面设计

园路纵断面,是指路面中心线的竖向断面。路面中心线在纵断面上为连续相折的直线,为使路面平顺,在折线的交点处要设置成竖向的曲线状,这就叫做园路的竖曲线。竖曲线的设置,使园林道路多有起伏,路景生动,视线俯仰变化,游览散步感觉舒适方便。

1. 园路纵断面设计的主要内容

园路纵断面设计的主要内容有:

(1) 确定路线各处合适的标高;

(2) 设计各路段的纵坡及坡长;

(3) 保证视距要求,选择各处竖曲线的合适半径,设置竖曲线并计算施工高度等。

2. 园路纵断面设计的要求

园路纵断面的设计要求是:

(1) 根据造景的需要,随地形的变化而起伏变化,并保证竖曲线线形平滑。

(2) 在满足造园艺术要求的情况下,尽量利用原地形,以保证路基的稳定,并减少土方量。

(3) 园路与相连的城市道路及广场、建筑入口等处在高程上应有合理的衔接。

(4) 园路应配合组织园内地面水的排除,并与各种地下管线密切配合,共同达到经济合理的要求。

3. 园路竖曲线设计

1) 确定园路竖曲线合适的半径

园路竖曲线的允许半径范围比较大,其最小半径比一般城市道路要小得多。半径的确定与游人游览方式、散步速度和部分车辆的行驶要求相关,但一般不作过细的考虑。表4－2－4所列园路竖曲线的取值,可供设计中参考。

表4－2－4　园路竖曲线最小半径建议值　(单位:m)

园路级别	风景区主干道	主园路	次园路	小路
凸形竖曲线	500～1000	200～400	100～200	＜100
凹形竖曲线	500～600	100～200	70～100	＜70

2) 园路纵向坡度设定

一般园路的路面应有8%以下的纵坡,以保证雨水的排除,同时又可丰富路景。应保证最小纵坡不小于0.3%～0.5%。但纵坡坡度也不宜过大,否则不利于游人的游览和园务运输车辆的通行。可供自行车骑行的园路,纵坡宜在2.5%以下,最大不超过4%。轮椅、三轮车宜为2%左右,不超过3%。不通车的人行游览道,最大纵坡不超过12%,若坡度在12%以上,就必须设计为梯级道路。除了专门设在悬崖峭壁边的梯级磴道外,一般的梯道纵坡坡度都不要超过100%。园路纵坡较大时,其坡面长度应有所限制(表4－2－5)。当道路纵坡较大而坡长又超过限制时,则应在坡路中插入坡度不大于3%的缓和坡段;或者在过长的梯道中插入一至数个平台,供人暂停小歇并起到缓冲作用(图4－2－10)。

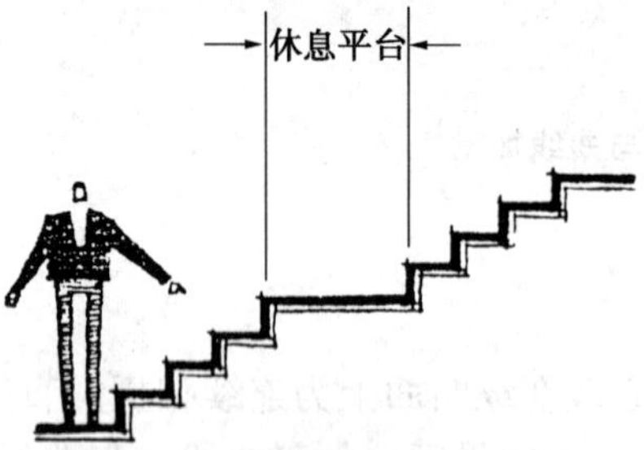

图4－2－10

表4－2－5　园路纵坡与限制坡长

道路类型	车道			游览道				梯道
园路纵坡/%	5～6	6～7	7～8	8～9	9～10	10～11	11～12	＞12
限制坡长/m	600	400	300	150	100	80	60	25～60

4. 弯道与超高

当汽车在弯道上行驶时,产生横向推力叫离心力。这种离心力的大小,与车行速度的平方成正比,与平曲线半径成反比。为了防止车辆向外侧滑移,抵消离心力的作用,就要把路的外侧抬高。

4.2.4　园路的结构

园路的结构部分将向大家介绍园路的材料、结构形式、技术数据等相关内容,可以清楚地了解园路的基本组成情况。

1. 园路结构简介

从构造上看,园路是由上部的路面和下部的路基两大部分组成(图4－2－11,图4－2－

12)。路基是路面的基础，为园路提供一个平整的基面，承受地面上传下来的荷载，是保证路面具有足够强度和稳定性的重要条件之一。

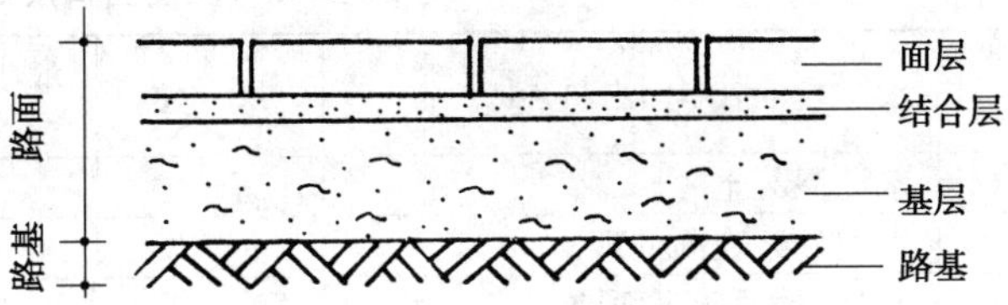

图 4－2－11　园路路面构造图

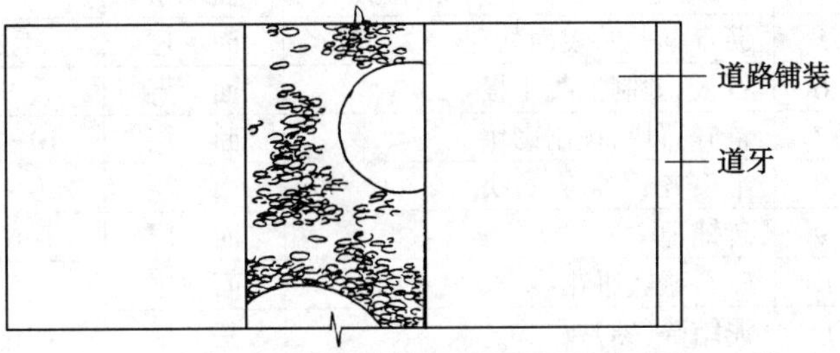

图 4－2－12　园路路面平面图

从路面的力学性能出发，可以把路面分为刚性路面和柔性路面两类。刚性路面，主要指现浇的水泥混凝土路面。这种路面在受力后发生混凝土板的整体作用，具有较强的抗弯强度，其中又以钢筋混凝土路面的强度最大。刚性路面坚固耐久，保养翻修少，但造价较高，一般在公园、风景区的主园路和最重要的道路上采用。柔性路面是用粘性、塑性材料和颗粒材料做成的路面，也包括使用土、沥青、草皮和其它结合材料进行表面处理的粒料、块料加固的路面。柔性路面在受力后抗弯强度很小，路面强度在很大程度上取决于路基的强度。这种路面的铺路材料种类较多，适应性较强，易于就地取材，造价相对较低。园林中人流量不大的游览道、散步小路、草坪路等，适宜采用柔性路面。

园路路面结构组合形式多样。典型的园路路面构造通常包括面层、结合层、基层和垫层。

1）面层

是路面最上面的一层，它直接承受人流、车辆和自然因素如烈日、严冬、风、雨、雪等的破坏。如面层选择不好，就会给游人带来“无风三尺土，雨天一脚泥”或反光刺眼等不利影响。因此，从工程上来讲，面层设计时要坚固、平稳、耐磨损，具有一定的粗糙度，少尘埃，便于清扫。

2）结合层

是在采用块料铺筑面层时，在面层和基层之间，为了结合和找平而设置的一层。一般用3～5 cm 厚的粗砂、水泥砂浆或白灰砂浆即可。

3）基层

一般在土基之上，起承重作用。一方面支承由面层传下的荷载，另一方面把此荷载传给土基。基层不直接接受车辆和气候因素的作用，对材料的要求比面层低。一般用碎（砾）石、灰土或各种工业废渣等筑成。要求较高的路面有时也用混凝土。

4）垫层

在路基排水不良或有冻胀、翻浆的路线上，为了排水、隔温、防冻的需要，用煤渣土、石灰土等筑成。在园林中可以用加强基层的办法，而不另设此层。

各类型路面结构层的最小厚度可查表 4－2－6。

表 4-2-6　路面结构层最小厚度表

序号	结构层材料		层位	最小厚度/cm	备注
1	水泥混凝土		面层	6	
2	水泥砂浆表面处理		面层	1	1:2 水泥砂浆用粗砂
3	石片、釉面砖表面铺贴		面层	1.5	水泥砂浆做结合层
4	沥青混凝土	细粒式	面层	3	双层式结构的上层为细粒式时，其最小厚度为 2 cm
		中粒式	面层	3.5	
		粗粒式	面层	5	
5	沥青(渣油)表面处理		面层	1.5	
6	石板、预制混凝土板		面层	6	预制板加 ø6～8 mm 钢筋
7	整齐石块、预制砌块		面层	10～12	
8	半整齐、不整齐石块		面层	10～12	包括拳石、圆石
9	砖铺地		面层	6	用 1:2.5 水泥砂浆或 4:6 石灰砂浆做结合层
10	砖石镶嵌拼花		面层	5	
11	泥结碎(砾)石		基层	6	
12	级配砾(碎)石		基层	5	
13	石灰土		基层或垫层	8 或 15	老路上为 8 cm，新路上为 15 cm
14	二渣土、三渣土		基层或垫层	8 或 15	
15	手摆大块石		基层	12～15	
16	砂、砂砾或煤渣		垫层	15	仅做平整用，不限厚度

2. 园路结构设计

1) 路基和附属工程

路基应有足够的强度和稳定性，一般粘土或砂性土经夯实后可以直接做路基。对于未压实的下层填土，经过雨季被水浸润后能使其自身沉陷稳定，其容重为 180 g/cm^3 可以用于路基。在严寒地区，严重的过湿冻胀土或湿软呈橡皮状土，宜采用 1:9 或 2:8 灰土加固路基，其厚度一般为 15 cm。

(1) 道牙

道牙一般分为立道牙和平道牙两种形式，其构造如图 4-2-13 所示。

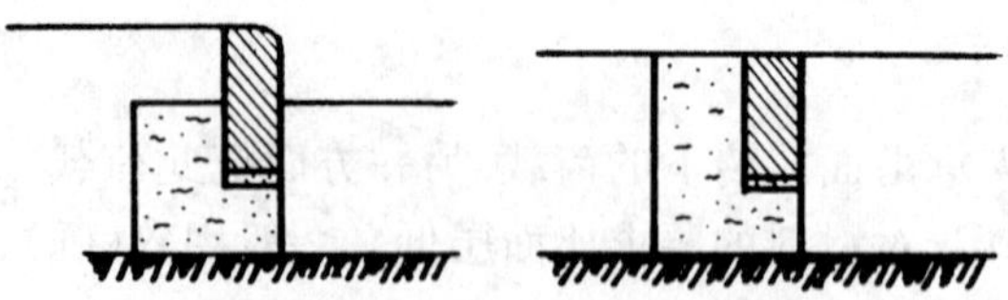

立道牙　　平道牙

图 4-2-13　道牙结构图

它们安置在路面两侧，使路面与路肩在高程上起衔接作用，并能保护路面，便于排水。道牙一般用砖或混凝土制成，在园林中也可以用瓦、大卵石、条石等做成。

(2) 台阶

当路面坡度超过 12°时，为了便于行走，在不通行车辆的路段上，可设台阶。台阶的宽度与路面相同，每级台阶的高度为 12～17 cm，宽度为 30～38 cm。台阶高度和宽度比例关系的原则是：高度尺寸乘以 2，再加上宽度等于 66 cm。一般台阶不宜连续使用，如地形许可，每 10～18 级后应设一段平坦的地段，使游人有恢复体力的机会。为了防止台阶积水、结冰，每级台阶应有 1%～2% 向下的坡度，以利排水。在园林中根据造景的需要，台阶可以用天然山石、预制混凝土做成木纹板、树桩等各种形式，以装饰园景。为了夸张山势，造成高耸的感觉，台阶的高度也可增至15 cm以上，以增加趣味。台阶可以作为非正式的休息处，同时可以在道路的尽头充当焦点物并能在外部空间中构成醒目的地平线。

(3) 礓礤

在坡度较大的地段上，一般纵坡超过15%时，本应设台阶，但为了能通行车辆，所以将斜面做成锯齿形坡道，称为礓礤。其形式和尺寸如图4-2-14所示。

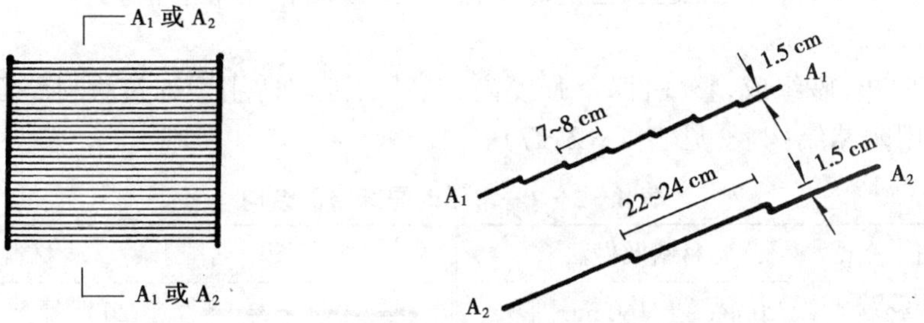

图4-2-14 礓礤做法

(4) 磴道和梯道

在园林土山或石假山及其它一些地方，为了与自然山水园林相协调，梯级道路不采用砖石材料砌筑成整齐的阶梯，而是采用顶面平整的自然山石，依山随势，砌成山石磴道。山石材料可根据各地资源情况选择，砌筑用的结合材料可用石灰砂浆，也可用1:3水泥砂浆，还可以采用山土垫平塞缝，并用片石刹垫稳当。踏步石踏面的宽窄允许有些不同，可在30～50 cm之间变动。踏面高度还是应统一起来，一般采用12～20 cm。当其纵坡大于60%时应做防滑处理，并设扶手栏杆等。

梯道是在风景区山地或园林假山上最陡的崖壁处设置的攀登通道。一般是从下至上在崖壁凿出一道道横槽作为梯步，如同天梯一样。梯道旁必须设置铁链或铁管矮栏并固定于崖壁壁面，作为登攀时的扶手。

(5) 种植池、明沟和雨水井

种植池是为满足绿化而特地设置的，规格依据相关规范而定，一般为1.5 m×1.5 m。明沟和雨水井是为收集路面雨水而建的构筑物，园林中常以砖块砌成。

2) 基层的选择

基层的选择应视路基土壤的情况、气候特点及路面荷载的大小而定，并应尽量利用当地材料。

(1) 在冰冻不严重，基土坚实，排水良好的地区，铺筑游步道时，只要把路基稍为平整，就可以铺砖修路。

(2) 灰土基层。它是由一定比例的白灰和土拌和后压实而成。使用较广，具有一定的强度和稳定性，不易透水，后期强度近刚性物质，在一般情况下使用一步灰土(压实后为15 cm)，在交通量较大或地下水位较高的地区，可采用压实后为20～25 cm的二步灰土。

(3) 几种隔温材料比较。在季节性冰冻地区，当地下水位较高时，为了防止发生道路翻浆，基层应选用隔温性较好的材料。据研究认为，砂石的含水量少，导温率大，故该结构的冰冻深度大，如用砂石做基层，需要做得较厚，不经济。石灰土的冰冻深度与土壤相同，石灰土结构的冻胀量仅次于亚粘土，说明密度不足的石灰土(压实密度小于85%)不能防止冻胀，压实密度较大时可以防冻；煤渣石灰土或矿渣石灰土做基层，用 7∶1∶2 的煤渣、石灰、土混合料，隔温性较好，冰冻深度最小，在地下水位较高时，能有效地防止冻胀。

3）结合层的选择

（1）白灰干砂

施工时操作简单，遇水后会自动凝结，由于白灰体积膨胀，密实性好。

（2）净干砂

施工简便，造价低。经常遇水会使砂子流失，造成结合层不平整。

（3）混合砂浆

由水泥、白灰、砂组成，整体性好，强度高，粘结力强。适用于铺筑块料路面。造价较高。

4）附常用园路结构表（见表 4－2－7）。

表 4－2－7　常见的园路路面结构

简　图	材料及做法	简　图	材料及做法
 混凝土车行道	C20 混凝土 160 mm 厚 30 mm 厚粗砂间层 大块石垫层厚 180 mm 素土夯实	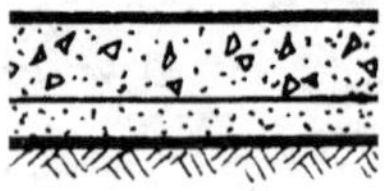 混凝土车行道	C20 混凝土 120 mm 厚 80 mm 厚粗砂垫层 素土夯实
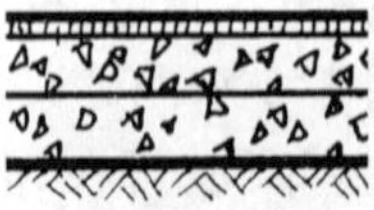 沥青混凝土路	40 mm 厚中粒沥青混凝土 80 mm 厚碎(砾)石间层 100 mm 厚碎(砾)石垫层 素土夯实	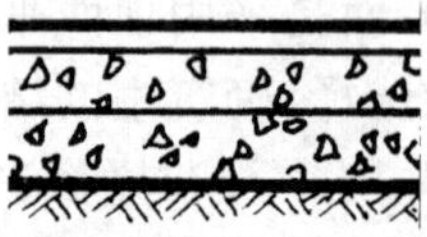 沥青表面处理	20 mm 厚沥青表面处理 级配碎石面层厚 80 mm 碎(砾)石垫层厚 120 mm 素土夯实
 混凝土砌块路面	C20 混凝土砌块厚 100 mm 1∶3 水泥砂浆厚 15 mm 级配砂石垫层 素土夯实	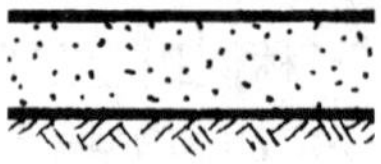 三合土路面	石灰、粘土、炉渣三合土 比例 15∶10∶15，厚 100 mm 素土夯实
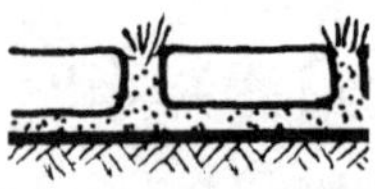 石板嵌草路面	100 mm 厚石板留草缝宽 40 mm 50 mm 厚黄砂垫层 素土夯实	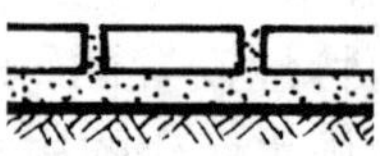 平铺砖路面	普通砖平砌细砂嵌缝 10 mm 厚石灰、粘土、炉渣， 或 5 mm 厚粗砂 素土夯实
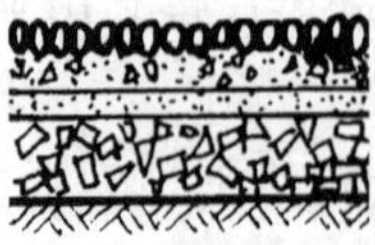 卵石路面	70 mm 厚混凝土栽小卵石 40 mm 厚 M2.5 混合砂浆 200 mm 厚碎砖三合土 素土夯实	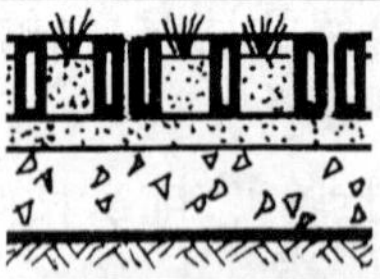 砌块嵌草路面	100 mm 厚混凝土空心砖 30 mm 厚粗砂间层 200 mm 厚碎石垫层 素土夯实
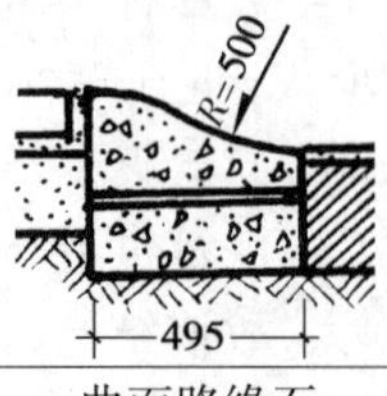 曲面路缘石	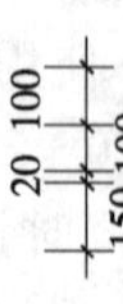 C20 混凝土预制路缘石 1∶2.5 水泥砂浆砌筑	 混凝土路缘石	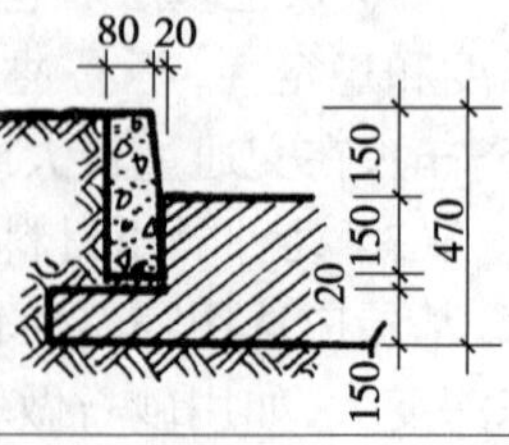

3. 园路路面铺装设计

1）园路路面铺装的艺术设计

园林中的路不同于一般的城市道路，不但要求基础稳定、基层结实、经久耐用，同时还要考虑景观效果，因此对路面铺装有一定的要求。我国传统园林中对园路的处理积累了较为丰富的经验，如《园冶》中讲："惟厅堂广厦中铺，一概磨砖，如路径盘蹊，长砌多般乱石，中庭或宜叠胜，近砌亦可回文。八角嵌方，选鹅子铺成蜀锦。"又讲："花环窄路偏宜石，堂迥空庭需用砖。""鹅子石宜铺于不常走处。""乱青板石，斗冰裂纹，宜于山堂、水坡、台端、亭际。"很细致地讲述了路面与环境的关系。

现代园林服务对象与传统园林有所不同，人流量增大和行车的需要要求路面的承载力增大，讲求既实用又有艺术性。在进行路面铺装艺术设计时应把握以下几点：

(1) 路面应有装饰性，纹样设计要求色彩协调，考虑质感对比和尺度划分，同时图案设计讲求个性。

(2) 园路路面应有柔和的光线和色彩，减少反光、刺眼感觉，如可用各种条纹水泥混凝土砖按不同方向排列，以产生很好的光彩效果，使路面既朴素又丰富，并且减少了路面的反光强度。

(3) 路面应与地形、植物、山石等配合。在进行路面设计时，应与地形、置石等很好地配合，共同构成景色。园路与植物的配合，不仅能丰富景色，使路面变得生气勃勃，而且嵌草的路面可以改变土壤的水分和通气状态，为绿化创造有利条件，并能降低地表温度，对改善局部小气候有利。

(4) 在进行路面图案设计时，应与景区的意境相结合，既要根据园路所在的环境选择路面的材料、质感、形式、尺度，同时还要研究路面图案的寓意、趣味，使路面更好地成为园景的组成部分。例如儿童公园或游戏场的空间环境设计要求活泼、明朗、稚气、单纯、明快，故铺地地纹设计则应以简单的几何图形来组合，再以图案艺术墙面分隔空间，以求协调相配；再如寺庙空间环境以古朴、淡雅、清静为主，故铺地地纹则以淡雅青板(条)石或仿方砖、斩假石、青黛色砖瓦铺地自然形成为宜。

(5) 设计时应考虑就地取材，价廉物美又接近自然。充分重视废料和新材料的引入，低才高用。

2）常见园路铺装类型

(1) 整体路面

主要是沥青混凝土或水泥混凝土铺筑的路面，平整度好，耐压、耐磨，施工和养管简单，多用于公园主次园路或一些附属道路。

沥青混凝土路面，用 60～100 mm 厚泥结碎石做基层，以 30～50 mm 厚沥青混凝土做面层。根据沥青混凝土的骨料粒径大小，有细粒式、中粒式和粗粒式沥青混凝土可供选用。这种路面属于黑色路面，一般不用其它方法来对路面进行装饰处理。

水泥混凝土路面基层的做法，可用 80～120 mm 厚碎石层，或用 150～200 mm 厚大块石层，在基层上面可用 30～50 mm 粗砂做间层。面层则一般采用 C20 混凝土，做 120～160 mm 厚。路面每隔 10 m 设伸缩缝一道。对路面的装饰，可用普通抹灰或彩色水泥抹灰。

(2) 块料路面

用规则或不规则的石材、砖、预制混凝土块做路面面层材料，一般结合层要用水泥砂浆，起路面找平和结合作用。这类铺地适用于园林中的游步道、次路等，也是现代园林中应用比较普遍的形式之一。

① 石材路面

一般被加工成 497 mm × 497 mm × 50 mm、697 mm × 497 mm × 60 mm、997 mm × 697 mm × 70 mm 等规格，其下直接铺 30～50 mm 的砂土做找平的垫层，可不做基层；或者，以砂土层作为间层，在其下设置 80～100 mm 厚的碎(砾)石层做基层也行。石板下不用砂土垫层，而用 1∶3 水泥砂浆或 4∶6 石灰砂浆做结合层，可以保证面层更坚固和稳定。石材路面能够利用天然石的不同品质、颜色、石料饰面及铺砌方法组合出多种形式，营造一种有质感、沉稳的氛围。石料常用花岗岩，造价相对较高。有时石料尺寸变小，从 90 mm × 70 mm × 45 mm～90 mm × 70 mm × 25 mm，成为一种小料石路面，国外也称之为“骰石路面”，常用于人行道铺装。石材表面处理有光面和毛面两种，道路上宜选毛面石材以防滑(图 4－2－15)。

图 4－2－15　小料石路面

② 预制混凝土块路面

其规格尺寸按照具体设计而定，常见有正方形、长条形和嵌锁形等，铺筑方法与石材路面相同。不加钢筋的混凝土板，其厚度不要小于 80 mm。加钢筋的混凝土板，最小厚度可仅 60 mm，所加钢筋一般用直径 6～8 mm，间距 200～250 mm，双向布筋。预制混凝土铺砌板的顶面，常加工成光面、彩色水磨石面或露骨料面。预制混凝土块路面造价相对石材来说较低，其色彩、样式也很丰富(图 4－2－16)。

图 4－2－16　预制混凝土块路面

③ 铺砖路面

以成品砖为路面面层，所用砖材以红、黄和棕色系色调为主，也有造型类似嵌锁形混凝土预制块的咬合型砖块，此种铺砖路面形式多样，铺筑方法如预制混凝土块(图 4－2－17)。

(3) 卵石路面

卵石是园林中最常用的一种路面面层材料，一般用于公园游步道或小庭园中的道路。中国古典园林中很早就开始用卵石铺路，并且还创造了许多带有传统文化的图案，江南古典园林中目前仍保留了不少这方面的佳作。近年来在现代园林中应用也非常广泛，如公园或

图 4-2-17　铺砖路面

休闲广场上常见的带有足疗功能的健身步道等。

现代园林中的卵石路面图案较简洁，而我国古典园林中常采用卵石铺成各种图案，如梅影路(图 4-2-18)、鹤纹路(图 4-2-19)等，能起到增加景区特色、深化意境的作用。另外，古典园林中还有一种雕砖卵石路面，被誉称为“石子画”，它是选用精雕的砖、细磨的瓦和经过严格挑选的各色卵石拼凑成的路面，图案内容丰富，如“古城会”、“战长沙”、“回荆州”等三国故事；有以寓言为题材的图案，如“黄鼠狼给鸡拜年”、“双羊过桥”；有传统的民间图案，有四季盆景，花、鸟、鱼、虫等(图 4-2-20)。现代园林中也有为保持传统风格，降低造价，采用预制混凝土卵石嵌花路，也有卵石与石板或预制混凝土块相拼合的方式，有较好的装饰作用，又具有现代特点(图 4-2-21，图 4-2-22)。

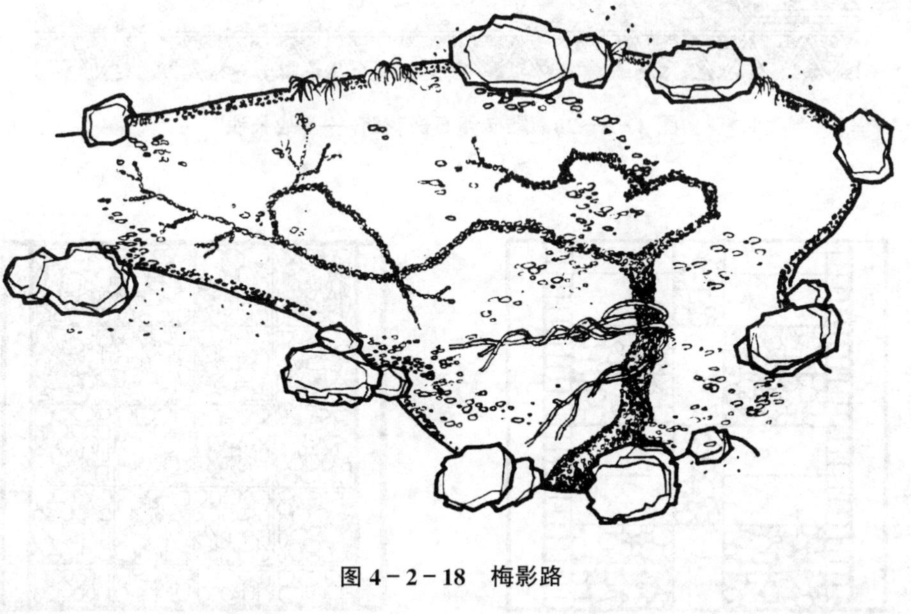

图 4-2-18　梅影路

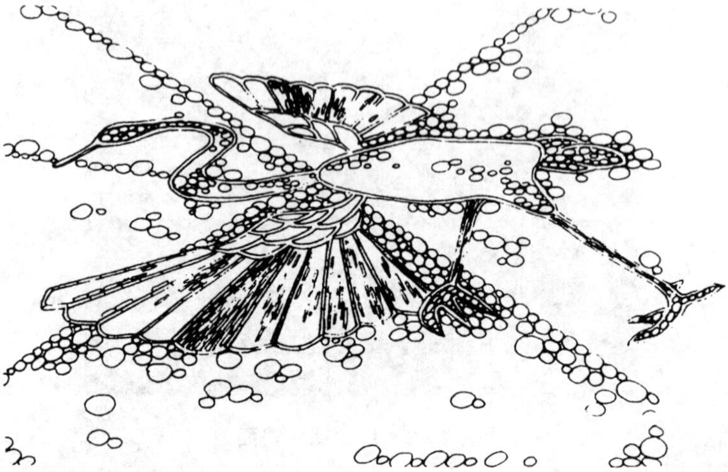

图 4-2-19　鹤纹路

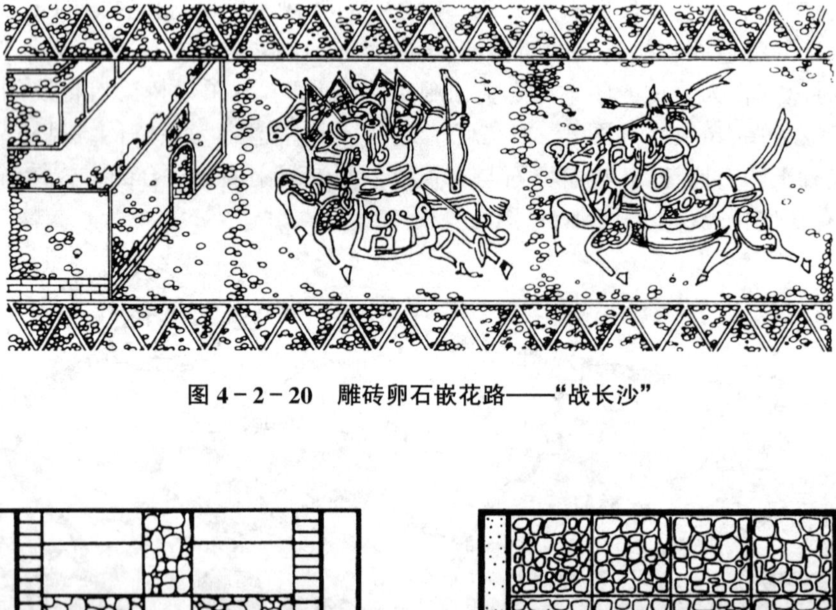

图 4-2-20　雕砖卵石嵌花路——“战长沙”

图 4-2-21　卵石与石板拼纹的块料路

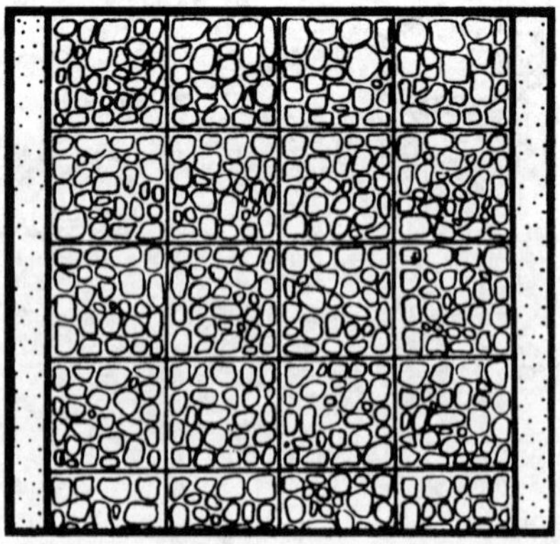

图 4-2-22　预制石仿卵石磨平块料路

(4) 嵌草、步石、汀步、蹬道

① 嵌草路面

它是把天然石块和各种形状的预制水泥混凝土块铺成冰裂纹或其它花纹，铺筑时在块料间留 3～5 cm 的缝隙，填入培养土，然后种草。常见的有冰裂纹嵌草路、花岗岩石板嵌草路、木纹水泥混凝土嵌草路、梅花形水泥混凝土嵌草路等(如图 4－2－23、图 4－2－24 所示)。

图 4－2－23　仿木纹混凝土嵌草路

图 4－2－24　梅花纹嵌草路

② 步石

在自然式草地或建筑附近的小块绿地上，可以用一至数块天然石块或预制成圆形、树桩形、木纹板形等混凝土块，自由组合于草地之中。一般步石的数量不宜过多，块体不宜太小，两块相邻块体的中心距离应考虑人的跨越能力和不等距变化。这种步石易与自然环境协调，能取得轻松活泼的效果(图 4－2－25，图 4－2－26)。

图 4－2－25　仿树桩步石

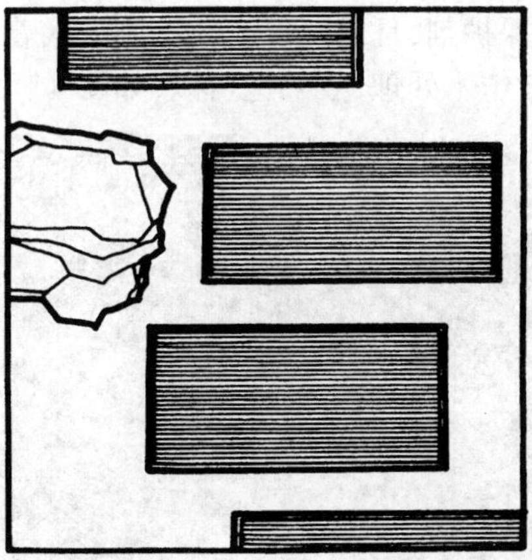

图 4－2－26　条纹步石路

③ 汀步

它是在水中设置步石，使游人可以平水而过。汀石适用于窄而浅的水面，如小溪、涧、滩等地。为了游人的安全，石墩不宜过小，距离不宜过大，一般数量也不宜过多(如图 4－2－27，图 4－2－28)。

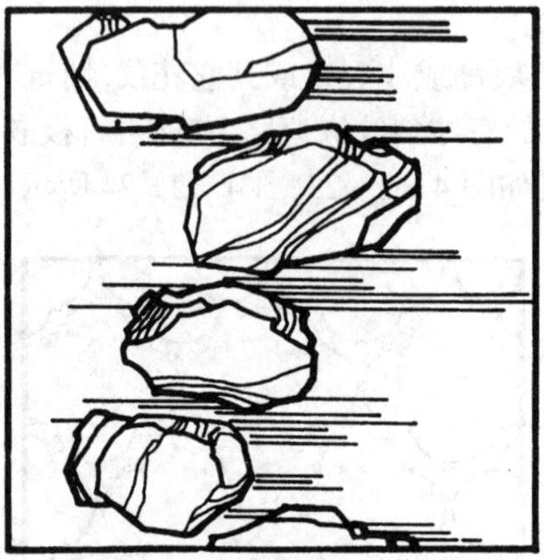

图 4－2－27　块石汀石

图 4－2－28　荷叶汀石

④ 蹬道

它是局部利用天然山石、露岩等凿出的或用水泥混凝土仿树桩、假石等塑成的上山的蹬道。在天然巨石的陡峭石上，人工凿出蹬脚的洞，在石壁上装有铁链，可以抓住铁链攀登而上，可以“一步登天”。

(5) 木栈道

近年来，在一些经济条件较好的大中城市出现了使用木材作为面层材料的园路，因天然木材具有独特的质感、色调、纹理，可令步行更为舒适，颇受欢迎，但造价和维护费用相对较高。所选的木材一般要经防腐处理，因此从保护环境和方便养护出发，应尽量选择耐久性强的木材，或加压注入的防腐剂对环境污染小的木材，国内多选用杉木。铺设方法和构造与室内木地板的铺设相似，但所选木板和龙骨材料厚度应大于室内，并应在木材表面涂饰防水剂、表面保护剂，且最好每两年涂刷一次着色剂。国内也有采用混凝土仿木做面层或在混凝土表面做仿木处理，效果也可以(如图 4－2－29，图 4－2－30)。

图 4－2－29　带防滑网的木质小路

图 4－2－30　枕木铺筑的园路

此外，国外也有采用沥青塑料、弹性橡胶等新材料做路面面层，也别有特色，值得我们去关注。

4.3 铺地设计

在常见的园林铺装类型中，除停车场和回车场之外，其它的类型有许多相似之处，因此本节将铺地工程分为一般铺装地和停车场及回车场两大类型来阐述。

4.3.1 一般广场铺地工程

包括景园广场、集散场地及园林中公建附属铺装地等几种类型，在此重点以景园广场为例进行说明。

1. 铺地的平面形状

实际即为广场的平面形状，一般园景广场有封闭式的，也有开放式的；其平面形状多为规则的几何形，通常以长方形为主。长方形广场较易与周围地形及建筑物相协调，所以被广泛采用。正方形广场的空间方向性不强，空间形象变化少一点，因此不常被采用。从空间艺术上的要求来看，广场的长度不应大于其宽度的 3 倍；长宽比在 4∶3、3∶2 或 2∶1 时，艺术效果比较好。平面形状在工程设计之前的规划阶段一般已经明确，在实际操作中着重应该把握的是与实际地形相结合，必要时在细部进行微调。

2. 铺地装饰设计

1) 铺地装饰设计的原则

(1) 整体统一原则

地面铺装的材料、质地、色彩、图纹等，都要协调统一，不能有割裂现象，要坚持突出主体，主次分明。在设计中至少应有一种铺装材料占有主导地位，以便能与附属的材料在视觉上形成对比和变化，以及暗示地面上的其它用途。这一种占主导地位的材料，还可贯穿于整个设计的不同区域，以便建立统一性和多样性。

(2) 简洁实用原则

铺装材料、造型结构、色彩图纹的采用不要太复杂，应适当简单一些，以便于施工。同时要满足游人舒适地游览散步的需要，光滑质地的材料一般来说应占较大比例，以较朴素的色彩衬托其它设计要素。

(3) 形式与功能统一的原则

铺地的平面形式和透视效果与设计主题相协调，烘托环境氛围。透视与平面图存在着许多差异性，在透视中，平行于视平线的铺装线条，强调了铺装面的宽度，而垂直于视平线的铺装线条，则强调了其深度(图 4－3－1)。

2) 常见铺地装饰手法

(1) 图案式地面装饰：用不同颜色、不同质感的材料和铺装方式，在地面做出简洁的图案和纹样。图案纹样应规则对称，在不断重复的图形线条排列中创造生动的韵律和节奏。采用图案式手法铺装时，应注意图案线条的颜色要偏淡偏素，决不能浓艳。除了黑色以外，其它颜色都不要太深太浓。对比色的应用要掌握适度，色彩对比不能太强烈。在地面铺装

(a) 强调空间的宽度

(b) 强调空间的深度

图 4－3－1　铺装方向与环境的关系

中,路面质感的对比可以比较强烈,如磨光的地面与露骨料的粗糙路面,就可以相互靠近,形成强烈对比。

(2) 色块式地面装饰:地面铺装材料可选用 3～5 种颜色,表面质感也可以有 2～3 种表现;广场地面不做图案和纹样,而是铺装成大小不等的方、圆、三角形及其它形状的颜色块面。色块之间的颜色对比可以强一些,所选颜色也可以比图案式地面更加浓艳一些。但是,路面的基调色块一定要明确,在面积、数量上一定要占主导地位。

(3) 线条式地面装饰:地面色彩和质感处理,是在浅色调、细质感的大面积底色基面上,以一些主导性的、特征性的线条造型为主进行装饰。这些造型线条的颜色比底色深,也更要鲜艳一些,质地常常也比基面粗,是地面上比较容易引人注意的。线条的造型有直线、折线形,也有放射状、旋转形、流线形,还有长短线组合、曲直线穿插、排线宽窄渐变等等富于韵律变化的生动形象。

(4) 阶台式地面装饰:将广场局部地面做成不同材料质地、不同形状、不同高差的宽台形或宽阶形,使地面具有一定的竖向变化,又使某些局部地面从周围地面中独立出来,在广场上创造出一种特殊的地面空间。例如,在广场上的雕塑位点周围,设置具有一定宽度的凸台形地面,就能够为雕塑提供一个独立的空间,从而可以很好地突出雕塑作品。又如,在坐椅区、花坛区、音乐广场的演奏区等等地方,通过设置凸台式地面来划分广场地面,突出个性空间,还可以很好地强化局部地面的功能特点。将广场水景池周围地面,设计为几级下行的阶梯,使水池成为下沉式的,水面更低,观赏效果将会更好。总之,宽阔的广场地面中如果有一些竖向变化,则广场地面的景观效果一定会有较大的提高。

3) 常见铺装地用材类型

与园路铺装类型相似,如图 4－3－2～图 4－3－5 所示等。

图 4-3-2 混凝土平板铺地

图 4-3-3 小料石铺装

图 4-3-4 水上游乐场的水滨木甲板

图 4-3-5 木质平台

3．铺地竖向设计

园林铺地竖向设计要有利于排水，要保证铺地地面不积水。为此，任何铺地在设计中都要有不小于0.3%的排水坡度，而且在坡面下端要设置雨水口、排水管或排水沟，使地面有组织地排水，组成完整的地上地下排水系统。铺地地面坡度也不要过大，坡度过大则影响使用。一般坡度在0.5%～5%较好，最大坡度不得超过8%。

竖向设计应当尽量做到减少土石方工程量，节约工程费用。最好要做到土石方就地平衡，避免土方二次转运，减少土方用工量。设计中还应注意兼顾铺地的功能作用，要有利于功能作用的充分发挥。例如，广场上的坐椅休息区，其地坪设计高出周围20～30 cm，使呈低台状，就能够保证下雨时地面不积水，雨后马上可以再供使用。广场中央设计为大型喷泉水池时，采用下沉式广场形式，降低广场地坪，就能够最大限度地发挥喷泉水池的观赏作用。

4．铺地工程

铺装地的结构与道路相同，但基础多用混凝土，在此不再介绍，可参见上一节园路结构部分。

4.3.2 停车场与回车场工程

1. 停车场面积的确定

在确定停车场面积的大小时，首先要计算单位停车场面积，然后按计划停车数量来估算停车场用地面积。单位停车场的面积大小，是根据车辆长度和宽度的轮廓尺寸、车辆最小转弯半径、车辆停放排列形式、发车方式和车辆集散要求等因素决定的。其中以垂直后退式停车方式的占地面积为最小，平行式停车方式占地面积最大。

在初步计算停车场面积时，可按每辆汽车 25 m^2(包括通行道)的标准计算。根据实地测定，停车场面积可参见表 4－3－1 所列数值进行估算。

表 4－3－1 停车场面积计算表

项目	所需尺寸 \ 停车方向	平行道路中心线	垂直道路中心线	与道路中心线斜交成 45°～60°
1	单行停车道宽度/m	2.5～3	7～9	6～8
2	双行停车道宽度/m	5～6	14～18	12～16
3	单向行车时两行停车道之间通行道宽度/m	3.5～4	5～6.5	4.5～6
4	一辆汽车所需面积(包括通道)/m^2 小汽车 公共汽车、载重汽车	 22 40	 22 36	 26 28
5	100 辆汽车停车场所需面积/hm^2 小汽车 公共汽车、载重汽车	 0.3 0.4	 0.2 0.3	 0.3～0.4 0.7～1.0 特大型
6	100 辆自行车停车场所需面积/hm^2	0.14～0.18		

除此之外，还可以采用如下标准停车位尺寸来估算停车场的面积：采用垂直式停放的停车场，其标准尺寸为车道宽 6 m，车位宽 2.5 m，车带宽 5 m。最低限度，也应确保车道宽 5.5 m，车位宽 2.35 m，车带宽 5 m 的停车空间；有轮椅通行的停车场，停车位宽度应设计在 3.5 m 以上；公共交通停车场的车位尺寸一般为长 10～12 m，宽 3.5～4 m。如采用垂直停放，车道宽度应确保在 12 m 以上，一般选择倾斜式停放。公共停车场用地面积按当量小轿车的停车泊位估算，一般按 25～30 m^2/停车位计算。具体换算系数分别为：微型汽车 0.7；小轿车 1.0；中型汽车 2.0；大型汽车 2.5；铰接汽车 3.5。

2. 车辆停放方式

1) 平行停车

停车方向与场地边线或道路中心线平行。采用这种停车方式的每一列汽车，所占的地面宽度最小，因此，这是适宜路边停车场的一种方式。但是，为了车辆队列后面的车能够驶离，前后两车间的净距要求较大，因而在一定长度的停车道上，这种方式所能停放的车辆数比用其它方式少 1/2～2/3。

2) 垂直停车

车辆垂直于场地边线或道路中心线停放，每一列汽车所占地面较宽，可达 9～12 m；并且车辆进出停车位均需倒车一次。但在这种停车方式下，车辆排列密集，用地紧凑，所停放的车辆数也最多。一般的停车场和宽阔停车道都采用这种方式停车。

3) 斜角停车

停车方向与场地边线或道路边线呈 30°、45°或 60°斜角，车辆的停放和驶离都最为方便。这种方式适宜停车时间较短、车辆随来随走的临时性停车道。由于占用地面较多，用地不经济，车辆停放量也不多，混合车种停放也不整齐，所以这种停车方式一般应用较少。

3. 回车场设计

在园林中，当道路为尽端式时，为方便汽车进退、转弯和调头，需要在该道路的端头或接近端头处设置回车场地。如果道路尽端是路口或是建筑物，则最好利用路口或建筑前面预留场地加以拓宽，兼作回车场用。如是断头道路，则要单独设置回车场(如图 4－3－6 所示)。回车场的用地面积一般不小于 12 m×12 m，即图中的 E 值应当大于 12 m。回车路线和回车方式不同，其回车场的最小用地面积也会有一些差别。

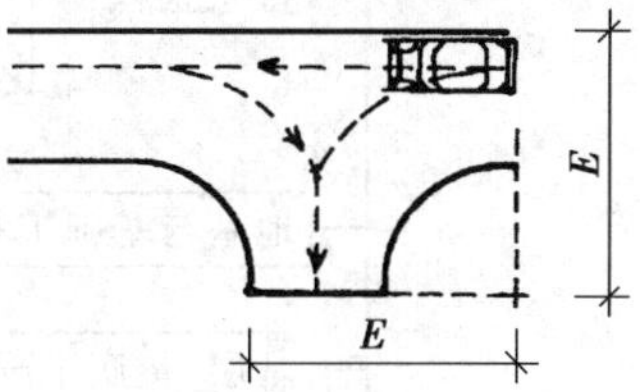

图 4－3－6　回车场最小面积

$E\times E$：

小车：9 m×9 m

大车：12 m×12 m

超大车辆(注：不带拖车)：

18 m×18 m

4.4　园路铺地施工

园林铺地中园路施工除了在基本工序和基本方法上与一般城市道路相同之外，还有一些特殊的技术要求和具体方法。而园林广场的施工，也与其它园林铺地大同小异。所以园林中一般铺地场地的施工都可以参照园路和园林广场的方式方法进行。下面主要介绍园路和园林广场的施工程序、施工技术要点和一些规范要求。

园林铺地工程由许多分项工程构成(见图 4－4－1)。有关各分项工程的内容详见各章节。园林铺地工程施工流程见图 4－4－2。

4.4.1　园路工程施工

园路的施工是园林总平面施工的组成部分。园路工程的重点在于控制好施工面的高程，并注意与园林其它设施的有关高程相协调。施工中，园路路基和路面基层的处理只要达到设计要求的牢固和稳定性即可，而路面面层的铺地，则要更加精细，更加强调质量方面的要求。

1. 施工前的准备

1) 熟悉设计文件

施工前，负责施工的单位，应组织有关人员熟悉设计文件，以便编制施工方案，为完成施工任务创造条件。园路建设工程设计文件，包括初步设计和施工图两部分。熟悉设计文件应注意的事项包括：

(1) 要反复学习和领会设计文件的精神，了解设计者的设计意图与匠心所在，以便更好地指导施工。

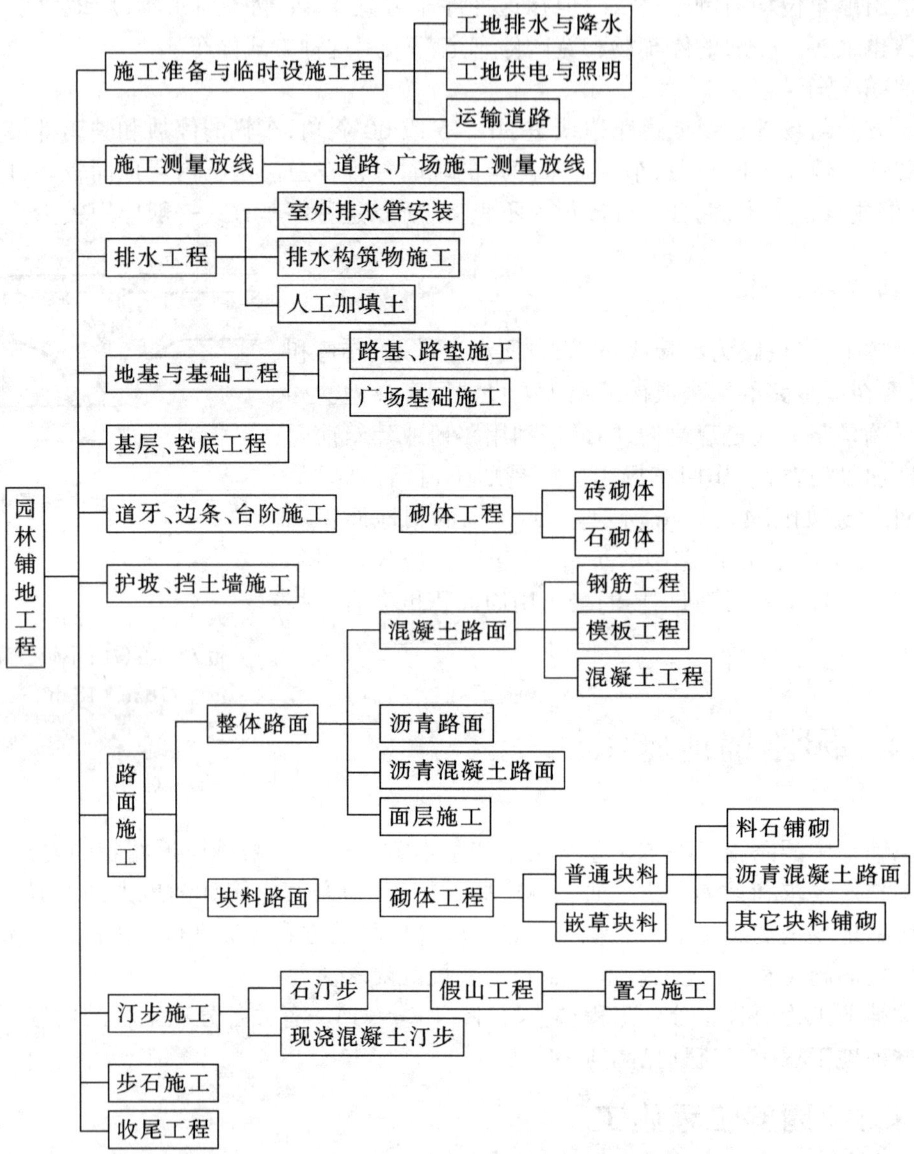

图 4-4-1　园林铺地工程的分项工程构成

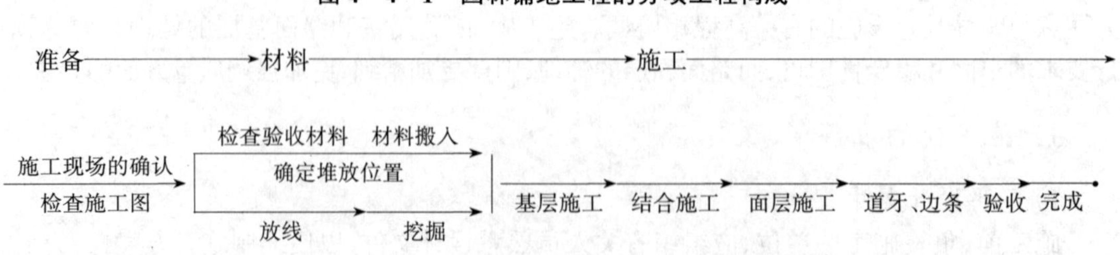

图 4-4-2　园林铺地工程施工流程图

(2) 要注意设计文件中所采用的各项技术指标，认真考虑其技术经济的合理性和施工的可能性。

(3) 路面结构组合设计是路面工程的重要环节之一,要注意其形式和特点。

(4) 工程造价的计算数据方法,要仔细校对。不但要注意工程总造价,更要注意分项造价。

(5) 在熟悉设计文件的过程中,如发现疑问、错误和不妥之处,要及时与设计单位和有关单位联系,共同研究解决。

2) 编制施工方案

施工方案是指导施工和控制预算的文件,一般的施工方案在施工图阶段的设计文件中已经确定,但负责施工的单位,应做进一步的调查研究,根据工程的特点,结合具体施工条件,编制出更为深入而具体的施工方案。

(1) 编制施工方案的内容和步骤

① 在熟悉设计文件的过程中,要掌握工程的特点,根据总工程量和所规定的施工期限,确定总的施工方案。其内容应包括:

a. 所采用的施工形式和步骤;

b. 布置施工作业段和分项工程,绘制施工总平面图;

c. 安排施工进度,并确定机械化程度;

d. 标定施工作业段或分项工程的施工项目。

② 决定各施工作业段和分项工程的施工方法和施工期限,绘制出各自的施工进度图。根据工程进度计算劳动力、机械和工具的需要量,以此订出计划。

③ 编制各种材料(包括自采材料和外购材料)供应计划。其内容应包括:

a. 根据施工进度安排材料进入工地的时间和地点;

b. 选择运输方式,布置运输路线,确定运输机具的数量;

c. 确定自采材料的开采和加工方案,并制订出生产计划。

④ 最后汇总编制,并编写说明书。

(2) 注意事项

① 深入调查,反复研究,充分利用有利因素,注意不利因素,使所编制的施工方案合理、可靠与切实可行。

② 分项工程和各施工作业段的施工期限,应与设计文件中总施工期限吻合。确定期限时,把各种因素(如雨、风、雪等气候条件及其它因素),尤其是路面工程的特点考虑周密。各工序和分项工程之间的安排要环环紧扣,做到按时或提前完成任务。

③ 已经确定的施工方案,并不是一成不变的。往往在编制方案时可能把多种因素都考虑进去,但在施工过程中还会发现不足之处,因此,应随时予以改正,并合理加以调整。

2. 现场准备工作

开工前施工现场准备工作要迅速做好,以利工程有秩序地按计划进行。所以现场准备工作进行的快慢,会直接影响工程质量和施工进展。现场开工前应将以下主要工作做好。

(1) 修建房屋(临时工棚)。按施工计划确定修缮房屋数量或工棚的建筑面积。

(2) 场地清理。在园路工程涉及的范围内,凡是影响施工进行的地上、地下物均应在开工前进行清理,对于保留的大树应确定保护措施。

(3) 便道便桥。凡施工路线,均应在路面工程开工前做好维持通车的便道便桥和施工车辆通行的便桥(如通往料场、搅拌站地的便道)。

(4) 备料。现场备料多指自采材料的组织运输和收料堆放,但外购材料的调运和贮存工作也不能忽视。一般开工前材料进场应在70%以上。若有运输能力,运输道路畅通,在不影响施工的条件下可随用随运。自采材料的备置堆放,应根据路面结构、施工方法和材料性质而定。

3. 施工放线

按路面设计的中线,在地面上每20～50 m放一中心桩,在弯道的曲线上应在曲头、曲身和曲尾各放一中心桩,并在各中心桩上写明桩号,再以中心桩为准,根据路面宽度定边桩,最后放出路面的平曲线。在进行施工测量的过程中应注意编制测量用表和中线交点(JD)及转角点(ZD)栓桩记录示意图。测量用表的格式见表4－4－1～表4－4－3。

表4－4－1　路槽施工表

桩号	地面高程			设计坡度	竖曲线	路面厚度		设计高程			加宽		超高		平曲线	填挖高度			备注
	左	中	右			基层	面层	左	中	右	左	右	左	右		左	中	右	

表4－4－2　曲线一览表

编号	交点桩号	转角角度		半径(R)	曲线要素值			平曲线起止桩号			缓和曲线长度	超高	加宽	备注
		左	右		T	L	E	直圆	曲中	圆直				

表4－4－3　水准点一览表

编号	水准点高程	备　注

4. 修筑路槽

在修建各种路面之前,应在要修建的路面下先修筑铺路面用的浅槽里(路槽),经碾压后使用,使路面更加稳定、坚实。

一般路槽有挖槽式、培槽式和半挖半培式3种,修筑时可由机械或人工进行。通常按设计路面的宽度,每侧放出20 cm挖槽,路槽的深度应等于路面的厚度,槽底应有2%～3%的横坡度。路槽做好后,在槽底上洒水,使其潮湿,然后用蛙式跳夯夯2～3遍。路槽的施工质量用下述方法鉴定:

1) 压实度试验鉴定及质量标准

压实度应符合要求(参见表 4－4－4)。

表 4－4－4　不同路面等级的路基压实标准

路槽底以下的深度/cm 要求的压实系数 K		路面等级					
		次高级路面		中级路面		低级路面	
		0～80	>80	0～80	>80	0～80	>80
路基类别	一般填方路基	0.95	0.90	0.85	0.90	0.85	
	受浸水影响的填方路基，由计算水位以上 $H=H_2-80$ cm 起算至路槽底	0.90		0.90		0.85～0.90	
	零填挖方路基 0～30 cm	0.95		0.90		0.85～0.90	

注：1. 按标准试验法求得的最佳密实度 $K=1.0$；
2. H_2 为中湿路段临界高度；
3. H 不能为负值，并不得小于 30 cm。

2) 其它各部分试验鉴定(表 4－4－5)。

表 4－4－5　各部分试验鉴定表

项　目	允许偏差	检验范围	检验方法
压实度	见表 4－4－4	每 50 m 为一段	每段最少试验 1 次
平整度	不大于 1 cm	每 50 m 为一段	以 2 m 靠尺检验，每段至少 5 处
纵横断	±2 cm	每 50 m 为一段	按桩号用五点法检验横断
宽　度	不小于设计宽度	每 50 m 为一段	用皮尺丈量，每段抽查 2 处

3) 低温和雨季施工

修筑路槽的季节性施工，其程序和操作工艺与正常季节基本相同，但必须根据季节情况采取一定措施，才能保证工程质量。

(1) 低温施工

① 必须编制低温施工组织设计(或施工方案)。

② 根据集中兵力打歼灭战的原则，尽量做到当日挖至规定深度(或培垫高度)，及时碾压成活。

③ 尽量利用土壤的天然含水量进行压实，不要另行洒水，以免土壤受冻而影响压实质量。

④ 培槽式的路肩培土，应在培垫前清除原地面冰雪，并不能用冻土壤填筑。若条件限制只能用冻土块填筑时，冻土块间的空隙，应用干土灌满填实，超过 15 cm 的冻土块需打碎后再用。冻土块含量超过 10%时，每层压实厚度还应预留沉落度 3～5 cm(实厚)。

(2) 雨季施工

① 雨前预防

a. 安排计划应集中力量，采取分段突击方法，在雨前做到碾压坚实。

b. 为了防止施工期间路槽积水，应每隔 6～10 m 在路肩处挖一道横沟，以便排水，逐层铺筑路面，逐层填实。

c. 挖方程段应注意疏通边沟，以利路槽积水能通过横沟排除。

② 雨后措施

a. 随时疏通横沟、边沟，以保证排水良好。

b. 如路槽因雨造成翻浆时，应即挖除换土或用石灰土、砂石等进行处理。

c. 处理翻浆应分段进行，切忌全线挖开。

d. 挖翻浆应彻底，全部挖出软泥。小片翻浆相距较近时，应一次挖通处理。

e. 路槽在雨后严禁交通，施工人员也不能乱踩，以免扩大破坏范围。

5. 基层施工

1) 干结碎石

干结碎石基层是指在施工过程中，不洒水或少洒水，依靠充分压实及用嵌缝料充分嵌挤，使石料间紧密锁结所构成的具有一定强度的结构。一般厚度为 8～16 cm，适用于园路中的主路等。

(1) 材料

要求石料强度不低于 8 级，软硬不同的石料不能掺用。

碎石最大粒径视厚度而定，一般不宜超过厚度的 0.7 倍，50 mm 以上的大粒料约占 70%～80%，0.5～20 mm 粒料约占 5%～15%，其余为中等粒料。

选料时先将大小尺寸大致分开，分层使用。长条、扁片含量不宜超过 20%，否则应就地打碎作嵌缝料用。

结构内部空隙应尽量填充粗砂、石灰土等材料(具体数量根据试验确定)，其数量大约在 20%～30%。

不同路面厚度每千米干结碎石材料用量见表 4-4-6。

表 4-4-6　干结碎石材料用量参考表

路面厚度/cm	干结碎石材料用量/(m^3/1 000m^2)					
	大块碎石		第一次嵌缝料		第二次嵌缝料	
	规格/mm	用量	规格/mm	用量	规格/mm	用量
8	30～60	88	5～20	20	—	—
10	40～70	110	5～20	25	—	—
12	40～80	132	20～40	35	5～20	18
14	40～100	154	20～40	40	5～20	20
16	40～120	176	20～40	45	5～20	22

(2) 准备工作

① 清理路槽内浮土杂物,对于出现的个别坑槽等应予以修理。

② 补钉沿线边桩、中桩,以便随时检查标高、宽度、路拱。

③ 在备料中,应注意材料的质量,大、小料应分别整齐堆放在路外料场上或路肩上。

干结碎石基层施工机具参见表 4-4-7。

表 4-4-7 干结碎石基层施工机具参考表(每 1000 m^2 用量)

名 称	规 格	单 位	数 量	用 途
三轮压路机	10~12 t	台	1	碾压碎石用
平地机	P3-90 型或 P4-160 型自动式	台	1	摊铺碎石用
洒水车	3.5~4.0 t	辆	1	碾压碎石时洒水用
翻斗车		辆	2	运碎石用
小推车		辆	5	运碎石用
喷 壶		把	2	洒水用
水 桶		个	4	担水用
铁 叉	12 齿	把	24	铺碎石用
铁 锹		把	8	整平碎石,撒嵌缝料用
竹扫帚		把	10	扫嵌缝料用

(3) 施工

① 施工程序

摊铺碎石→稳压→撒填充料→压实→铺撒嵌缝料→碾压

② 操作工艺

a. 摊铺碎石。摊铺虚厚度为压实厚度的 1.1 倍左右。使用平地机摊铺,需要根据虚厚度每 30~50 m 做成一个 1~2 m 的标准断面宽,洒上石灰粉,汽车即可按每车铺料的面积进行卸料。然后用平地机将料先摊开(一般料堆高度不超过 50 cm),最后用平地机刮平,按碎石虚厚和路拱横坡确定刀片角度。若为 7 m 宽的路面,则一边刮一刀即可。不平处可用人工整修找平。

若为人工摊铺,可用几块与虚厚度相等的方木砖块放在路槽内,以标定摊铺厚度,木块或砖块随铺随挪动。摊铺碎石一次上齐。上料应使用铁叉,要求大小颗粒均匀分布。纵横断面符合要求,厚度一致。料底尘土要清理出去。

b. 稳压。先用 10~12 t 压路机碾压,碾速宜慢,每分钟约为 25~30 m,后轮重叠宽 1/2,先沿整修过的路肩一齐碾压,往返压两遍,即开始自路面边缘压至中心。碾压一遍后,用路拱板及小线绳检验路拱及平整度。局部不平处,要去高垫低。去高是将多余的碎石均匀拣出,不得用铁锹集中挖除。垫低是将低注部分挖松,均匀地铺撒碎石,至符合标高后,洒少量水花,再继续碾压,至碎石初步稳定无明显位移为止。这个阶段一般需压 3~4 遍。

c. 撒填充料。将粗砂或灰土(石灰剂量的 8%～12%)均匀撒在碎石层上,用竹扫帚扫入碎石缝内,然后用洒水车或喷壶均匀洒一次水。水流冲出的空隙再以砂或灰土补充,至不再有空隙并露出碎石尖为止。

d. 压实。用 10～12 t 压路机继续碾压,碾速稍快,每分钟约 60～70 m,一般碾 4～6 遍(视碎石软硬而定),切忌碾压过多,以免石料过于破碎。

e. 铺撒嵌缝料。大块碎石压实后,立即用 10～21 t 压路机进行碾压,一般碾压 2～3 遍,碾压至表面平整稳定且无明显轮迹为止。

f. 碾压。嵌缝料扫匀后,立即用 10～21 t 压路机进行碾压,一般碾压 2～3 遍,碾压至表面平整稳定且无明显轮迹为止。

如需铺撒第二次嵌缝料,则铺撒、碾压方法与 e、f 同。

(4) 质量鉴定(见表 4-4-8)。

表 4-4-8 质量鉴定表

检验项目	质量标准或允许误差	检验范围	检验方法与要求
压实度	2 000～2 200 kg/m³	每 500 m 一段	每段至少试 1 处
平整度	±1 cm	每 500 m 一段	每段至少测 5 处,用 3 m 直尺检查
厚　度	±10%	每 500 m 一段	每段检查 3 处,每处检查 3 个点(中心及两侧)
纵　断	±2 cm	每 500 m 一段	按桩号检查纵断高程
横　断	±0.5%	每 500 m 一段	每段至少测 5 处,用路拱板检查
宽　度	不小于设计宽度	每 1 000 m 一段	每段量 3 处,用皮尺由中心桩向两边丈量

2) 天然级配砂砾

天然级配砂砾是用天然的低塑性砂料,经摊铺整型并适当洒水碾压后所形成的具有一定密实度和强度的基层结构。其一般厚度为 10～20 cm,若厚度超过 20 cm 应分层铺筑。适用于园林中各级路面,尤其是有荷载要求的嵌草路面如草坪停车场等。

(1) 材料

① 砂砾。砂砾要求颗粒坚韧,大于 20 mm 的粗骨料含量达 40%以上,其中最大料径不大于基层厚度的 0.7 倍,即使基层厚度大于 14 cm,砂石材料最大料径一般也不得大于 10 cm。

② 5 mm 以下颗粒的含量应小于 35%,塑性指数不大于 7。

(2) 准备工作

① 检查和整修运输砂砾的道路。

② 对于沿线已遗失或松动的测量桩橛要进行补钉。

③ 对于砂料的质量和数量要进行检查。若平地机摊铺时,粒料可在料场选好后,用汽车或其它运输工具随用随运,也可预先备在路边上。若为人工摊铺粒可按条形堆放在路肩上。

④ 机具参见表 4-4-9。

表 4-4-9　机具参考(每 1000 m^2 用量)

名　称	规　格	单位	数量	用　途
三轮压路机	10～12 t	台	1	碾压砂石用
平地机	P-90 或 P-160 型自动式	台	1	摊铺砂石用
洒水车	3.6～4 t	辆	1	在砂石顶上洒水用
喷　壶		把	5	洒水用
水　桶		个	10	担水用
铁　锹		把	201	摊铺砂石用

(3) 施工

① 施工程序

摊铺砂石→洒水→碾压→养护

② 操作工艺

a. 摊铺砂石。砂石材料铺前,最好根据材料的干湿情况,在料堆上适当洒水,以减少摊铺粗细料分离的现象。

虚铺厚度随颗粒级配、干湿不同情况,一般为压实厚度的 1.2～1.4 倍。

ⓐ 平地机摊铺。每 30～50 m 作一标准断面,宽 1～2 m,洒上石灰粉,以便平地机司机准确下铲,汽车或其它运输工具把砂石料运来后,根据虚铺厚度和路面宽度按每个料应铺面积进行卸料。然后用平地机摊铺和找平。平地机一般先从中间开始下正铲,两边根据路拱大小下斜铲。由铲刀刮起的成堆石子,小的可以扬开,大的用人工挖坑深埋,约刮 3～5 遍即可。

ⓑ 人工摊铺。人工摊铺每 15～30 m 作一标准断面或用几块与虚铺厚度相等的木块、砖块控制摊铺厚度,随铺随挪动。砂砾摊铺要求均匀,如发现粗细颗粒分别集中,应掺入适当的砂或砾石处理。

b. 洒水。摊铺完一段(约 200～300 m)后用洒水车洒水(无洒水车用喷壶代替),用水量应使砂石料全部湿润又不致路槽发软为度。用水量一般在 5%～8%。冬季为防止冰冻可少洒水或洒盐水(水中掺入 5%～10%氯盐,根据施工气温确定掺量)。

c. 碾压。洒水后待表面稍干时,即可用 10～12 t 压路机进行碾压。碾速每分钟 60～70 m,后轮重叠 1/2,碾压方法与石块碎石同。碾压 1～3 遍初步稳定后,用路拱板及小线检查路拱及平整度,及时去高垫低,一般掌握宁低勿高的原则。找补坑槽要求一次打齐,不要反复多次进行。如发现个别砂窝或石子成堆,应将其挖出,重新调整级配后再铺。碾压过程中应注意随时洒水,保持砂石经常湿润,以防松散推移。碾压遍数一般为 8～10 遍,压至密实稳定、无明显轮迹为止。

d. 养护。碾压完后,可立即开放交通,要限制车速,控制行车全幅均匀碾压,并派专人洒水养护,使基层表面经常处于湿润状态,以免松散。

(4) 质量标准

质量鉴定参见表 4-4-10。

表 4-4-10　质量鉴定表

检验项目	质量标准或允许误差	检验范围	检验方法
压实度	2 300 kg/m^3	每 500 m 一段	每段至少测试 1 处
平整度	±1 cm	每 500 m 一段	每段至少测 5 处,用 3 m 直尺检查
厚　度	±10%	每 1 000 m 一段	钻孔测量每千米 1～2 处,双车道两个,单车道一个
纵　断	±2 cm	每 500 m 一段	按桩号检查纵断高程
横　断	±0.5%	每 500 m 一段	每段至少测 5 处,用路拱板检查
宽　度	不小于设计宽度	每 1 000 m 一段	选取 1～2 处进行检验,用皮尺由中心桩向两边丈量

6. 结合层施工

一般用 M7.5 水泥、白泥、砂混合砂浆或 1∶3 白灰砂浆。砂浆摊铺宽度应大于铺装面约 5～10 cm,已拌好的砂浆应当日用完。也可用 3～5 cm 的粗砂均匀摊铺而成。特殊的石材铺地,如整齐石块和条石块,结合层采用 M10 水泥砂浆。

7. 面层施工

在完成的路面基层上,重新定点、放线,每 10 m 为一施工段落,根据设计标高、路面宽度定放边桩、中桩,打好边线、中线。设置整体现浇路面边线处的施工挡板,确定砌块路面的砌块列数及拼装方式。面层材料运入现场。

1) 水泥混凝土面层施工

(1) 核实、检验和确认路面中心线、边线及各设计标高点正确无误。

(2) 若是钢筋混凝土面层,则按设计选定钢筋并编扎成网。钢筋网应在基层表面以上架离,架离高度应距混凝土面层顶面 5 cm。钢筋网接近顶面设置要比在底部加筋更能保证防止表面开裂,也更便于充分捣实混凝土。

(3) 按设计的材料比例,配制、浇筑、捣实混凝土,并用长 1 m 以上的直尺将顶面刮平。顶面稍干一点,再用抹灰砂板抹平至设计标高。施工中要注意做出路面的横坡和纵坡。

(4) 混凝土面层施工完成后,应及时开始养护。养护期应为 7 天以上,冬季施工后的养护期还应更长些。可用湿的稻草、锯木粉、湿砂及塑料薄膜等覆盖在路面上进行养护。不再做路面装饰的,则待混凝土面层基本硬化后,用锯割机每隔 7～9 m 锯缝一道,作为路面的伸缩缝(伸缩缝也可在浇筑混凝土之前预留)。

(5) 水泥路面装饰方法有很多种,要按照设计的路面铺装方式来选用合适的施工方法。常见的施工方法及其施工技术要领主要有以下一些。

① 普通抹灰与纹样处理

用普通灰色水泥配制成 1∶2 或 1∶2.5 水泥砂浆,在混凝土面层浇筑后尚未硬化时进行抹面处理,抹面厚度为 1～1.5 cm。当抹面层初步收水,表面稍干时,再用下面的方法进行路面纹样处理。

a. 滚动:用钢丝网做成的滚筒,或者用模纹橡胶囊在 30 m 直径铁管外做成的滚筒,在经过抹面处理的混凝土面板上滚压出各种细密纹理。滚筒长度在 1 m 以上较好。

b. 压纹:利用一块边缘有许多整齐凸点和凹槽的木板或木条,在混凝土抹面层上挨着压下,一面压一面移动,就可以将路面压出纹样,起到装饰作用。用这种方法时要求抹面层的水泥砂浆含砂量较高,水泥与砂的配合比可为1:3。

c. 锯纹:在新浇的混凝土表面,用一根木条如同锯割一般,一面锯一面前移,即能够在路面锯出平行的直纹,既有利于路面防滑,又有一定的路面装饰作用。

d. 刷纹:最好使用弹性钢丝做成刷纹工具。刷子宽45 cm,刷毛钢丝长10 cm左右,木把长1.2~1.5 m。用这种钢丝刷在未硬的混凝土面层上可以刷出直纹、波浪纹或其它形状的纹理。

② 彩色水泥抹面装饰

水泥路面的抹面层所用水泥砂浆,可通过添加颜料而调制成彩色水泥砂浆,用这种材料可做出彩色水泥路面。彩色水泥调制中使用的颜料,需选用耐光、耐碱、不溶于水的无机矿物颜料,如红色的氧化铁红、黄色的柠檬铬黄、绿色的氧化铬绿、蓝色的钴蓝和黑色的炭黑等等。不同颜色的彩色水泥及其所用颜料见表4-4-11。

表4-4-11 彩色水泥的配制

调制水泥色	水泥及其用量/g	原料及其用量/g
红色、紫砂色水泥	普通水泥500	铁红20~40
咖啡色水泥	普通水泥500	铁红15、铬黄20
橙黄色水泥	白色水泥500	铁红25、铬黄10
黄色水泥	白色水泥500	铁红10、铬黄25
苹果绿色水泥	白色水泥500	铬绿150、钴蓝50
青色水泥	普通水泥500	铬绿0.25
青色水泥	白色水泥1 000	钴蓝0.1
灰黑色水泥	普通水泥500	炭黑适量

③ 彩色水磨石饰面

彩色水磨石地面是用彩色水泥石子浆罩面,再经过磨光处理而形成的装饰性路面。按照设计,在已基本硬化的粗糙的混凝土路面面层上,弹线分格,用玻璃条、铝合金条(或铜条)作分格条。然后在路面上刷上一道素水泥浆,再用1:1.25~1:1.50的彩色水泥细石子浆铺面,厚0.8~1.5 cm。铺好后拍平,表面滚筒压实,待出浆后再用抹子抹面。如果用各种颜色的大理石碎屑,再与不同颜色的彩色水泥配制在一起,就可做成不同颜色的水磨石地面。水磨石的开磨时间应以石子不松动为准,磨后将泥浆冲洗干净。待稍干时,用同色水泥浆涂擦一遍,将砂眼和脱落的石子补好。第二遍用100~150号金刚石打磨,第三遍用180~200号金刚石打磨(方法同前)。打磨完成后洗掉泥浆,再用1:29的草酸水溶液清洗,最后用清水冲洗干净。

④ 露骨料饰面

采用这种饰面方式的混凝土路面和混凝土铺砌板,其混凝土应用粒径较小的卵石配制。混凝土露骨料主要是采用刷洗的方法,在混凝土浇好后2~6 h内就应进行处理,最迟不得超过浇好后的16~18 h。刷洗工具一般采用硬毛刷子和钢丝刷子。刷洗应当从混凝土板块的周边开始，要同时用充足的水把刷掉的泥砂洗去，把每一粒暴露出来的骨料表面都洗干净。刷洗后3～7天，再用10%的盐酸水洗一遍，使暴露的石子表面色泽更明净，最后还要用清水把残留盐酸完全冲洗掉。

2）片块状材料的地面铺筑

片块状材料做路面面层，在面层与道路基层之间所用的结合层做法有两种：一种是用湿性的水泥砂浆、石灰砂浆或混合砂浆作为材料；另一种是用干性的细砂、石灰粉、灰土（石灰和细土）、水泥粉砂等作为结合材料或垫层材料。

（1）湿法铺筑

用厚度为1.5～2.5 cm的湿性结合材料，如用1∶2.5或1∶3水泥砂浆、1∶3石灰砂浆、M2.5混合砂浆或1∶2灰泥浆等，垫在路面面层混凝土板上面或路面基层上面作为结合层，然后在其上砌筑片状或块状贴面层。砌块之间的结合以及表面抹缝，亦用这些结合材料。以花岗石、釉面砖、陶瓷广场砖、碎拼石片、马赛克等片状材料贴面铺地，都要采用湿法铺砌。用预制混凝土方砖、砌块或粘土砖铺地，也可以采用这种铺筑方法。

（2）干法铺筑

以干性粉沙状材料，做路面面层砌块的垫层和结合层。这类材料常见的有：干砂、细砂土、1∶3水泥干砂、1∶3石灰干砂、3∶7细灰土等。铺砌时，先将粉沙材料在路面基层上平铺一层，厚度是：用干砂、细土作垫层厚3～5 cm，用水泥砂、石灰砂、灰土做结合层厚2.5～3.5 cm，铺好后抹平。然后按照设计的砌块、砖块拼装图案，在垫层上拼砌成路面面层。路面每拼装好一小段，就用平直的木板垫在顶面，以铁锤在多处震击，使所有砌块的顶面都保持在一个平面上，这样可使路面铺装得十分平整。路面铺好后，再用干燥的细砂、水泥粉、细石灰粉等撒在路面上并扫入砌块缝隙中，使缝隙填满，最后将多余的灰砂清扫干净。以后，砌块下面的垫层材料慢慢硬化，使面层砌块和下面的基层紧密地结合在一起。适宜采用这种干法铺砌的路面材料主要有：石板、整形石块、混凝土路板、预制混凝土方砖和砌块等。传统古建筑庭院中的青砖铺地、金砖铺地等地面工程，也常采用干法铺筑。

3）地面镶嵌与拼花

施工前，要根据设计的图样，准备镶嵌地面用的砖石材料，设计有精细图形的，要先在细密质地青砖上放好大样，再精心雕刻，做好雕刻花砖，在施工时嵌入铺地图案中。要精心挑选铺地用石子，挑选出的石子应按照不同颜色、不同大小、不同长扁形状分类堆放，铺地拼花时才能方便使用。

施工时，先要在已做好的道路基层上，铺垫一层结合材料，厚度一般为4～7 cm。垫层结合材料主要用1∶3石灰砂、3∶7细灰土、1∶3水泥砂浆等，用干法铺筑或湿法铺筑都可以。一般用立砖、小青瓦瓦片来拉出线条、纹样和图形图案，再用各色卵石、砾石镶嵌作花，或者拼成不同颜色的色块，以填充图形大面。然后经过进一步修饰和完善图案纹样，并尽量整平铺地后，就可以定形。定形后的铺地地面仍要用水泥干砂、石灰干砂撒布其上，并扫入砖石缝隙中填实。最后，用大水冲击或使路面有水流淌。完成后，养护7～10天。

4）嵌草路面的铺筑

嵌草路面有两种类型，一种是在块料铺装时，在块料之间留出空隙，其间种草。如冰裂纹嵌草路面、空心砖纹嵌草路面、人字纹嵌草路面等。另一种是制作成可以嵌草的各种纹样的混凝土铺地砖。

施工时,先在整平压实的路基上铺垫一层栽培壤土作垫层。壤土要求比较肥沃,不含粗颗粒物,铺垫厚度为10～15 cm。然后在垫层上铺砌混凝土空心砌块或实心砌块,砌块缝中半填壤土,并播种草籽或贴上草块踩实。

实心砌块的尺寸较大,草皮嵌种在砌块之间的预留缝中,草缝设计宽度可在2～5 cm,缝中填土达砌块的2/3高。砌块下面如上所述用镶土作垫层并起找平作用,砌块要铺得尽量平整。

空心砌块的尺寸较小,草皮嵌种在砌块中心预留的孔中。砌块与砌块之间不留草缝,常用水泥砂浆粘接。砌块中心孔填土宜为砌块的2/3高;砌块下面仍用壤土作垫层找平。嵌草路面保持平整。要注意的是,空心砌块的设计制作,一定要保证砌块的结实坚固和不易损坏,因此,其预留孔径不能太大,孔径最好不超过砌块直径的1/3长。

采用砌块嵌草铺装的路面,砌块和嵌草层道路的结构面层,其下面只能有一个壤土垫层,在结构上没有基层,只有这样的路面结构才能有利于草皮的存活与生长。

4.4.2 广场工程施工

广场工程的施工程序基本上与园路工程相同。但由于广场上往往存在着花坛、草坪、水池等地面景物,因此,它又比一般的道路工程内容更复杂。下面从广场的施工准备、场地处理和地面铺装3个方面介绍广场的施工问题。

1. 施工准备

1) 材料准备

准备施工机具、基层和面层的铺装材料,以及施工中需要的其它材料;清理施工现场。

2) 场地放线

按照广场设计图所绘施工坐标方格网,将所有坐标点测设在场地上并打桩定点。然后以坐标桩点为准,根据广场设计图,在场地地面上放出场地的边线、主要地面设施的范围线和挖方区、填方区之间的零点线。

3) 地形复核

对照广场竖向设计图,复核场地地形。各坐标点、控制点的自然地坪标高数据,有缺漏的要在现场测量补上。

2. 场地平整与找坡

1) 挖方与填方施工

挖、填方工程量较小时,可用人力施工;工程量较大时,应进行机械化施工。预留作草坪、花坛及乔灌木种植地的区域,可暂时不开挖。水池区域要同时挖到设计深度。填方区的堆填顺序,应当是先深后浅;先分层填实深处,后填浅处。每填一层就夯实一层,直到设计的标高处。挖方过程中挖出的适宜栽植的肥沃土壤,要临时堆放在广场外边,以后再入花坛、种植地中。

2) 场地平整与找坡

挖、填方工程基本完成后,对挖、填出的新地面要进行整理。要铲平地面,使地面平整度变化限制在2 cm以内。根据各坐标桩标明的该点填、挖高度数据和设计的坡度数据,对场地进行找坡,保证场地内各处地面都基本达到设计的坡度。土层松软的局部区域还要做地基加固处理。

3)连接处理

根据场地周边与建筑、园路、管线等的连接条件,确定边缘地带的竖向连接方式,调整连接点的地面标高。还要确认地面排水口的位置,调整排水沟管底部标高,使广场地面与周围地坪的连接更自然,排水、通道等方面的矛盾降到最低。

3. 地面施工

1)基层的施工

按照设计的广场地面层次结构与做法进行施工,可参照前面关于园路地基与基层施工的内容,结合地坪面积更宽大的特点,在施工中注意基层的稳定性,确保施工质量,避免今后广场地面发生不均匀沉降。

2)面层的施工

采用整体现浇面层的区域,可把该区域分成若干规则的地块,每一地块面积在 7 m×9 m 至 9 m×10 m 之间,然后一个地块一个地块施工。地块之间的缝隙做成伸缩缝,用沥青棉纱等材料填塞。采用混凝土预制块铺装的,可按照前面园路工程施工的有关部分进行施工。

3)地面的装饰

依照设计的图案、纹样、颜色、装饰材料等进行地面装饰性铺装,其铺装方法也可参照前面有关内容。

4.4.3 道牙、边条、槽块、台阶施工

道牙基础宜与地床同时填挖碾压,以保证有整体的均匀密实度。结合层用 1:3 的白灰砂浆 2 cm。安道牙要平稳牢固,后用 M10 水泥砂浆勾缝,道牙背后要用灰土夯实,其宽度为 50 cm,厚度为 15 cm,密实度为 90%以上。

边条用于较轻的荷载处,且尺寸较小,一般 5 cm 宽,15~20 cm 高,特别适用于步行道、草地或铺砌场地的边界。施工时应减轻其作为垂直阻拦物的效果,增加其对地基的密封深度。边条铺砌的深度相对于地面应尽可能低些,如广场铺地,边条铺砌可与铺地地面齐平。槽块分凹面槽块和空心槽块,一般紧靠道牙设置,以利于地面排水,路面应稍高于槽块。

台阶是解决地形变化、造园地坪高差的重要手段。建造台阶除了必须考虑机能上及实质上的有关问题外,也要考虑美观与调和的因素。

许多材料都可以做台阶,以石材来说就有自然石,如六方石、圆石、鹅卵石及整形切石、石板等。木材则有杉、桧等的角材或圆木柱等。其它材料还包括红砖、水泥砖、钢铁等等都可以选用。除此之外还有各种贴面材料,如石板、洗石子、磁砖、磨石子等。选用材料时要从各方面考虑,基本条件是坚固耐用,耐湿耐晒。此处,材料的色彩必须与构筑物调和。

台阶的标准构造是踢面高度约在 8~15 cm,长的台阶则宜取 10~12 cm 为好;台阶之踏面宽度不宜小于 28 cm;台阶的级数宜在 8~11 级,最多不超过 19 级,否则就要在此中间设置休息平台,平台不宜小于 1 m。使用实践表明,台阶尺寸以 15 cm×35 cm 为佳,至少不宜小于 12 cm×30 cm。

下面以红砖台阶及六方石做台阶为例介绍台阶的施工要点(见图 4-4-3 及图 4-4-4)。

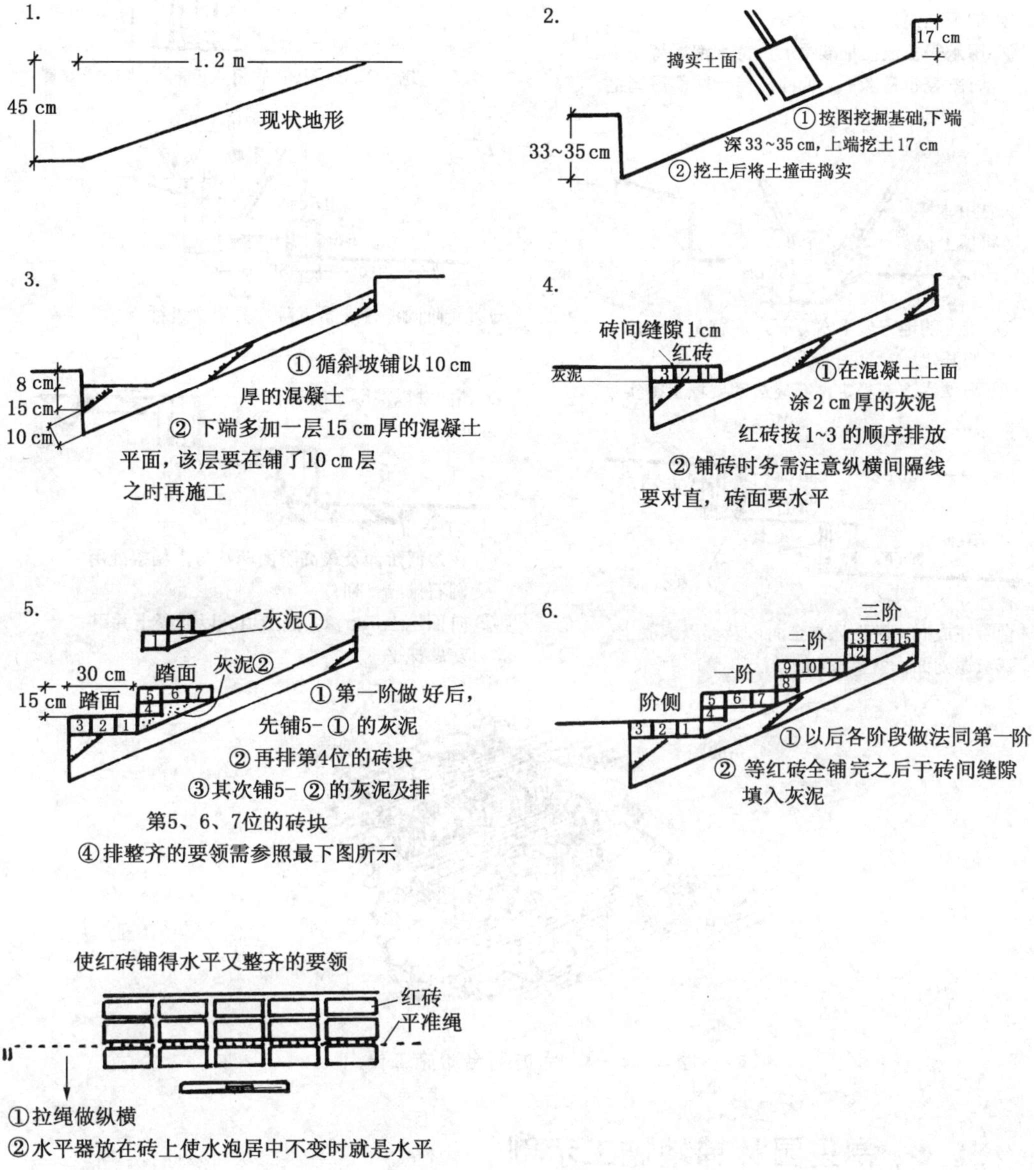

图4-4-3　红砖台阶施工要点

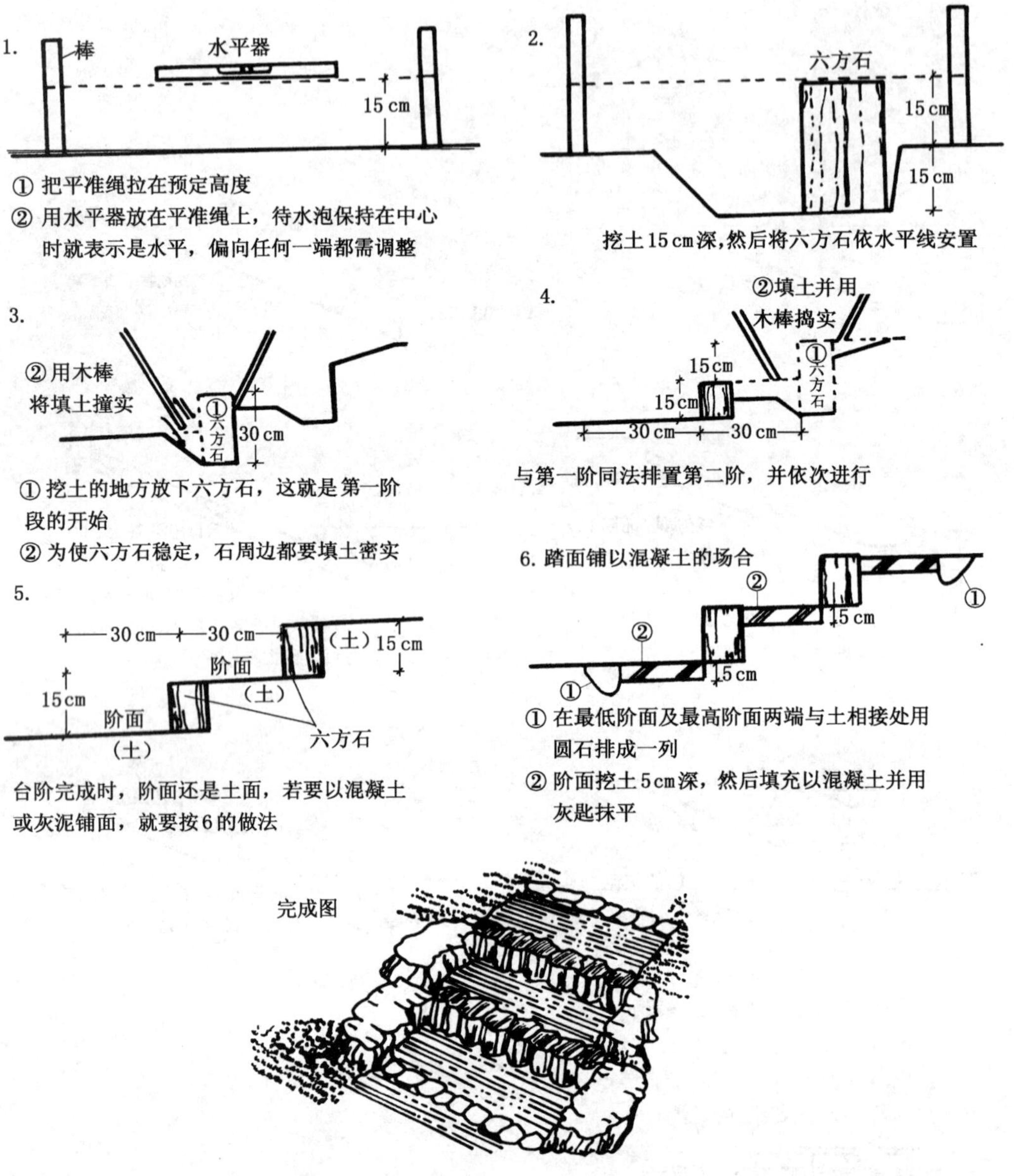

图4-4-4　六方石台阶施工要点

4.4.4　常见园林铺地施工示例

1. 混凝土铺地

混凝土铺地是最常见的铺地，不仅施工容易而且经济实惠；在庭园里除了种植花草树木的地面外，几乎都可以铺设混凝土地面。

调配混凝土时，少量的可以用大的 PE 塑胶桶或用铁板垫底，在其上调配，一边加水一边按比例加入水泥、砂、碎石等材料，搅拌到砂石等均匀调和为止。混凝土铺地的施工顺序见图 4－4－5。

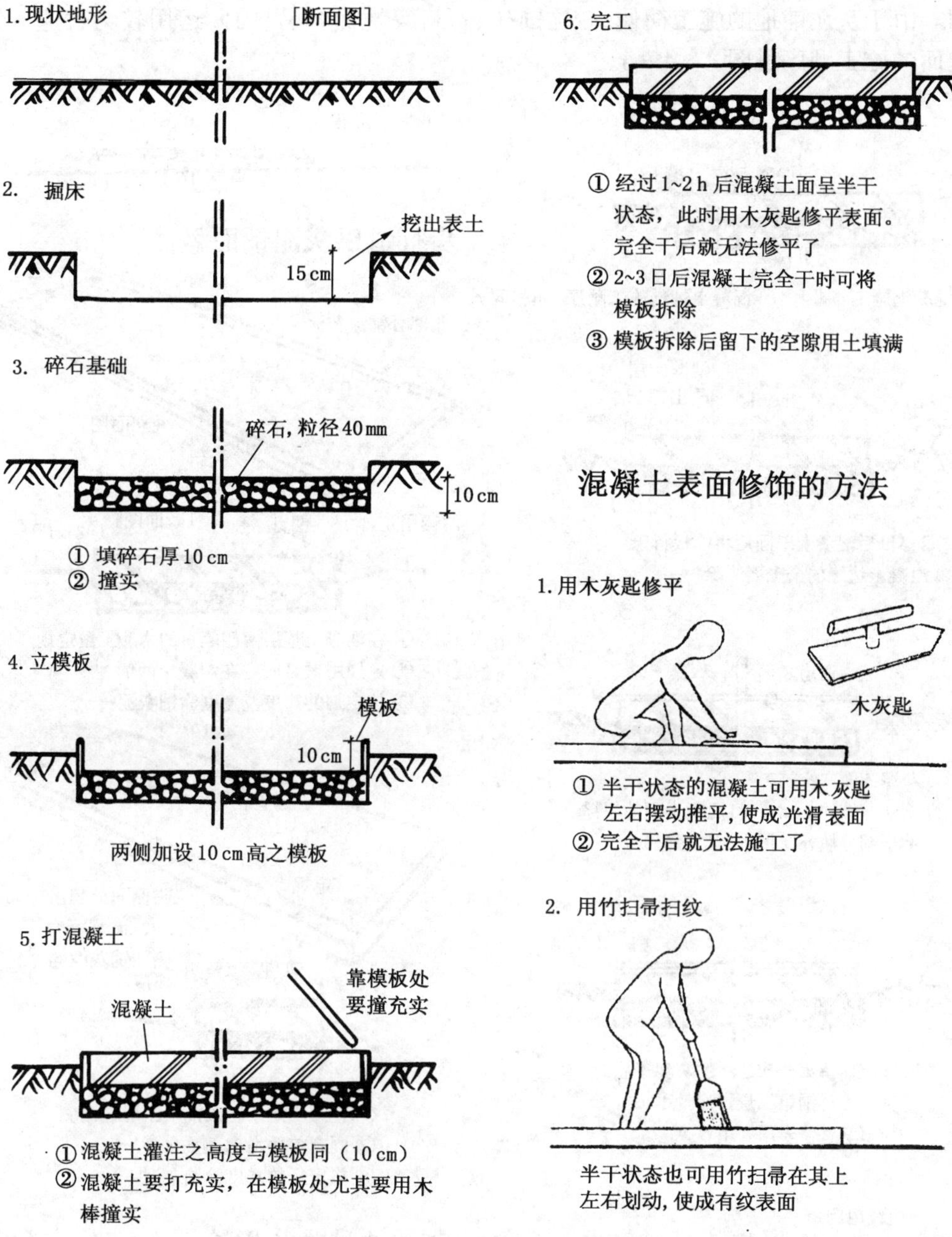

图 4－4－5　混凝土铺地施工顺序

2. 灰泥铺地

灰泥是指水泥、砂和水配成的材料，配合的比例通常有 3 种。

铺地用的灰泥是以 1 份水泥对砂 2 份配成。其两种配法如下：其一是以 1 份水泥对 3 份砂配成的灰泥，专供粘接红砖、水泥砖之用。另一种是以 1 份水泥对 1 份砂的特殊配方，供涂敷表面之用。

庭园中常用灰泥铺在通道、露台等处。铺设方法是先以混凝土打一层基调，再以灰泥铺涂路面。由于灰泥铺地的施工简便，较之铺砖、石板等地面容易，因此运用较为普遍。铺设灰泥地面的施工顺序见图 4－4－6。

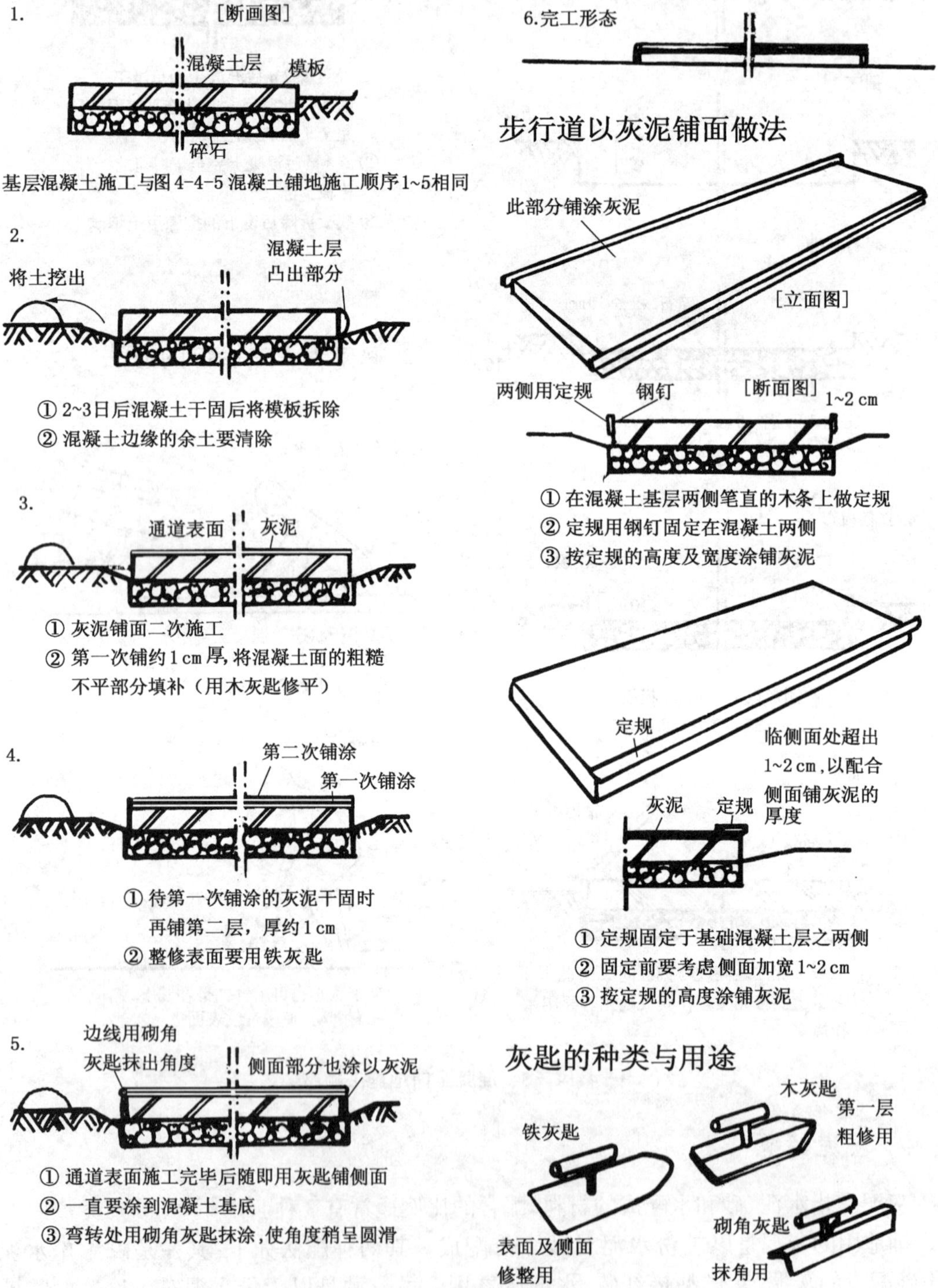

图 4－4－6　铺设灰泥地面的施工顺序

3．磁砖铺地

磁砖铺设方法，通常在建筑物四周的地面铺设磁砖时，要先填妥基础碎石约 15 cm 厚，再加上一层混凝土约 10～20 m，上面再涂以 3 cm 厚的灰泥，然后才可铺磁砖。在园中通道、阶梯、园路等用磁砖铺地时，亦可采用砂 15 cm、碎石 15 cm 的基础填充法，再于其上铺 3 cm 厚的灰泥及磁砖的方式。

在 3 cm 厚的灰泥上贴铺磁砖时要注意以下几个要点。① 灰泥的浓度不可太稀，要调配成半硬的粘稠状态，铺磁砖时才易压入固定而不致陷下。② 为使磁砖排列整齐，每片的间距为 1 cm，要利用平准线。于铺设地点四角插好木椿，用绳拉张，作为铺磁砖的平准线。除了纵横间隔笔直整齐外，另还需要一条高度准绳，以使磁砖面高度一致。为使路面不因下雨积水，有必要在施工时将路面做出两侧 1.5％～2％的斜度。铺设磁砖的顺序见图4－4－7。

4．红砖铺地

红砖的硬度与自然石、混凝土、石板比起来固然差些，并有易磨损的缺点，但以其色彩及易于施工的特点，用于专供行人步行的通道，还算是理想的材料。

上等的红砖铺成园路时，以橙红色为佳，与绿油油的草坪对比强烈，相互辉映，使庭园的景色清新悦目。烧过头的火砖色泽较深，未烧熟的砖呈黄红色，如果以混合作用的方式排列，往往也能独树一帜，然若要求整齐，就要选用颜色、品质均一的标准红砖。

铺红砖之前，先打一层 3 cm 厚的碎石层，铺灰泥之后再开始排放砖块，最后再用 1 份水泥与 3 份砂配成的灰泥填入砖间缝隙，这种添缝用的灰泥不必掺水。红砖排列方法见图 4－4－8。

5．水泥平板铺地

铺设时，先在地面撒一层砂，然后将水泥板压入砂中，使砂满溢于板间空隙。水泥板铺地施工简单，造价也不高，但因板形均一，排列起来略嫌过于单调，因此应用时加以装饰的技巧是必需的，譬如，把平板与平板间的距离留大一点，在空隙中种植草皮，或把不同颜色的砂、石填于空隙可以获得变化的效果。另外就是把平板错格排列，或将平板切成小块，大小交杂混合摆置，可增加变化的趣味。水泥平板铺地的做法顺序见图 4－4－9。

6．切石板铺地

切石板铺地的情趣与卵石铺地截然不同，由机械加工的切石铺地平坦好走，光洁整齐。适于加工切板的石材有花岗岩、安山岩、粘板岩等。切石路如果仅供人行走，其下可不必考虑打水泥基础。其施工要点分述如下：

(1) 挖掘土前，先估算石板入土的深度和碎石层的厚度，然后开始挖出土壤。

(2) 挖出土壤后，把路基用碎石铺满，并灌入灰泥，使碎石固定。

(3) 安放厚石板，使纵横间隙成直线，石面平整，高度一致，并在石板间灌满灰泥。

(4) 石面上若沾有灰泥，则用刷子洗净。切石板铺地铺设法见图 4－4－10。

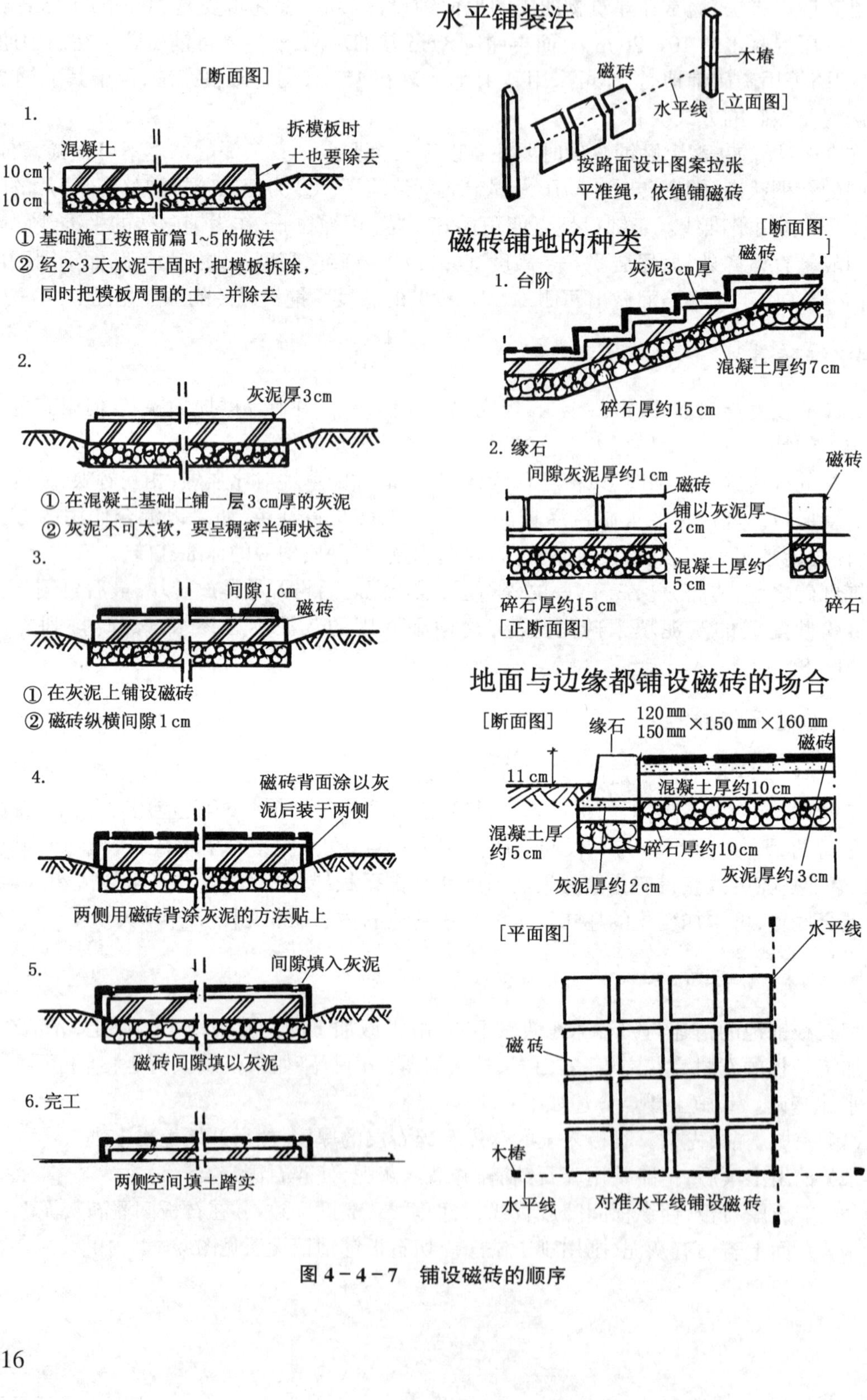

图 4-4-7　铺设磁砖的顺序

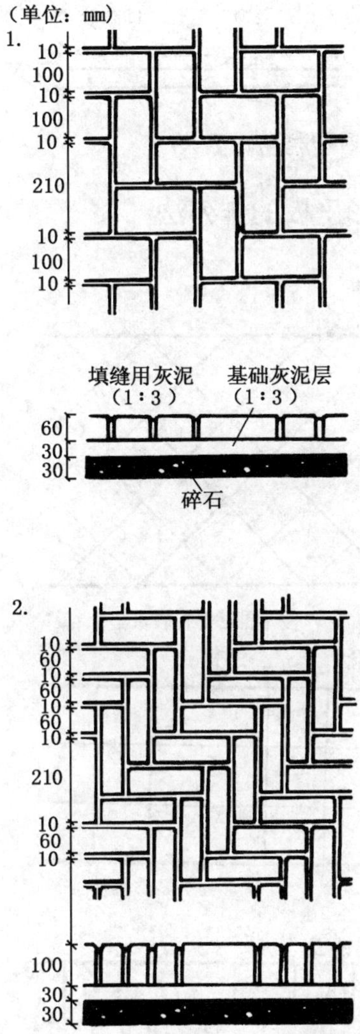

图 4－4－8(a)　红砖排列法二例

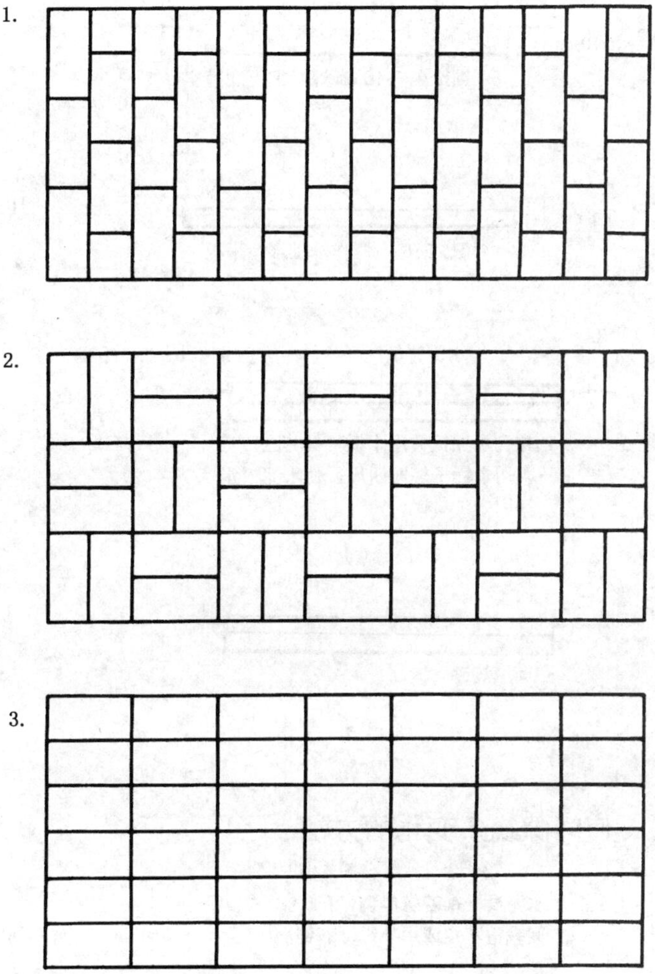

图 4－4－8(b)　红砖排列法三例

1.

掘土至7~10 cm深，把土底撞实

2.

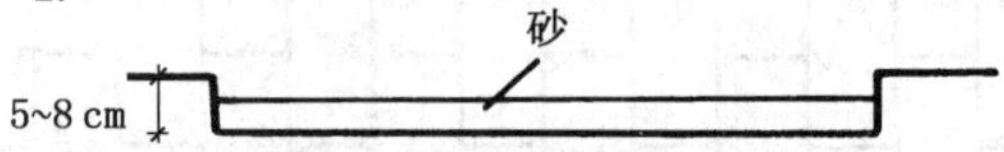

填砂5~8 cm厚作基础水泥平板

3.

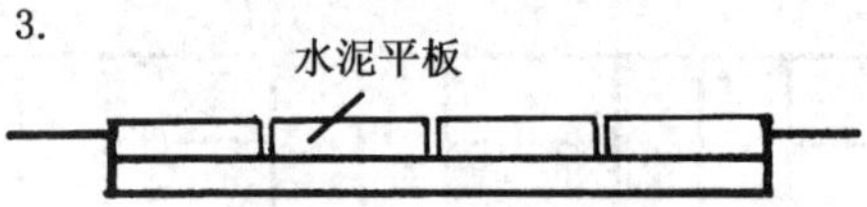

排列水泥板并用木板平铺其上，
再用木棰子轻叩四周，使水泥板水
平固定

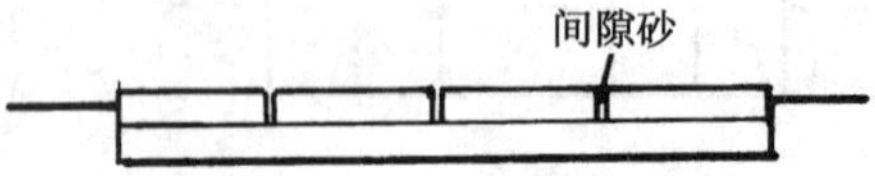

空间填满砂

使间隙线条变化的方法

全面用水泥板平铺若嫌单调，可于
平板之间栽植草皮或用装饰性石铺满

1.

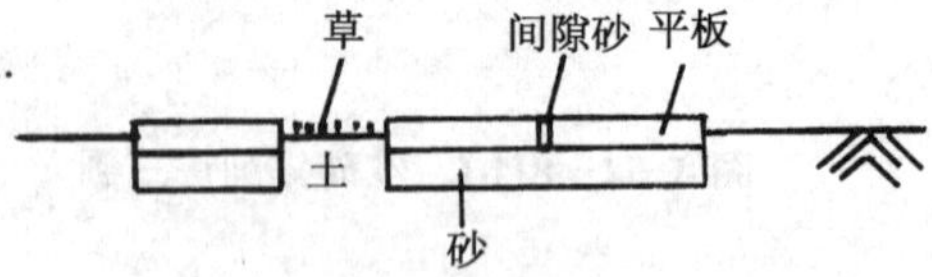

间隙种植草皮

2.

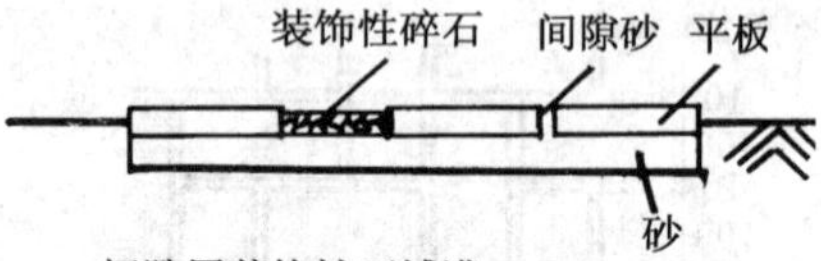

间隙用装饰性石铺满

正方形平板的排列法

1. 菱形铺法

菱形铺法显得较豪华

2. 正十字铺法

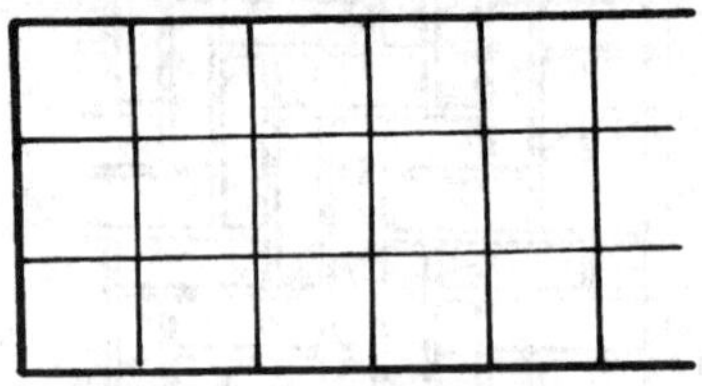

十字形铺法显得稳重

3. 梯形交错铺法

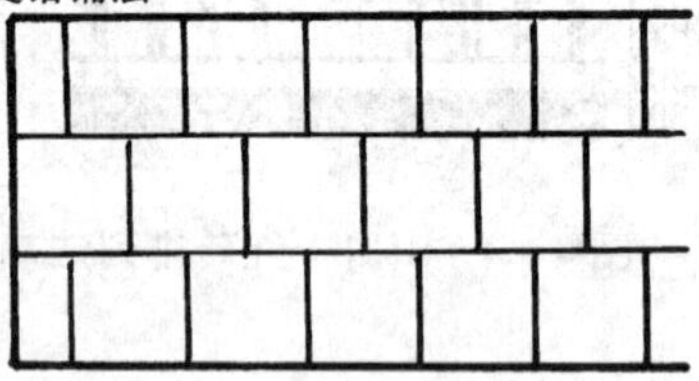

梯形交错为求变化

图4-4-9 水泥平板铺地做法顺序

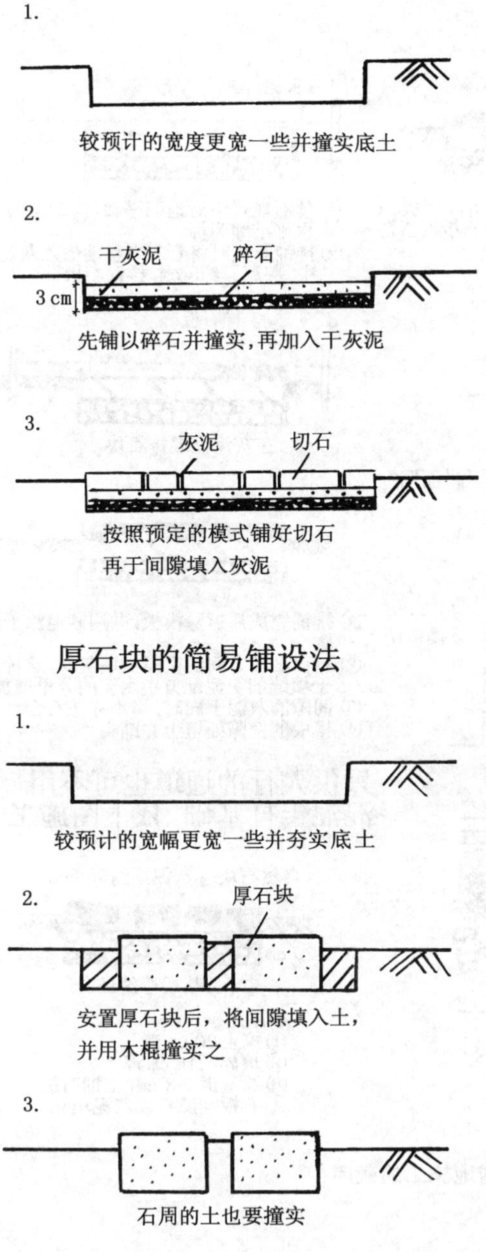

图 4－4－10(a)　切石板铺地的铺设法

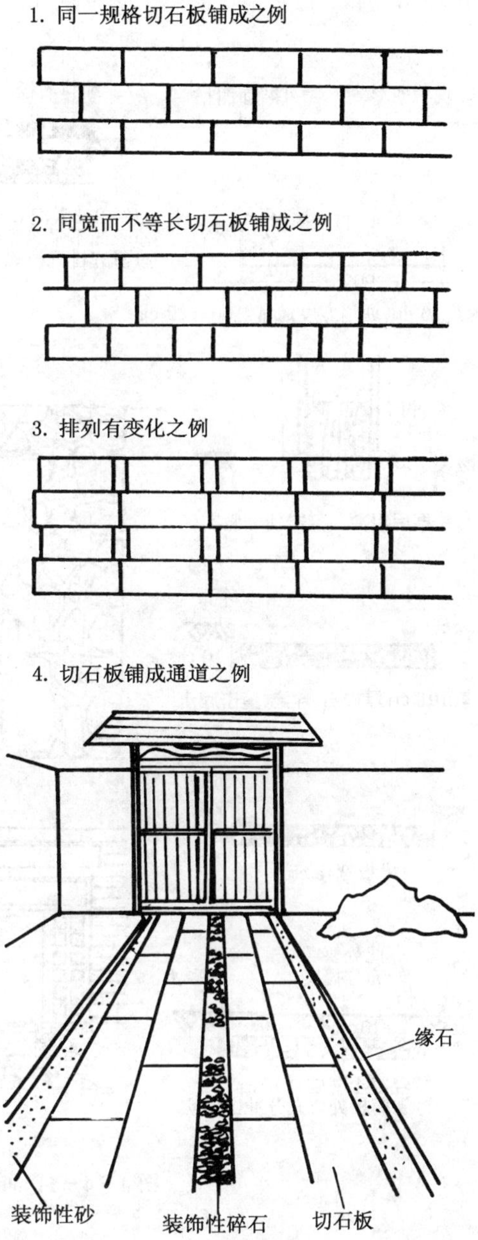

图 4－4－10(b)　切石板铺地示例

7．自然石铺地

用自然形状的石块作铺地表面所呈现的风味，与用红砖、水泥砖、磁砖铺出的工整感觉不同。然而铺地时所用其它材料及施工步骤大致相同。自然石块的形状、大小少有完全相同的，因此编排时要下一番功夫，避免大的集中在一堆，小的在另一堆，而必须使大小石参差排列，才会显得自然而不造作。至于石质方面虽然适于铺地的自然石种很多，但在铺一块地面时，最好选用同一产地或系统一致的石块，才不会有不协调之感。自然石铺地施工的顺序见图 4－4－11。

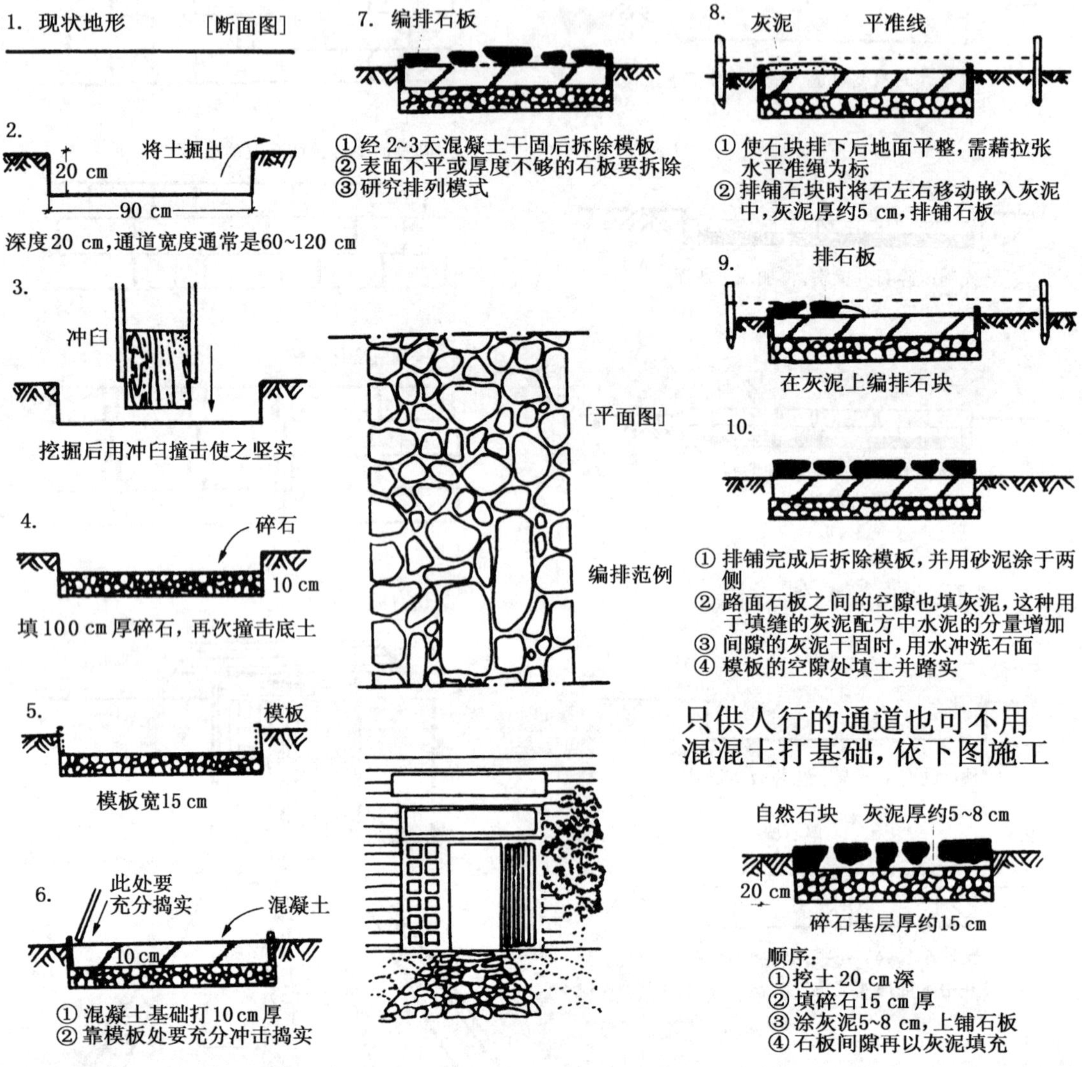

图 4－4－11　自然石铺地施工的顺序

8．步石

步石的质材可大致分为自然石、加工石及人工石、木质等。自然石的选择，以呈平圆形或角形的花岗岩最为普遍。加工石依加工程度的不同，有保留自然外观而略作整形的石块，有经机械切片而成的石板等，外形相差很大。人工石是指水泥砖、混凝土制平板或砖块等，通常形状工整一致。木质的则如粗树干横切成有轮纹的木椿、竹杆或枕木类等。无论何种材质，最基本的步石条件是：面要平坦、不滑，不易磨损或断裂，一组步石的每块石板在形状和色彩上要类似而调和，不可差距太大。步石的尺寸可从 30 cm 直径到 50 cm 直径不等，厚度在 6 cm 以上为佳。

铺设步石时，石块排列的整体美与实用性要兼备。一般成人的脚步间隔平均是45～55 cm，石块与石块间的间距则应保持在10 cm左右。步石露出土面高度通常是3～6 cm。

铺设时，先从确定行径开始。在预定铺设的地点来回走几趟，留下足迹，并把足迹重叠成最密集的点圈画起来，石板就安放在该位置上。经过这种安排的步石才是最实用的。

施工的步骤则先行挖土、安置石块，再调整高度及石块间的间距。确定位置后，就可填土，将石块固定，使踏在石面上不摇晃，就算大功告成。步石施工的顺序见图4－4－12。

9．鹅卵石铺地

所谓鹅卵石是指直径为6～15 cm，形状圆滑的河川冲刷石。用鹅卵石铺设的园路乍看起来稳重而又实用，别具一格。

完全使用鹅卵石铺成的园路往往会稍嫌单调，若于鹅卵石间加几块自然扁平的切石，就会出色许多。在组合石块时，要注意石的形状、大小是否调和。特别在与切石板配置时，相互交错形成的图案要自然，切石与卵石的石质及颜色最好避免完全相同，才能显出路面变化的美感。

施工时，因石块的大小、高低不完全相同，为使铺出的路面平坦，必须在路基上下工夫。先将未干的灰泥填入，再把卵石及切石一一填下，较大的埋入灰泥的部分多些，使路面整齐，高度一致。摆完石块后，再在石块之间填入稀灰泥，填充实后就算完成了。卵石排列间隙的线条要呈不规则的形状，千万不要弄成十字形或直线形。此外，卵石的疏密也应保持均衡，不可部分拥挤，部分疏松。铺设卵石地面的顺序见图4－4－13。

10．洗石子铺地

路面处理采用洗石子方式也相当别致。要铺这种路面，除了对石子的形状、色泽要精心挑选外，最大的要诀还是在于施工上的耐心。

洗石子层的配方似灰泥，不同的是砂被石子取代了。一般石子的粒径用3 mm的小石子及2～4 cm的卵形石为多，颜色有黑、灰、白、褐等，可以选用单色或混合色。混合色者往往较能与环境调和，因此用得较普遍。

施工时，先铺一层混凝土基层，上面加一层1 cm厚的灰泥。灰泥层干后，再加一层洗石子层。洗石子层的水泥与石子配比是1∶1～1∶1.5。铺洗石子层时，要用铁灰匙边推边压，把石子压入水泥之中，并使表面平整。园路边缘要架模板，才能清晰地做出道路的线形。洗石子路面施工特别要留意的就是冲水量与水压的控制以及冲洗的时机。冲洗的时机要把握在涂上洗石子层后水泥略凝结而尚未凝固之时，用刷子或喷水器轻轻将表层石子间隙中的灰泥冲去，使大略半粒石子裸露出来。使用刷子或喷水器时要有耐心，用力不可太大，以免水泥流失太多；冲水量与水压都要适度，否则过多的水或过强的水压均会破坏效果，甚至连石也被冲走。

洗石子路面处理除了用普通的水泥外，尚可用白色或加有红色、绿色着色剂的水泥，使石子洗出的格调更为特殊。洗石子路面施工的顺序见图4－4－14。

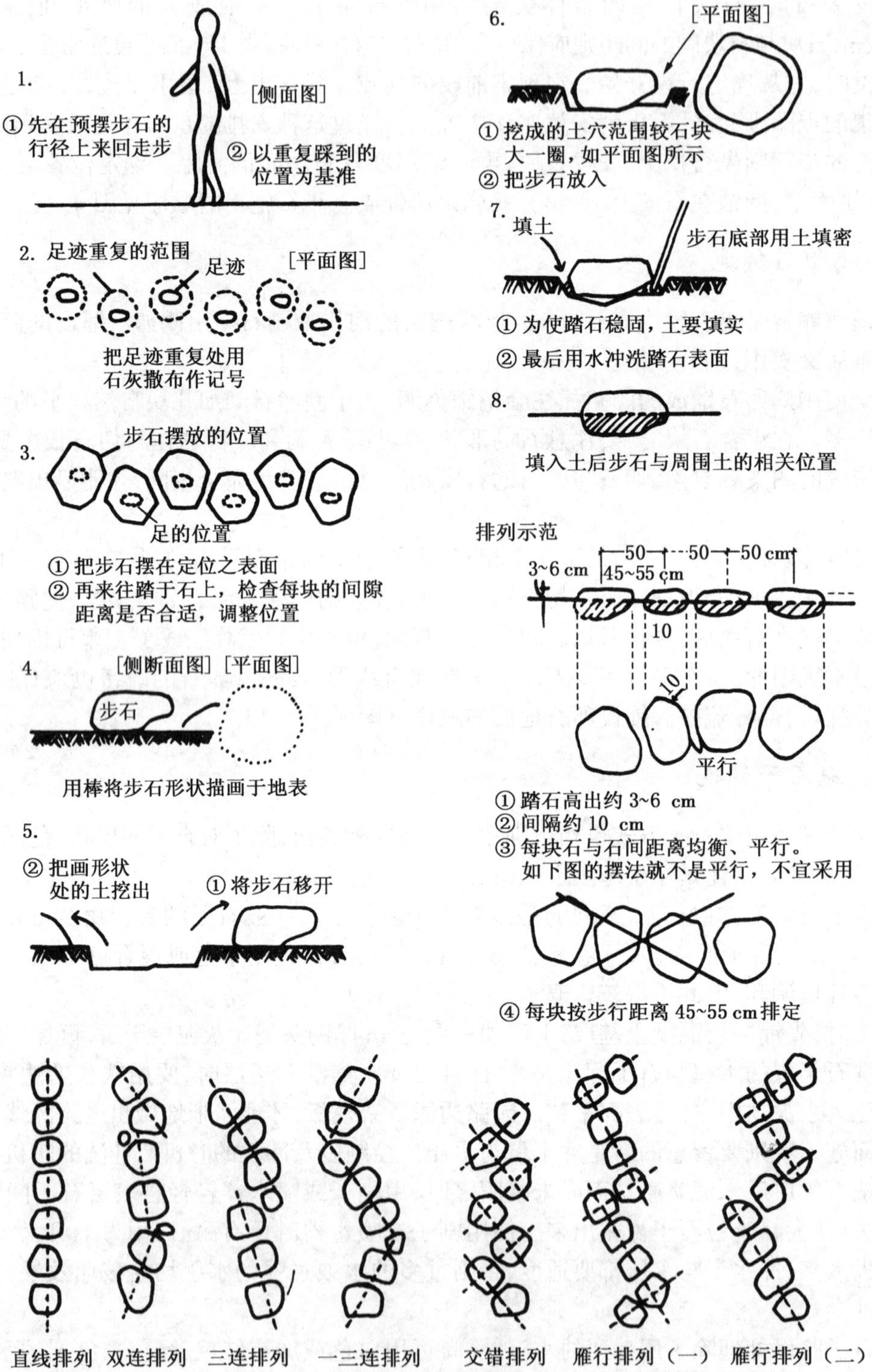

图 4－4－12　步石摆置的顺序

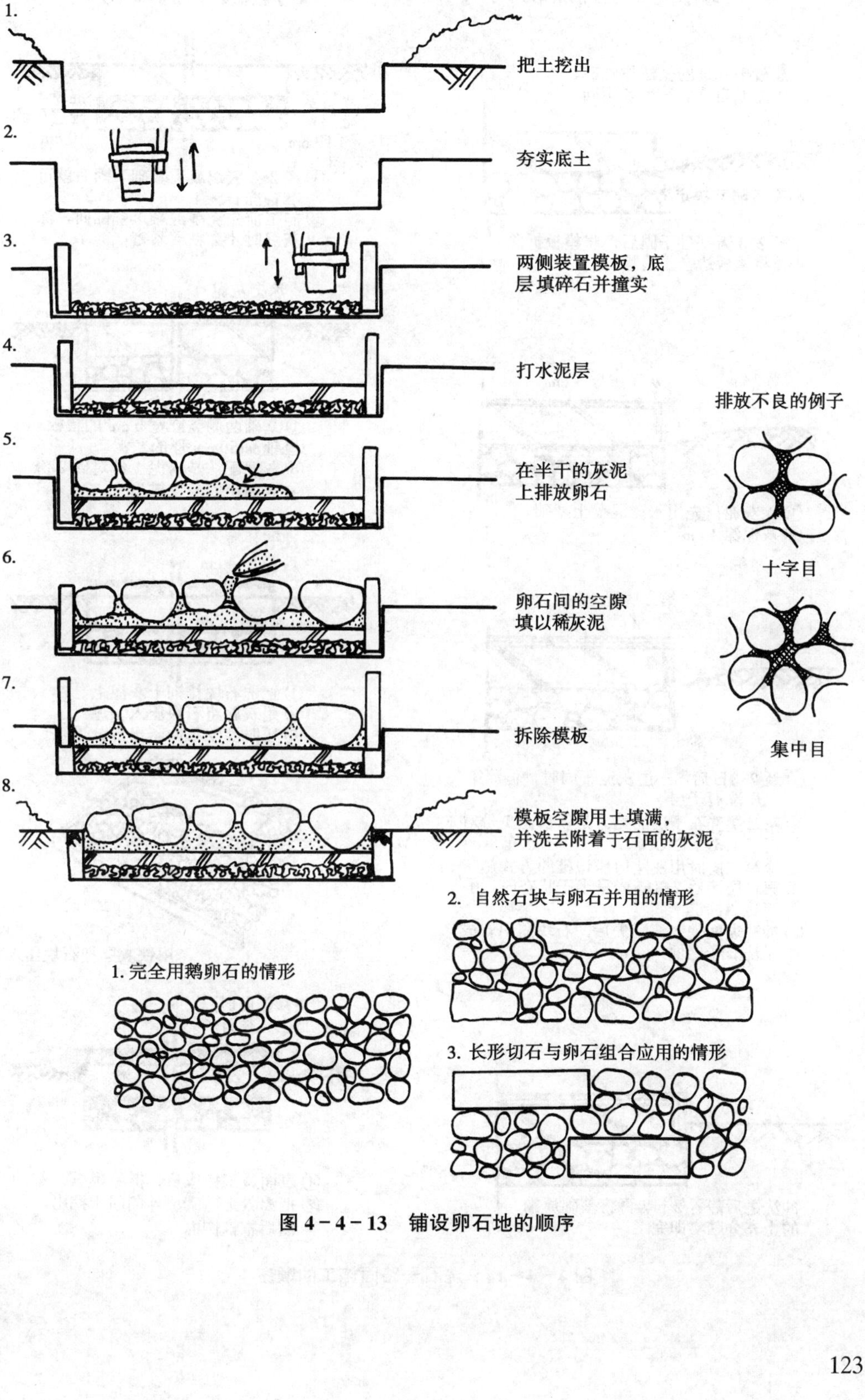

图 4－4－13　铺设卵石地的顺序

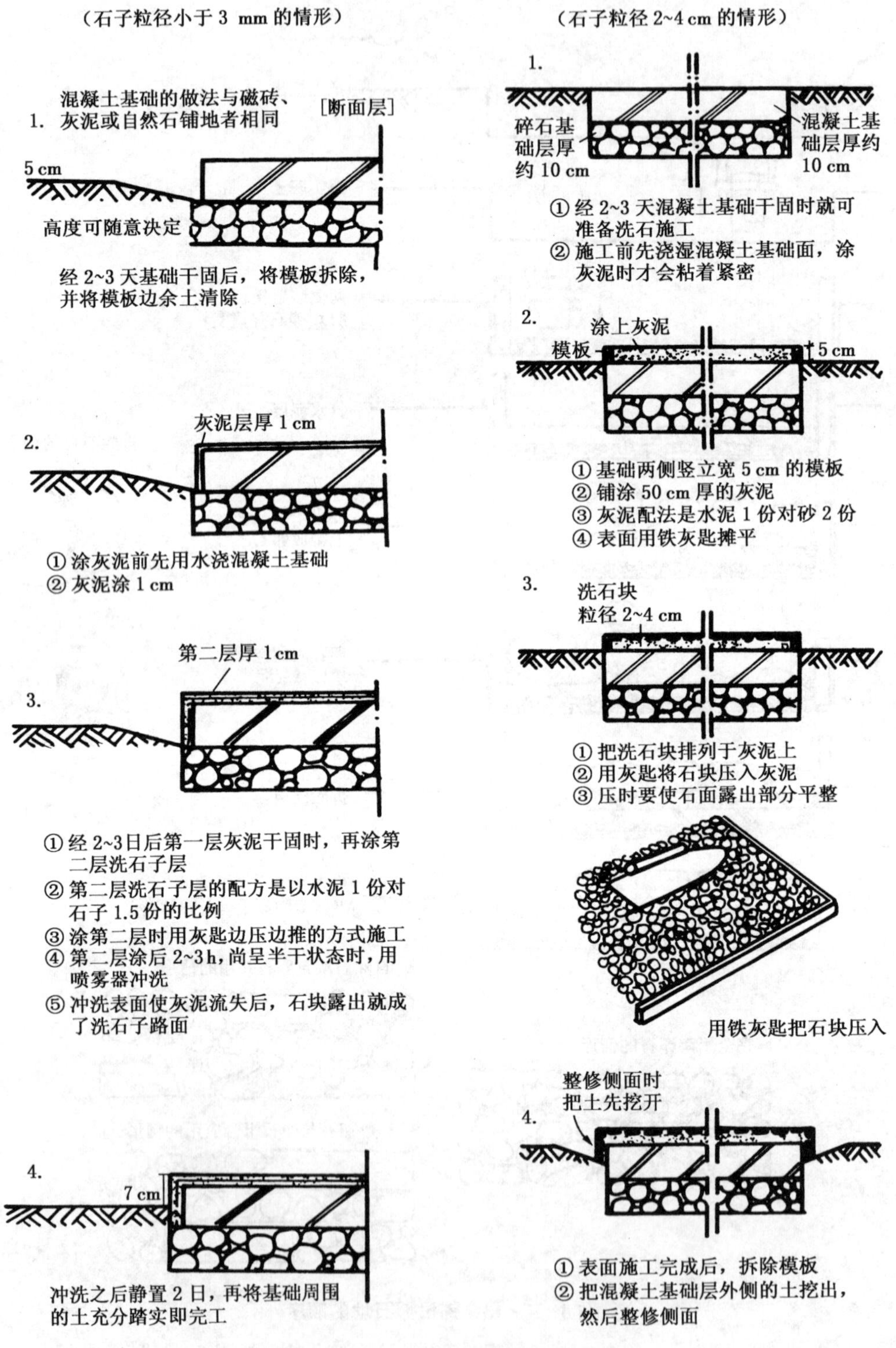

图 4－4－14　洗石子路面施工的顺序

11. 圆木椿铺地法

园路用圆木椿铺设是别出心裁的方式，这种方式铺出的地面能使整个环境充满原始自然的气息。

铺地用的木材以松、杉、桧为主，直径 10 cm 左右。使用前先将树皮剥离，涂以防腐剂，使之保持经久耐用。圆木椿铺地可直接用土固定或用灰泥固定。木椿的长度平均锯成 15 cm，保留突出地面约 5 cm 高时，挖土 10 cm 深，并夯实基础使之坚硬。再将圆木椿紧密排列，使突出的表面均一整齐。确定后再用砂土填入木椿间隙。圆木椿铺地做法见图 4－4－15。

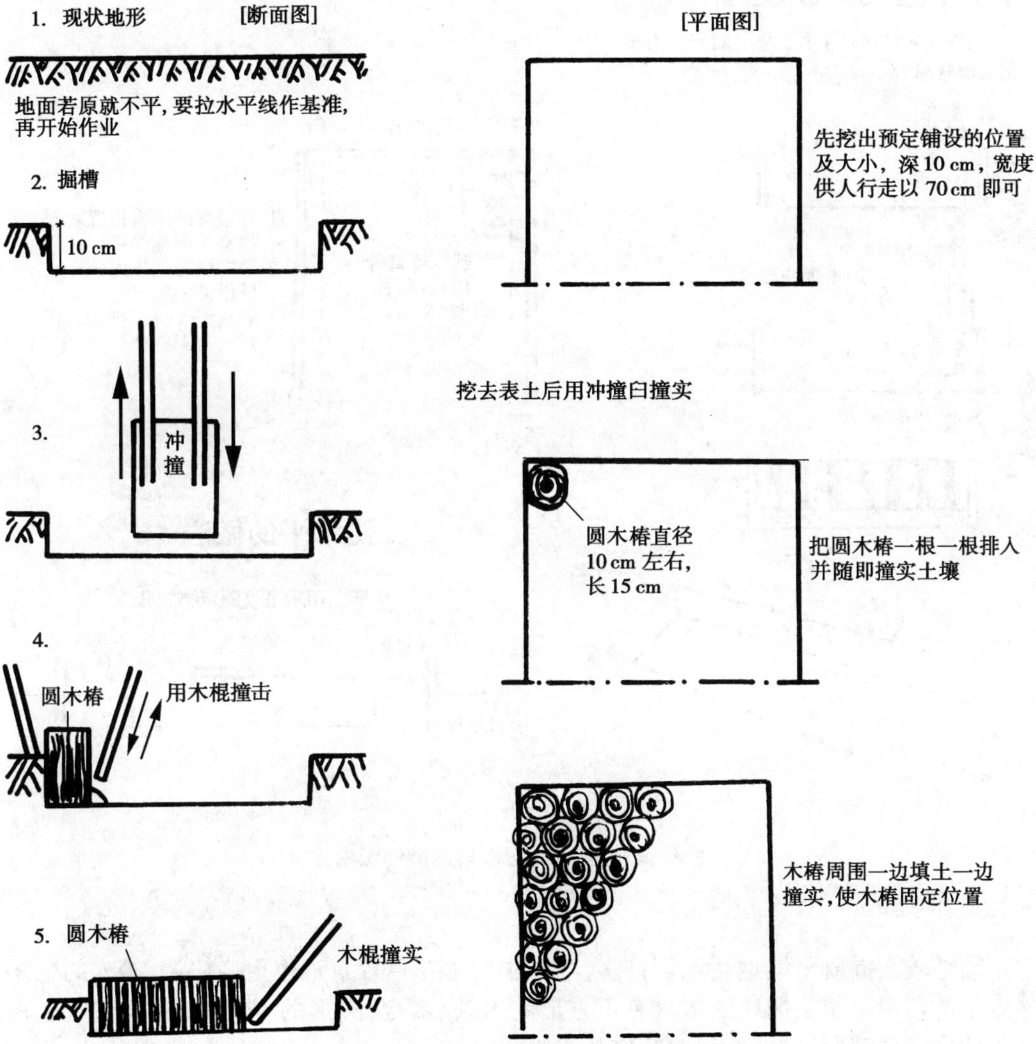

图 4－4－15(a)　圆木椿通道的做法

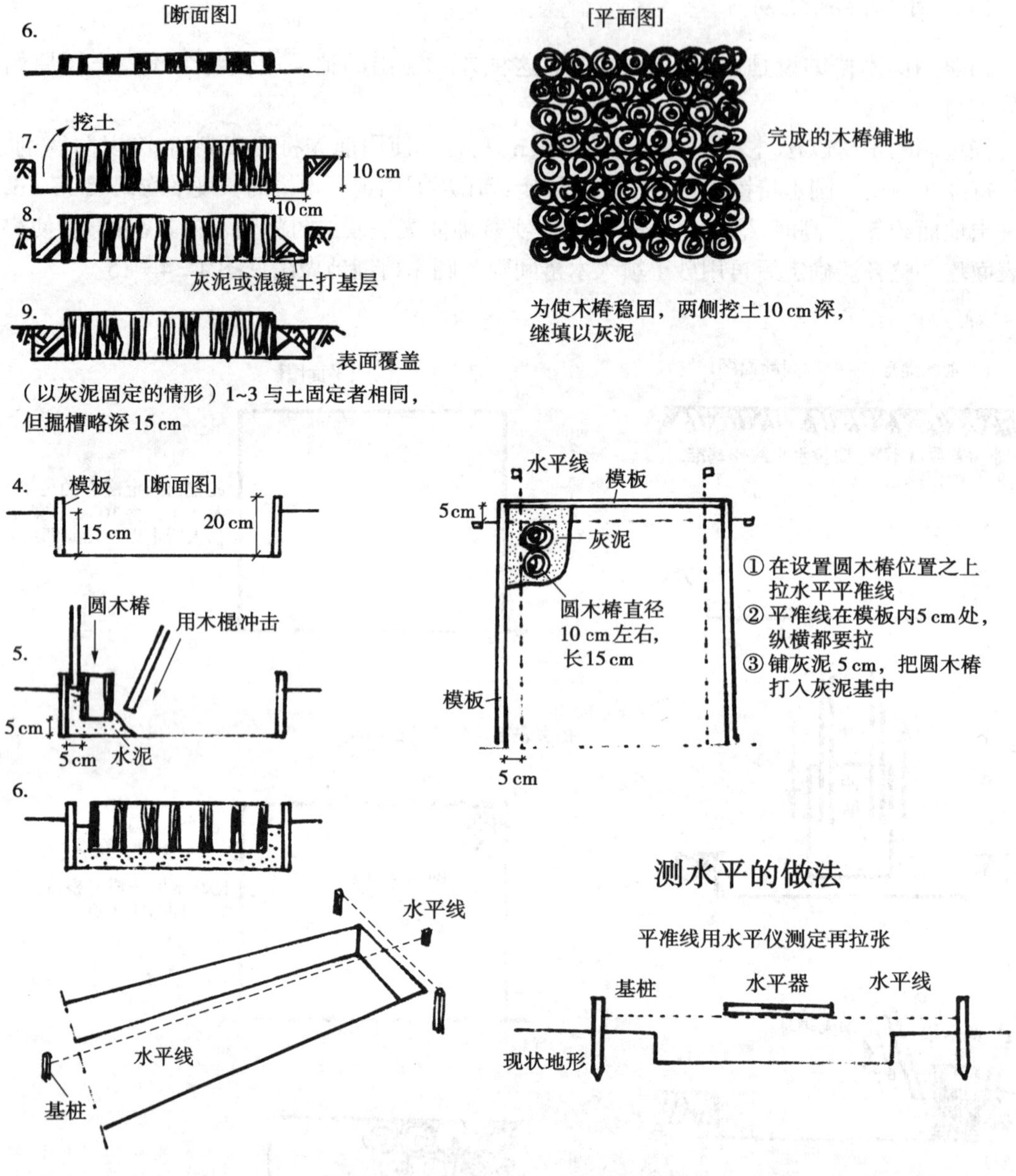

图 4－4－15(b)　圆木椿通道的做法

12. 木铺地

木铺地较之混凝土铺地要亲切许多，与园中树木花草等景观也更为协调，给人的感觉是自然而富有情趣。用于铺地的木材有正方形的木条、木板，圆形的、半圆形的木桩等。在潮湿近水的场所使用时，宜选择耐湿防腐的木料。

施工前，要对施工地点的潮湿程度进行调查。若湿度不大，可以将木材直接排放在土面。用半圆木桩时，使平面向上，圆面向下，每木桩之间用钩钉牢牢钉住，使之连接稳定。如果在潮湿的地点施工，就要先排一列枕木，再将通道用木板架设在枕木上面。如果水泽地有水生植物滋生，枕木就要垫得更高，才不至于伤及植物。干燥的地上，只要把土表挖松，将木板下半部嵌入地中即可。

铺设木铺地，施工时总要依地理条件而随机应变，才能铺出合乎自然又耐用的铺地。木铺地做法顺序见图 4－4－16。

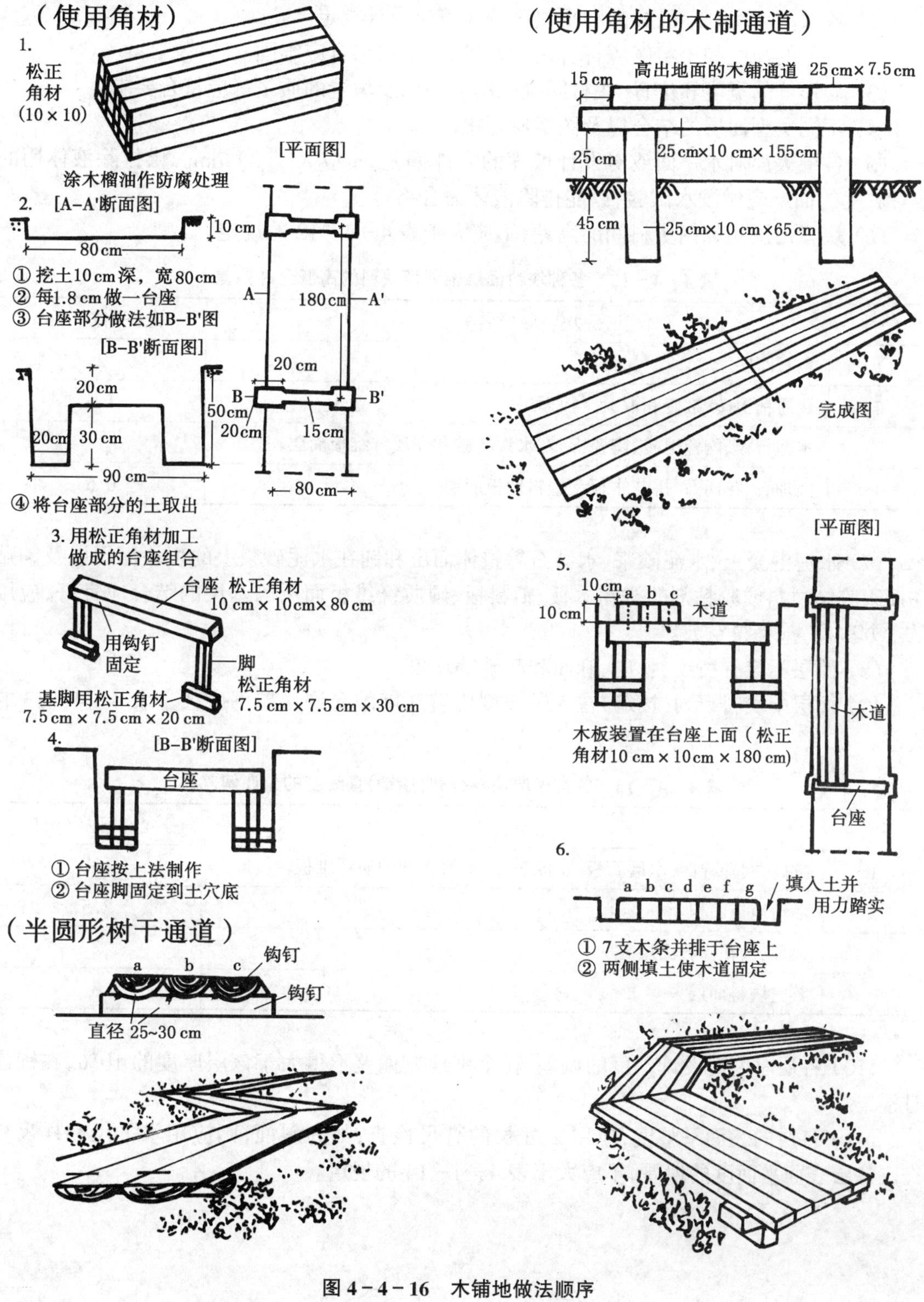

图 4－4－16　木铺地做法顺序

4.4.5 园林铺装质量标准

园路与广场各层的质量要求及检查方法如下:

(1) 各层的坡度、厚度、标高和平整度等应符合设计规定。

(2) 各层的强度和密实度应符合设计要求,上下层结合应牢固。

(3) 变形缝的宽度和位置、块材间缝隙的大小以及填缝的质量等应符合要求。

(4) 不同类型面层的结合以及图案应正确。

(5) 各层表面对水平面或对设计坡度的允许偏差,不应大于 30 mm。供排除液体用的带有坡度的面层应做泼水试验,以能排除液体为合格。

(6) 块料面层相邻两块料间的高差,不应大于表 4-4-12 的规定。

表 4-4-12　各种块料面层相邻两块料的高低允许偏差

序号	块料面层名称	允许偏差/mm
1	条石面层	2
2	普通粘土砖、缸砖和混凝土板面层	1.5
3	水磨石板、陶瓷地砖、陶瓷锦砖、水泥花砖和硬质纤维板面层	1
4	大理石、花岗石、拼花木板和塑料地板面层	0.5

(7) 水泥混凝土、水泥砂浆、水磨石等整体面层和铺在水泥砂浆上的板块面层以及铺贴在沥青胶结材料或胶粘剂的拼花木板、塑料板、硬质纤维板面层与基层的结合应良好,应用敲击方法检查,不得空鼓。

(8) 面层不应有裂纹、脱皮、麻面和起砂等现象。

(9) 面层中块料行列(接缝)在 5 m 长度内直线度的允许偏差不应大于表 4-4-13 的规定。

表 4-4-13　各类面层块料行列(接缝)直线度的允许偏差

序号	面层名称	允许偏差/mm
1	缸砖、陶瓷锦砖、水磨石板、水泥花砖、塑料板和硬质纤维板	3
2	活动地板面积	2.5
3	大理石、花岗石面层	2
4	其它块料面层	8

(10) 各层厚度对设计厚度的偏差,在个别地方偏差不得大于该层厚度的 10%,在铺设时检查。

(11) 各层的表面平整度,应用 2 m 长的直尺检查,如为斜面,则应用水平尺和样尺检查。各层表面平面度的偏差,不应大于表 4-4-14 的规定。

表 4-4-14 各层表面平整度的允许偏差

<table>
<tr><th>项次</th><th>层次</th><th colspan="2">材料名称</th><th>允许偏差/mm</th></tr>
<tr><td>1</td><td>基土</td><td colspan="2">土</td><td>15</td></tr>
<tr><td rowspan="5">2</td><td rowspan="5">垫层</td><td colspan="2">砂、砂石、碎(卵)石、碎砖</td><td>15</td></tr>
<tr><td colspan="2">灰土、三合土、炉渣、水泥混凝土</td><td>10</td></tr>
<tr><td rowspan="2">毛地板</td><td>拼花木板面层</td><td>3</td></tr>
<tr><td>其它种类面层</td><td>5</td></tr>
<tr><td colspan="2">木搁栅</td><td>3</td></tr>
<tr><td rowspan="3">3</td><td rowspan="3">结合层</td><td colspan="2">用沥青玛帝脂做结合层铺设拼花木板、板块和硬质纤维板面层</td><td>3</td></tr>
<tr><td colspan="2">用水泥砂浆做结合层铺设板块面层以及铺设隔离层、填充层</td><td>5</td></tr>
<tr><td colspan="2">用胶结剂做结合层铺设拼花木板、塑料板和硬质纤维板面层</td><td>2</td></tr>
<tr><td rowspan="7">4</td><td rowspan="7">面层</td><td colspan="2">条石、块石</td><td>10</td></tr>
<tr><td colspan="2">水泥混凝土、水泥砂浆、沥青砂浆、沥青混凝土、水泥钢(铁)屑不发火(防爆的)、防油渗等面层</td><td>4</td></tr>
<tr><td colspan="2">缸砖、混凝土块面层</td><td>4</td></tr>
<tr><td colspan="2">整体的及预制的普通水磨石、碎拼大理石、水泥花砖和木板面层</td><td>3</td></tr>
<tr><td colspan="2">整体的及预制的高级水磨石面层</td><td>2</td></tr>
<tr><td colspan="2">陶瓷锦砖、陶瓷地砖、拼花木板、活动地板、塑料板、硬质纤维板等面层以及面层涂饰</td><td>2</td></tr>
<tr><td colspan="2">大理石、花岗石面层</td><td>1</td></tr>
</table>

4.4.6 相关标准、规范

相关标准、规范有：

(1) 建筑地面工程施工及验收规范(GB50209—95)

(2) 建筑工程质量验收评定标准(GBJ301—88)

(3) 建筑安装工程质量检验评定统一标准(GBJ300—88)

(4) 沥青路面施工及验收规范(GBJ92—86)

(5) 水泥混凝土路面施工及验收规范(GBJ97—87)

(6) 联锁型路面砖路面施工及验收规程(CJJ79—98)

(7) 固化类路面基层和底基层技术规程(CJJ/T80—90)

(8) 粉煤灰石灰类道路基层施工及规程(CJJ4—97)

(9) 市政道路工程质量检验评定标准(CJJ1—90)

(10) 建筑工程冬期施工规程(CJJ/T80—90)

5　水景工程

5.1　水景概述

水在人类的生活环境中起着举足轻重的作用，人类离不开水。自古以来，城镇依水系而发展，商贸随水系而繁荣。城市景园中有水，不但能增加景色的美丽，使景色生动活泼，而且还具有灌溉、消防、增湿、种植、划船、滑水等生活实用价值。所以古人云："仁者乐山，智者乐水。"又说："石令人古，水令人远。"更有人把水景视为庭园的灵魂，可见水在城市造景中的重要性。

5.1.1　水的设计特性

1．水的可塑性

水是无色、无味的液体，本身无固定的形状，水的形状由容器的形状所造就。丰富多彩的水态，取决于容器的大小、形状、色彩和质地，所以各种水池、水塘、湖泊、水道的设计形状也决定了水的形态。

2．水的状态

由于水受地形的影响，或静止，或运动。因此水可以分为静水和动水两类。

静水宁静安谧，能形象地倒映出周围环境的景色，给人以轻松、温和的享受。动水活泼灵动，或缓流，或奔腾，或坠落，或喷涌，波光晶莹，剔透清亮，令人感受欢快、兴奋、激动的氛围。因此水的设计应与周边环境总体设计的目的统一，宜静则静，宜动则动，表现出不同的"情感特征"。

3．水的音响

运动着的水，无论是流动、跌落还是撞击，都会发出不同的声音效果，使原本静默的景色产生一种生生不息的律动和天真活跃的生命力，因此，水的设计也应包含水声的利用。

4．水的意境

水本身是平淡无奇的，但若与周围景物结合，便会表现出或幽远宁静，或热情昂扬，或天真质朴，或灵动飞扬的意境。从这个意义上讲，水的设计是意境的设计。

5.1.2 水在造景中的作用

1. 基底作用

大面积的水面视域开阔、坦荡，有衬托岸畔和水中景物的基底作用。当水面不大但在整个空间中仍具有面的感觉时，水面仍可作为岸畔或水中景物的基底，产生倒影，扩大和丰富景观空间。

2. 系带作用

水面具有将不同的、散落的景观空间及园林景点连接起来并产生整体感的作用，具有线型系带作用及面型系带作用之分。前者水面多呈带状线型，景点多依水而建，形成一种"项链式"的效果。而面型系带作用中，零散的景点均以水面为各自的构图要素，水面起到直接或间接的统一作用。除此以外，在有的景观设计中并没有大的水面，而只是在不同的空间中重复水这一主题，如用不同形式的流水、落水、静水等，以加强各空间之间的联系。水还具有将不同平面形状和大小的水面统一在一个整体之中的能力。无论是动态的水还是静态的水，当其经过不同形状、不同大小、位置错落的"容器"时，由于它们都含有水这一共同而又惟一的因素，便产生了整体的统一(图 5-1-1)。

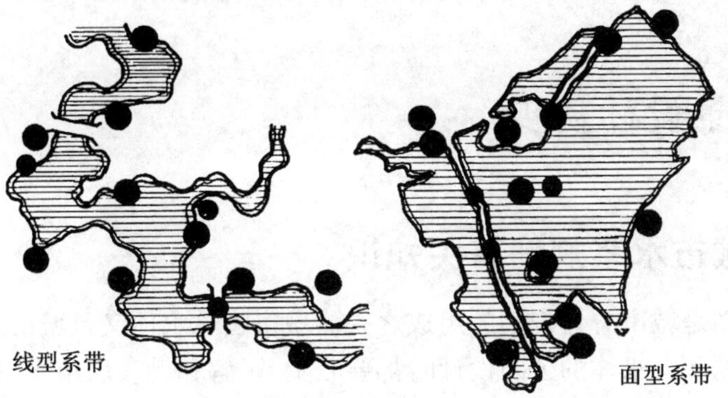

图 5-1-1 水面系带作用示意

3. 焦点作用

喷涌的喷泉、跌落的瀑布等动态形式的水，它们的形态和声响能引起人们的注意，吸引人们的视线。在设计中除了要处理好它们与环境的尺度和比例关系外，还应考虑它们所处的位置。通常将水景安排在向心空间的焦点、轴线的交点、空间的醒目处或视线容易集中的地方，使其突出并成为焦点，如喷泉、瀑布、水帘、水墙、壁泉等(图 5-1-2)。

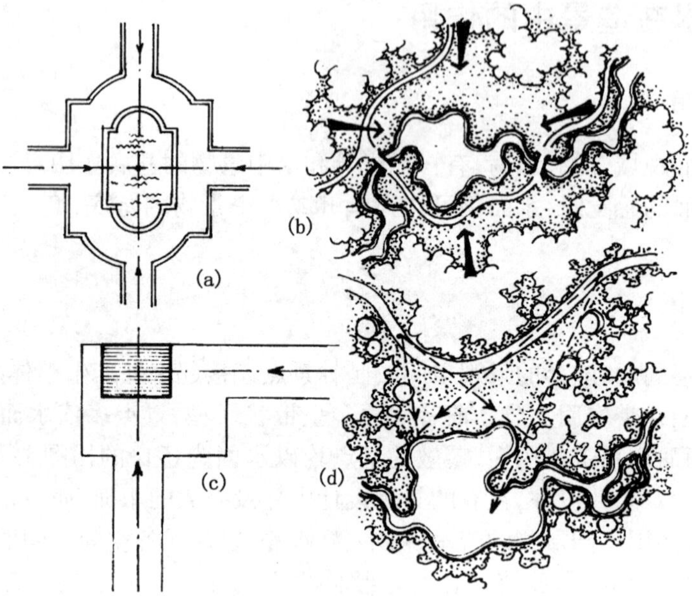

图 5-1-2　水景作为焦点的几种形式

(a) 视线或轴线的焦点；(b) 空间的中心；(c) 视线或轴线的端点；(d) 视线易到之处

5.2　水景设计初步

5.2.1　城市水系规划有关知识

城市绿地规划是城市总体规划的组成之一。城市园林水体又是城市水系的一部分。在进行城市绿地规划和有水体的公园设计时都要收集、了解和勘查城市水系现状与水系规划。城市水系是难得的自然风景资源,也是城市生态环境质量的要素,应该大力保护天然水体,在保护的前提下加以开发和利用。

布置水景的要领首先是“疏源之去由,察水之来历”。水有源、流、派和归宿。园林中的水景是城市水体的一部分,要着眼于局部与整体的关系。城市规划部门有河湖组或类似的专项规划部门专门负责城市水体的宏观规划,其主要任务是保护、开发和利用城市水系,调节和治理洪水与淤积泥沙,开辟人工河湖,兴城市水利而防治和减少城市水患,把城市水体组成完整的水系。城市水系在不同的历史时期是有所变迁的,我们研究园林史时则要研究古代水系。以北京为例,早期东有潮白河,西有永定河。元代建元大都时由郭守敬勘察、规划,基本奠定了北京城水系的基础。明代建都后形成目前北京水系的基本骨架。他巧妙地将发源于昌平县的白沙泉北引至西山,再沿西山东麓导引使其与玉泉山下的水源汇合,由西北而东南形成长河水系。这条水系加上原发源于万泉庄的万泉河,与北京西北郊的园林关系最为密切。玉泉山泉流涌出后又分为三派。一派北去,与市区联系较少。一派向南流名为南旱河。它在玉泉山南侧又分出一支派,由颐和园西堤的玉带桥进入颐和园昆明湖,成为调节北京城用水和灌溉农田的城市蓄水库，再南出绣漪桥向东南流下，至紫竹院又与旧时的高梁河流汇合向东流而形成高梁河。至北京城墙西北角又分三支。其中两支各向东、南流去，形成北护城河与西护城河。另一支由豁口以东入城，流经积水潭、后海、北海、中海、南海、中山公园、天安门前金水河，然后成为地下流从南河沿南转再向东流入通惠河。这支水流又从北海以东向南导入紫禁城护城河，又从紫禁城西北角汲入成为贯通故宫的水系，在城市规划方面称为“引水贯都”。古时水运、消防和城市水景都依托于城市水系。南旱河另一派水系向东经玉渊潭至西便门流入西护城河，又接通陶然亭公园、龙潭公园向东流去。后来由于水源不足，又在南长河与南旱河间与京密引水渠相衔。作为国际性现代化城市，北京市仍是水源不足的城市。远景规划将实施“南水北调”，那时北京水系将是一番新气象。

城市水系规划为各段水体确定了一些水工控制数据。如最高水位、最低水位、常水位、水容量、桥涵过水量、流速及各种水工设施，同时也规定了各段水体的主要功能。依据这些数据来进一步确定园林进水、出水口的设施和水位，使园林内水体务必完成城市水系规划所赋予的功能。

1．城市水体的功能

1）排洪蓄水

城市水体是城市地面的排放水体。特别是在暴雨来临、山洪暴发时，要求及时排除和蓄积洪水，防止洪水泛滥成灾。到了缺水的季节再将所蓄之水有计划地分配使用。城市水体蓄洪排涝的功能和园林本身的要求有时是有矛盾的。例如常水位定得过高，岸边植物就难以生长。蓄洪过量造成超过设计最高水位时，园林水体内的鱼等水生动物便会外流。最高水位与最低水位相差悬殊时园林驳岸也不好处理。这就要求局部和整体间有协调的关系。局部服从整体，整体照顾局部。如为了城市蓄水把园林常水位定得过高，不仅影响近岸植物，而且影响大面积植物生长时，是可以反馈到城市规划有关方面进行洽商的。个别情况下，为了确保城市的安全和农业生产不受重大损失，公园则要牺牲局部利益以保全整体。如广州市的公园曾在遇洪水时不惜鱼虾外流而确保大面积农业生产不受害。

2）组织航运以便于水上交通与游览

水运的运费比陆运便宜，应加以充分利用。很多世界名城还利用天然河流和其它水域开展水上游览，如巴黎之赛纳河。在我们进行城市园林绿地系统规划时要充分考虑到这一点，这不仅可以减少陆地交通的通行量，而且在夏季炎热的地带还可以降低气温（如处于亚热带的沿海城市）。如与园林接壤的水系是公共水运航道，则对这部分水体的处理要按航运要求结合园林特色来办。

3）结合发展水产事业

园林要综合发挥生态效益、社会效益和经济效益。利用园林水体进行水产方面的开发利用是切实可行的途径。但园林又不是单纯的水产养殖场。发展水产事业要服从水景和游览的基本需求。水的深度太浅不利于水温上下对流和养鱼的要求，太深虽可进行分层养鱼以提高单位面积水产量，但游船活动不安全。养鱼和水生植物也有矛盾，因此要因地制宜，统筹安排。

4）调节城市的小气候条件

水体在增加空气的湿度和降温方面有显著的作用。水体面积大则这种作用就更明显。这不仅可以改善园林内部的小气候条件，而且对周围环境也有改善卫生条件的作用。

5）美化市容、开展水上活动和作为游览场所

北京的什刹海、北海等水体在美化城市面貌方面起到了不可磨灭的作用。国际上有些著名城市还专门建造人工湖作为城市中心。意大利的威尼斯和我国的苏州更以水城为特色。

2．水系规划的内容

城市水体要发挥上述功能作用就需要开辟和整治城市水面并定出河流的等级。进行园林水景工程建设必须了解：

1）河湖的主要功能和等级划分

如果我们在造园中接触到某一河湖，首先应该了解其等级，并由此确定一系列水工设施的要求和等级标准。

2）河湖近期和远期规划水位

自由水体上表面的高程称水位。一般包括最高水位、常水位和最低水位。近海受潮汐影响的水体水位变化更复杂。这些是确定园林水体驳岸类型、岸顶高程和湖底高程的依据。

3）河湖在城市水系中的任务

该任务的制定是比较概括的，如排洪、蓄水等。我们要力求在完成既定任务的前提下保护自然水体的景观，处理水工任务与市容环境的关系。对于得天独厚的城市天然河、湖、溪流，既要保证水工功能，又要重视在市容环境景观方面的作用。有些本来具有自然景观的溪流，因为进行整治而被改为钢筋混凝土的排水沟槽。尽管在水工整治方面完成了任务，但固有的自然景观却遭到建设性的破坏。在这种情况下，应会同城市规划、水工和园林等有关部门，从综合的角度出发进行整治。保证水工任务并不注定要破坏城市水体的自然景观。两全其美，何乐而不为？

4）城市水系的平面位置、代表性断面和高程(如图 5－2－1)

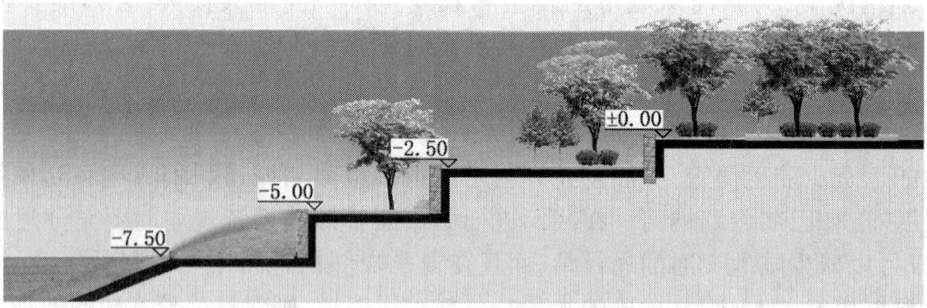

图 5－2－1　南京外秦淮河河岸断面图

5）水工构筑物的位置、规格和要求

园林水景工程除了要满足这些水工要求以外，还要尽可能做到水工的园林化，使水工构筑物与园景相协调，解决水工与水景的矛盾。

5.2.2 水景设计的基本要素

1. 水的尺度和比例

水面的大小与周围环境景观的比例关系是水景设计中需要慎重考虑的内容，除自然形成的或已具有规模的水面外，一般应加以控制。过大的水面散漫、不紧凑，难以组织，而且浪费用地；过小的水面局促，难以形成气氛。在布局时要注意以下几个原则(图 5－2－2)。

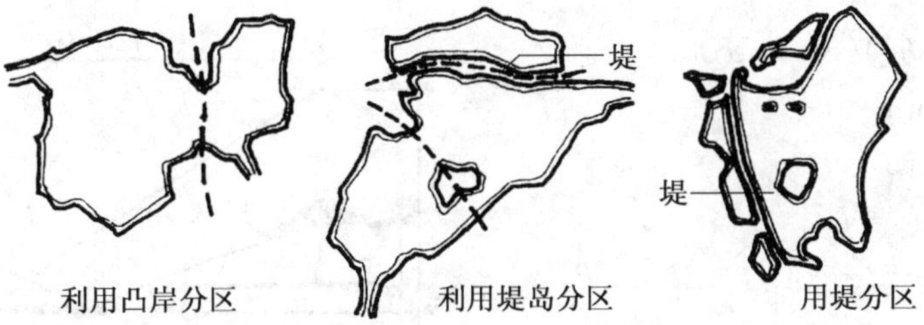

图 5－2－2 湖池水面的分区

水面的大小是相对的，同样大小的水面在不同环境中所产生的效果可能完全不同。把握设计中水的尺度需要仔细地推敲所采用的水景设计形式、表现主题、周围的环境景观。小尺度的水面较亲切怡人，适合于安静、不大的空间，例如庭园、花园、城市小公共空间；尺度较大的水面浩瀚缥缈，适合于大面积自然风景、城市公园和巨大的城市空间或广场。无论是大尺度的水面，还是小尺度的水面，关键在于掌握空间中水与环境的比例关系。水面直径小、水边景物高，则在水区内视线的仰角比较大，水景空间的闭合性也比较强。在闭合空间中，水面的面积看起来一般都比实际面积要小。如果水面直径或宽度不变，而水边景物降低，水区视线的仰角变小，空间闭合度减小、开敞性增加，则同样面积的水面看起来就会比实际面积要大一些。

有人对苏州的怡园、艺圃、网师园三处园林中的水体进行了比较和分析，发现怡园与艺圃两处园林中水体的面积大小相差无几，但艺圃的水面明显地让人感到开阔与通透，怡园的水面却要显得小一些。再用怡园的水面与网师园相比，怡园的水面面积虽然要大出约1/3，但是大而不见其广，长而不见其深，相反，网师园的水面反而显得空旷幽深。这些现象，都是由水面宽度、直径与水边景物高度之间的不同比例关系而造成的。

2. 水的平面限定和视线

用水面限定空间、划分空间有一种自然形成的感觉，使得人们的行为和视线不知不觉地在一种较亲切的气氛中得到了控制，这无疑比过多地、简单地使用墙体、绿篱等手段生硬地分隔空间、阻挡穿行要略胜一筹。由于水面只是平面上的限定，故能保证视觉上的连续性和通透性。另外，也常利用水面的行为限制和视觉渗透来控制视距，获得相对完善的构图；或利用水面产生的强迫视距达到突出或渲染景物的艺术效果。利用强迫视距获得小中见大的手法，在空间范围有限的江南私家宅第园中是屡见不鲜的。水面控制视距、分隔空间还应考虑岸畔或水中景物的倒影，这样一方面可以扩大和丰富空间，另一方面可以使景物的构图更完美。利用水面创造倒影时，水面的大小应由景物的高度、宽度、希望得到的倒影长度以及视点的位置和高度等决定。倒影的长度或倒影的大小应从景物、倒影和水面几方面加以综合考虑,视点的位置或视距的大小应满足较佳的视角。如图 5-2-3 所示,在视距为 D、视高为 h、池岸高出水面为 h' 的条件下,若需要景物倒影的长度(如树木的冠长),则倒影的长度和水面的最小长度可按下式计算:

$$l=(h+h')(\cot\beta-\cot\alpha)$$
$$l_\alpha=h'\cot\alpha$$
$$l_\beta=h'\cot\beta$$
$$L=l+l_\alpha+l_\beta=h(\cot\beta-\cot\alpha)+2h'\cot\beta$$

其中

$$\alpha=\mathrm{arctg}\frac{H+h+2h'}{D}$$
$$\beta=\mathrm{arctg}\frac{H'+h+2h'}{D}$$

式中:l——景物(树冠部分)倒影长度;

L——水面最小宽度;

α,β——水面反射角;

H——树木高度;

H'——树冠起点高度。

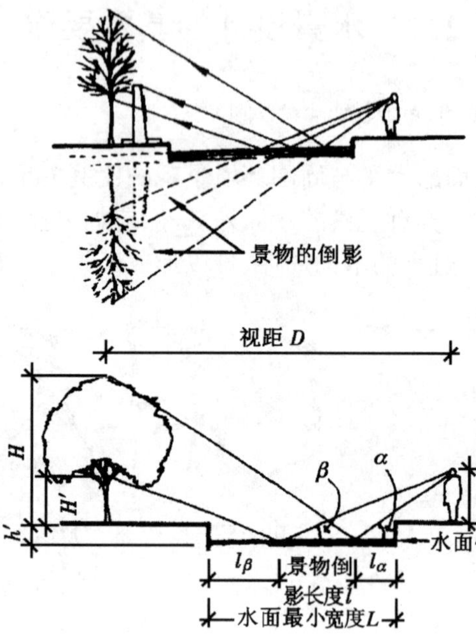

图 5-2-3　视距与倒影的计算关系

5.2.3　水景设计的常用手法及景观效果

在造园中,园林水景的应用具有灵活多变、形象各异的基本特点。从水景的形态、位置、情调、风景效果以及理水手法等等方面,都体现出多种多样的特色。下面我们简要说明常用的理水手法及其景观效果(图 5-2-4)。

1. 亲和

通过贴近水面的汀步、平曲桥,映入水中的亭、廊建筑,以及又低又平的水岸造景处理,把游人与水景的距离尽可能地缩短,水景与游人之间就体现出一种十分亲和的关系,使游人感到亲切、合意、有情调和风景宜人。

2. 延伸

园林建筑一半在岸上,一半延伸到水中;或岸边的树木采取树干向水面倾斜、树枝向水面垂落或向水心伸展的态势,都使临水之意显然。前者是向水的表面延伸,而后者却是向水上的空间延伸。

3．藏幽

水体在建筑群、林地或其它环境中，都可以把源头和出水口隐藏起来。隐去源头的水面，反而可给人留下源远流长的感觉；把出水口藏起的水面，水的去向如何，也更能让人遐想。

4．渗透

水景空间和建筑空间相互渗透，水池、溪流在建筑群中留连、穿插，给建筑群带来自然鲜活的气息。有了渗透，水景空间的形态更加富于变化，建筑空间的形态则更加轩敞，更加灵秀。

5．暗示

池岸岸口向水面悬挑、延伸，让人感到水面似乎延伸到了岸口下面，这是水景的暗示作用。将庭院水体引入建筑物室内，水声、光影的渲染使人仿佛置身于水底世界，这也是水景的暗示效果。

6．迷离

在水面空间处理中，利用水中的堤、岛、植物、建筑，与各种形态的水面相互包含与穿插，形成湖中有岛、岛中有湖、景观层次丰富的复合性水面空间。在这种空间中，水景、树景、堤景、岛景、建筑景等层层展开，不可穷尽。游人置身其中，顿觉境界相异、扑朔迷离。

7．萦回

由蜿蜒曲折的溪流，在树林、水草地、岛屿、湖滨之间回还盘绕，突出了风景流动感。这种效果反映了水景的萦回特点。

8．隐约

使配植着疏林的堤、岛和岸边景物相互组合与相互分隔，将水景时而遮掩、时而显露、时而透出，就可以获得隐隐约约、朦朦胧胧的水景效果。

9．隔流

对水景空间进行视线上的分隔，使水流隔而不断，似断却连。

10．引出

庭园水池设计中，不管有无实际需要，都将池边留出一个水口，并通过一条小溪引水出园，到园外再截断。对水体的这种处理，其特点还是在尽量扩大水体的空间感，向人暗示园内水池就是源泉，暗示其流水可以通到园外很远的地方。所谓“山要有限，水要有源”的古代画理，在今天的园林水景设计中也有应用。

11．引入

引入和水的引出方法相同，但效果相反。水的引入，暗示的是水池的源头在园外，而且源远流长。

12．收聚

大水面宜分，小水面宜聚。面积较小的几块水面相互聚拢，可以增强水景表现。特别是在坡地造园，由于地势所限，不能开辟很宽大的水面，就可以随着地势升降，安排几个水面高度不一样的较小水体，相互聚在一起，同样可以达到大水面的效果。

13．沟通

分散布置的若干水体，通过渠道、溪流顺序地串联起来，构成完整的水系，这就是沟通。

14．水幕

建筑被设置于水面之下，水流从屋顶均匀跌落，在窗前形成水幕。再配合音乐播放，则既有跌落的水幕，又有流动的音乐，室内水景别具一格。

15．开阔

水面广阔坦荡，天光水色，烟波浩渺，有空间无限之感。这种水景效果的形成，常见的是利用天然湖泊点缀人工景点，使水景完全融入环境之中。而水边景物如山、树、建筑等，看起来都比较遥远。

16．象征

以水面为陪衬景，对水面景物给予特殊的造型处理，利用景物象形、表意、传神的作用，来象征某一方面的主题意义，使水景的内涵更深，更有想象和回味的空间。

“水令人远，石令人古，园林水石最不可无。”水是流动的，是轻灵的，是能够给人以多种感觉形式下的审美快感的。流水不但能够提供视觉美，流水声也给人以听觉美。如桂林的琴潭、杭州的九溪十八涧等，都可以让人体验到水声带来的美感。清代俞曲园诗“重重叠叠山，高高低低树，叮叮咚咚水，弯弯曲曲路”，就十分形象地描绘了园林中水景的声音美。

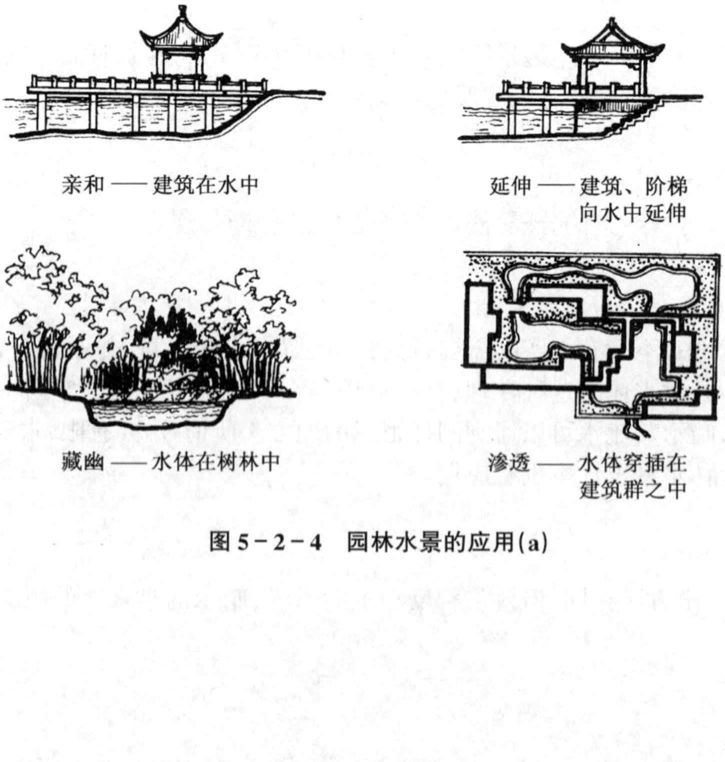

图 5-2-4　园林水景的应用(a)

暗示——引水入室

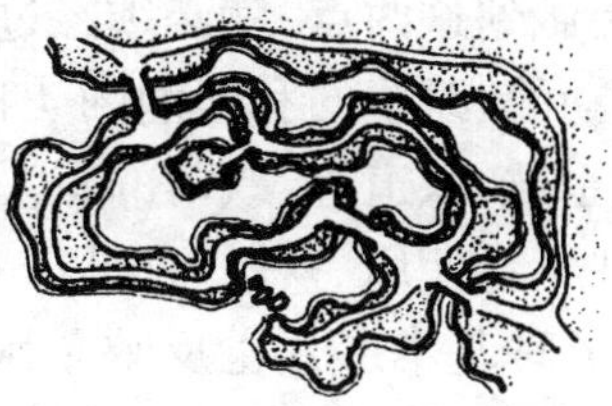

迷离——湖中岛与岛中湖

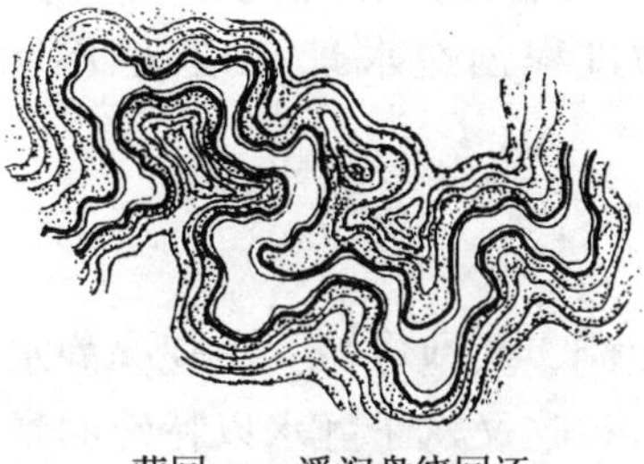

萦回——溪涧盘绕回还

隐约——虚实、藏露结合

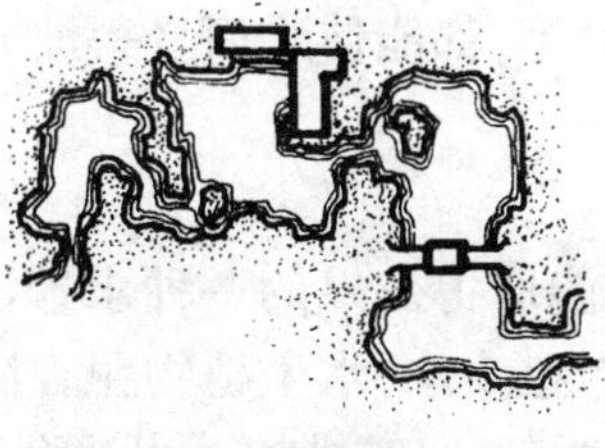

隔流——隔而不断

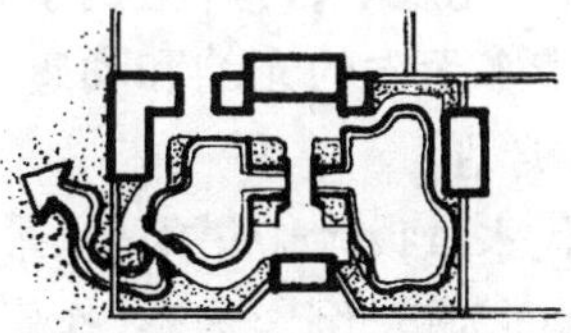

引出——引水出园

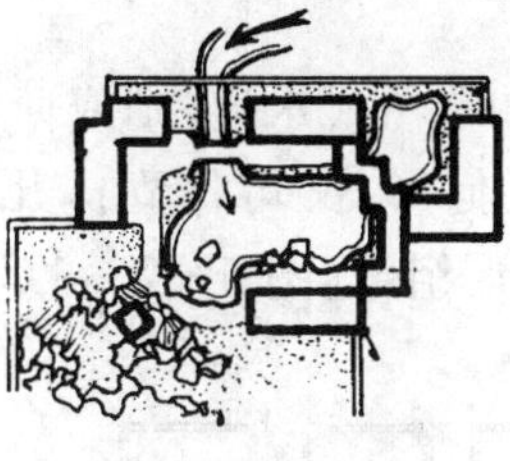

引入——引水入园

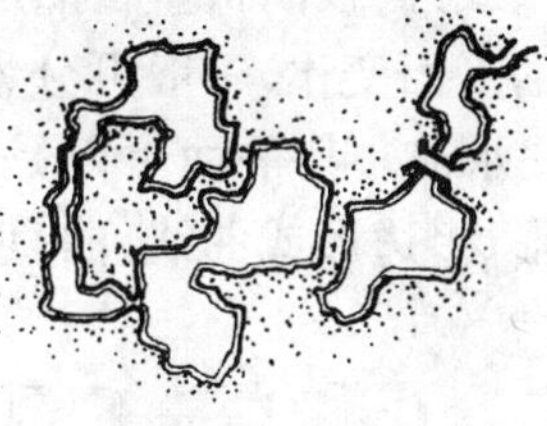

收聚——小水面聚合

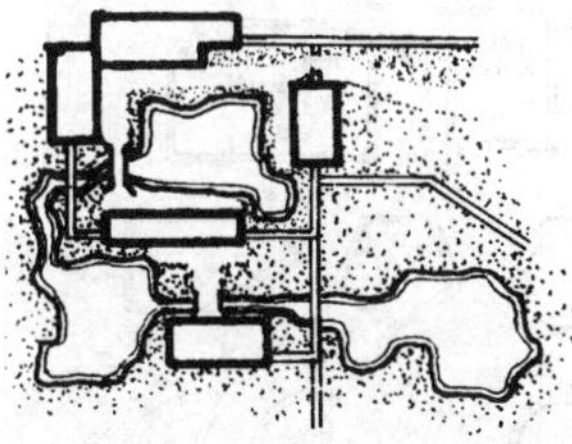

沟通——使分散水面相连

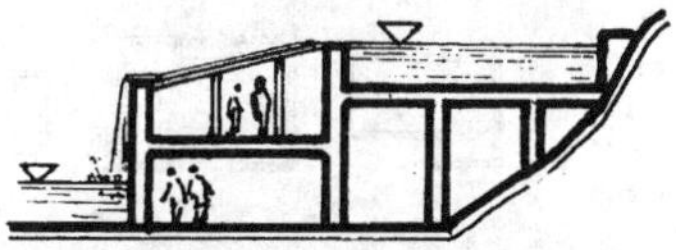

水幕——建筑在水下

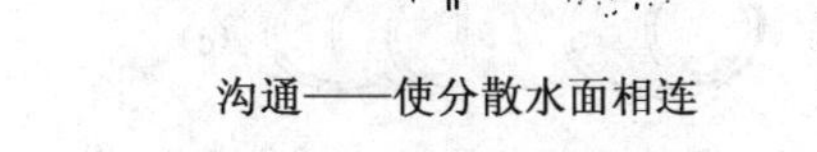

开阔——大尺度的水景空间

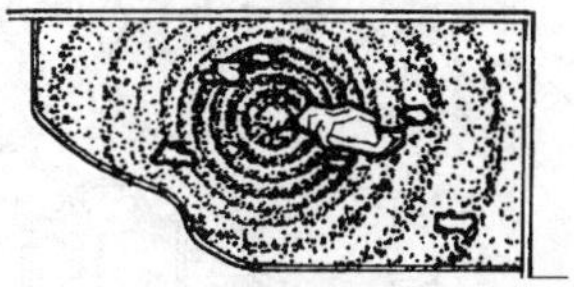

象征——日本式的枯山水，以沙浪象征水波

图 5-2-4　园林水景的应用(b)

5.2.4　水景设计的基本形式及设计要点

自然界中有江河、湖泊、瀑布、溪流和涌泉等自然水景。园林水景设计既要师法自然，又要不断创新。要做到这两点,就必须经过深刻分析和艺术概括。通常将水景设计中的水归纳为平静的、流动的、跌落的和喷涌的4种基本形式。平静的一般包括湖泊、水池、水塘等,流动的有溪流、水坡、水道等,跌落的有瀑布、水帘、叠水、水墙等,喷涌的有喷泉等。当然,在水景设计中往往不止使用一种,可以以一种形式为主,其它形式为辅,也可以几种形式相结合。另外,水的4种基本形式也反映了水从源头(喷涌)到过渡(流动或跌落)再到终止(平静)的过程。在水景设计中可以利用这种运动过程创造水景系列,融不同水的形式于一体。

1. 静水

静水是指园林中成片状汇集的水面。它常以湖、塘、池等形式出现。静水无色而透明,具有安谧祥和的特点,它能反映出周围物象的倒影,这又赋予静水以特殊的景观,给人以丰富的想象。在色彩上,可以映射周围环境四季的季相变化;在风吹之下,可产生微动的波纹或层层的浪花;在光线下,可产生倒影、逆光、反射等,都能使水面变得波光潋滟,色彩缤纷,给庭园或建筑带来无限的光韵和动感。

1) 静水的类型

静水是现代水景设计中最简单、最常用又最能取得效果的一种水景设计形式。室外筑池蓄水,或以水面为镜,倒影为图,作影射景;或赤鱼戏水,水生植物飘香满园;或池内筑山、设瀑布及喷泉等各种不同意境的水式,使人浮想联翩,心旷神怡。水池设计主要讲究平面形式的变化,或方,或圆,或曲折呈自然形。

根据静水的平面变化,一般可分为规则式水池和自然式水池(湖或塘)。

(1) 规则式水池。其平面可以是各种各样的几何形,又可作立体几何形的设计,如圆形、方形、长方形、多边形或曲线、曲直线结合的几何形组合(图5-2-5)。

图5-2-5 规则式水体的平面形状

(a) 方形系列;(b) 斜边形系列;(c) 圆形系列;(d) 方圆形系列

(2) 自然式水池。自然式水池是指模仿大自然中的天然水池。其特点是平面曲折有致,宽窄不一。虽由人工开凿,却宛若自然天成,无人工痕迹。池面宜有聚有分,大型水池聚处则水面辽阔，有水乡弥漫之感。视面积大小不同进行设计，小面积水池聚胜于分，大面积水池则应有聚有分(图 5－2－6)。具体的自然式水池的理法如下：

① 小型水池。小型水池形状宜简单，周边宜点缀山石、花木，池中若养鱼植莲亦很富有情趣。应该注意的是点缀不宜过多，过多则拥挤落俗，失去意境。

② 较大的水池。应以聚为主，以分为辅，在水池的一角用桥或缩水束腰划出一弯小水面，非常活泼自然，主次分明。

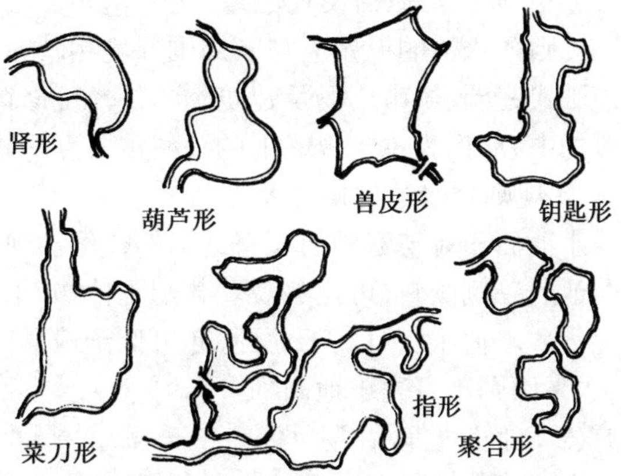

图 5－2－6　自然式水池平面示例

③ 狭长的水池。该种水池应注意曲线变化和某一段中的大小宽窄变化，处理不好会成为一段河。池中可设桥或汀步，转折处宜设景或置石植树。

④ 山池。即以山石理池。周边置石、缀石应注意不要平均，要有断续和高低，否则也易流俗。亦可设岩壁、石矶、断崖、散礁。水面设计应注意要以水面来衬托山势的峥嵘和深邃，使山水相得益彰。

2) 城市静水常见的应用形式

(1) 下沉式水池。使局部地面下沉，限定出一个范围明确的低空间，在这个低空间中设水池。

此种形式有一种围护感，而四周较高，人在水边视线较低，仰望四周，新鲜有趣。

(2) 台地式水池。与下沉式相反，把开设水池的地面抬高，在其中设池。处于池边台地上的人们有一种居高临下的优越的方位感，视野开阔，趣味盎然；赏水又有一种观看天池一样的感受。

(3) 室内外沟通连体式(或称嵌入式)水池。

(4) 具有主体造型的水池。该水池是由几个不同高低、不同形状的规则式水池组合起来，蓄水、种植花木，增加了观赏性。

(5) 使水面平滑下落的滚动式水池，池边有圆形、直形和斜坡形几种形式。

(6) 平满式水池。这种水池池边与地面平齐，将水蓄满，使人有一种近水和水满欲溢的感觉。

3) 静水在造景中的应用原则

(1) 规则式水池

规则式水池在城市造景中主要突出静的主题及旨趣，可就地势低洼处，以人工开凿，也可在重要位置作主景挖掘，有强调园景色彩的效果。

① 规则式水池的特性

规则式水池像人造容器，池缘线条坚硬分明，形状规则，多为几何形，具有现代生活的特质，适合市区空间。规则式水池能映射天空或地面景物，增加景观层次。水面的清洁度、水平面、人所站位置角度决定映射物的清晰程度。水池的长宽依物体大小及映射的面积大小决定。水深映射效果好，水浅则差。池底可有图案或特别材料式样来表现视觉趣味。

② 规则式水池的设置位置

规则式水池的设置应与其周围环境相映衬，是城市环境中运用较多的一种形式，多运用于规则式庭园、城市广场及建筑物的外环境修饰中。水池设置位置应位于建筑物的前方，或庭园的中心，作为主要视线上的一种重要点缀物。

③ 规则式水池的设计要点

水池面积应与庭园面积有适当的比例。池的四周可为人工铺装，也可布置绿草地，地面略向池的一侧倾斜，可显美观。若配置植物，水池深度以 50～100 cm 为宜，以使水生植物得以生长。水池水面可高于地面，亦可低于地面。但在有霜的地区，则池底面应在霜作用线以下，水平面则不可高于地面。

(2) 自然式静水(湖、塘)

自然式静水是一种模仿自然的造景手段，强调水际线的变化，有着一种天然野趣的意味，设计上多为自然或半自然式。

① 自然式静水的特点与功用

自然式静水是自然或半自然形式的水域，形状呈不规则形，使景观空间产生轻松悠闲的感觉。无论是人造的还是改造的自然水体，一般都由泥土或植物收边，适合自然式庭园或乡野风格的景区。水际线强调自由曲线式的变化，并可使不同环境区域产生统一连续性(借水连贯)，其景观可引导人行经过一连串的空间，充分发挥静水的系带作用。

② 自然式静水的设计要点

自然式静水的形状、大小、材料与构筑方法，因地势、地质、水源及使用需求等不同而有很大的差异。如划船水面，游船量与水面大小密切相关，一般要求每只游船拥有80～85 m^2 的水面。在北方，冬天湖面常常结冰，用于滑冰的湖面要求每人拥有 3～5 m^2 的水面。在设计自然式静水时应多模仿自然湖海，池岸的构筑、植物的配置以及其它附属景物的运用，均须非常自然。

园林湖池的水深一般不是均一的，常为锅底形。距没有栏杆的岸边、桥边、汀步边以外宽 1.5～2 m 的带状范围内，要设计为安全水深，即水深不超过 0.7 m。在湖池的中部及其它部分，水深可控制在 1.2～1.5 m，水的深度还要根据不同使用功能要求来确定。有划船活动的湖池，水的深度不宜浅于 0.7 m，太浅则划船时易被船浆挑起湖泥。庭院内的水景池不应有划船活动，而是要在水下栽植荷花、盆植睡莲或饲养观赏鱼等。同时也为降低水池工程造价，水深可设计为 0.7 m 左右。儿童浅水池水深一般为 0.2～0.3 m。

自然式水池可作为游泳、溜冰(北方冬季)、休息、眺望、消遣等场所，在设计时应一并加以考虑，配置相应的设施及器具。

为避免水面平坦而显单调，在水池的适当位置，应设置小岛，或栽种植物，或设置亭榭等。人造自然式水池的任何部分，均应将水泥或堆砌痕迹遮隐，否则有失自然。

2. 流水

1) 流水的形式及特点

除去自然形成的河流以外，城市中的流水常设计于较平缓的斜坡或与瀑布等水景相连。流水虽局限于槽沟中，但仍能表现出水的动态美。潺潺的流水声与波光潋滟的水面，也给城市景观带来特别的山林野趣，甚至也可借此形成独特的现代景观。

流水依其流量、坡度、槽沟的大小,以及槽沟底部与边缘的性质而有各种不同的特性。

槽沟的宽度及深度固定,质地较为平滑,流水也较平缓稳定。这样的流水适合于宁静悠闲、平和、与世无争的景观环境中。

如果槽沟的宽度、深度富有变化,而底部坡度也有起伏,或是槽沟表面的质地较为粗糙,流水就容易形成涡流(漩涡)。槽沟的宽窄变化较大处,也容易形成漩涡。

流水的翻滚具有声色效果,因此流水的设计多仿自然河川,盘绕曲折,但曲折的角度不宜过小,曲口必须较为宽大,以引导水向下缓流。一般形状均采用S形或Z字形,使其合乎自然的曲折,但曲折不可过多,否则有失自然。

有流水道之形但实际上无水的枯水流,在日式庭园中颇多应用,其设计与构造完全是以人工仿袭天然的做法,给游人以暂时干枯的印象。干河底放置石子、石块,构成一条河流,如两山之间的峡谷。设计枯水流时,如果偶尔在雨季或某时期枯水流会成为真水流的,则其堤岸的构造应相对坚固。

2) 流水的设计原则

(1) 流水位置的确定

流水常设于假山之下、树林之中或水池瀑布的一端;应避免贯穿庭园中央,因为流水为线的运用,宜使水流穿过庭园的一侧或一隅。

(2) 流水的平面线形设计

在流水的平面线形设计中,要求线形曲折流畅,回转自如;两条岸线的组合既要相互协调,又要有许多变化,要有开有合,使水面富于宽窄变化。流水水面的宽窄变化可以使水流的速度也出现缓急的变化。平缓的流水段具有宁静、平和、轻柔的视觉效果,湍急的流水段则容易泛起浪花和水声,更能引起游人的注意。总之,流水的宽窄变化将会使水景效果更加生动自然,更加流畅优美。图5-2-7是几条溪涧岸线设计的示例,可供参考。

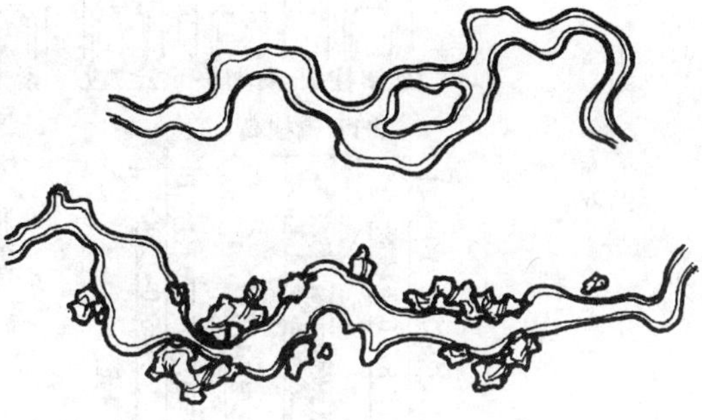

图5-2-7　溪涧的线形设计

以溪涧水景闻名的无锡寄畅园八音涧(图5-2-8),就是由带状水体曲折、宽窄变化而获得很好景观效果的范例。在涧的前端,有引水入涧和调节水量的水池,自水池而出的溪涧

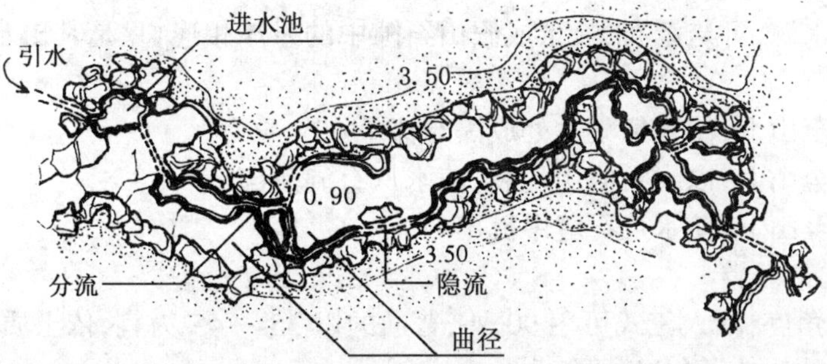

图5-2-8　无锡寄畅园八音涧平面图

与相伴而行的曲径相互结合，流水忽而在曲径之左，忽而又穿行到曲径之右，宽宽窄窄、弯弯曲曲，变化无穷。

(3) 流水的坡度与深度、宽度的确定

上游坡度宜大，下游宜小。在坡度大的地方放圆石块，坡度小的地方放砾砂。决定坡度的大小在于给水的多寡，给水多则坡度大，给水少则坡度小。坡度的大小没有限制，可大至垂直，小至 0.5%。在平地上，其坡度宜小；在坡地上，其坡度宜大。水流的深度在 20～35 cm，宽度则依水流的总长和园中其它景物的比例而定。

(4) 植物的栽植

水流两岸，可栽植各种观赏植物，以灌木为主，草本为次，乔木类宜少。在水流弯曲部分，为求隐蔽曲折，可多栽植树木；浅水弯曲之处，则可放入石子，栽植水中花草等，以增加美观，但是需顾及透视线。

(5) 附属物的设置

在适当的地方可设置栏杆、桥梁、园亭、水钵、雕像等，以增加浪漫主义色彩，使园景既有自然美，又有人工美(图 5－2－9)。

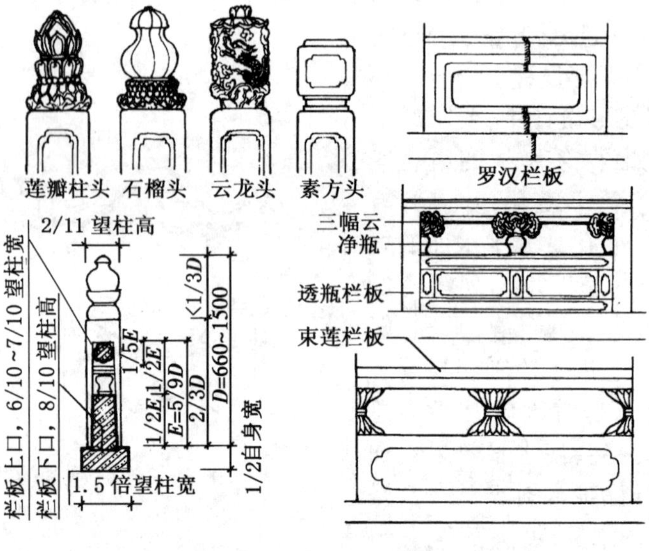

图 5－2－9　平台栏杆式样

3) 流水的水源及其设置

(1) 园内的水源，可与瀑布、喷水或假山石隙中的泉注相连，只是其出水口须隐蔽，方显自然。

(2) 将水引至山上，使其聚集一处成瀑布流下。

(3) 将水引至山上，以岩石假山伪装，使水从石洞流出。

(4) 将水引至山上，使水从石缝中流出。

4) 河岸的构造分类

两边堤岸的角度，除人工式可用 90°外，普通的以 35°～45°为宜，依土质及堤岸的坚固程度而异。其堤岸的构造，可分以下 3 种：

(1) 土岸

水流两岸坡度宜较小,需较粘重不会崩溃的土质,在岸边宜培植细草。

(2) 石岸

在土质松软或堤岸要求坚固的地方,在两边堤岸用溪流的圆石堆砌。

(3) 水泥岸

为求堤岸的安全及永久牢固,可用水泥岸。人工式庭园水泥岸,可磨平或作斩假石,或者用表层块料铺装,如石材、马赛克、砖料等;自然式庭园的水泥岸,则宜在其表面作石砾,以增加美感。

5) 流水道结构

各类常见流水道如图 5-2-10 所示。

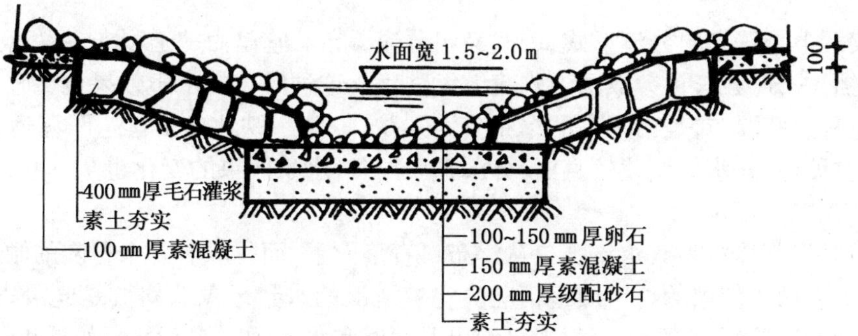

卵石护岸小溪的结构

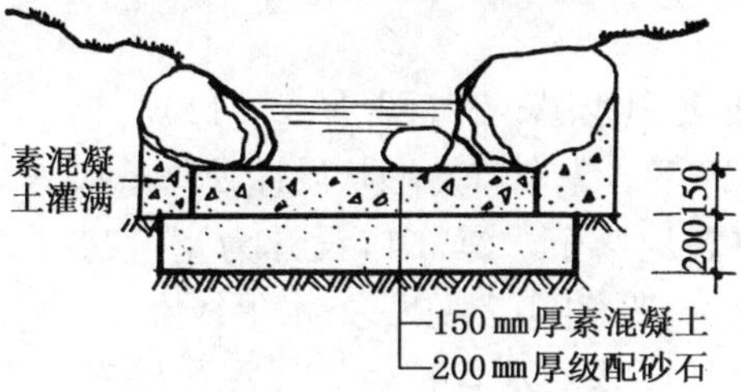

自然山石草块小溪的结构

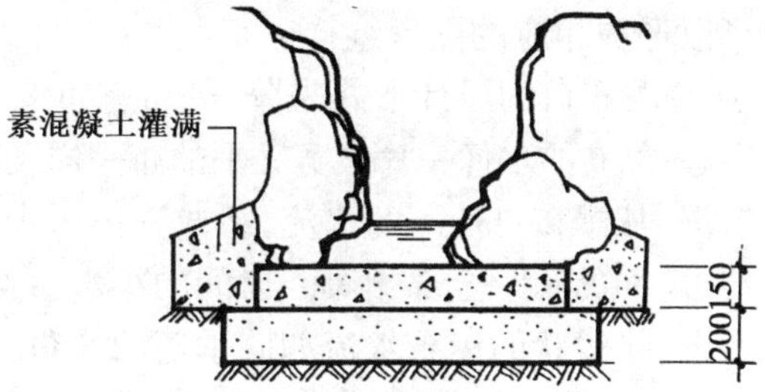

峡谷溪流的结构

图 5-2-10　常见流水道结构图

3. 落水

1) 落水的形式及特点

凡利用自然水或人工水聚集一处,使水从高处跌落而形成白色水带,即为落水。在城市景观设计中,常以人工模仿自然而创造落水景观。落水有水位的高差变化,线形、水形变化也很丰富,视觉趣味多。同时落水向下澎湃的冲击水声、水流溅起的水花,都能给人以听觉和视觉的享受,常成为设计焦点。根据落水的高度及跌落形式,可以分为以下几种:

(1) 瀑布

瀑布本是一种自然景观,是河床陡坎造成的,水从陡坎处滚落下跌形成瀑布恢弘的景观。瀑布可分为面形和线形。面形瀑布是指瀑布宽度大于瀑布的落差，如尼亚加拉大瀑布，宽度为 914 m，落差为 50 m；线形瀑布是指瀑布宽度小于瀑布的落差，如萨泰尔连德瀑布，它的落差有 580 m。

瀑布的设计形式种类比较多，如在日本园林中就有布瀑、跌瀑、线瀑、直瀑、射瀑、泻瀑、分瀑、双瀑、偏瀑、侧瀑等十几种。瀑布种类的划分依据，一是可从流水的跌落方式来划分，二是可从瀑布口的设计形式来划分。

① 按瀑布跌落方式分，有直瀑、分瀑、跌瀑和滑瀑 4 种(见图 5－2－11)。

直瀑：即直落瀑布。这种瀑布的水流是不间断地从高处直接落入其下的池、潭水面或石面。若落在石面，就会产生飞溅的水花四散洒落。直瀑的落水能够造成声响喧哗，可为园林环境增添动态水声。

分瀑：实际上是瀑布的分流形式，因此又叫分流瀑布。它是由一道瀑布在跌落过程中受到中间物阻挡，一分为二，再分成两道水流继续跌落。这种瀑布的水声效果也比较好。

跌瀑：也称跌落瀑布，是由很高的瀑布分为几跌，一跌一跌地向下落。跌瀑适宜布置在比较高的陡坡坡地，其水形变化较直瀑、分瀑都大一些，水景效果的变化也多一些，但水声要稍弱一点。

滑瀑：就是滑落瀑布。其水流不是从瀑布口直落而下，而是顺着一个很陡的倾斜坡面向下滑落。斜坡表面所使用的材料质地情况决定着滑瀑的水景形象。斜坡是光滑表面，则滑瀑如一层薄薄的透明纸，在阳光照射下显示出湿润感和水光的闪耀。坡面若是凸起点(或凹陷点)密布的表面，水层在滑落过程中就会激起许多水花，当阳光照射时，就像一面镶满银色珍珠的挂毯。斜坡面上的凸起点(或凹陷点)若做成有规律排列的图形纹样，则所激起的水花也可以形成相应的图形纹样。

② 按瀑布口的设计形式来分，瀑布有布瀑、带瀑和线瀑 3 种(图 5－2－11)。

布瀑：瀑布的水像一片又宽又平的布一样飞落而下。瀑布口的形状设计为一条水平直线。

带瀑：从瀑布口落下的水流，组成一排水带整齐地落下。瀑布口设计为宽齿状，齿排列为直线，齿间的间距全部相等。齿间的小水口宽窄一致，相互都在一条水平线上。

线瀑：排线状的瀑布水流如同垂落的丝帘，这是线瀑的水景特色。线瀑的瀑布口形状，是设计为尖齿状的。尖齿排列成一条直线，齿间的小水口呈尖底状。从一排尖底状小水口上落下的水，即呈细线形。随着瀑布水量增大，水线也会相应变粗。

(2) 叠水

叠水本质上是瀑布的变异，它强调一种规律性的阶梯落水形式，是一种强调人工美的设计形式，具有韵律感及节奏感。它是落水遇到阻碍物或平面使水暂时水平流动所形成的，水的流量、高度及承水面都可通过人工设计来控制，在应用时应注意层数，以免适得其反。

(3) 枯瀑

有瀑布之型而无水者称为枯瀑，多出现于日式庭园中。枯瀑可依枯水流的设计方式，完全用人为之手法造出与真瀑布相似的效果。凡高山上的岩石，经水流过之处，石面即呈现一种铁锈色，人工营建时可在石面上涂铁锈色氧化物，如 $Fe(OH)_3$ 或 $Al(OH)_3$ 等，周围树木的种植也与真瀑布相同。干涸的蓄水池及水道，都可改为枯瀑。

(4) 水帘亭

水由高处直泻下来，由于水孔较细小、单薄，流下时仿若水的帘幕。这种水态在古代亦

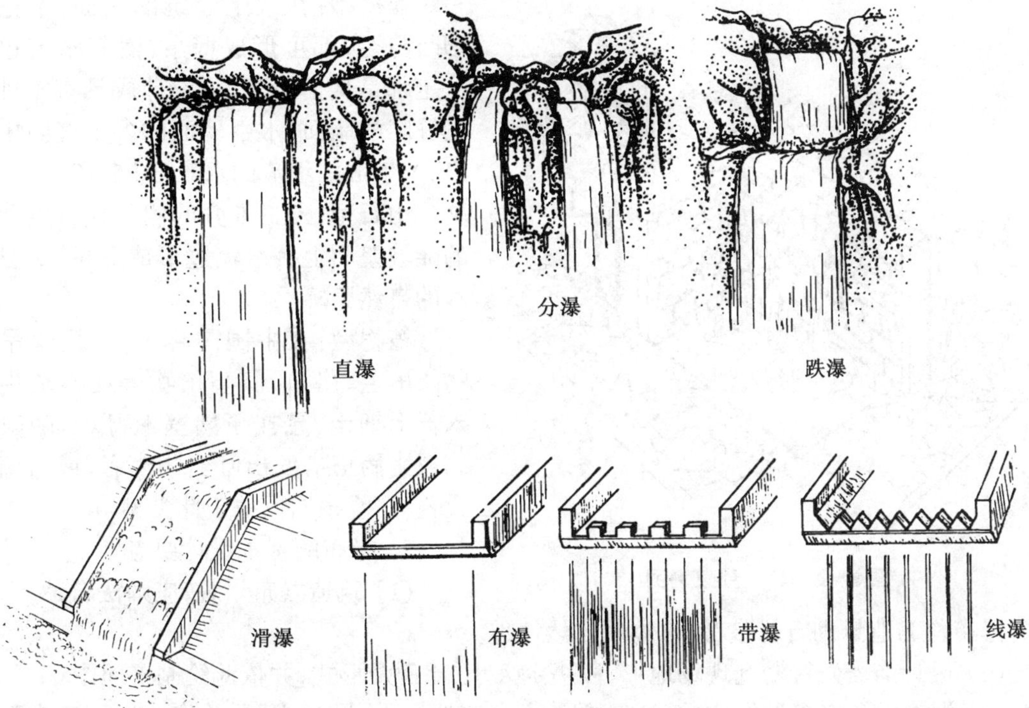

图 5-2-11　不同形式的瀑布

用于亭子的降温,水从亭顶向四周流下如帘,称为"自雨亭",现今这种水帘亭常见于园林中。这种水态用于园门,则形成水帘门,可以起到分隔空间的作用,产生似隔非隔、又隐又透的朦胧意境。近些年来,在园林旅游点中出现了一种水幕电影,它是利用高压喷水设施,使喷水呈细水珠状的水幕,在幕上放映电影,尤适合大反差、大逆光及透明体的影像,这就使园林理水又多了一种为形象艺术服务的水态。同理,也有用此方法做产品广告的,效果比较理想。

(5) 溢流及泻流

水满往外流谓之溢流。人工设计的溢流形态,决定于池的面积大小及形状层次,如直落而下则成瀑布,沿台阶而流则成叠水,或以杯状物如满盈般溢流,亦有类似工厂冷却水的。

泻流的含义原来是低压气体流动的一种形式。在园林水景中,则将那种断断续续、细细小小的流水称为泻流,它的形成主要是降低水压,借助构筑物的设计点点滴滴地泻下水流。一般多设置于较安静的角落。

(6) 管流

水从管状物中流出称为管流。这种人工水态主要构思于自然乡里的村落,常有以挖空中心的竹杆,引山泉之水,常年不断地流入缸中,以作为生活用水的形式。近代园林中则以水泥管道,大者如槽,小者如管,组成丰富多样的管流水景。回归自然已成为当前园林设计的一种思潮,因而在借用农村管流形式的同时,也将农村的水车形式引入园林,甚至在仅有一米多宽的橱窗中也设计这种水体,极大地丰富了城市环境的水景。

(7) 壁泉

水从墙壁上顺流而下形成壁泉,大体上有 3 种类型。

图 5-2-12 壁泉例图

墙壁型：在人工建筑的墙面，不论其凹凸与否，都可形成壁泉，而其水流也不一定都是从上而下，可设计成具有多种石砌缝隙的墙面，水由墙面的各个缝隙中流出，产生涓涓细流的水景(图 5-2-12)。

山石型：人工堆叠的假山或自然形成的陡坡壁面上有水流过形成壁泉，尽显山水的自然美感。

植物型：在中国园林中，常用垂吊植物如吊兰、络石、藤蔓植物等在根块中塞入若干细土，悬挂于墙壁上，以水随时滋润或滴滴嗒嗒发出叮当响声者，或沿墙角设置"三叠泉"者，属于此类型。

2) 瀑布的基本设计要点

(1) 筑造瀑布景观，应师法自然，以自然的瀑布作为造景砌石的参考，来体现自然情趣。

(2) 设计前需先行勘查现场地形，以决定大小、比例及形式，并依此绘制平面图。

(3) 瀑布设计有多种形式，筑造时要考虑水源的大小、景观主题，并依照岩石组合形式的不同进行合理的创新和变化。

(4) 庭园属于平坦的地形时，瀑布不要设计得过高，以免看起来不自然。

(5) 为节约用水，减少瀑布流水的损失，可装置循环水流系统的水泵，平时只需补充一些因蒸散而损失的水量。

(6) 应以岩石及植栽隐蔽出水口，切忌露出塑胶水管，否则将破坏景观的自然。

(7) 岩石间的固定除用石与石互相咬合外，目前常以水泥强化其安全性，但应尽量以植栽掩饰，以免破坏自然山水的意境。

3) 瀑布用水量估算

人工建造瀑布，其用水量较大，因此多采用水泵循环供水。其用水量标准可参阅表 5-2-1。国外有关资料表明：高 2 m 的瀑布，每米宽度的流量约为 0.5 m^3/min 较为合宜。

表 5-2-1 瀑布用水量估算(每米宽度用水量)

瀑布的落水高/m	堰顶水/mm	用水量/l·s^{-1}
0.30	6	3
0.90	9	4
1.50	13	5
2.10	16	6
3.00	19	7
4.50	22	8
7.50	25	10
>7.50	32	12

4）瀑布的构成及营建

（1）水槽

不论引用自然水源还是自来水，均应于出水口上端设立水槽储水。水槽设于假山上隐蔽的地方，水经过水槽，再由水槽中落下。至于采用何种瀑布形式，除依自然情景外，当由水源决定，水的供给量在每秒钟能有 1 m^3 左右者，可用直瀑、分瀑、布瀑等，如仅有 0.1 m^3 的水量，可用线瀑、带瀑等。

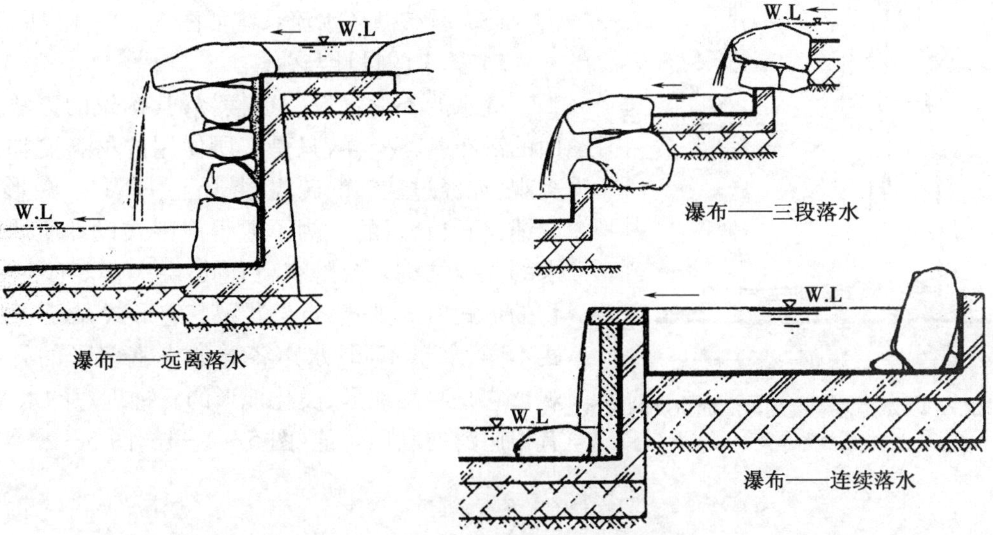

图 5-2-13　瀑布出水口形式例图

（2）出水口（图 5-2-13）

出水口应模仿自然，并以树木及岩石加以隐蔽或装饰，当瀑布的水膜很薄时，能表现出极其生动的水态，但如果堰顶水流厚度只有 6 mm，而堰顶为混凝土或天然石材时，由于施工很难达到非常平的水平，因而容易造成瀑身不完整，此时可以采用以下办法：

① 用青铜或不锈钢制成堰唇，并使落水口平整、光滑。

② 增加堰顶蓄水池的水深，以形成较为壮观的瀑布。

③ 堰顶蓄水池可采用花管供水，可在出水管口处设挡水板，以降低流速。一般应使流速不超过 0.9～1.2 m/s 为宜，以消除紊流。

（3）瀑布面设计

瀑身设计是表现瀑布的各种水态和性格。在城市景观构造中，注重瀑身的变化，可创造多姿多彩的水态。天然瀑布的水态是很丰富的，设计时应根据瀑布所在环境的具体情况、空间气氛，确定设计瀑布的性格。瀑布落差的景致效果与视点的距离有密切的关系，随着视点的移动，在景观上有较大的变化。

瀑布水面，高与宽的比例以 6∶1 为佳。落下的角度当视落下的形式及水量而定，最大为直角。瀑布面应全部以岩石装饰其表面，内壁面可用 1∶3∶5 的混凝土，高度及宽度较大时，则应加钢筋。瀑布面内可装饰若干植物，在瀑布面外的上端及左右两侧则宜多栽植树木，使瀑布水势更为壮观。当然在现代都市环境中，瀑布的运用手法已多姿多彩，不完全遵循这种比例。

(4) 潭(受水池)

天然瀑布落水口下面多为一个深潭。在做瀑布设计时,也应在落水口下面做一个受水池。为了防止落时水花四溅,一般的经验是使受水的宽度(B)不小于瀑身高度(H)的2/3(图5-2-14)。即:

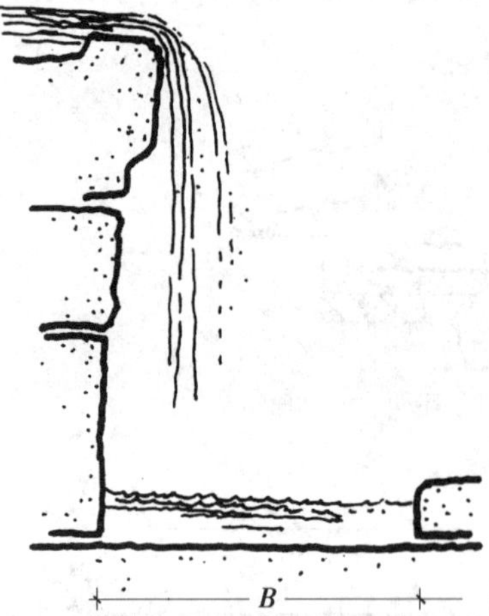

图5-2-14 瀑身落差高度与潭面宽度的关系

$$B \geqslant \frac{2}{3}H$$

(5) 瀑布循环水流系统如图5-2-15所示。

5) 叠水的设计与营建

叠水的外形就像一道楼梯,其构筑的方法和前面的瀑布基本一样,只是它所使用的材料更加自然美观,如经过装饰的砖块、混凝土、厚石板、条形石板或铺路石板,目的是为了取得规则式设计所严格要求的几何结构。台阶有高有低,层次有多有少,构筑物的形式有规则式、自然式及其它形式,故产生了形式不同、水量不同、水声各异的丰富多彩的叠水景观。它是善用地形、美化地形的一种理想的水态,具有很广泛的利用价值(图5-2-16,图5-2-17)。

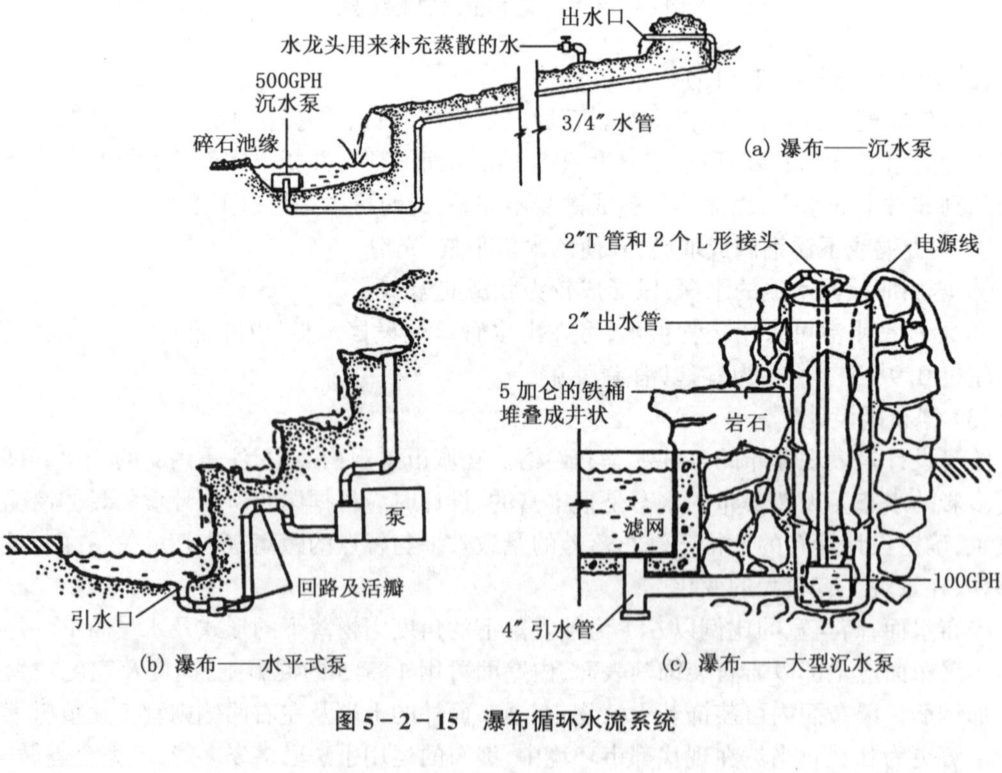

图5-2-15 瀑布循环水流系统

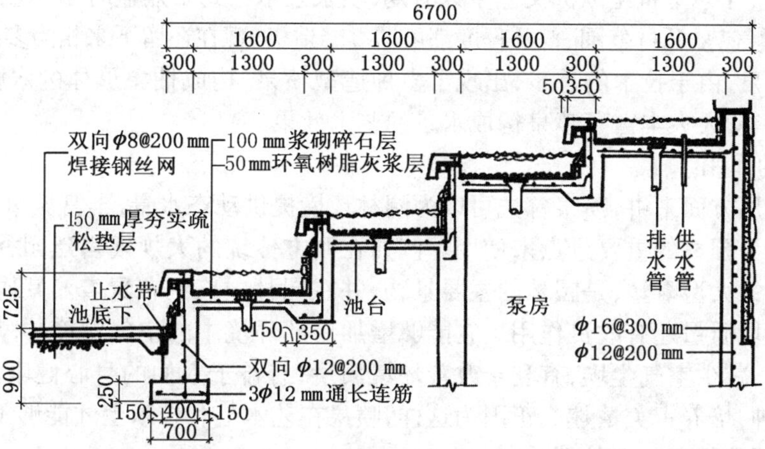

图 5－2－16　某叠水结构及池底详图

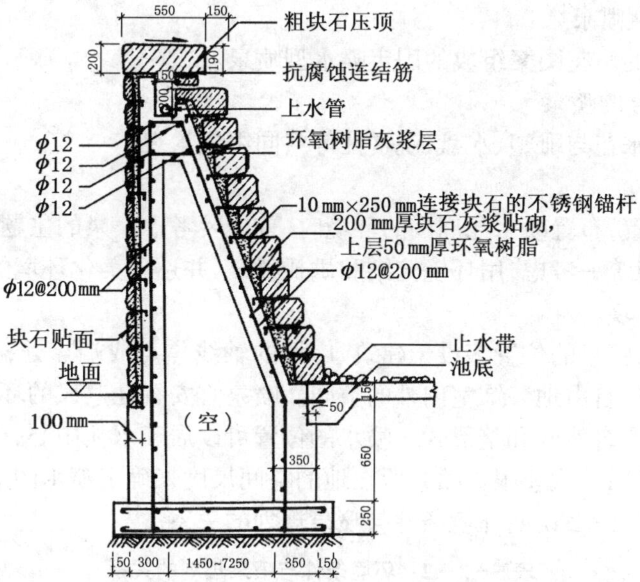

图 5－2－17　某叠水结构局部详图

4．喷泉

喷泉是利用压力使水从孔中喷向空中,再自由落下的一种优秀的造园水景工程,它以壮观的水姿、奔放的水流、多变的水形,深得人们喜爱。喷泉和其它水景工程一样,并不是人类的创造发明,而是对自然景观的艺术再现。天然喷泉广泛存在于自然界之中。世界上最大的喷泉叫格兰喷泉,位于海拔 1 000 m 处,可喷 73 m 高,非常壮观。自然界的喷泉是因为地下水压向地面而喷射出来的。

人工喷泉一般认为起源于公元前六百多年的古希腊,开始主要作为饮用水源,逐步发展成装饰泉以及与神像组合的雕塑泉。还有一种说法认为喷泉起源于西班牙,是从沐浴泉逐渐发展成装饰喷泉。十六七世纪欧洲文艺复兴时期，喷泉艺术已到了鼎盛时期，喷泉的技术水平、艺术水准、规模气势、题材范围、普及程度都可谓登峰造极，现在还留下来相当多的优秀作品。

近代的喷泉，由于技术的进步，出现了多种造型喷泉、构成抽象形体的水雕塑和强调动态的活动喷泉等，大大丰富了喷泉构成水景的艺术效果。

1）喷泉的作用

从造景作用方面来讲，喷泉首先可以为园林环境提供动态水景，丰富城市景观。这种水景一般都被作为园林的重要景点来使用。例如在西方传统的大规模宫廷园林中，喷泉群以及依附于喷泉的大型雕塑，是园林的主要景物，并在园林中广泛布置着。其次，喷泉对其一定范围内的环境质量还有改良作用。它能够增加局部环境中的空气湿度，并增加空气中负氧离子的浓度，减少空气尘埃，有利于改善环境质量，有益于人们的身心健康。它可以陶冶情怀，振奋精神，培养审美情趣。正因为这样，喷泉在艺术上和技术上才能够不断地发展，不断地创新，不断地得到人们的喜爱。

2）喷泉的形式

喷泉有很多种类和形式，如果进行大体上的区分，可以分为如下四类：

(1) 普通装饰性喷泉

是由各种普通的水花图案组成的固定喷水型喷泉。

(2) 与雕塑结合的喷泉

喷泉的各种喷水花与雕塑、水盘、观赏柱等共同组成景观。

3）喷泉布置要点

在选择喷泉位置，布置喷水池周围的环境时，首先要考虑喷泉的主题、形式，要与环境相协调，把喷泉和环境统一考虑，用环境渲染和烘托喷泉，并达到美化环境的目的，或借助喷泉的艺术联想，创造意境。

在一般情况下，喷泉的位置多设于建筑、广场的轴线焦点或端点处，也可以根据环境特点，作一些喷泉水景，自由地装饰室内外的空间。喷泉宜安置在避风的环境中以保持水型。

喷水池的形式有自然式和整形式。喷水的位置可以居于水池中心，组成图案，也可以偏于一侧或自由地布置；其次要根据喷泉所在地的空间尺度来确定喷水的形式、规模及喷水池的大小比例。表 5－2－2 说明环境条件与喷泉规划的关系。

表 5－2－2　环境条件与喷泉规划的关系

环境条件	适宜的喷泉规划
开阔的场地如车站前、公园入口、街道中心岛	水池多选用整形式，水池要大，喷水要高，照明不要太华丽
狭窄的场地如街道转角、建筑物前	水池多为长方形或它的变形
现代建筑如旅馆、饭店、展览会会场等	水池多为圆形、长形等，水量要大，水感要强烈，照明要华丽
中国传统式园林	水池形状多为自然式，可做成跌水、滚水、涌泉等，以表现天然水态为主
热闹的场所如旅游宾馆、游乐中心	喷水水姿要富于变化，色彩华丽，如使用各种音乐喷泉等
寂静的场所如公园的一些小局部	喷泉的形式自由，可与雕塑等各种装饰性小品结合，一般变化不宜过多，色彩也较朴素

喷水的高度与喷水池的直径大小以及喷泉周围的场地有关。根据人眼视阈的生理特征，对于喷泉、雕塑、花坛等景物，其垂直视角在30°、水平视角在45°的范围内有良好的视阈。那么对于喷泉来讲，怎样确定“合适视距”呢？粗略地估计，大型喷泉的合适视距约为喷水高的3.3倍，小型喷泉的合适视距约为喷水高的3倍；水平视阈的合适视距约为景宽的1.2倍。当然也可以利用缩短视距，造成仰视的效果，来强化喷水给人的高耸感觉。

4）喷泉工艺流程(图5－2－18)

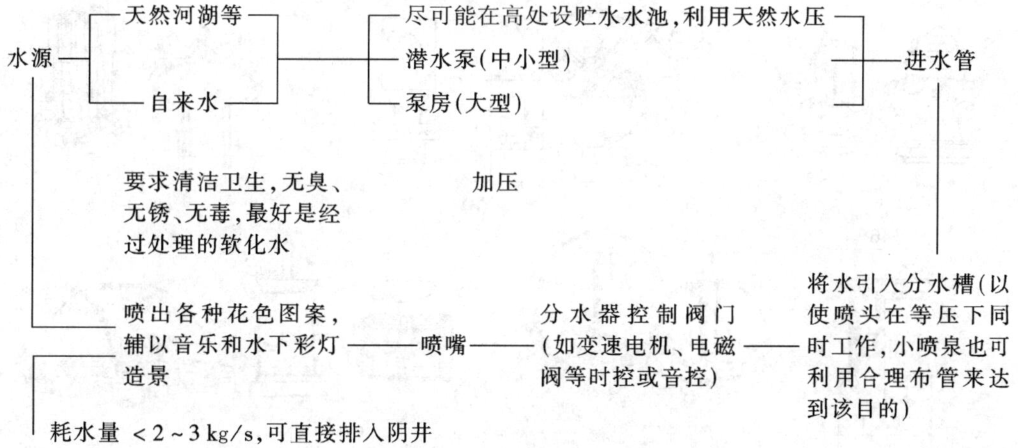

图5－2－18　喷泉工艺流程

5）喷头与喷泉造型

(1) 常用的喷头种类

喷头是喷泉的主要组成部分，它的作用是把具有一定压力的水变成各种预想的、绚丽的水花，喷射在水池的上空。因此，喷头的形式、制造的质量和外观等，都对整个喷泉的艺术效果产生重要的影响。

喷头因受水流的摩擦，一般多用耐磨性好，不易锈蚀，又具有一定强度的黄铜或青铜制成。为了节省铜材，近年来亦使用铸造尼龙制造喷头，这种喷头具有耐磨、自润滑性好、加工容易、轻便(它的重量为铜的1/7)、成本低等优点；但目前尚存在着易老化、使用寿命短、零件尺寸不易严格控制等问题，因此主要用于低压喷头。

目前，国内外经常使用的喷头式样可以归结为以下几种类型：

① 单射流喷头

单射流喷头是喷泉中应用最广的一种喷头，是压力水喷出的最基本形式。它不仅可以单独使用，也可以组合、分布为各种阵列，形成多种式样的喷水水形图案(图5－2－19(a))。

② 喷雾喷头

这种喷头内部装有一个螺旋状导流板，使水流做圆周运动，水喷出后，形成细细的弥漫的雾状水滴。每当天空晴朗，阳光灿烂，太阳光线对水珠表面与人眼之间连线的夹角为40°36′～42°18′时，明净清澈的喷水池水面上，就会伴随着朦朦的雾珠，呈现出色彩缤纷的虹。它辉映着湛蓝的天空，景色十分瑰丽(图5－2－19(b))。

③ 环形喷头

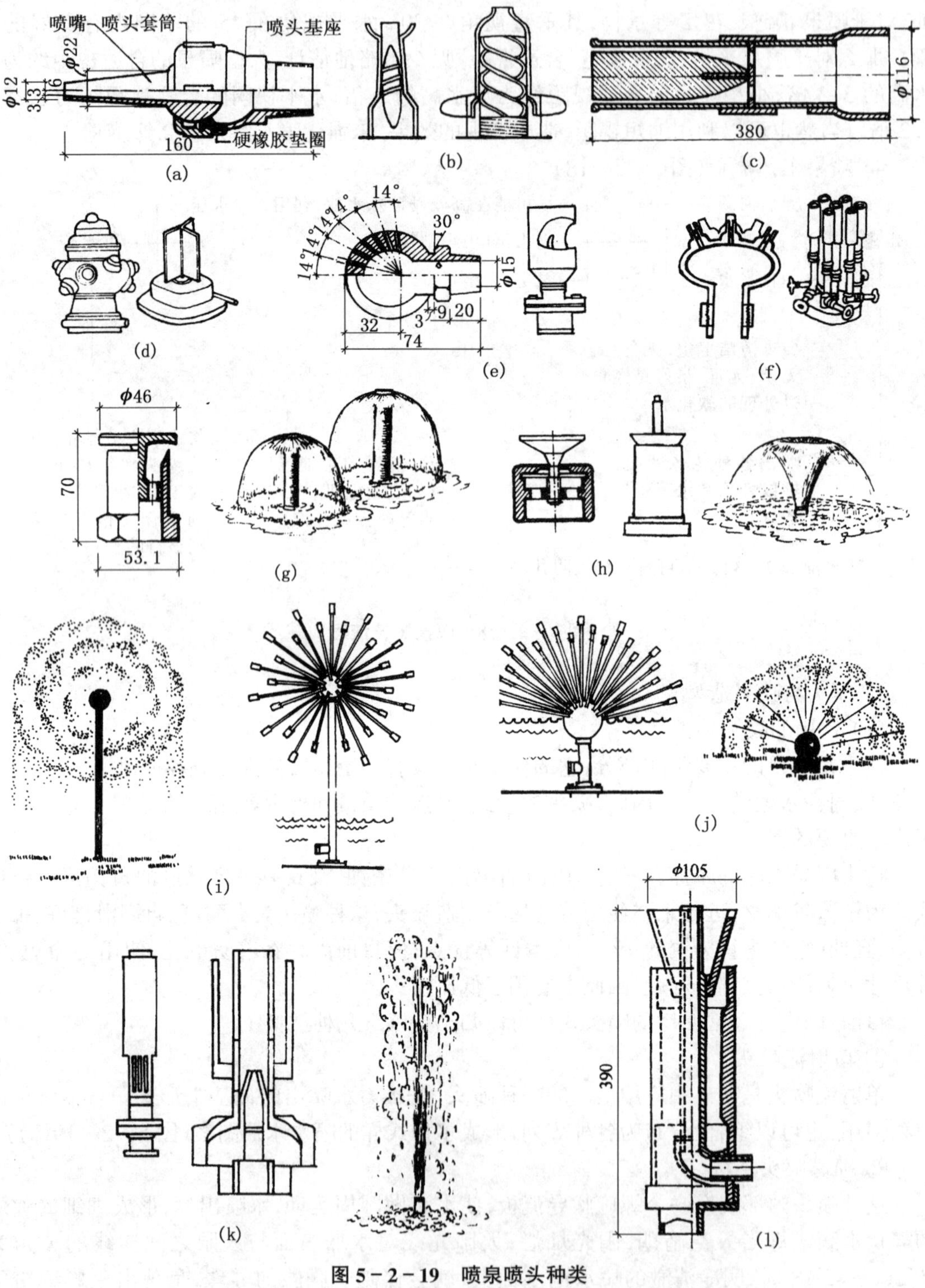

图 5-2-19　喷泉喷头种类

(a) 单射流喷头；(b) 喷雾喷头；(c) 环形喷头；(d) 旋转喷头；
(e) 扇形喷头；(f) 多孔喷头；(g) 半球形喷头；(h) 牵牛花形喷头
(i) 球形蒲公英喷头；(j) 半球形蒲公英喷头；(k) 吸力喷头；(l) 组合式喷头

喷头的出水口为环形断面，即外实内空，使水形成集中而不分散的环形水柱。它以雄伟、粗犷的气势跃出水面，带给人们奋发向上的热烈气氛。其构造见图 5－2－19(c)。

④ 旋转喷头

它利用压力水由喷嘴喷出时的反作用力或其它动力带动回转器转动，使喷嘴不断地旋转运动，从而丰富了喷水造型，喷出的水花或欢快旋转或飘逸荡漾，形成各种扭曲线形，婀娜多姿。图 5－2－19(d)是这种喷头的构造情况。

⑤ 扇形喷头

这种喷头的外形很像扁扁的鸭嘴。它能喷出扇形的水膜或像孔雀开屏一样美丽的水花，构造如图 5－2－19(e)所示。

⑥ 多孔喷头

多孔喷头可以由多个单射流喷嘴组成一个大喷头；也可以由平面、曲面或半球形的带有很多细小孔眼的壳体构成喷头，它们能呈现出造型各异的盛开的水花，如图 5－2－19(f)所示。

⑦ 变形喷头

通过喷头形状的变化使水花形成多种花式。变形喷头的种类很多，它们共同的特点是在出水口的前面有一个可以调节的、形状各异的反射器，水流通过反射器使水花造型，从而形成各式各样的、均匀的水膜，如牵牛花形、半球形、扶桑花形等，如图 5－2－19(g)、(h)所示。

⑧ 蒲公英形喷头

这种喷头是在圆球形壳体上，装有很多同心放射状喷管，并在每个管头上装有一个半球形变形喷头。因此，它能喷出像蒲公英一样美丽的球形或半球形水花。它可以单独使用，也可以几个喷头高低错落地布置，显得格外新颖、典雅，如图 5－2－19(i)、(j)所示。

⑨ 吸力喷头

此种喷头是利用压力水喷出时，在喷嘴的喷口处附近形成负压区。由于压差的作用，它能把空气和水吸入喷嘴外的环套内，与喷嘴内喷出的水混合后一并喷出。此时水柱的体积膨大，同时因为混入大量细小的空气泡，形成白色不透明的水柱。它能充分地反射阳光，因此光彩艳丽。夜晚如有彩色灯光照明则更为光彩夺目。吸力喷头又可分为喷水喷头、加气喷头和吸水加气喷头，其形式如图 5－2－19(k)所示。

⑩ 组合式喷头

由两种或两种以上形体各异的喷嘴，根据水花造型的需要，组合成一个大喷头，叫组合式喷头，它能够形成较复杂的花形，如图 5－2－19(l)所示。

(2) 喷泉的水型设计

喷泉水型是由喷头的种类、组合方式及俯仰角度等几个方面因素共同造成的。喷泉水型的基本构成要素，就是由不同形式喷头喷水所产生的不同水形，即水柱、水带、水线、水幕、水膜、水雾、水花、水泡等等。由这些水形按照设计构思进行不同的组合，就可以造出千变万化的水形来。

水形的组合造型也有很多方式，既可以采用水柱、水线的平行直射、斜射、仰射、俯射，也可以使水线交叉喷射、相对喷射、辐状喷射、旋转喷射，还可以用水线穿过水幕、水膜，用水雾掩藏喷头，用水花点击水面等等。从喷泉射流的基本形式来分，水形的组合形式有单射流、集射流、散射流和组合射流 4 种(图 5－2－20)。

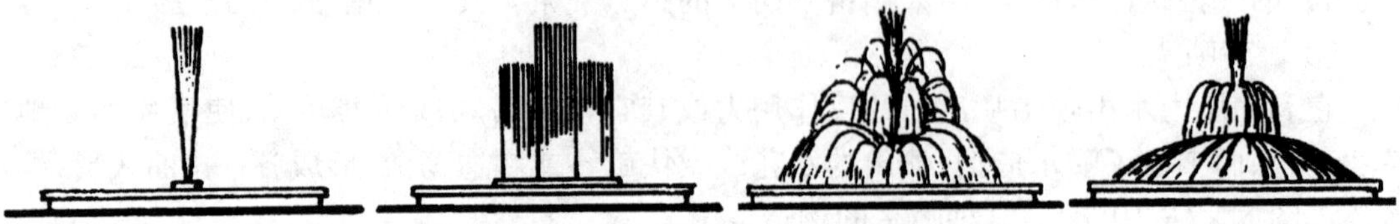

(a)　　(b)　　(c)　　(d)

图 5－2－20　喷泉射流的基本形式

(a) 单射流；(b) 集射流；(c) 散射流；(d) 组合射流

随着喷头设计的改进、喷泉机械的创新以及喷泉与电子设备、声光设备等的结合，喷泉的自由化、智能化和声光化都将有更大的发展，将会带来更加美丽、更加奇妙和更加丰富多彩的喷泉水景效果。

表 5－2－3 中所列多种图形，是喷泉水型的基本设计样式，可供参考。

表 5－2－3　喷泉的水姿形式

名称	喷泉水型	备　注	名称	喷泉水型	备　注
单射形	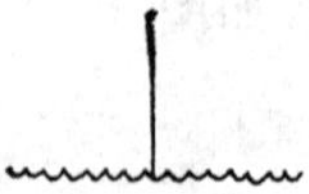	单独布置	水幕形		在直线布置
拱顶形		在圆周上布置	向心形		在圆周上布置
圆柱形		在圆周上布置	外编织形	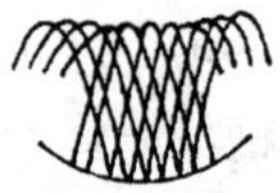	布置在圆周上向外编织
内编织形	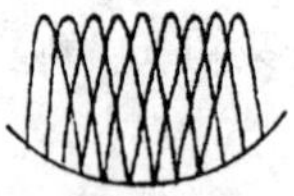	布置在圆周上向内编织	篱笆形	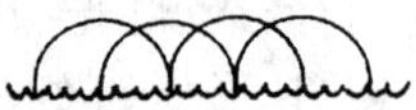	在直线或圆周上编成篱笆
屋顶形	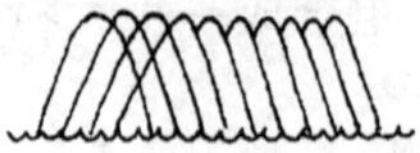	布置在直线上	旋转形	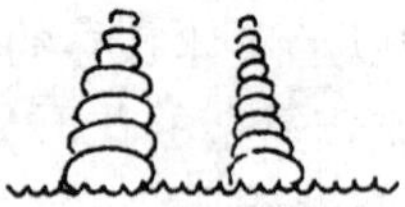	单独布置
圆弧形		布置在曲线上	吸力形		自由布置
喷雾形	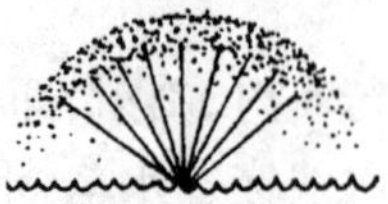	单独布置	洒水形		在曲线上布置

续表 5-2-3

名称	喷泉水型	备　注	名称	喷泉水型	备　注
扇形		单独布置	孔雀形		单独布置
半球形	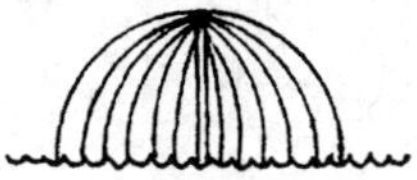	单独布置	牵牛花形		单独布置
多层花形		单独布置	蒲公英形	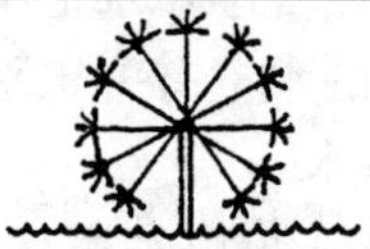	单独布置

6）喷泉的控制方式

喷泉喷射水量、时间和喷水图样变化的控制，主要有以下 3 种方式：

(1) 手阀控制

这是最常见和最简单的控制方式，在喷泉的供水管上安装手控调节阀，用来调节各管段中水的压力流量，形成固定的水姿。

(2) 继电器控制

通常用时间继电器按照设计时间程序控制水系、电磁阀、彩色灯等的起闭，从而实现可以自动变换的喷水水姿。

(3) 音响控制

声控喷泉是利用声音来控制喷泉水型变化的一种自控泉。它一般由以下几部分组成：

① 声电转换、放大装置：通常是由电子线路或数字电路、计算机组成。

② 执行机构：通常使用电磁阀来执行控制指令。

③ 动力设备：用水泵提供动力，并产生压力水。

④ 其它设备：主要有管路、过滤器、喷头等。

声控喷泉的原理是将声音信号转变为电信号，经放大及其它一些处理，推动继电器或其电子式开关，再去控制设在水路上的电磁阀的启闭，从而控制喷头水流的通断。这样，随着声音的起伏，人们可以看到喷水大小、高矮和形态的变化。它能把人们的听觉和视觉结合起来，使喷泉喷射的水花随着音乐优美的旋律而翩翩起舞。这样的喷泉因此也被喻为“音乐喷泉”或“会跳舞的喷泉”。

7）喷泉的给排水系统

喷泉的水源应为无色、无味、无有害杂质的清洁水。因此，喷泉除用城市自来水作为水源外，也可用地下水；其它像冷却设备和空调系统的废水也可作为喷泉的水源。

(1) 喷泉的给水方式

喷泉的给水方式有下述 4 种，见图 5-2-21。

① 自来水直接给水

流量在 2～3 L/s 以内的小型喷泉，可直接由城市自来水供水。使用后的水排入园林雨水管网。

② 泵房加压用后排掉

为了确保喷水有稳定的高度和射程，给水需经过特设的水泵房加压，喷出后的水仍排入雨水管网。

③ 泵房加压，循环供水

为了确保水具有必要的、稳定的压力，同时节约用水，减少开支，对于大型喷泉，一般采用循环供水。循环供水的方式可以设水泵房。

④ 潜水泵循环供水

将潜水泵直接放置于喷水池中较隐蔽处或低处，直接抽取池水向喷水管及喷头循环供水。这种供水方式的水量有一定限度，因此一般适用于小型喷泉。

⑤ 高位水体供水

在有条件的地方，可以利用高位的天然水塘、河渠、水库等作为水源向喷泉供水，水用过后排放掉。

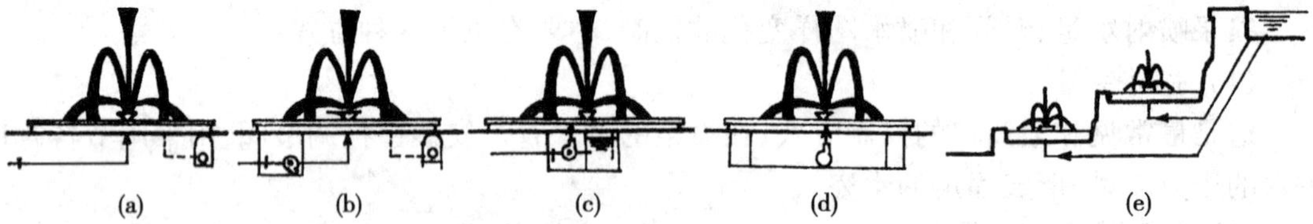

图 5-2-21　喷泉的给水方式

(a) 小型喷泉供水；(b) 小喷泉加压供水；(c) 泵房循环供水；
(d) 潜水泵循环供水；(e) 利用高位蓄水池供水

为了确保喷水池的卫生，大型喷泉还可设专用水泵，以供喷水池水的循环，使水池的水不断流动；并在循环管线中设过滤器和消毒设备，以消除水中的杂物、藻类和病菌。

喷水池的水应定期更换。在园林或其它公共绿地中，喷水池的废水可以和绿地喷灌或地面洒水等结合使用，作水的二次使用处理。

(2) 喷泉管道布置

大型水景工程的管道可布置在专用或共用管沟内，一般水景工程的管道可直接敷设在水池内。为保持各喷头的水压一致，宜采用环状配管或对称配管，并尽量减少水头损失。每个喷头或每组喷头前宜设置调节水压的阀门。对于高射程喷头，喷头前应尽量保持较长的直线管段或设整流器。喷泉给排水系统的构成见图 5-2-22。

喷泉给排水管网主要由进水管、配水管、补充水管、溢流管和泄水管等组成。水池管线布置示意如图 5-2-23。其布置要点是：

① 由于喷水池中水的蒸发及在喷射过程中有部分水被风吹走等，造成喷水池内水量的损失，因此，在水池中应设补充水管。补充水管和城市给水管相连接，并在管上设浮球阀或液位继电器，随时补充池内水量的损失，以保持水位稳定。

② 为了防止因降雨使池水上涨而设的溢水管，应直接接通园林内的雨水井，并应有不小于 3% 的坡度；溢水口的设置应尽量隐蔽，在溢水口外应设拦污栅。

③ 泄水管直通园林雨水管道系统，或与园林湖池、沟渠等连接起来，使喷泉水泄出后，

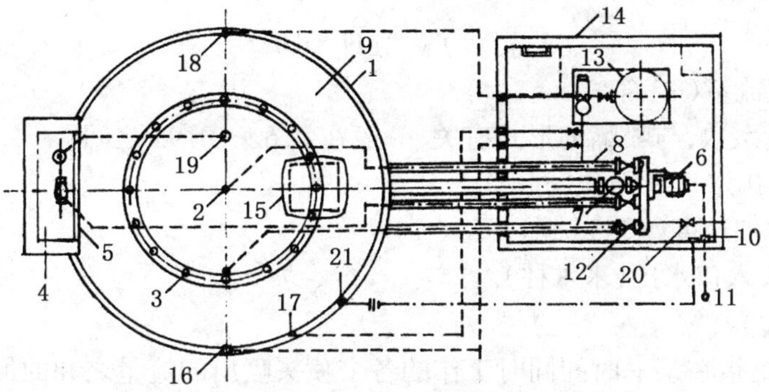

图 5－2－22　喷泉工程的给排水系统

1—喷水池；2—加气喷头；3—装有直射流喷头的环状管；4—高位水池；
5—堰；6—水泵；7—吸水滤网；8—吸水关闭阀；9—低位水池；
10—风控制盘；11—风传感计；12—平衡阀；13—过滤器；
14—泵房；15—阻涡流板；16—除污器；17—真空管线；
18—可调眼球状进水装置；19—溢流排水口；
20—控制水位的补水阀；21—液位控制器

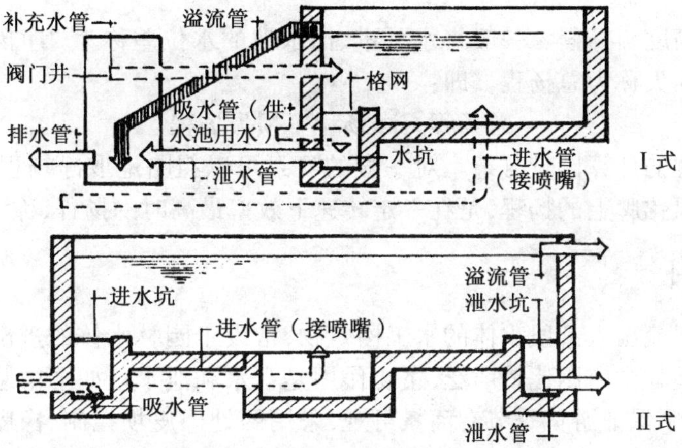

图 5－2－23　水池管线示意图

作为园林其它水体的补给水。也可供绿地喷灌或地面洒水用，但需另行设计。

④ 在寒冷地区，为防冻害，所有管道均应有一定坡度，一般不小于 2%，以便冬季将管道内的水全部排空。

⑤ 连接喷头的水管不能有急剧变化，如有变化，必须使管径逐渐由大变小，另外，在喷头前必须有一段适当长度的直管，管长一般不小于喷头直径的 20～30 倍，以保持射流稳定。

8）喷泉的水力计算

各种喷头因流速、流量的不同，喷出的花形会有很大差异，达不到预定的流速、流量则不能获得设计的效果，因此喷泉设计必须经过水力计算，主要是求喷泉的总流量、扬程和管径。

（1）总流量 Q

① 单个喷嘴的流量(q)

$$q = uf\sqrt{2gH} \times 10^{-3}$$

式中:q——喷嘴流量(m^3/s);

u——流量系数,与喷嘴的形式有关,一般在0.62~0.94之间;

f——喷嘴出水口断面积(mm^2);

g——重力加速度(9.8 m/s^2);

H——喷头入口水压(米水柱)。

② 总流量(Q)

喷泉总流量是指在某一时间同时工作的各个喷头喷出的流量之和的最大值。即:

$$Q = q_1 + q_2 + \cdots + q_n$$

(2) 管径

$$D = \sqrt{\frac{4Q}{\pi v}}$$

式中:D——管径(m);

Q——流量(m^3/s);

π——圆周率(3.141 6);

v——流速(通常选用0.5~0.6 m/s)。

(3) 总扬程

水泵的提水高度叫扬程。一般将水泵进、出水池的水位差称为"净扬程",加上水流进出水管路的水头损失称为总扬程。即:

总扬程=净扬程+损失扬程

其中损失扬程的计算比较复杂。对一般的喷泉可以粗略地取净扬程的10%~30%作为损失扬程。水泵铭牌上的扬程,是在一定转速下效率最高时的扬程,称为"额定扬程"。

5. 小型水闸

水闸是控制水流出入某段水体的水工构筑物,常设于园林水体的进出水口。水闸在风景名胜区和城市园林中应用比较广泛,主要作用是蓄水和泄水。如承德避暑山庄东面的武烈河旱涝无常,为了保证游览季节有河景可观,采用两处橡皮坝控制,橡皮坝在洪水时期可溢流放水,枯水季节可蓄水,使用效果较好。在大水体中往往使用机械起动的大型水闸,应与水工专家协作设计。更广泛的情况是园林中常用的小水闸,其功能与大水闸基本相同。

1) 水闸的功能及分类

水闸按其专门使用的功能可分为以下几种。

(1) 进水闸

设于水体入口,起联系上游和控制进水量的作用。如颐和园西北门外的水闸。

(2) 节制闸

设于水体出口,起联系下游和控制出水量的作用。如颐和园绣漪桥水闸。

(3) 分水闸

用于控制水体支流出水。如颐和园后溪河与昆明湖东岸的水闸。

2) 闸址选定

必须明确建水闸的目的，了解设闸部位地形、地质、水文等方面的基本情况，特别是原有的和设计的各种水位、流速与流量等。要考虑如何最有效地控制整个受益地域。先粗略地提出闸址的大概位置，然后考虑以下因素，最终确定具体位置。

(1) 闸孔轴心线与水流方向相顺应，使水流需通过时畅通无阻。避免造成因水流改变原有流向而产生淤积现象或水岸一侧被冲刷，另一侧淤积。

(2) 避免在水流急弯处建闸，以免因剧烈的冲刷破坏闸墙与闸底。如由于其它因素限定要在急弯处设闸时，则要改变局部水道使其平直或缓曲。

(3) 选择地质条件均匀、承载力大致相同的地段。避免发生不均匀沉陷。如能利用天然坚实岩层则最好。在同样土质条件下选择高地或旧土堤下作闸址比利用河底或洼地为佳。

3) 水闸结构

水闸结构由下至上可分为以下三部分。

(1) 地基

为天然土层经加固处理而成。水闸基础必须保证当承受上部压力后不发生超限度和不均匀沉陷。

(2) 水闸底层结构

即闸底，为闸身与地基相联系部分。闸底必须承受由于上下游水位差造成跌水急流的冲力，减免由于上下游水位差造成的地基土壤管涌和经受渗流的浮托力。因此闸底要有一定的厚度和长度。除闸底外，正规的水闸自上游至下游还包括三部分：

① 铺盖

是位于上游和闸底相衔接的不透水层。其作用是放水后使闸底上游部分减少水流冲刷、减少渗透流量和消耗部分渗透水流的水头。铺盖常用浆砌块石、灰土或混凝土浇灌。铺盖长度约为上游水深数倍。厚度因材料而异，一般为 30 cm。如粘土夯实则需 60～75 cm。

② 护坦

是下游与闸底相连接的不透水层，作用是减少闸后河床的冲刷和渗透。其厚度视上下游水位差、水闸规模和材料而定，一般可采用 30～40 cm。如地基为壤土，护坦长度约为上下游水位差的 3～4 倍，或查计算表。

③ 海漫

是下游与护坦相连接的透水层。水流在护坦上仅消耗了 70% 的动能。剩余水流动能造成对河底的破坏则靠海漫承担。海漫末端宜加宽、加深使水流动分散。海漫一般用干砌块石，在下游再抛石。海漫长度约为闸下游水深的 3～4 倍。

(3) 水闸的上层建筑(图 5－2－24)

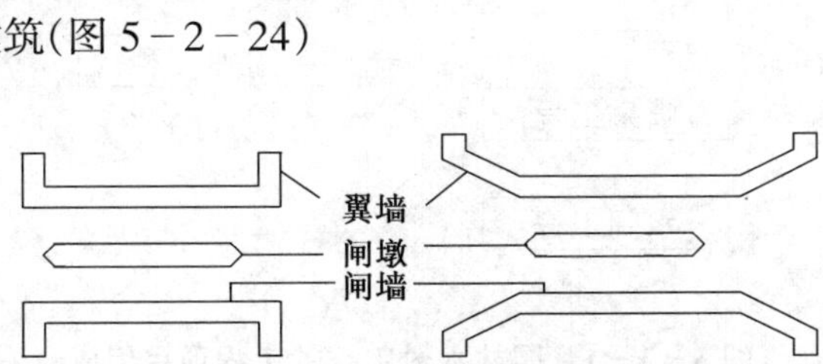

图 5－2－24　水闸的上层建筑

① 闸墙

亦称边墙，位于闸门之两侧，构成水流范围，形成水槽并支撑岸土使之不坍。

② 翼墙

与闸墙相接、转折如翼的部分，便于与上下游河道边坡平顺衔接。

③ 闸墩

分隔闸孔和安装闸门的支墩，亦可支架工作桥及交通桥。多用坚固的石材制造，也可用钢筋混凝土制成。闸墩的外形影响水流的通畅程度。闸墩高度同边墙。一般闸孔宽约 2～3 m。如启闸上下水位差在 1 m 以下，则闸孔宽度可小于 2 m。叠梁式闸板水位差在 1 m 以上者，闸孔宽可大于 1 m。

5.3 水景工程施工

水景工程是园林工程中涉及面最广、项目组成最多的专项工程之一。由于水景工程中的水本身就可归纳为平静的、流动的、跌落的和喷涌的 4 种基本形式，所以在实际工程中自然演化出丰富多彩的应用形式，包括湖泊、水池、水塘、溪流、水坡、水道、瀑布、水帘、叠水、水墙和喷泉等多种水景。当然就工程的角度而言，对水景的设计施工实际上主要是对盛水容器及其相关附属设施的设计与施工。为了实现这些景观，需要修建诸如小型水闸、驳岸、护坡和水池等工程构筑物以及必要的给排水设施和电力设施等。从而涉及到土木工程、防水工程、给排水工程、供电与照明工程、假山工程、种植工程、设备安装工程等一系列相关工程，下面用图表的形式详细叙述各类水景工程的工程项目组成和分项工程构成。

5.3.1 园林水景工程的工程项目组成及分项工程构成

(1) 园林水景工程的工程项目组成(见图 5－3－1)

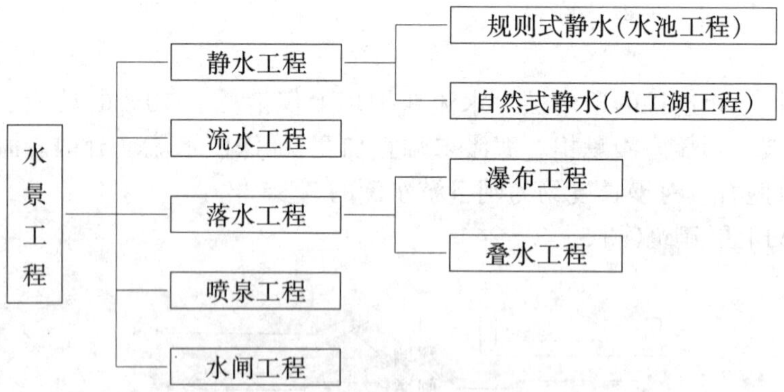

图 5－3－1 园林水景工程的工程项目组成

(2) 园林人工湖工程的分项工程构成(见图 5－3－2)

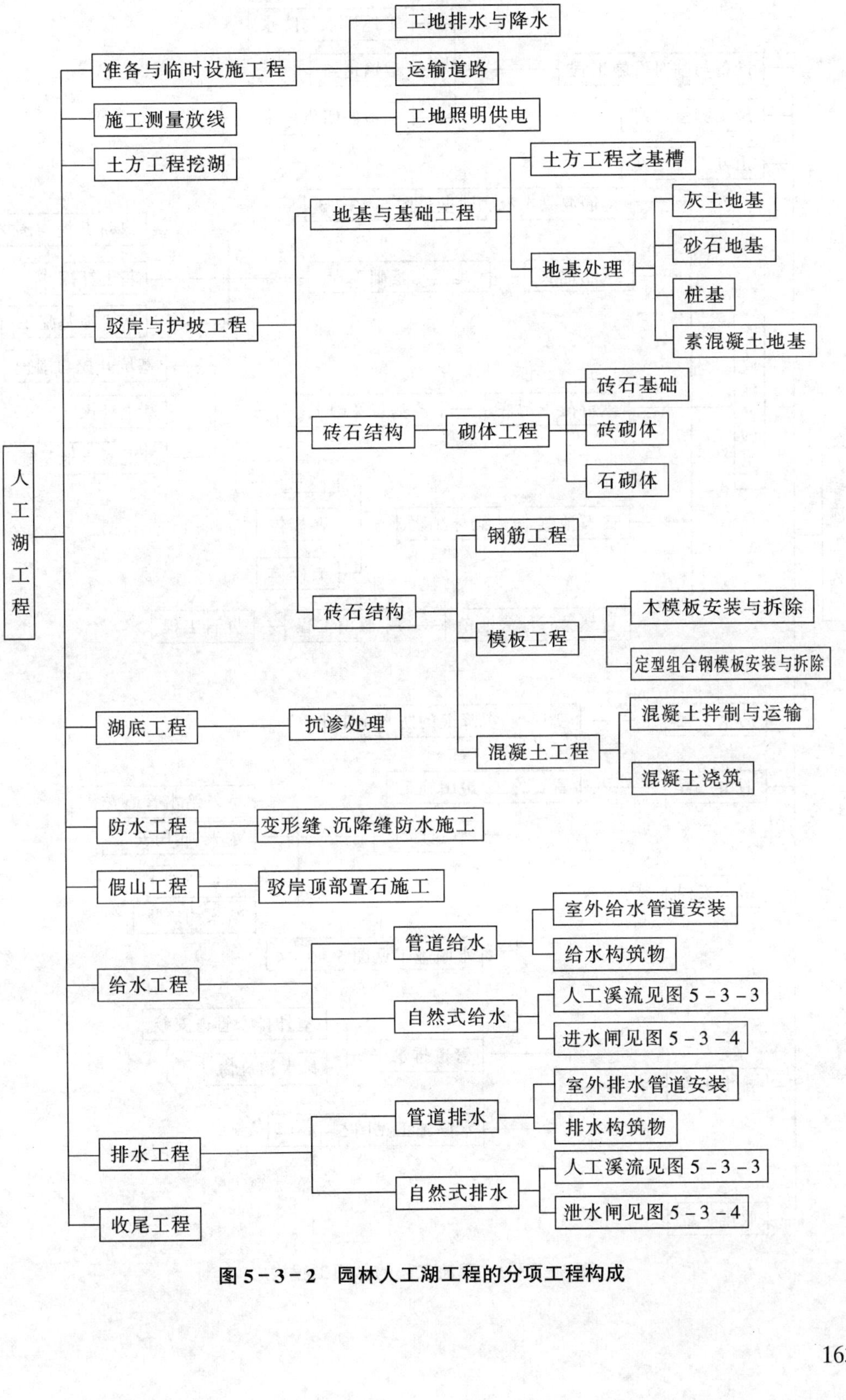

图 5－3－2　园林人工湖工程的分项工程构成

(3) 溪流工程的分项工程构成(见图 5－3－3)

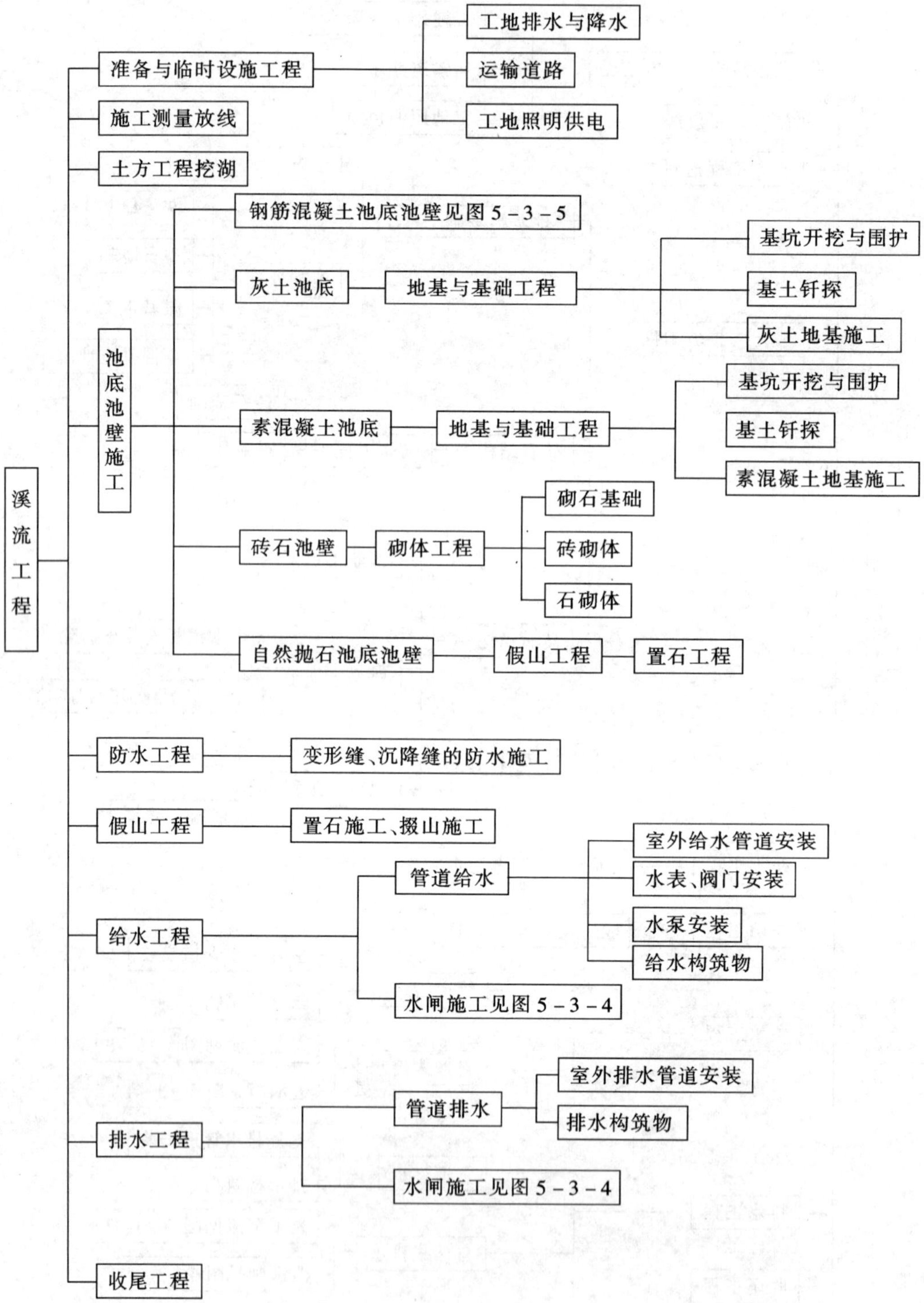

图 5－3－3　溪流工程的分项工程构成

(4) 小型水闸工程的分项工程构成(见图 5-3-4)

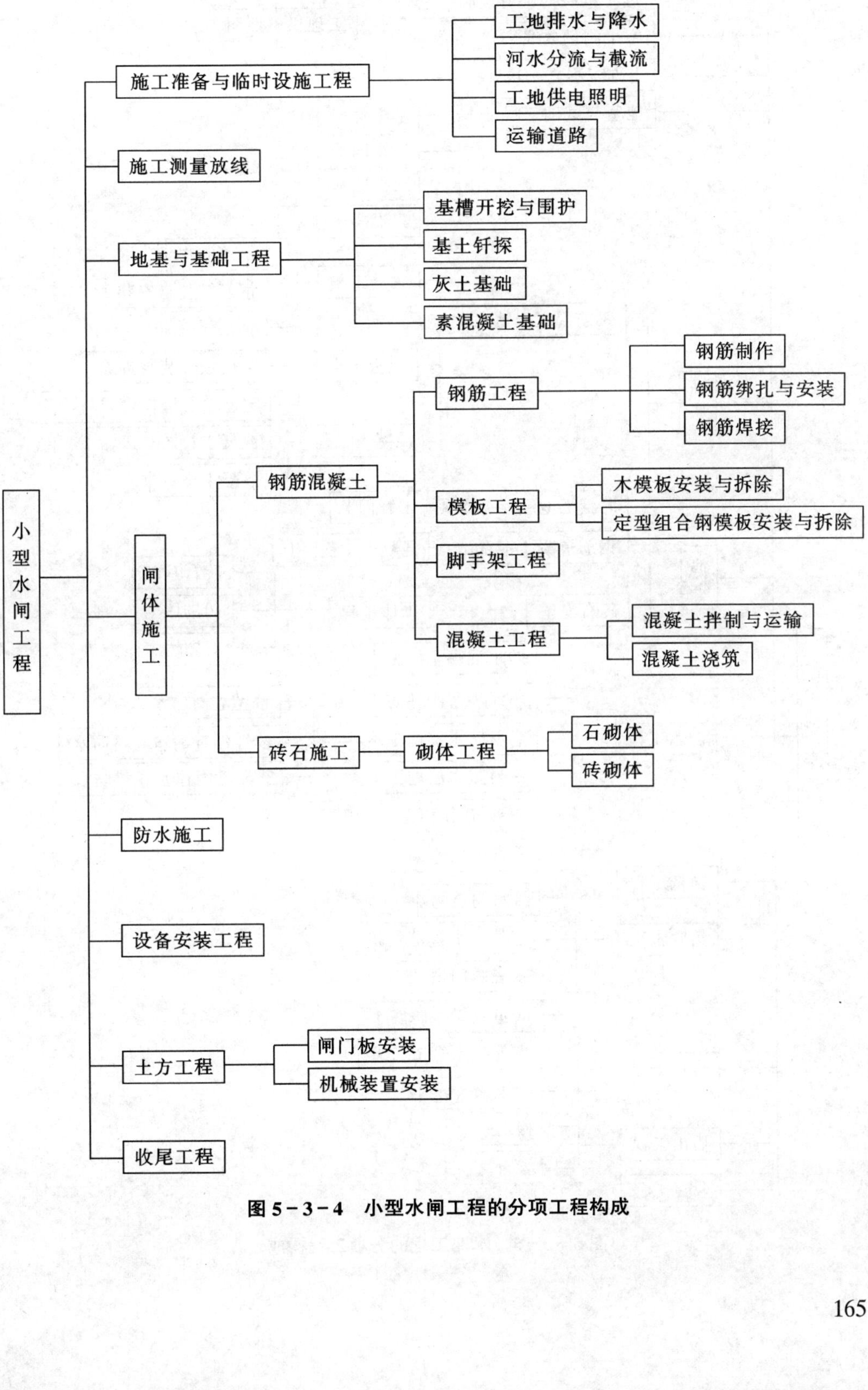

图 5-3-4　小型水闸工程的分项工程构成

（5）水池工程的分项工程构成(见图 5－3－5)

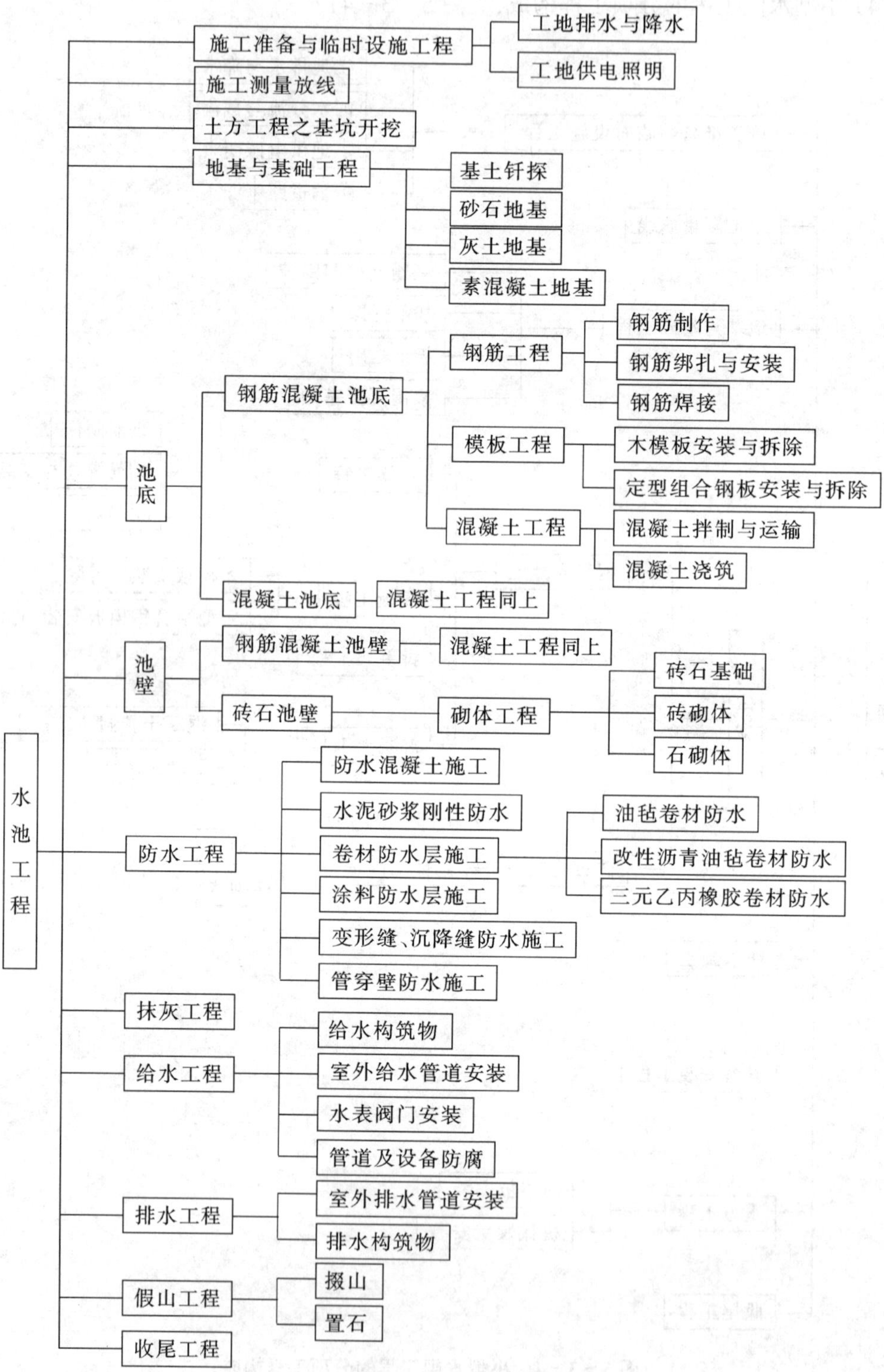

图 5－3－5　水池工程的分项工程构成

(6) 喷泉工程的分项工程构成(见图 5－3－6)

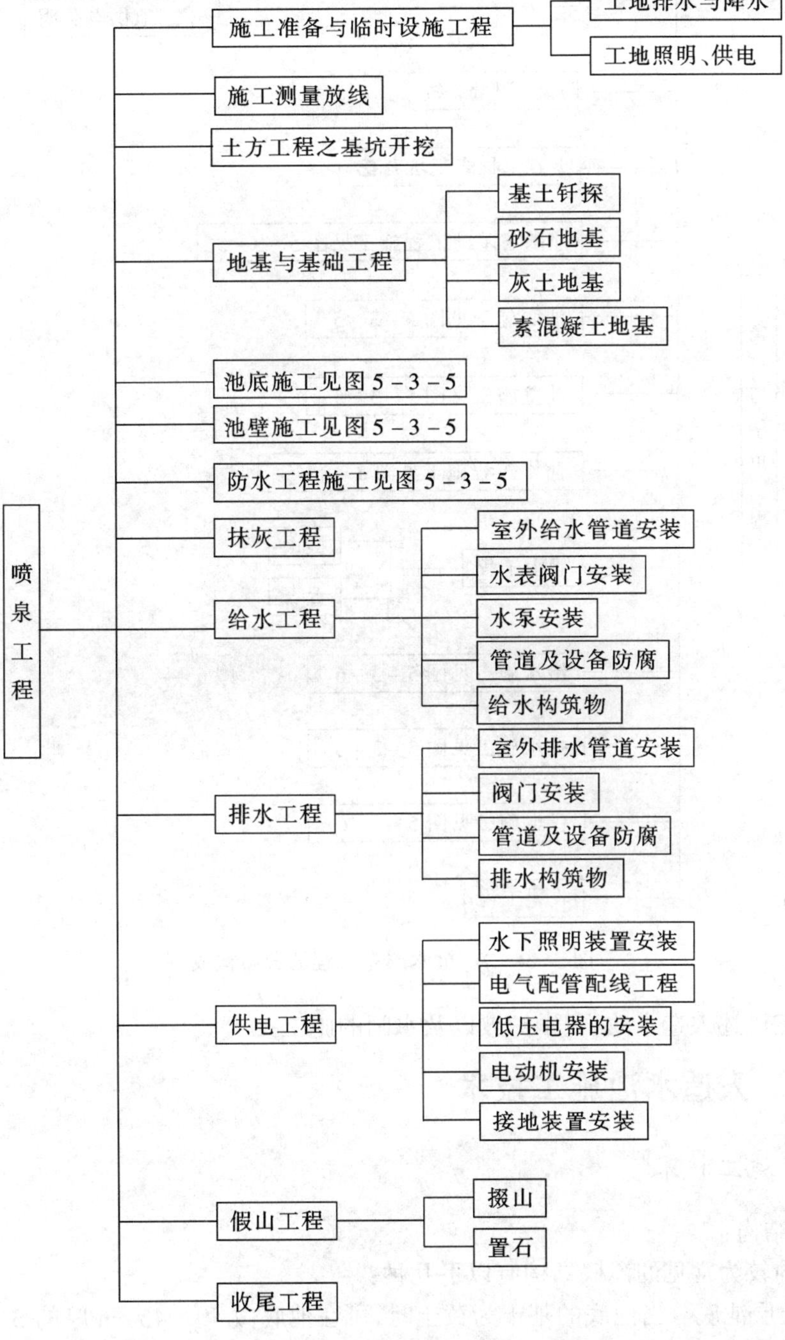

图 5－3－6　喷泉工程的分项工程构成

(7) 叠水瀑布工程的分项工程构成(见图 5-3-7)

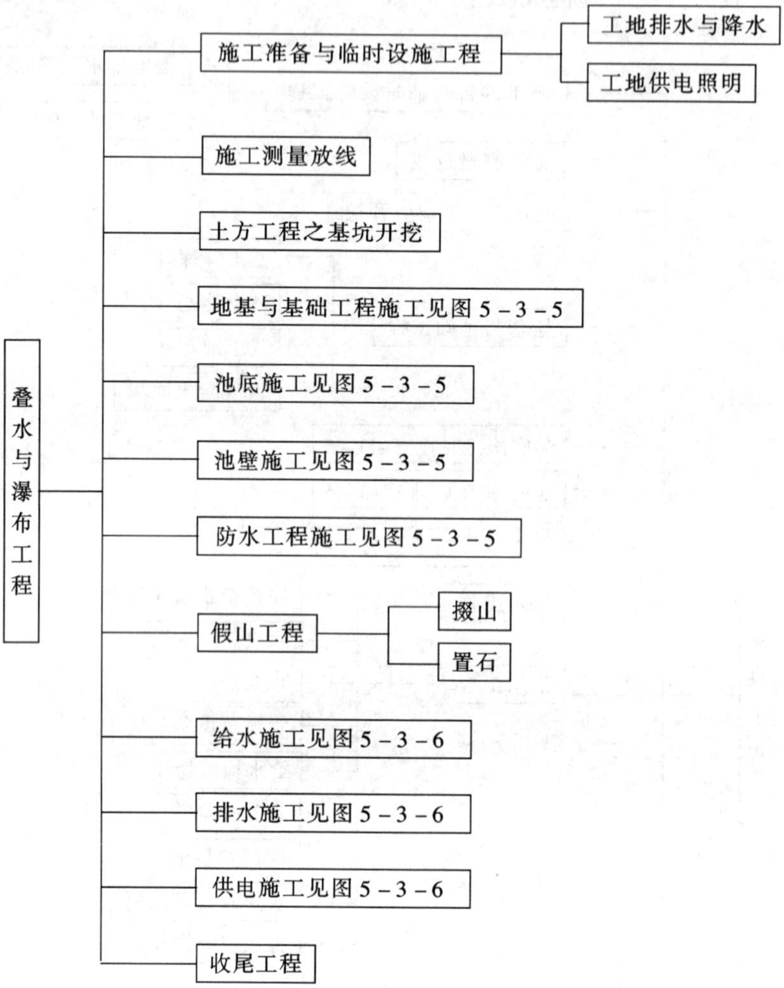

图 5-3-7　叠水瀑布工程的分项构成

本节重点讲述人造水池、驳岸护坡以及水闸的施工技术。

5.3.2　人造水池施工技术

1. 池底施工技术

1) 池底结构

目前国内较为常见的池底结构有以下几种:

(1) 灰土层池底。当池底的基土为黄土时,可在池底做 40～45 cm 厚的 3:7 灰土层,并每隔 20 m 留一伸缩缝。

(2) 聚乙烯薄膜防水层池底。当基土微漏,可采用聚乙烯防水薄膜池底做法。

(3) 混凝土池底。当水面不大,防漏要求又很高时,可以采用混凝土池底结构。这种结构的水池,如其形状比较规整,则 50 m 内可不做伸缩缝。如其形状变化较大,则在其长度约

20 m 并在其断面狭窄处，应做伸缩缝。一般池底可贴蓝色磁砖或水泥加入，进行色彩上的变化，增加景观美感。

2）基土处理技术

池底的设计面，应在霜作用线以下。当基土为排水不良的粘土，或地下水位甚高时，在池底基础下及池壁之后，应放置碎石，并埋 10 cm 直径的排水管，管线的倾斜度为 1%～2%，将地下水导出。若池宽为 1～2.5 m 的狭长形水池，则池底基础下的排水管应沿水池的长轴埋于池的中心线下。池底基础下的地面，则向中心线作 1%～2%倾斜，池下的碎石层厚 10～20 cm，壁后的碎石层厚 10～15 cm。

3）混凝土池底板施工要点

(1) 依情况不同加以处理。如基土稍湿而松软时，可在其上铺以厚 10 cm 的砾石层，并加以夯实，然后浇灌混凝土垫层。

(2) 混凝土垫层浇完隔 1～2 天(应视施工时的温度而定)，在垫层面测量确定底板中心，然后根据设计尺寸进行放线，定出柱基以及底板的边线，画出钢筋布线，依线绑扎钢筋，接着安装柱基和底板外围的模板。

(3) 在绑扎钢筋时，应详细检查钢筋的直径、间距、位置、搭接长度、上下层钢筋的间距、保护层及埋件的位置和数量，看其是否符合设计要求。上下层钢筋均应用铁撑(铁马凳)加以固定，使之在浇捣过程中不发生变化。

(4) 底板应一次连续浇完，不留施工缝。施工间歇时间不得超过混凝土的初凝时间。如混凝土在运输过程中产生初凝或离析现象，应在现场拌板上进行二次搅拌后方可入模浇捣。底板厚度在 20 cm 以内，可采用平板振动器，20 cm 以上则采用插入式振动器。

(5) 池壁为现浇混凝土时，底板与池壁连接处的施工缝可留在基础上口 20 cm 处。施工缝可留成台阶形、凹槽形、加金属止水片或遇水膨胀橡胶带。各种施工缝的优缺点及做法见表 5-3-1。

4）自然式水池池底施工技术

自然式水池的池底如为非渗透性的土壤，应先敷以粘土，弄湿后捣实，其上再铺砂砾。若池底属透水性，或水源给水量不足，池底可用规则式水池的方法，用混凝土或钢筋混凝土，然后以砂土覆盖，或者用蓝色或绿色水泥加以隐蔽。

各种静水池底的结构示意图可参见图 5-3-8。

2. 人造水池池壁施工技术

人造水池一般采用垂直形池壁。垂直形的优点是池水降落之后，不至于在池壁淤积泥土，从而使低等水生植物无从寄生，同时易于保持水面洁净。垂直形的池壁，可用砖石或水泥砌筑，以磁砖、罗马砖等饰面，甚至做成图案加以装饰。

1）混凝土浇筑池壁的施工技术

做水泥池壁，尤其是矩形钢筋混凝土池壁时，应先做模板以固定之，池壁厚 15～25 cm，水泥成分与池底同。目前有无撑及有撑支模两种方法。有撑支模为常用的方法。当矩形池壁较厚时，内外模可在钢筋绑扎完毕后一次立好。浇捣混凝土时操作人员可进入模内振捣，并应用串筒将混凝土灌入，分层浇捣。矩形池壁拆模后，应将外露的止水螺栓头割去。池壁施工要点：

(1) 水池施工时所用的水泥标号不宜低于 425 号，水泥品种应优先选用普通硅酸盐水

表 5-3-1　各种施工缝的优缺点及做法

施工缝种类	简　图	优　点	缺　点	做　法
台阶形	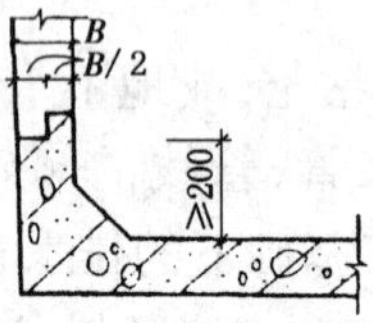	可增加接触面积，使渗水路线延长和受阻，施工简单，接缝表面易清理	接触面简单，双面配筋时，不易支模，阻水效果一般	支模时，可在外侧安设木方，混凝土终凝后取出
凹槽形	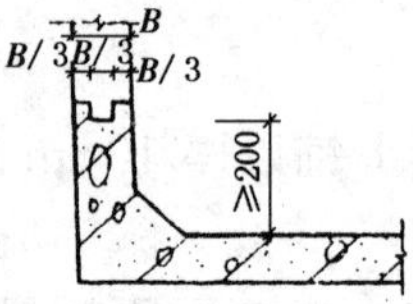	加大了混凝土的接触面，使渗水路线受更大阻力，提高了防水质量	在凹槽内易于积水和存留杂物，清理不净时影响接缝严密性	支模时将木方置于池壁中部，混凝土终凝后取出
加金属止水片	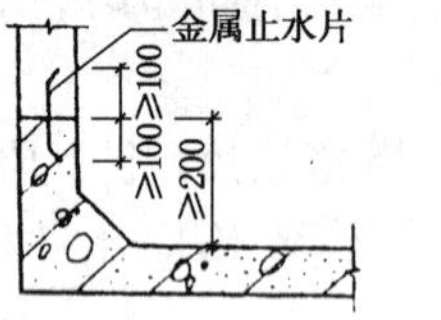	适用于池壁较薄的施工缝，防水效果比较可靠	安装困难，且需耗费一定数量的钢材	将金属止水片固定在池壁中部，两侧等距
遇水膨胀橡胶止水带	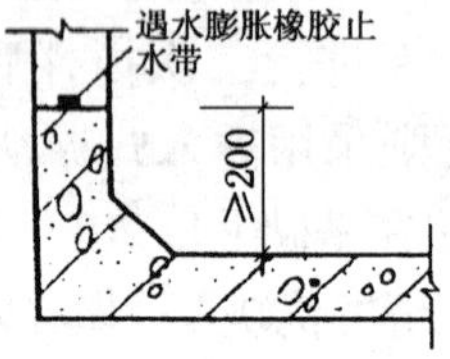	施工方便，操作简单，橡胶止水带遇水后体积迅速膨胀，将缝隙塞满、挤密		将腻子型橡胶止水带置于已浇筑好的施工缝中部即可

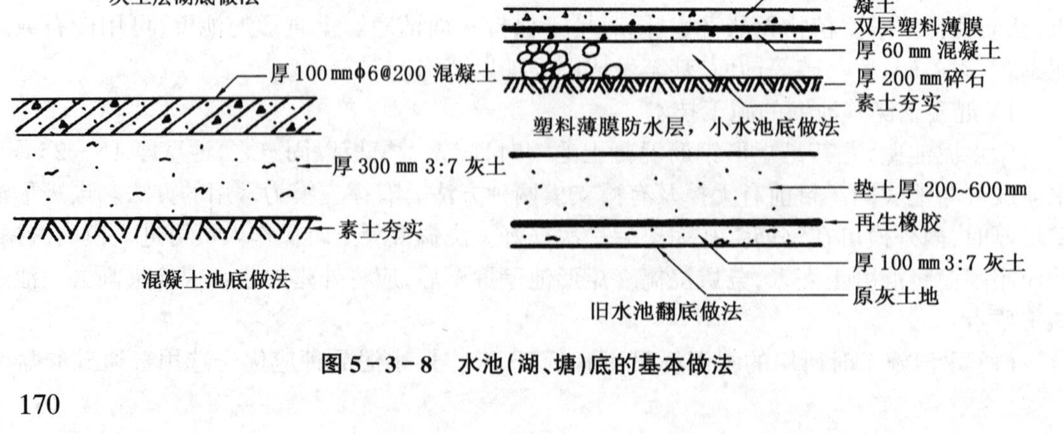

图 5-3-8　水池（湖、塘）底的基本做法

泥,不宜采用火山灰质硅酸盐水泥和粉煤灰硅酸盐水泥。所用石子的最大粒径不宜大于40 mm,吸水率不大于1.5%。

(2) 池壁混凝土每立方米水泥用量不少于320 kg,含砂率宜为35%～40%,灰砂比为1:2～1:2.5,水灰比不大于0.6。

(3) 固定模板用的铁丝和螺栓不宜直接穿过池壁。当螺栓或套管必须穿过池壁时,应采取止水措施。常见的止水措施有:

① 螺栓上加焊止水环。止水环应满焊,环数应根据池壁厚度确定。

② 套管上加焊止水环。在混凝土中预埋套管时,管外侧应加焊止水环,管中穿螺栓,拆模后将螺栓取出,套管内用膨胀水泥砂浆封堵。

③ 螺栓加堵头。支模时,在螺栓两边加堵头,拆模后,将螺栓沿平凹坑底割去角,用膨胀水泥砂浆封塞严密。

(4) 在池壁混凝土浇筑前,应先将施工缝处的混凝土表面凿毛,清除浮粒和杂物,用水冲洗干净,保持湿润。再铺上一层厚20～25 mm的水泥砂浆。水泥砂浆所用材料的灰砂比应与混凝土材料的灰砂比相同。

(5) 浇筑池壁混凝土时,应连续施工,一次浇筑完毕,不留施工缝。

(6) 池壁有密集管群穿过、预埋件或钢筋稠密处浇筑混凝土有困难时,可采用相同抗渗等级的细石混凝土浇筑。

(7) 池壁上有预埋大管径的套管或面积较大的金属板时,应在其底部开设浇筑振捣孔,以利排气、浇筑和振捣。

(8) 池壁混凝土结合,应立即进行养护,并充分保持湿润,养护时间不得少于14昼夜。拆模时池壁表面温度与周围气温的温差不得超过15℃。

2) 混凝土砖砌池壁施工技术

用混凝土砖砌造池壁大大简化了混凝土施工的程序。但混凝土砖一般只适用于古典风格或设计规整的池塘。混凝土砖10 cm厚,结实耐用,常用于池塘建造;也有大规格的空心砖,但使用空心砖时,中心必须用混凝土浆填塞。有时也用双层空心砖墙中间填混凝土的方法来增加池壁的强度。

用混凝土砖砌池壁的一个好处是,池壁可以在池底浇筑完工后的第二天再砌。一定要趁池底混凝土未干时将边缘处拉毛,池底与池壁相交处的钢筋要向上弯伸入池壁,以加强结合部的强度,钢筋伸到混凝土砌块池壁后或池壁中间。由于混凝土砖是预制的,所以池壁四周必须保持绝对的水平。砌混凝土砖时要特别注意保持砂浆厚度均匀。

3) 池壁抹灰施工技术

抹灰在混凝土及砖结构的池塘施工中是一道十分重要的工序。它使池面平滑,不会伤及池鱼。如果池壁表面粗糙,易使鱼受伤,发生感染。此外,池面光滑也便于池塘处理。

(1) 砖壁抹灰施工要点

① 内壁抹灰前2天应将墙面扫清,用水洗刷干净,并用铁皮将所有灰缝刮一下,要求凹进1～1.5 cm。

② 应采用325号普通水泥配制水泥砂浆,配合比1:2必须称量准确,可掺适量防水粉,拌和要均匀。

③ 在抹第一层底层砂浆时,应用铁板用力将砂浆挤入砖缝内,增加砂浆与砖壁的粘结

力。底层灰不宜太厚，一般在5～10 mm。第二层将墙面找平，厚度5～12 mm。第三层面层进行压光，厚度2～3 mm。

④ 砖壁与钢筋混凝土底板结合处，要特别注意操作，加强转角抹灰厚度，使呈圆角，防止渗漏。

⑤ 外壁抹灰可采用1∶3水泥砂浆一般操作法。

(2) 钢筋混凝土池壁抹灰要点

① 抹灰前将池内壁表面凿毛，不平处铲平，并用水冲洗干净。

② 抹灰时可在混凝土墙面上刷一遍薄的纯水泥浆，以增加粘结力。其它做法与砖壁抹灰相同。

4) 顶石

规则水池顶上应以砖、石块、石板、大理石或水泥预制板等作顶石。顶石或与地面平，或高出地面。当顶石与地面平时，应注意勿使土壤流入池内，可将池周围地面稍向外倾。有时在适当的位置上，将顶石部分放宽，以便容纳盆钵或其它摆饰。

5) 工程质量要求

(1) 砖壁砌筑必须做到横圆竖直，灰浆饱满。不得留踏步式或马牙槎。砖的强度等级不低于MU7.5，砌筑时要挑选，砂浆配合比要称量准确，搅拌均匀。

(2) 钢筋混凝土壁板和壁槽灌缝之前，必须将模板内杂物清除干净，用水将模板湿润。

(3) 池壁模板不论采用无支撑法还是有支撑法，都必须将模板紧固好，防止混凝土浇筑时，模板发生变形。

(4) 防渗混凝土可掺用素磺酸钙减水剂，掺用减水剂配制的混凝土，耐油、抗渗性好，而且节约水泥。

(5) 矩形钢筋混凝土水池，由于工艺需要，长度较长，在底板、池壁上设有伸缩缝。施工中必须将止水钢板或止水胶皮正确固定好，并注意浇灌，防止止水钢板、止水胶皮移位。

(6) 水池混凝土强度的好坏，养护是重要的一环。底板浇筑完后，在施工池壁时，应注意养护，保持湿润。池壁混凝土浇筑完后，在气温较高或干燥情况下，过早拆模会引起混凝土收缩产生裂缝。因此，应继续浇水养护，底板、池壁和池壁灌缝的混凝土的养护期应不少于14天。

6) 试水

试水工作应在水池全部施工完成后方可进行。试水的主要目的是检验结构安全度，检查施工质量。

试水时应先封闭管道孔。由池顶放水入池，一般分几次进水，根据具体情况，控制每次进水高度。从四周上下进行外观检查，做好记录，如无特殊情况，可继续灌水到储水设计标高。同时要做好沉降观察。

灌水到设计标高后，停1天，进行外观检查，并做好水面高度标记，连续观察7天，外表面无渗漏及水位无明显降落方为合格。

水池施工中还涉及到许多其它工种与分项工程，如假山工程、给排水工程、电气工程、设备安装工程等，可参考本书相关章节和其它书籍。

3. 特殊水池施工技术

1) 临时性水池

在城市生活中,经常会遇到一些临时性水池施工,尤其是在节日、庆典期间。临时水池要求结构简单,安装方便,使用完毕后能随时拆除,在可能的情况下能重复利用。临时水池的结构形式简单,如果铺设在硬质地面上,一般可以用角钢焊接水池的池壁,其高度一般比设计水池的水深高 20～25 cm,池底与池壁用塑料布铺设,并应将塑料布反卷包住池壁外侧,以素土或其它重物固定。为了防止地面上的硬物破坏塑料布,可以先在池底部位铺厚 20 mm 的聚苯板。水池的池壁内外可以临时以盆花或其它材料遮挡,并在池底铺设 15～25 mm 厚砂石,这样,一个临时性水池就完成了。还可以在水池内根据设计安装小型的喷泉与灯光设备。

如果需要设置一个使用时间相对较长的临时性水池,可以用挖水池基坑的方法,而且可以做得相对自然一些。方法步骤如下:

(1) 定点放线

按照设计的水池外形,在地面上划出水池的边缘线。

(2) 挖掘水坑

按边缘线开挖,由于没有水池池壁结构层,所以一般开挖时边坡限制在自然安息角范围内,挖出的土可以随时运走。挖到预定的深度后应把池底与池壁整平拍实,剔除硬物和草根。在水池顶部边缘还需挖出压顶石的厚度,在水池中如果需要放置盆栽的水生植物,可以根据水生植物的生长需要留有土墩,土墩也要拍实整平。

(3) 铺塑料布

在挖好的水池上覆盖塑料布,然后放水,利用水的重量把塑料布压实在坑壁上,并把水加到预定的深度。塑料布应有一定的强度,在放水前应摆好塑料布的位置,避免放水后塑料布覆盖不满水面。

(4) 压顶

将多余的塑料布裁去,用石块或混凝土预制块将塑料布的边缘压实,并形成一个完整的水池压顶。

(5) 装饰

可以把小型喷泉设备一起放在水池内,并摆上水生植物的花盆。

(6) 清理

清理现场内的杂物杂土,将水池周围的草坪恢复原状。这样,一个临时性水池就形成了。

2) 预制模水池

(1) 预制模水池的种类及应用

预制模水池是国外较为常用的一种小型水池制造方法,通常用高强度塑料制成,易于安装,如高密度聚乙烯塑料(HDP)、ABS 工程塑料以及玻璃纤维。预制模最大跨度可达 3.66 m,但以小型为多,一般只有 0.9～1.8 m 的跨度,0.46 m 的深度,最小的深度仅有 0.3 m。由于池小水浅,用预制模建造的池塘通常会出现水温变化大(影响池鱼生长)和池面空间过小(造成池鱼缺氧)等问题。因此,小型预制模池塘中池鱼的数量要低于该空间所允许的最大限度数量。

塑料预制模的造价一般低于玻璃纤维增强膜或玻璃纤维预制模,但使用寿命也相对较短,数年之后就会变脆、开裂和老化。

在选购预制模时,另一个需要考虑的因素是预制模上沿的强度。因为塑料模具边沿上的石块和铺路材料会使池壁变形、开裂,所以增强预制模上沿的强度十分重要,运用混凝土地基也是明智的选择。尽管玻璃纤维预制模也须做一些技术处理,但无需这么多的加固措施。为避免日后出现麻烦,选定使用塑料预制模后,一定要确保预制模上沿水平,绝对不能弯翘。

预制模有各种规格,许多预制模上都留有摆放植物的池台。在选择这类预制模时,一定要注意地台的宽度要能放得下盆栽植物。有些池台太窄,无法利用。尽管玻璃纤维预制模价格较高,但可以按要求设计制作,因此安装时相对较容易,而且也可能更适合个人品味。

(2) 预制模水池的安装

专业安装预制模水池绝不仅仅是画线、挖坑和回填那么简单。首先要使预制模边缘高出周围地面 2.5～5 cm,以免地表径流流进池塘污染池水,或造成池水外溢。挖好的池底和地台表面都要铺上一层 5 cm 厚的黄沙。这一点在开挖前就必须确定下来,开挖时便可以把沙层的厚度计算在内,否则预制模池体就会高出地面。如果池沿基础较为牢固,可用一层碎石或石板来加固池沿。池塘周围用挖出的土或新鲜的表土覆盖,以遮住凸起的池沿。

施工程序可参考临时水池的步骤。破土动工之前,要平整土地。修建形状规则的池塘时可将预制模倒扣在地面上画线。而修建形状不规则的池塘时则可用拉线的方法帮助画线。

整个池塘挖好后,用水平仪测量池底和池台的水平面。清除松土、石块和植物根茎。然后在整个池底和池台上铺 5 cm 厚的沙子,夯实后再仔细测量其水平面。准备一条水管,必要时随时在沙子上洒水,因为干沙子很容易从池台上滑落下来,积在池底与池壁的边缘处,给安装预制模造成麻烦。

将预制模放入挖好的池中,测量池沿的水平面,同时往池中注入 2.5～5 cm 高的水。注水时慢慢地沿池边填入沙子。用水管接水,将沙子慢慢地冲入池边。将池水基本注满,同时用水将填沙冲入,使回填沙与池水基本处于同一水平。然后,再继续测量池沿的水平面。当回填沙达到挖好的池沿,而且预制模边也处于水平时,便可以加固池边了。加固池边材料可以是现浇混凝土、加水泥的土或一层碎石。其后也可在池塘上修瀑布或水槽,可参照相关章节进行。

3) 水生植物池与养鱼池

水生植物池与养鱼池的生命是水。鱼类排泄物、空中的灰尘、雨中杂质等的沉淀腐烂,会造成池水缺氧,鱼类生病以至窒息死亡,进而成为寄生虫的温床,故要注意池底水的清洁,防止混浊,保持水中丰富的氧气。

工程上要注意:

(1) 池底要设缓和的坡度。

(2) 在最深部分设区划,安装塑胶管吸水。

(3) 给水口要安装于水面上。下部给水口仅作为预备使用,这样清扫较方便。

(4) 水宜放流,以夏天一天内能更换池内全部水量的一半为宜,水温在 25℃ 左右最理想。

(5) 养鱼时池深 30～60 cm,或有最大鱼长的深度即可。

(6) 池中养水生植物可增加水池的生动效果,一般可使用盆栽或种植穴方式。

5.3.3 驳岸及护坡施工技术

1. 驳岸

水景驳岸是在园林水体边缘与陆地交界处,为稳定岸壁,保护湖岸不被冲刷或水淹所设置的构筑物。园林驳岸也是园景的组成部分。在古典园林中,驳岸往往用自然山石砌筑,与假山、置石、花木相结合,共同组成园景。驳岸必须结合所处环境的艺术风格、地形地貌、地质条件、材料特性、种植特色以及施工方法、技术经济要求等来选择其结构形式,在实用、经济的前提下注意外形的美观,使其与周围景色协调。

1) 破坏驳岸的主要因素

驳岸可以分成湖底以下基础部分、常水位以下部分、常水位与最高水位之间的部分和不淹没的部分,不同部分其破坏的因素不同。驳岸湖底以下基础部分的破坏原因包括:

(1) 由于池底地基强度和岸顶荷载不一而造成不均匀的沉陷,使驳岸出现纵向裂缝甚至局部塌陷。

(2) 在寒冷地区水深不大的情况下,可能由于冻胀而引起基础变形。

(3) 木桩做的桩基则因受腐蚀或水底一些动物的破坏而朽烂。

(4) 在地下水位很高的地区会产生浮托力,影响基础的稳定。

常水位以下的部分常年被水淹没,其主要破坏因素是水浸渗。在我国北方寒冷地区,因水渗入驳岸内再冻胀,易使驳岸胀裂或造成驳岸倾斜、位移。常水位以下的岸壁又是排水管道的出口,如安排不当,亦会影响驳岸的稳固。

常水位至最高水位这一部分经受周期性的淹没。如果水位变化频繁,则对驳岸也形成冲刷腐蚀的破坏。

最高水位以上不淹没的部分主要是浪激、日晒和风化剥蚀。驳岸顶部则可能因超重荷载和地面水的冲刷受到破坏。另外,驳岸下部的破坏也会引起这一部分受到破坏。

了解破坏驳岸的主要因素以后,可以结合具体情况采取防止和减少破坏的措施。

2) 驳岸的结构形式

园林中使用驳岸形式主要以重力式结构为主,它主要依靠墙身自重来保证岸壁稳定,抵抗墙背土压力。重力驳岸按其墙身结构分为整体式、方块式、扶壁式;按其所用材料分为浆砌块石、混凝土及钢筋混凝土结构等。

由于园林中驳岸高度一般不超过 2.5 m,可以根据经验数据来确定各部分的构造尺寸,而省去繁杂的结构计算。园林驳岸的构造及名称如下:

压顶——驳岸之顶端结构,一般向水面有所悬挑。

墙身——驳岸主体,常用材料为混凝土、毛石、砖等,还有用木板、毛竹板等材料作为临时性的驳岸材料。

基础——驳岸的底层结构,作为承重部分,厚度常用 400 mm,宽度在高度的 0.6~0.8 倍范围内。

垫层——基础的下层,常用材料如矿渣、碎石、碎砖等整平地坪,以保证基础与土层均匀接触。

基础桩——增加驳岸的稳定性,是防止驳岸滑移或倒塌的有效措施,同时也兼起加强土基承载能力的作用。材料可以用木桩、灰土桩等。

沉降缝——由于墙高不等,墙后土压力、地基沉降不均匀等的变化差异时所必须考虑设置的断裂缝。

伸缩缝——避免因温度等变化引起的破裂而设置的缝。一般 10～25 m 设置一道,宽度一般采用 10～20 mm,有时也兼做沉降缝用。

3) 园林造景中常用的驳岸结构

见图 5-3-9～图 5-3-15。

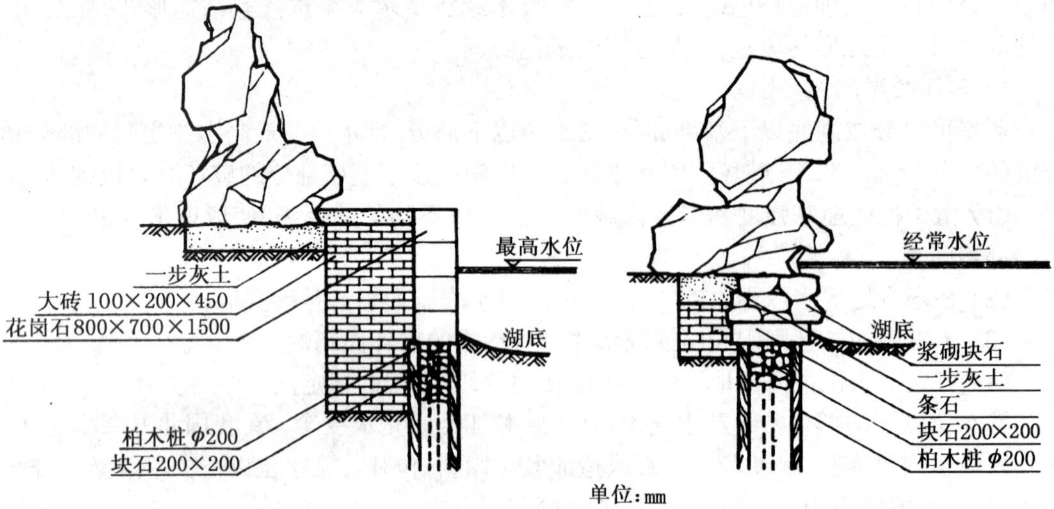

图 5-3-9 颐和园驳岸横断面图

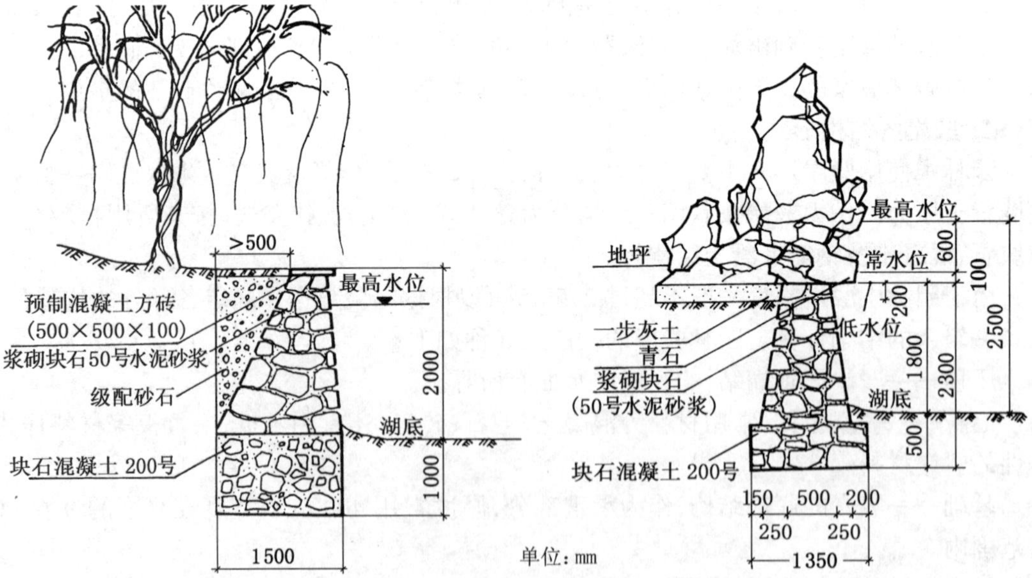

图 5-3-10 北京动物园驳岸图

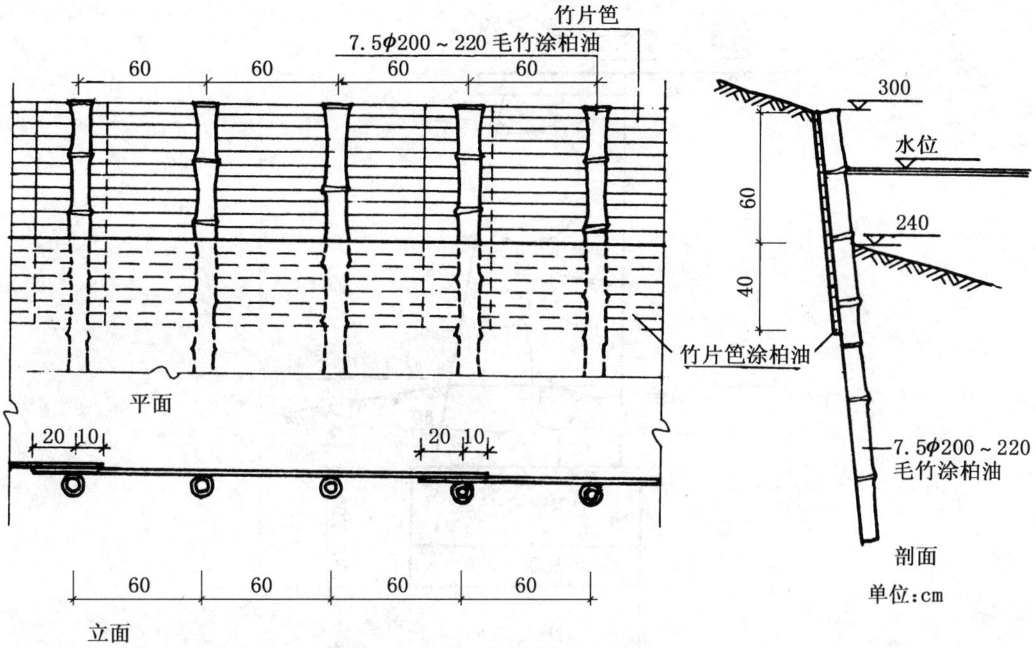

图 5－3－11　上海竹桩驳岸

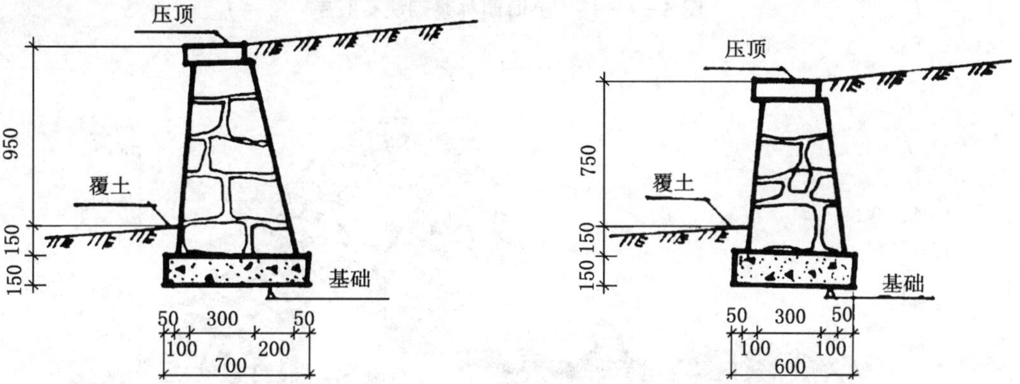

注：1．平面未经详细测量，采用断面平面位置须联系设计部门逐段放样决定。

2．覆土面须填实。表面 1∶10 坡度。

3．所注标高按城建局新做窨井，井角以 3.15 m 标高为准。

4．块石驳岸截面宽度大于 500 mm，用细混凝土灌浆；小于 500 mm 用 M15 水泥砂浆，基础 C10 混凝土。

5．每 30 m 左右处做三油二毡伸缩缝一道（截面变化边）。每 20 m 毛竹出水口。

图 5－3－12　上海虹口公园驳岸设计

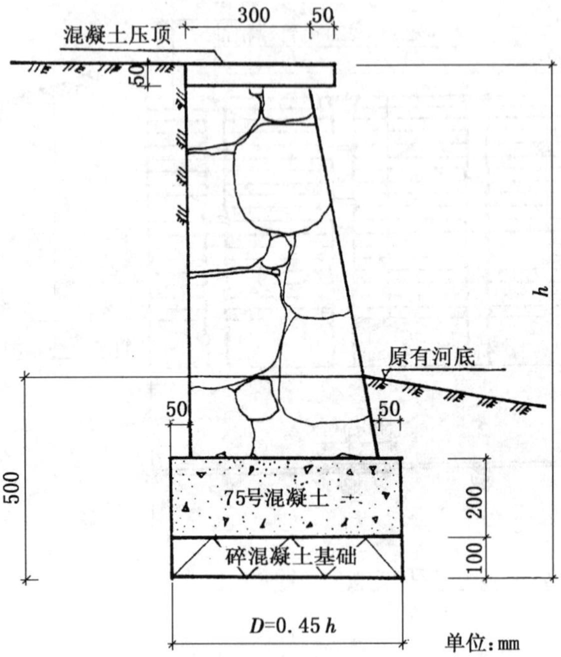

注：1．基础深拟保持500。

2．基础宽 D 为驳岸总高度 h 的0.45倍。

图5－3－13　上海园林浆砌块石驳岸

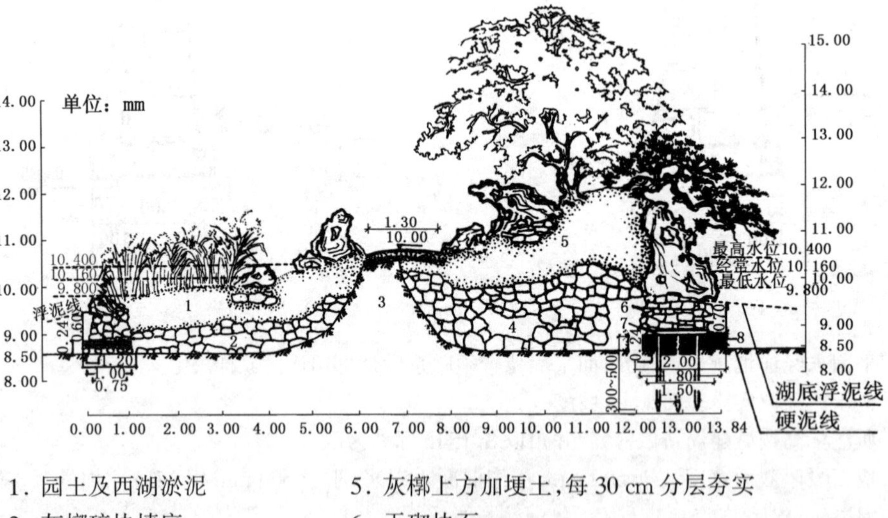

1．园土及西湖淤泥　　　5．灰槨上方加埂土，每30 cm分层夯实

2．灰槨碎块填底　　　　6．干砌块石

3．原有土埂　　　　　　7．椿头加盖石板

4．利用坟地灰槨废物填底　8．木柴沉褥，每束木柴直径10～12 cm，束距30 cm

图5－3－14　杭州花港观鱼公园金鱼园驳岸设计

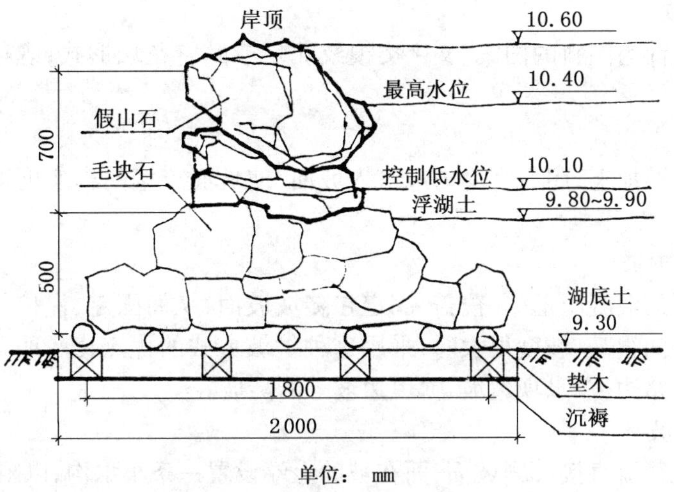

图 5-3-15 苏堤沉褥驳岸

2. 护坡

在园林中,自然山地的陡坡、土假山的边坡、园路的边坡和湖池岸边的陡坡,有时为了顺其自然不做驳岸,而是改用斜坡伸向水中,这就要求能就地取材,采用各种材料做成护坡。护坡主要是防止滑坡,减少水和风浪的冲刷,以保证岸坡的稳定。

1) 园林护坡的类型和作用

通常的护坡方法和护坡形式如下所述:

(1) 块石护坡

在岸坡较陡、风浪较大的情况下,或因为造景的需要,在园林中常使用块石护坡。护坡的石料,最好选用石灰岩、砂岩、花网岩等顽石。在寒冷的地区还要考虑石块的抗冻性。石块的比重应不小于 2。如火成岩吸水率超过 1% 或水成岩吸水率超过 1.5%(以重量计)则应慎用。

护坡不允许土壤从护面石下面流失。为此应做过滤层,并且护坡应预留排水孔,每隔 25 m 左右做一伸缩缝。

对于小水面,当护面高度在 1 m 左右时,护坡的做法比较简单,也可以用大卵石等护坡,以表现海滩等的风光。当水面较大,坡面较高,一般在 2 m 以上时,则护坡要求较高,多用干砌石块,用 75 号水泥砂浆勾缝。压顶石用 75 号浆砌块石,坡脚石一定要坐在湖底下。

石料要求比重大、吸水率小。先整理岸坡,选用 10~25 cm 直径的块石。最好是边长比 1∶2 的长方形石料,块石护坡还应有足够的透水性,以减少土壤从护坡上面流失。这就需要块石下面设倒滤层垫底,并在护坡坡脚设挡板。

(2) 园林绿地护坡

① 草皮护坡

当岸壁坡角在自然安息角以内,水面上缓坡在 1∶20~1∶5 间起伏变化是很美的。这时水面以上部分可用草皮护坡,即在坡面种植草皮或草丛,利用密布土中的草根来固土,使土坡能够保持较大的坡度而不滑坡。

② 花坛式护坡

将园林坡地设计为倾斜的图案、文字类模纹花坛或其它花坛形式，既美化了坡地，又起到了护坡的作用。

(3) 石钉护坡

在坡度较大的坡地上，用石钉均匀地钉入坡面，使坡面土壤的密实度增长，抗坍塌的能力也随之增强。

(4) 预制框格护坡

一般是用预制的混凝土框格，覆盖、固定在陡坡坡面，从而固定、保护了坡面；坡面上仍可种草种树。当坡面很高、坡度很大时，采用这种护坡方式的优点比较明显。因此，这种护坡最适于较高的道路边坡、水坝边坡、河堤边坡等的陡坡。

(5) 截水沟护坡

为了防止地表径流直接冲刷坡面，而在坡的上端设置一条小水沟，以阻截、汇集地表水，从而保护坡面。

(6) 编柳抛石护坡

采用新截取的柳条十字交叉编织。编柳空格内抛填厚 0.2～0.4 m 的块石，块石下设厚 10～20 cm 的砾石层以利于排水和减少土壤流失。柳格平面尺寸为 1 m×1 m 或 0.3 m×0.3 m。厚度为 30～50 cm。柳条发芽便成为较坚固的护坡设施。

从上述各种护坡方式来看，它们最主要的作用基本上都是通过坚固坡面表土的形式，防止或减轻地表径流对坡面的冲刷，使坡地在坡度较大的情况下也不至于坍塌，从而保护了坡地，维持了园林的地形地貌。

2) 坡面构造设计

各种护坡工程的坡面构造，实际上是比较简单的。它不像挡土墙那样，要考虑泥土对砌体的侧向压力，它不做砌体。要考虑的只是：如何防止陡坡的滑坡和如何减轻水土流失。根据护坡做法的基本特点，下面将各种护坡方式归入植被护坡、框格护坡和截水沟护坡 3 种坡面构造类型，并对其设计方法给予简要的说明。

(1) 植被护坡的坡面设计

这种护坡的坡面是采用草皮护坡、灌丛护坡或花坛护坡方式所做的坡面，这实际上都是用植被来对坡面进行保护，因此，这 3 种护坡的坡面构造基本上是一样的。一般而言，植被护坡的坡面构造从上到下的顺序是：植被层、坡面根系表土层和底土层。各层的构造情况如下：

① 植被层

植被层的厚度随采用的植物种类而有所不同。采用草皮护坡方式的，植被层厚 15～45 cm；用花坛护坡的，植被层厚 25～60 cm；用灌木丛护坡，则灌木层厚 45～180 cm。植被层一般不用乔木做护坡植物，因乔木重心较高，有时可因树倒而使坡面坍塌。在设计中，最好选用须根系的植物，其护坡固土作用比较好。

② 根系表土层

用草皮护坡与花坛护坡时，坡面保持斜面即可。若坡度太大，达到 60°以上时，坡面土壤应先整细并稍稍拍实，然后在表面铺上一层铁丝护坡网，最后才撒播草种或栽种草丛、花苗。用灌木护坡，坡面则可先整理成小型阶梯状，以方便栽种树木和积蓄雨水(图 5－3－16)。为了避免地表径流直接冲刷陡坡坡面，还应在坡顶部顺着等高线布置一条截水沟，以拦截雨水。

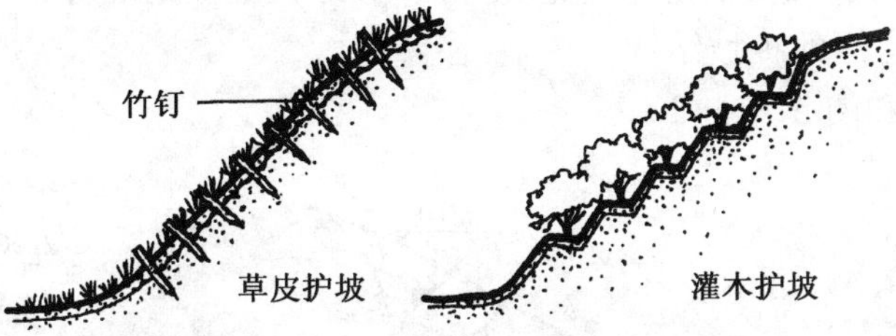

图 5－3－16　植被护坡坡面的两种断面

③ 底土层

坡面的底土一般应拍打结实,但也可不作任何处理。

(2) 预制框格护坡的坡面设计

预制框格有混凝土、塑料、铁件、金属网等材料制作的,其每一个框格单元的设计形状和规格大小都可以有许多变化。框格一般是预制生产的,在边坡施工时再装配成各种简单的图形。用锚和矮桩固定后,再往框格中填满肥沃壤土,土要填得高于框格,并稍稍拍实,以免下雨时流水渗入框格下面,冲刷走框底泥土,使框格悬空。图 5－3－17 是预制混凝土框格的参考形状及规格尺寸举例。

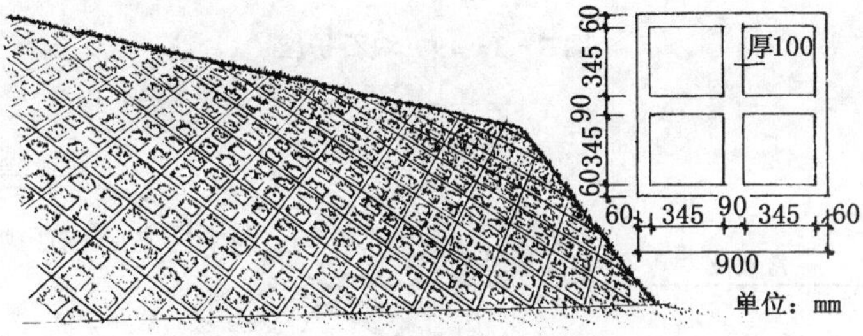

图 5－3－17　预制混凝土框格的设计

(3) 护坡的截水沟设计

截水沟一般设在坡顶,与等高线平行。沟宽 20～45 cm,深 20～30 cm,用砖砌成。沟底、沟内壁用 1∶2 水泥砂浆抹面。为了不破坏坡面的美观,可将截水沟设计为盲沟,即在截水沟内填满砾石,砾石层上面覆土种草。从外表看不出坡顶有截水沟,但雨水流到沟边就会下渗,然后从截水沟的两端排出坡外(图 5－3－18)。

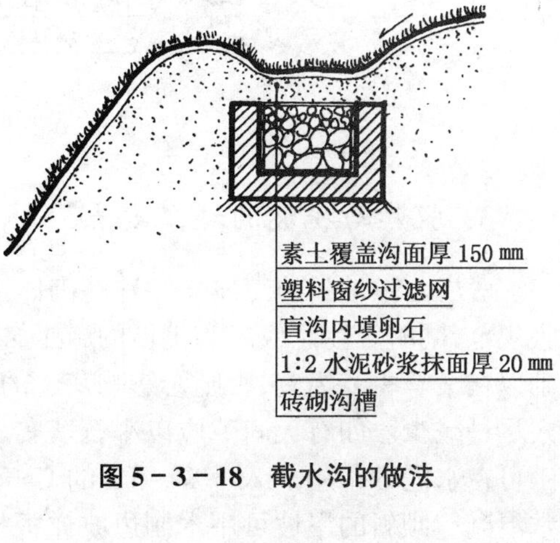

图 5－3－18　截水沟的做法

园林护坡既是一种土方工程,又是一种绿化工程;在实际的工程建设中,这两方面的工作是紧密联系在一起的。在进行设计之前,应当仔细踏勘坡地现场,核实地形图资料与现状情况,针对不同的矛盾提出不同的工程技术措施。特别是对于坡面绿化工程，要认真调查坡面的朝向、土壤情况、水源供应情况等条件，为科学地选择植物和确定配植方式，以及制定绿化施工方法，做好技术上的准备。

3）园林造景中常用的护坡结构

见图 5－3－19 和图 5－3－20。

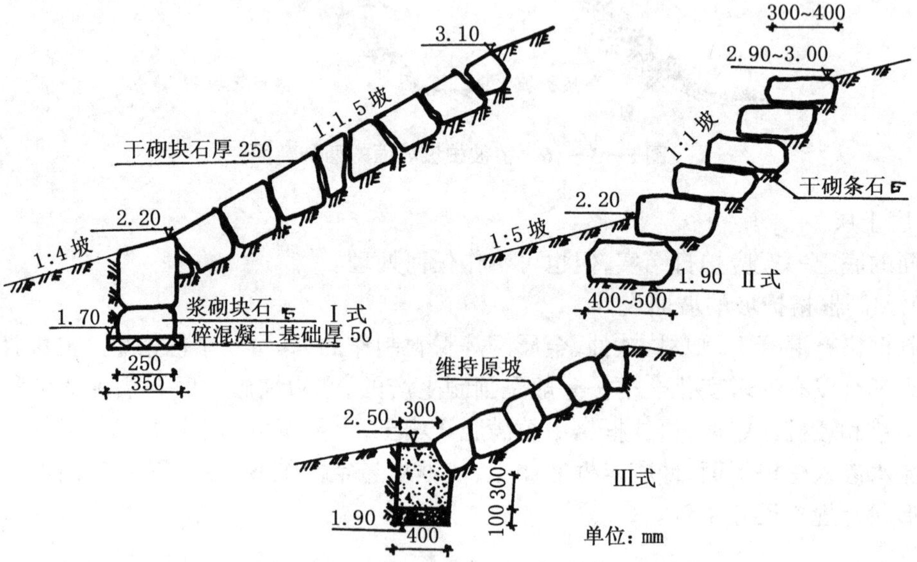

图 5－3－19　块石护坡

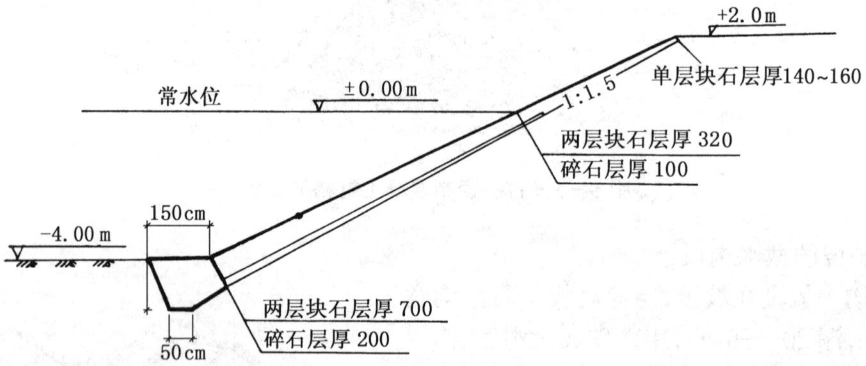

图 5－3－20　斜坡护坡结构示意图

3．驳岸与护坡的施工要点

驳岸与护坡的施工属于特殊的砌体工程，施工时应遵循砌体工程的操作规程与施工验收规范，同时应注意驳岸和护坡的施工必须放干湖水，亦可分段堵截逐一排空。采用灰土基础以在干旱季节为宜，否则会影响灰土的固结。浆砌块石基础在施工时石头要砌得密实，缝穴尽量减少。如有大间隙应以小石填实。灌浆务必饱满，使渗进石间空隙，北方地区冬季施工可在水泥砂浆中加入 3%～5% 的 $CaCl_2$ 或 NaCl，按重量比兑入水中拌匀以防冻，使之正常混凝。倾斜的岸坡可用木制边坡样板校正。浆砌块石缝宽约 2～3 cm，勾缝可稍高于石面，也可以与石面平或凹进石面。块石护岸由下往上铺砌石料。石块要彼此紧贴。用铁锤打掉过于突出的楞角并挤压上面的碎石使其密实地压入土内。铺后可以在上面行走，试一下石块的稳定性。如人在上面行走石头仍不动，说明质量是好的，否则要用碎石嵌垫石间空隙。

5.3.4 小型水闸的施工

1. 水闸的施工放样

1）中心轴线的确定

施工前，必须先将水闸的位置与方向根据规划设计意图确定于地面，而水闸的纵横中心轴线是丈量水闸各部尺寸的依据，因此施工放样工作的第一步是标定中心轴线。

根据工程布置图，求出纵横轴线，用原测量的导线点或三角点或其它明显的地形地物或经纬仪测角；但对要求较低的小型水闸或在渠系已形成的条件下，也可用皮尺以勾股弦法来确定直角。

应在基坑范围之外，所确定的纵横中心轴线的延长线上打 4 个大木桩，桩顶钉以小钉，必要时也可浇置混凝土桩，如图 5－3－21 所示。

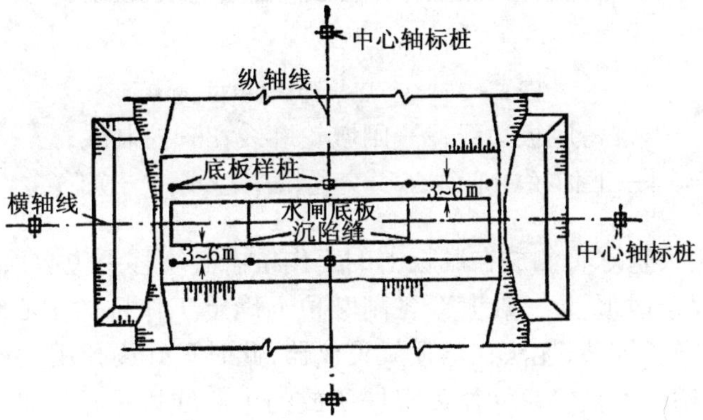

图 5－3－21 水闸纵横轴线标桩及底板样桩

2）闸底板的放样

由上述的 4 个标桩，求出纵横轴线的交点，从该交点分别后视上下游顺水流方向的两个标桩，定出水闸中孔的上下游两个中心点，令其距计划底板的上下游边线各 3～6 m。此二点最好也用大木桩打设，以便随时校核据此测设的其它放样桩（如图 5－3－21 所示）。

根据上述两个中心点，在每两块底板的接缝处分别距上下游边线 3～6 m 各测设一点，这些点子均打以较小木桩，叫做底板样桩。

由于样桩距底板很近，同时与底板边缘又保持有 3～6 m 的距离，所以既使立模放样方便，又不妨碍模板支撑的架立。中小型水闸的底板宽底一般在 10 m 左右，所以上下游二桩的间距可在 20 m 左右，则施工人员随时可用 30 m 的钢尺进行检查校核，很为方便。

3）闸墩、工作桥等上层结构的放样

闸底板浇好后，可立即用木工线斗在底板上弹出墨线，作为闸墩、工作桥等放样的依据，这样闸基周围的样桩便可废弃,不必长期保留以致妨碍下一阶段消力池与铺盖等的施工。

在混凝土初凝后不久,表面能安排工作时应立即进行弹线,这样墨色浓黑经久不褪。

一般在每块底板上先弹墨线两根:垂直于水流方向靠底板上下游边线各弹一根,每线距底板边线约 30～40 cm。弹线前,应从底板样桩量距,在底板上标出点子,然后弹线(如样桩距边线约 4 m,则可从样桩量 4.30～4.40 m 的点子标于底板之上)。不可从底板边线量距,因混凝土浇筑过程中模板总会有些走动,底板边线往往会有凹凸。这些点子宜用经纬仪及钢尺测放,点距可取 2 m 左右。再在每一闸孔中心弹一线与前两线垂直。这样,每一闸孔可以三线作为控制线,进一步弹出闸墩轮廓线、工作桥的中心线等(如图 5－3－22 所示)。

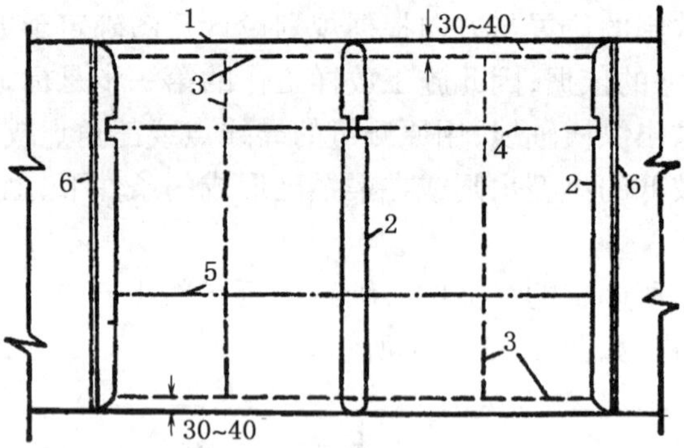

图 5－3－22　底板弹线(单位:cm)

1—底板边线;2—闸墩轮廓线;3—控制线;

4—工作桥中心线;5—交通桥中心线;6—沉陷缝

闸墩浇完后,用大垂球将测放在底板上的工作桥中心线移到边墩顶上,左右二边墩各放一点,然后架经纬仪于墩顶,逐一在其余各闸墩顶上确定工作桥的中心线,以墨线或红漆标明。一般工作桥的墩子较薄,无法在墩顶架设仪器,此时只好逐孔用大垂球将工作桥中心线从底板吊引上去。桥面上其它尺寸便可根据所放的中心线以钢尺量放。如闸孔较小,闸身较短,只需在桥墩顶上拉一线使与边墩顶上所测放的中心点重合,便可在中间墩上定下桥梁的中心线。

4) 翼墙圆弧的放样

在小型水闸,如设计的翼墙为圆弧形,圆弧不长,半径亦不大,此时如基底地面较平,可用钢尺一端固定在圆心,另一端在地面上画圆弧,沿弧每 2～3 m 打一木桩。

当圆弧的半径较大或地面高低不平时,可用路线测量中的切线支距法、偏角法或其它方法来放出圆弧。

5) 高程控制

开工之初,在正式水准标点尚未接测浇筑完成之前,可在基坑附近地基稳定且不易碰到之处,打设大木桩,其上钉以圆头铁钉,作为临时水准标点。此类标点应经常检测以免发生错误。

在基坑开挖至接近计划高程时,可在坑内纵横每隔 4～6 m 挖一小坑,每坑钉一小木桩,使桩顶恰在计划开挖高程,这样使土方施工人员易于掌握标准。为了控制底棉线混凝土的浇筑高程，在浇筑前应在模板内面四壁上钉以铁钉，标出底板表面计划高程线，并在线上描以红漆，同时可在仓面普遍测设垂直于底板表面的木条，使木条下端即为混凝土面标高，此木条称为高程点，用于控制整片混凝土面的高度，以免在底板中间部位发生高低不平的现象。木条大部分钉在底板的脚手架上，因此不可在混凝土浇筑的早期就钉上，因为脚手架在浇筑的过程中必然会移动或沉陷而使标高变化。所以这些高程点的测设应在混凝土浇筑的末期，能迟些则更好。点子的密度视底板的大小而定，上层建筑物的高程控制，可用水准仪由水准标点接测高程至闸墩模板，在每一个闸墩模板上用铅笔画出视线高，并弹墨线，同时注明高程。所有上层建筑物的高程即可依此线用钢尺向上量测。在测放模板上的视线高时，同时应测出埋在每块底板上的沉陷钉的高程，并将其数字记录保存。当模板拆除后，即可后视沉陷钉而将视线高重新测放于闸墩混凝土面上。这样，在以后用钢尺测放高度时，不至因底板沉陷的影响而变动了建筑物的尺寸。

2．水闸的施工程序

在水闸的施工中，很好地了解和掌握各单项工程之间的关系，合理安排其施工程序，是加快施工进度的重要环节之一。

一般水闸工程的施工程序大致如下：① 导流工程；② 基坑开挖；③ 基础处理；④ 混凝土工程；⑤ 砌石工程；⑥ 回填土工程；⑦ 闸门与启闭机的安装；⑧ 围堰或坝埂的拆除。

以上各个工程项目并不是单独一项一项去完成，而是应该紧凑安排流水作业。如基坑开挖与基础处理可搭接施工，而有些混凝土工程如预制构件等又可与基坑开挖及基础处理套搭起来。所以在开挖基坑时应首先有计划地突击挖出需要基础处理与混凝土浇筑的部位，一般这些部位就是闸室室板的位置。首先挖出这些部位后在基坑土方尚未全部完成时就能进行基础处理，如基础不需处理则可立即进行底板的浇筑。这样，等到基坑全部挖好时，混凝土的浇筑已进入紧张的施工阶段了。

混凝土工程是水闸施工中的主要环节，它的施工组织是否平衡与紧凑，对缩短工期与降低造价有着很大的影响。

3．水闸的各部分施工要点

1) 基坑保护与流砂处理

基坑开挖后，如不能立即进行底板混凝土浇筑或海漫等砌石工程，均应在挖至接近计划高程面时酌留 0.2～0.3 mm 的保留层，待浇筑混凝土或砌石之前再最后挖除。如计划土面以上有砂石垫层者，应在保留层挖去后立即铺好并随即进行下一工序。这样做主要是使基土暴露时间尽量缩短，以免水分蒸发、冰冻或土壤被扰动变形。

为了防止地面雨水流入基坑，可在基坑外缘开挖截水沟，将水引至附近河道中(图 5－3－23)。其断面大小根据当地雨量资料进行估算，一般底宽 0.3 m，深 0.5 m 左右，边坡约 2∶1。如基坑处于砂土层中，则截水沟应开挖在上部粘性土壤的覆盖层上，不可开挖太深，否则截水沟嵌入砂土层后，沟中的雨水将大部渗入下层，增加边坡内的渗水压力，很易导致边坡坍陷。如地面无覆盖层，则在砂层中挖沟后应从别处取土在沟中做防渗层，防渗层用壤土或粘土铺筑，如用粘土则表面应再铺薄层砂土或壤土以资保护。

位于细砂或粉砂层的基坑，当挖至一定深度后，由于基坑的排水措施使原地下水位与坑

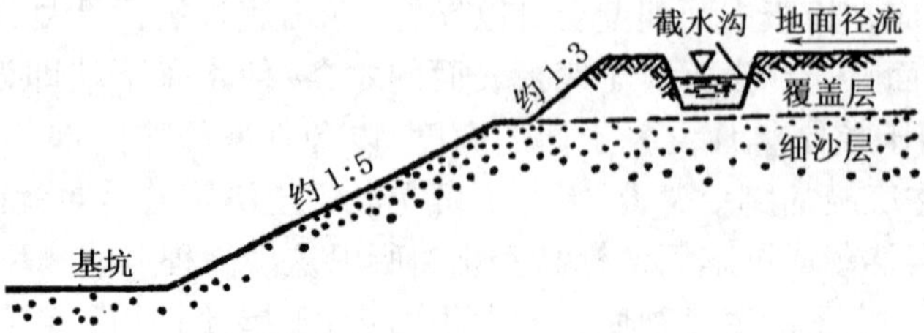

图 5-3-23　基坑外缘的截水沟

内水位之间有相当高差，从而造成地下水渗透压力之差，当压力差达到一定程度后，砂层就会流动，产生所谓流砂现象。

产生流砂时，如基坑尚未达到计划深度，则势必会造成进一步开挖的困难。如基坑已挖至计划高程，则可能首先出现坡脚的坍陷，而后是边坡滑动，造成坑内流砂充塞，使下一工序的施工发生困难，甚至无法进行。

为了防止流砂，一般采用滤水拦砂的表面排水法或用预先降低地下水位的井点排水法。

井点排水装置的种类很多，其中轻型井点应用最为广泛，适用于渗透系数为 0.1～80 m/d 的土壤，一般能降低地下水位 3～6 m，如要求下降更多则需布置二级抽水，可降 6～9 m。中小型水闸若无此项设备时，可用管井排水的土井点法，其设备较为简单，且有一定的效果。

2）人工垫层的施工

软基的处理方法甚多，中小型水闸用人工垫层是较好的方法之一，因其设备简单，土料可就地取材，因此可节省木料、钢筋、水泥等材料。

垫层土料可用砂壤土或壤土等粘性土，也有一些工程用较纯的粘土，视当地能取得的合适土料而定。在砂子储量丰富的地区，用中、粗砂则更为理想，但砂料如需从远处运去，则工程费用将成倍提高。

现将粘性土垫层的施工要点说明如下：

所用土料应比较纯净，不允许含有贝壳、植物根茎等易碎、易腐物质。

粘性土垫层的施工是根据设计计算所定出的厚度和干重度而进行的，关键问题是将垫层压实到设计干容重。

粘性土压实的施工方法是控制“最优含水量”，这种施工方法在土坝及土堤等填方工程中经验很多，垫层的施工一般可以参照进行。

土料进入基坑后必须当天或在雨前、冻前全部夯实完毕。严寒冰冻天气，每晚收工前应在夯实的土层上覆盖松土防冻，如次日此层松土严重冻结，必须全部铲除后再铺填上层松土。

3）平底板及消力池等的施工

水闸平底板一般依沉陷缝分成许多浇筑块，每一浇筑块的厚度不大而面积往往较大，在运输混凝土入仓时必须在仓面上搭设纵横交错的脚手架。在搭设脚手架前首先应预制很多混凝土柱（断面约为 15 cm×15 cm 的方形，高度应大致等于底板厚度，在浇制后次日用钢丝刷将其四周表面刷毛）。搭脚手架时，先在浇筑块的模板范围内竖立混凝土柱（柱的间距视脚手架横梁的跨度而定，可为 2～3 m），柱顶高程应略低于闸底板的表面，在混凝土柱顶上设立短木柱、斜撑、横梁等以组成脚手架。当底板浇筑接近完成时可将脚手架拆除，立即将表面混凝土抹平，这样混凝土柱便埋入浇筑块之内作为底板的一部分。

方量较大的底板，其混凝土的浇筑可用“加坯滚法”，如底板顺水流的长度在 12 m 以内时，用此法最为合适。一般底板的上下游两端都设有齿墙，可在仓内安排两个浇筑班，先由两班共同浇筑下游齿墙，待下游齿墙浇平，立即将第二班调至上游浇筑上游齿墙，而第一班仍在下游向上游浇筑前进。当第一班浇到底板中部时第二班已大致将上游齿墙浇平，于是可立即转至下游浇第二坯，当第二班浇至底板中部时，第一班已到达上游端，于是又立即转回下游开始浇第三坯。这样连坯浇筑可缩短每坯间隔时间，因而可以避免冷缝的发生，提高了工程质量，加快了施工进度。

底板混凝土的高程控制，可用前面所述的测放高程点的方法，以免底板中部凹陷或凸起。

为了节省水泥，一般在底板混凝土中抛埋大块石。抛埋块石所遇到的主要困难是面层钢筋无法下落。块石放下时往往打在钢筋上，有的甚至被钢筋阻搁无法下落。这样，便造成将钢筋的间隙挤大或将钢筋撞弯，使绑扎好的钢筋走样。所以在抛块石时最好在一定部位临时抽掉一些表面钢筋，块石就可在此固定的部位抛下去，然后再在面层钢筋下面滚移块石，将其埋放于要求的位置。混凝土浇至接近面层时，仍将被抽掉的钢筋复原绑好。

消力池及混凝土防渗铺盖的浇筑准备工作、脚手架布置及浇筑方法，大致与底板相同，可参照进行。

一般中型水闸的闸室部分包括底板、闸墩、胸墙及桥梁等，它在整个水闸中重量最大，沉陷亦大，而消力池为一混凝土板，相对来说重量较轻，沉陷量也较小。如二者同时浇筑，由于不均匀沉陷往往造成沉陷缝的较大变动，从而可能造成止水片的撕裂或消力池的裂缝。为了避免上述情况，最好先浇闸室部分，让其沉陷一个时期再浇消力池。但是这样安排对于施工力量的部署与缩短工期是非常不利的，一般总希望消力池穿插在闸墩浇筑时施工。为了解决这一矛盾，可在消力池的小部分浇筑。为了使消力池很好地连成整体，施工缝中应布置外加钢筋。在浇筑二期消力池时，施工缝应根据一般规范的要求进行凿毛冲洗等处理。

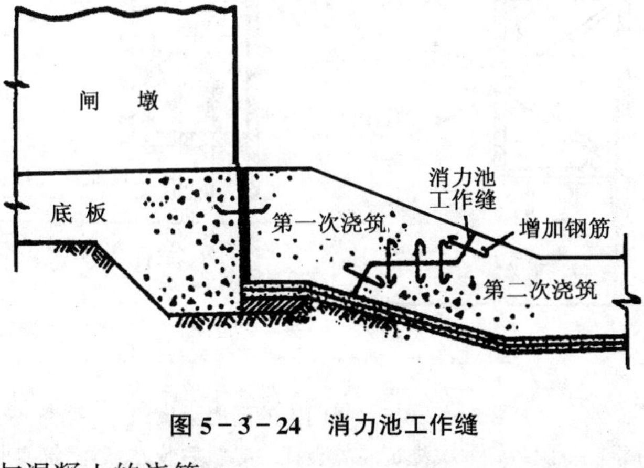

图 5-3-24 消力池工作缝

4）闸墩的立模与混凝土的浇筑

当水闸为三孔一块整体底板时，则中孔可不予支撑。这样除了可节省人工及材料外，还可使施工方便。

立模时，先立闸墩两侧的平面模板，然后立两端的圆头模板。在闸底板上架立第一层模板时，必须保持上口水平，如上口倾斜不平时，应将模板下口与闸底板接触部分砍削一些，或垫以木条，而后即可按层上升。

第一闸墩的两侧模板固定后，在闸墩与闸墩之间还需用对拉撑木将模板加以支撑，以防止整套闸墩模板的歪斜与变形。在双孔底板的闸墩上，则宜将二孔同时支撑，以便在一块底板上3个闸墩的混凝土可以同时浇筑。

浇筑闸墩混凝土时，为了保持各闸墩模板间的相对稳定和使底板受力均匀，达到与设计条件相同，必须保证每块底板上各闸墩的混凝土均衡上升。因此，在运送混凝土入仓时，应很好地组织运料小车，使在同一时间内运到同一底板上各闸墩的混凝土量大致相同。否则某些闸墩送料较快较多，某些闸墩则较少，必然造成各闸墩间浇筑高差很大，使模板与底板受力不均，从而影响工作质量。

为了防止流态混凝土自8～10 m高度下落时产生离析现象，必须在仓内设置导管，可每隔2～3 m的间距设置一组，导管下端离浇筑面的距离应在1.5 m以内。

小型水闸常用平面闸门，所以在闸墩立模浇筑时必须留出垂直的门槽位置，在门槽部位的混凝土中埋有导轨等铁件，如为滑动闸门则设滑动导轨；如为滚轮闸门则设主轮、侧轮及反轮导轨等。

导轨等铁件的埋设可采取预埋及留槽后浇两种办法。小型水闸的导轨尺寸较小，可在闸墩立模时将导轨钉固在门槽模板的内侧(如图5－3－25(a))。闸墩浇筑时，导轨即浇入混凝土中。门槽及导轨必须安装正确，铅直无误，所以在立模及浇筑过程中应随时校正。在门槽较高时吊锤易于晃动，造成校正工作的困难，可在吊锤下部放一油桶，使垂球浸于粘度较大的机油中。在中型水闸，导轨可能较大较重，在模板上固定较为困难，这时宜采用留槽

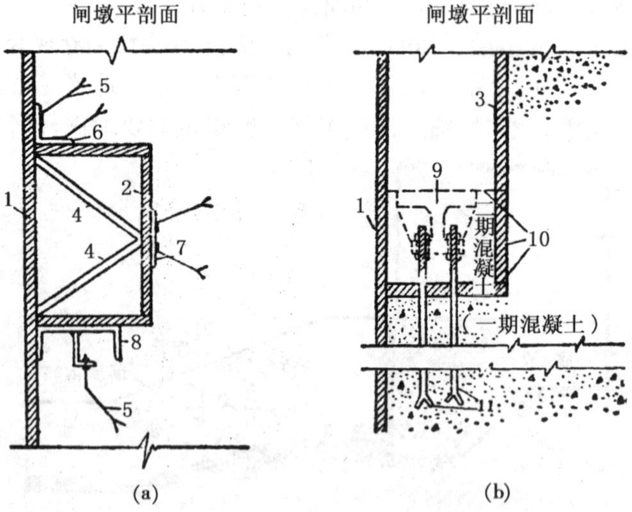

图5－3－25　闸门槽的混凝土浇筑

(a) 闸门导轨一次装好一次浇筑混凝土；(b)导轨后装，然后浇筑二期混凝土

1—闸墩模板；2—门槽模板；3—门槽模板(撑头未标示)；4—撑头；5—开脚螺栓；6—门槽角铁(用钉子固定于门槽模板上)；7—侧导轨；8—滚轮导轨(用钉子固定于门槽模板上)；9—导轨横剖面；10—二期混凝土边线；11—基础螺栓(预埋于一期混凝土中)

后浇筑的办法，即在闸墩立模时，在门槽的位置留出较大的凹槽，闸墩浇筑时预先将基础螺丝埋在凹槽的侧壁及正壁内，当模板拆除后将导轨安装在基础螺丝上，然后浇二期混凝土（如图 5-3-25(b)）。基础螺丝埋设的位置总会有些走动，所以在安装导轨前必须先加以校正，导轨安装时也必须随时用吊锤检验，使其铅直无误。闸门底坎设在闸底板上，在施工初期浇筑底板时，闸门铁件往往不能及时加工完毕，所以常在闸底板上留槽，以后浇二期混凝土。

5) 粘土防渗铺盖的施工

防渗铺盖所用土料必须是比较纯净的粘土或壤土。

铺筑前必须首先清基，将地基范围内的草皮、树根清除干净，如局部有石渣卵石等也必须清除，以免铺盖修筑后发生坍陷漏水，如清除有困难应在局部做反滤层，凡地基上的试坑、洞穴、水井、泉眼等均应采取措施堵塞填平。

防渗铺盖的填筑与一般粘性土的压实方法相同，要求控制土料的含水量接近于最优含水量，每坯铺土厚度为 20～30 cm，按压实试验所规定的碾压遍数或夯实遍数进行压实。一般粘土的最优含水量在 19%～24%。压实后的控制干容重为 1.55～1.70 g/cm^3。

铺盖与地基的结合应予注意，如地基为粘性土壤，在铺填第一层松土之前应先检验基土表层之含水量是否接近填筑土料的含水量，如太干应洒水湿润，太湿应晾晒。如地基为砂土，应先将表面平整、洒水压实，然后开始铺土。

铺盖填筑完成后，在做砌石或混凝土防冲护面以前应尽快将砾石垫层及黄沙保护层做好，以免晒裂或冰冻。

因铺盖主要是防渗的，因此一般不宜留垂直的施工缝，应分层施工，不应分片施工。如无法避免施工接缝时，不许做垂直接头，应做斜坡接头，分坡度应不陡于 1:3。铺盖与底板结合处为防渗的薄弱环节，因此应根据设计要求加厚铺盖并做好止水设备。

6) 反滤层及砌石下面砂石垫层的施工

水闸底部，在渗流从土壤逸出处，一般铺做反滤层。反滤层的施工要点如下：

所有反滤层用的砂石必须冲洗干净。

在地基挖至计划标高后，按设计滤层之砂石厚度，在小木桩上划出每层的标记，在做反滤层区域内纵横每隔 3 m 立此标桩一个，以便铺填砂石时控制其厚度。

反滤层在垂直于水流方向可以分段铺填，在接头处宜铺筑成阶梯形以便很好地连接，并应妥善保护，不可随意践踏，以免扰动了层次而给第二段的铺填造成困难。在每一段中应将砂石一次铺完做好，以免层次扰乱使滤层失效。在每层铺填时，应较计划厚度酌留虚高：一般黄沙为 20%～30%，石子为 10%。每铺填一层均用木夯夯打一二遍。一般黄沙夯打前需先洒水，使沙中的含水量约为 18%，木夯的重量可为 10～20 kg。夯打石子时不需洒水，但要重一些的木夯，约 30～40 kg，夯打不宜很重。

反滤层铺填夯打完成后，应用水泥纸袋或芦席将表面全部遮盖，然后在上面浇混凝土，这样可避免水泥砂浆渗入滤层而使其失效。

海漫及块石护坡下面做砂石垫层者，其放样施工方法大致与反滤层相同，但夯打宜重。在斜坡上铺筑垫层时，应注意自下而上进行施工，以免砂石料下滑集中于坡脚，影响砌石厚度和质量。同时不可将粒料自坡上向下倾倒，以免颗粒离析。

7) 回填土的施工

水闸混凝土及砌石工程告一段落，应在两侧岸、翼墙之后还土填实。

还土土料需较纯净，无腐植性的物质及碎砖、树根等杂物，土质宜为砂土或砂壤土，粘土或含粘土的土料均不宜作回填之用。土料含水量在15%～21%，如含水量不合要求，应加处理再用。

岸、翼墙的混凝土或石砌体的强度达到设计要求后，方可允许在墙后回填。还土前必须进行清基工作，土中如有支撑、木桩等均应拔除，所有腐植质亦应清除。还土应分层硪夯紧实，在靠近岸、翼墙0.3～0.5 m范围内不可用硪，以免碰伤混凝土或砌石。一般可减薄层厚，并用木夯轻轻夯实。岸、翼墙后的还土应均衡上升，如因施工安排还土进度略有先后时，进度快的工段每坯土应缩进0.5 m，留成台阶以便衔接。

6 园林给排水工程

园林经营服务和生产运转需要有充足的水源供给。从水源取水并进行处理，然后用输水配水管道将水送至各处使用。在这一过程中由相关构筑物和管道所组成的系统，就叫给水系统。被污染的水经过处理而被无害化，再和其它地面水一样通过排水管渠排除掉。在这个排水过程中所建的管道网和地面构筑物所组成的系统，则称为排水系统。园林给排水工程就是建设园林内部给水系统和排水系统的工程。

6.1 园林给水工程

6.1.1 概述

园林绿地给水工程既可能是城市给水工程的组成部分，又可能是一个独立的系统。它与城市给水工程之间既有共同点，又有不同之处。根据使用功能的不同，园林绿地给水工程又具有一些特殊性。

1. 给水工程的组成

给水工程是由一系列构筑物和管道系统构成的。从给水的工艺流程来看，它可以分成以下3个部分。

1) 取水工程

是从地面上的河、湖和地下的井、泉等天然水源中取水的一种工程，取水的质量和数量主要受取水区域水文地质情况影响。

2) 净水工程

这项工程是通过在水中加药混凝、沉淀(澄清)、过滤、消毒等工序而使水净化，从而达到园林中的各种用水要求。

3) 输配水工程

它是通过输水管道把经过净化的水输送到各用水点的一项工程。

图6-1-1是以河水水源为例的给水工艺流程示意。水从取水构筑物处被取用，由一级泵房送到水厂进行净化处理，处理后的水流入清水池，再由二级泵房从清水池把水抽上来，通过输水管道网送达各用水处。图中所示清水池和水塔，是起调节作用的蓄水设施，主要是在用水高峰和用水低谷之间起水量调节作用；有时，为了在管道网中调节水量的变化并保持管道网中有一定的水压，也要在管网中间或两端设置水塔，起平衡作用。

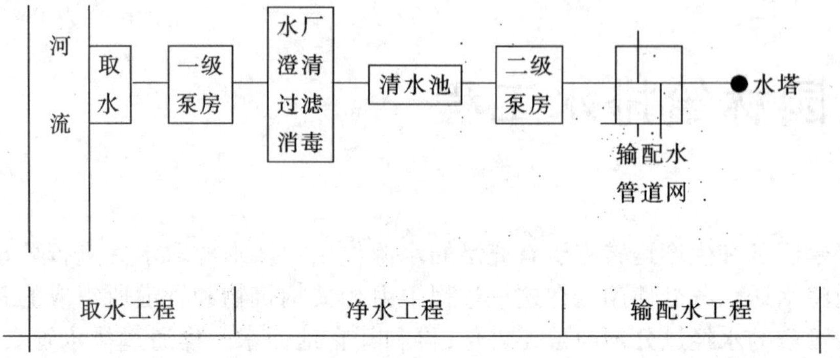

图 6-1-1　给水工程示意图

2. 园林用水类型

公园和其它公共绿地既是群众休息和游览活动的场所,又是花草树木、各种鸟兽比较集中的地方。由于游人活动的需要、动植物养护管理及水景用水的补充等,园林绿地用水量是很大的。水是园林生态系统中不可缺少的要素。因此,解决好园林的用水问题是一项十分重要的工作。

公园用水的类型大致有以下几个方面:

1) 生活用水

如餐厅、内部食堂、茶室、小卖部、消毒饮水器及卫生设备的用水。

2) 养护用水

包括植物灌溉、动物笼舍的冲洗及夏季广场道路喷洒用水等。

3) 造景用水

各种水体包括溪流、湖池等,以及一些水景如喷泉、瀑布、跌水和北方冬季冰景用水等。

4) 游乐用水

一些游乐项目,如"激流探险"、"碰碰船"、滑水池、戏水池、休闲娱乐的游泳池等等,平常都要用大量的水,而且还要求水质比较好。

5) 消防用水

公园中为防火灾而准备的水源,如消火栓、消防水池等。

园林给水工程的主要任务是经济、可靠和安全合理地提供符合水质标准的水源,以满足上述几个方面的用水需求。

3. 园林给水特点

园林绿地给水与城市居住区、机关单位、工厂企业等的给水有许多不同,在用水情况、给水设施布置等方面都有自己的特点。其主要的给水特点如下:

1) 生活用水较少,其它用水较多

除了休闲、疗养性质的园林绿地之外,一般园林中的主要用水是在植物灌溉、湖池水补充和喷泉、瀑布等生产和造景用水方面,而生活用水方面的则一般很少,只有园内的餐饮、卫生设施等属于这方面。

2）园林中用水点较分散

由于园林内多数功能点都不是密集布置的，在各功能点之间常常有较宽的植物种植区，因此用水点也必然很分散，不会像住宅、公共建筑那样密集；就是在植物种植区内所设的用水点，也是分散的。由于用水点分散，给水管道的密度就不太大，但一般管段的长度却比较长。

3）用水点水头变化大

喷泉、喷灌设施等用水点的水头与园林内餐饮、鱼池等用水点的水头就有很大变化。

4）用水高峰时间可以错开

园林中灌溉用水、娱乐用水、造景用水等的具体时间都是可以自由确定的；也就是说，园林中可以做到用水均匀，不出现用水高峰。

除了以上几个主要特点以外，园林给水在一些具体的工程措施上也有比较特殊之处，我们在后面的水源水质问题和管网设计问题时还要讲到。

6.1.2 水源的选择

园林给水工程的首要任务，是要按照水质标准来合理地确定水源和取水方式。在确定水源的时候，不但要对水质的优劣、水量的丰缺情况进行了解，而且还要对取水方式、净水措施和输配水管道布置进行初步计划。

水的来源可以分为地表水和地下水两类，这两类水源都可以为园林所用。

1．地表水源

地表水如山溪、大江、大河、湖泊、水库水等，都是直接暴露于地面的水源。这些水源具有取水方便和水量丰沛的特点，但易受工业废水、生活污水及各种人为因素的污染。水中泥砂、悬浮物和胶态杂质含量较多，杂质浓度高于地下水。因水质较差，必须经过严格的净化和消毒，才可作为生活用水。在地表水中，只有位于山地风景区的水源水质比较好。

采用地表水作为水源时，取水地点及取水构筑物的结构形式是比较重要的问题。如果在河流中取水，取水构筑物应设在河道的凹岸，因为凹岸较凸岸水深，不易淤积，只需防止河岸受到冲刷。在河流冰冻地区，取水口应放在底冰之下。河流浅滩处不宜选作取水点。取水构筑物应设在距离支流入口和山沟下游较远的地方，以防洪水时期大量泥砂把取水口淤塞。在入海的河流上取水时，取水口也应距离河口远一些，以免海潮倒灌影响水质。在风景区的山谷地带取水，应考虑到构筑物被山洪冲击和淹没的危险。取水口的位置最好选在比多数用水点高的地方，尽可能考虑利用重力自流给水。

保护水源，是直接保证给水质量的一项重要工作。对于地表水源来说，在取水点周围不小于 100 m 半径的范围内，不得游泳、停靠船只、从事捕捞和一切可能污染水源的活动，并在此范围内要设立明显的标志。取水点附近设立的泵站、沉淀池、清水池的外围不小于 10 m 的范围内，不得修建居住区、饲养场、渗水坑、渗水厕所，不得堆放垃圾、粪便和通过污水管道。在此范围内应保持良好的卫生状况，并充分绿化。河流取水点上游 1 000 m 以内和下游 100 m 以内，不得有工业废水、生活污水排入，两岸不得堆放废渣、设置化学品仓库和堆栈。沿岸农田不得使用污水灌溉和施用有持久性药效的农药，并不允许放牧。

采用地表水作水源的，必须对水进行净化处理后才能作为生活饮用水使用。净化地表水的方法包括混凝沉淀、过滤和消毒3个步骤。

(1) 混凝沉淀(澄清)

是在水中加入混凝剂,使水中产生一种絮状物,和杂质凝聚在一起,沉淀到水底。我国民间传统的做法,是用明矾作混凝剂加入水中,经过1～3 h的混凝沉淀后,可使浑浊度减去80%以上。另外,也可以用硫酸铝作为混凝剂,在每吨水中加入粗制硫酸铝20～50 g,搅拌后进行混凝沉淀,也能降低浑浊度。

(2) 过滤(砂滤)

将经过混凝沉淀并澄清的水送进过滤池,透过从上到下由细砂层、粗砂层、细石子层、粗石子层构成的过滤砂石层,滤去杂质,使水质洁净。滤池分快、慢两种,一般可用快的滤池。

(3) 消毒

天然水在过滤之后,还会含有一些细菌。为了保证生活饮用水的安全,还必须进行杀菌消毒处理。消毒方法很多,但一般常见的是把液氯加入水中杀菌消毒。用漂白粉消毒也很有效,漂白粉与水作用可生成次氯酸,次氯酸很容易分解释放出初态氧;初态氧性质活泼,是强氧化剂,能通过强氧化作用将细菌等有机物杀灭。

经过净化处理的地表水,就能够供园林内各用水点使用。

2. 地下水源

地下水存在于透水的土层和岩层中。各种土层和岩层的透水性是不一样的。卵石层和沙层的透水性好,而粘土层和岩层的透水性就比较差。凡是能透水、存水的地层都可叫含水层或透水层。存在于砂、卵石含水层的地下水叫做孔隙水,在岩层裂缝中的地下水则叫裂隙水。

地下水主要是由雨水和河流等地表水渗入地下而形成和不断补给的。地下水越深,它的补给地区范围也就越大。地下水也会流动,但流速很慢,往往一天只流动几米,甚至有时还不到1 m。但石灰岩溶洞中的地下水,流速还是比较快的。

地下水又分为潜水和承压水两种。

1) 潜水

地面以下第一个隔水层(不透水层)所托起的含水层的水,就是潜水。潜水的水面叫潜水面,是从高处向低处微微倾斜的平面。潜水面常受降雨影响而发生升降变化。降雨、降雪、露水等地面水都能直接渗入地下而成为潜水。

2) 承压水

含水层在两个不透水层之间,并且受到较大的压力,这种含水层中的地下水就是承压水;另外,也有一些承压水是由地下断层形成的。由于有压力存在,当打井穿过不透水层并打通水口时,承压地下水就会从水口喷出或涌出。溢出地表的承压水便形成泉水。因此,这种承压地下水又叫自流水。承压水一般埋藏较深,又有不透水层的阻隔,所以当地的地表水不容易直接渗入补给;其真正的补给区往往在很远的地方。

地下水温通常为7～16℃或稍高,夏季作为园林降温用水效果很好。地下水,特别是深层地下水,基本上没有受到污染,并且在经过长距离地层的过滤后,水质已经很清洁,几乎没有细菌,再经过消毒并符合卫生要求之后,就可以直接饮用,不需净化处理。

由于要在地层中流动,或者由于某些地区地质构造方面的原因,地下水一般含有矿化物较多，硬度较大。水中硫酸根、氯化物过多，有时甚至还含有某些有害物质。对硬度大的地下水，要进行软化处理；对含铁、含锰过多的地下水，则要进行除铁、除锰处理。由近处雨水渗入而形成的泉水，也有可能硬度不大，但可能受地面有机物的污染，水质稍差，也需要净化处理。

对泉水、井水净化的一个有效方法是：用竹筒装满漂白粉，并在竹筒侧面钻孔，孔径2～2.5 mm，按每1 m^3 井水3个竹筒孔眼的比例开孔；再用绳子拴住竹筒，绳的另一端系在一个浮物上；再把竹筒和浮物一起放入井内或泉池中；装药竹筒应沉至水面下1～2 m处。每投放一次，有效期可达20天。用这种方法，水中余氯分布均匀，消毒性能良好，同时也可节省人力及减少漂白粉的用量，是简单可行的。

取用地下水时，要进行水文地质勘察，探明含水层的分布情况。对储水量、补给条件、流向、流速、含水层的渗透系数、影响半径、涌水量以及水质情况等，都要进行勘察、分析和研究，以便合理开采和使用地下水。同时，还应避免对地下水的过量开采而引起大面积地基下沉的问题，和因地下水位下降过多而对园林树木生长或农业生产造成严重影响的问题。

在地下水取水构筑物旁边，要注意保护水源和进行卫生防护。水井或管井周围20～30 m范围内不得设置渗水厕所、渗水坑、粪坑和垃圾堆；不得从事破坏深层土层的活动。为保护水源，严禁使用不符合饮用水水质标准的水直接回灌入地下。

3．水源选择的原则

选择水源时，应根据城市建设远期的发展和风景区、园林周边环境的卫生条件，选用水质好、水量充沛、便于防护的水源。水源选择中一般应当注意以下几点。

(1) 园林中的生活用水要优先选用城市给水系统提供的水源，其次则主要应选用地下水。城市给水系统提供的水源，是在自来水厂经过严格的净化处理，水质已完全达到生活饮用水水质标准，所以应首先选用。在没有城市给水条件的风景区或郊野公园，则要优先选择地下水作水源，并且按优先性的不同选用不同的地下水。地下水的优先选择次序，依次是泉水、浅层水、深层水。

(2) 造景用水、植物栽培用水等，应优先选用河流、湖泊中符合地面水环境质量标准的水源。能够开辟引水沟渠将自然水体的水直接引入园林溪流、水池和人工湖的，则是最好的水源选择方案。植物养护栽培用水和卫生用水等就可以在园林水体中取水用。如果没有引入自然水源的条件，则可选用地下水或自来水。

(3) 风景区内，当必须筑坝蓄水作为水源时，应尽可能结合水力发电、防洪、林地灌溉及园艺生产等多方面用水的需要，做到通盘考虑，统筹安排，综合利用。

(4) 水资源比较缺乏的地区，园林中的生活用水使用过后，可以收集起来，经过初步的净化处理，再作为苗圃、林地等灌溉所用的二次水源。

(5) 各项园林用水水源，都要符合相应的水质标准，即要符合《地面水环境质量标准》(GB3838－88)和《生活饮用水卫生标准》(GB5847－85)的规定。

(6) 在地方性甲状腺肿地区及高氟地区，应选用含碘、含氟量适宜的水源。水源水中碘含量应在10 μg/L以上，10 μg/L以下时容易发生甲状腺肿病。水中氟化物含量在1.0 mg/L以上时，容易发生氟中毒，因此，水源的含氟量一定要小于1.0 mg/L。

6.1.3 水质与给水

园林中除生活用水外,其它方面用水的水质要求可根据情况适当降低。但都要符合一定的水质标准。

1. 地面水标准

所有的园林用水,如湖池、喷泉瀑布、游泳池、水上游乐区、餐厅、茶室等的用水,首先都要符合国家颁布的《地面水环境质量标准》(GB3838－88)。在这个标准中,首先按水域功能的不同,把地面水的质量级别划分为以下五类。

Ⅰ类地面水:主要适用于源头水和国家自然保护区。

Ⅱ类地面水:适用于集中式生活饮用水水源地一级保护区、珍贵鱼类保护区和鱼虾产卵场等。

Ⅲ类地面水:适用于集中式生活饮用水水源地二级保护区、一般鱼类保护区及游泳区。

Ⅳ类地面水:主要适用于一般工业用水区及人体非直接接触的娱乐用水区。

Ⅴ类地面水:主要适用于农业用水区及一般景观要求的水域。

在该标准中,提出了对地面水环境质量的基本要求。即所有水体不应有非自然原因导致的下述物质: ① 凡能沉淀而形成令人厌恶的沉积物; ② 漂浮物,诸如碎片、浮渣、油类或其它一些能引起感官不快的物质; ③ 产生令人厌恶的色、臭、味或浑浊度的; ④ 对人类、动物或植物有损害; ⑤ 易滋生令人厌恶的水生生物的。

园林生产用水、植物灌溉用水和湖池、瀑布、喷泉造景用水等,要求的水质标准可以稍低一些,上述Ⅴ类及Ⅴ类以上水质都可以使用。另外,喷泉或瀑布的用水,可考虑自设水泵循环使用。公园内游泳池、造波池、戏水池、碰碰船池、激流探险等游乐和运动项目的用水水质,应按地面水质量标准的Ⅱ类及Ⅱ类以上水质而定。

2. 生活饮用水标准

园林生活用水,如餐厅、茶室、冷热饮料厅、小卖部、内部食堂、宿舍等所需的水质要求比较高,其水质应符合国家颁布的《生活饮用水卫生标准》(GB5847－85)。

3. 园林给水方式

根据给水性质和给水系统构成的不同,可将园林给水方式分成 3 种。

1) 引用式

园林给水系统如果直接到城市给水管网系统上取水,就是直接引用式给水。采用这种给水方式,其给水系统的构成也就比较简单,只需设置园内管网、水塔、清水蓄水池即可。引水的接入点可视园林绿地具体情况及城市给水干管从附近经过的情况而决定,可以集中一点接入,也可以分散由几点接入。

2) 自给式

在野外风景区或郊区的园林绿地中,如果没有直接取用城市给水水源的条件,就可考虑就近取用地下水或地表水。以地下水为水源时,因水质一般比较好,往往不用净化处理就可以直接使用,因而其给水工程的构成就要简单一些。一般可以只设水井(或管井)、泵房、消毒清水池、输配水管道等。如果是采用地表水作水源，其给水系统构成就要复杂一些。从取水到用水过程中所需布置的设施顺序是：取水口、集水井、一级泵房、加矾间与混凝池、沉淀池及其排泥阀门、滤池、清水池、二级泵房、输水管网、水塔或高位水池等等。

3）兼用式

在既有城市给水条件，又有地下水、地表水可供采用的地方，接上城市给水系统，作为园林生活用水或游泳池等对水质要求较高的项目用水水源；而园林生产用水、造景用水等，则另设一个以地下水或地表水为水源的独立给水系统。这样做所投入的工程费用稍多一些，但以后的水费却可以大大节约。

在地形高差显著的园林绿地，可考虑分区给水方式。分区给水就是将整个给水系统分成几区，不同区的管道中水压不同，区与区之间可有适当的联系，以保证供水可靠和调度灵活。

6.1.4 园林给水管网设计

在设计园林给水管网之前，首先要收集与设计有关的技术资料，包括公园平面图、竖向设计图、园内及附近地区的水文地质资料、附近地区城市给排水管网的分布资料、周围地区给水远景规划和建设单位对园林各用水点的具体要求等；还要到园林现场进行踏勘调查，尽可能全面地收集与设计相关的现状资料。

园林给水管网开始设计时，首先应该确定水源及给水方式。其次，确定水源的接入点。一般情况下，中小型公园用水可由城市给水系统的某一点引入；但对较大型的公园或狭长形状的公园用地，由一点引入则不够经济，可根据具体条件采用多点引入。采用独立给水系统的，则不考虑从城市给水管道接入水源。第三，对园林内所有用水点的用水量进行计算，并算出总用水量。第四，确定给水管网的布置形式、主干管道的布置位置和各用水点的管道引入。第五，根据已算出的总用水量，进行管网的水力学计算，按照计算结果选用管径合适的水管，最后布置成完整的管网系统。

6.1.5 园林喷灌系统

在当今园林绿地中，实现灌溉用水的管道化和自动化很有必要，而园林喷灌系统就正是自动化供水的一种常用设施。城市中，由于绿地、草坪逐渐增多，绿化灌溉工作量已越来越大，在有条件的地方，很有必要采用喷灌系统来解决绿化植物的供水问题。

采用喷灌系统对植物进行灌溉，能够在不破坏土壤通气和土壤结构的条件下，保证均匀地湿润土壤；能够湿润地表空气层，使地表空气清爽；还能够节约大量的灌溉用水，比普通浇水灌溉节约水量40%～60%。喷灌的最大优点在于它能使灌水工作机械化，显著提高了灌水的工效。

喷灌系统的设计，主要是解决用水量和水压方面的问题。至于供水的水质，要求可以稍低一些，只要水质对绿化植物没有害处即可。

1. 喷灌的形式

按照管道、机具的安装方式及其供水使用特点，园林喷灌系统可分为移动式、半固定式和固定式3种。

移动式喷灌系统：要求有天然水源，其动力（发电机）水泵和干管支管是可移动的。其使用特点是浇水方便灵活，能节约用水；但喷水作业时劳动强度稍大。

固定式喷灌系统：这种系统有固定的泵站，干管和支管都埋入地下，喷头既可固定于竖管上，也可临时安装。固定式喷灌系统的安装，要用大量的管材和喷头，需要较多的投资。但喷水操作方便，用人工很少，既节约劳动力，又节约用水，浇水实现了自动化，甚至还可能用遥控操作，因此是一种高效低耗的喷灌系统。这种喷灌系统最适于需要经常性灌溉供水的草坪、花坛和花圃等。

半固定式喷灌系统：其泵站和干管固定，但支管与喷头可以移动，也就是一部分固定一部分移动。其使用上的优缺点介于上述两种喷灌系统之间，主要适用于较大的花圃和苗圃使用。

2．喷灌机与喷头

喷灌机主要是由压水、输水和喷头 3 个主要结构部分构成的。压水部分通常有发动机和离心式水泵，主要是为喷灌系统提供动力和为水加压，使管道系统中的水压保持在一个较高的水平上。输水部分是由输水主管和分管构成的管道系统。喷头部分则有以下所述类别。

按照喷头的工作压力与射程来分，可把喷灌用的喷头分为高压远射程、中压中射程和低压近射程三类喷头。而根据喷头的结构形式与水流形状，则可把喷头分为旋转类、漫射类和孔管类 3 种类型。

1）旋转类喷头

又叫射流式喷头。其管道中的压力水流通过喷头而形成一股集中的射流喷射而出，再经自然粉碎形成细小的水滴洒落在地面。在喷洒过程中，喷头绕竖向轴缓缓旋转，使其喷射范围形成一个半径等于其射程的圆形或扇形。其喷射水流集中，水滴分布均匀，射程达30 m 以上，喷灌效果比较好，所以得到了广泛的应用。这类喷头因其转动机构的构造不一样，又可分为摇臂式、叶轮式、反作用式和手持式 4 种形式。还可根据是否装有扇形机构而分为扇形喷灌喷头和全圆周喷灌喷头两种形式。

摇臂式喷头是旋转类喷头中应用最广泛的喷头形式（见图 6－1－2）。这种喷头的结构

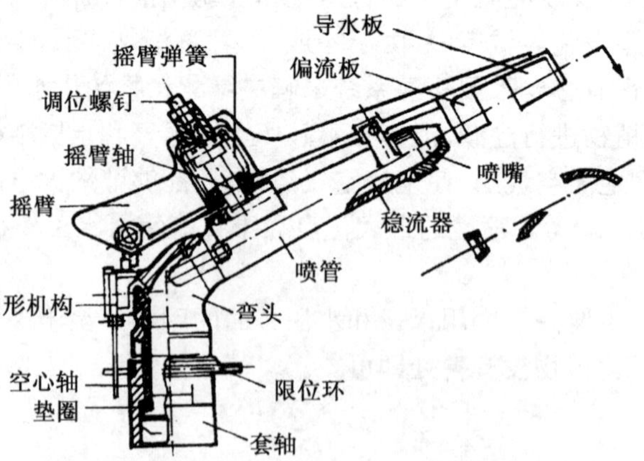

图 6－1－2　摇臂式喷头的构造

是由导流器、摇臂、摇臂弹簧、摇臂轴等组成的转动机构，和由定位销、拨杆、挡块、扭簧或压簧等构成的扇形机构，以及喷体、空心轴、套轴、垫圈、防沙弹簧、喷管和喷嘴等构件组成的。在转动机构作用下，可使喷体和空心轴的整体在套轴内转动，从而实现旋转喷水。

2）漫射类喷头

这种喷头是固定式的，在喷灌过程中所有部件都固定不动，而水流却是呈圆形或扇形向四周分散开。喷灌系统的结构简单，工作可靠，在公园苗圃或一些小块绿地中有所应用。其喷头的射程较短，一般在 5～10 m；喷灌强度大，在 15～20 mm/h 以上；但喷灌水量不均匀，近处比远处的喷灌强度大得多。

3）孔管类喷头

喷头实际上是一些水平安装的管子。在水平管子的顶上分布有一些整齐排列的小喷水孔（图 6－1－3）。孔径仅 1～2 mm。喷水孔在管子上有排列成单行的，也有排列为两行以上的，可分别叫做单列孔管和多列孔管。

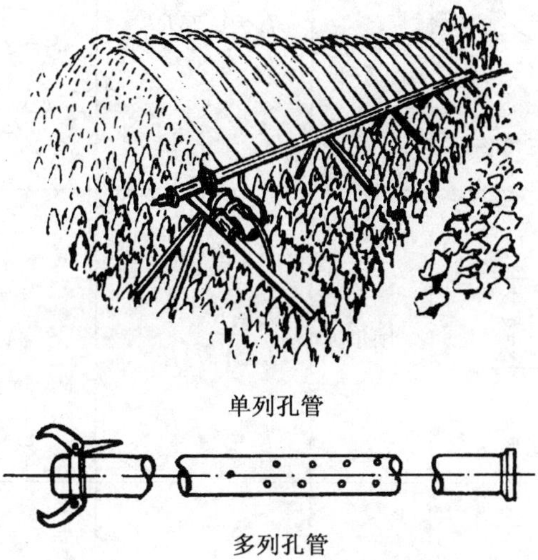

图 6－1－3　孔管式喷头喷灌示意

3．喷头的布置

喷灌系统喷头的布置形式有矩形、正方形、正三角形和等腰三角形 4 种。在实际工作中采用什么样的喷头布置形式，主要取决于喷头的性能和拟灌溉的地段情况。表 6－1－1 中所列四图，就主要表示出喷头的不同组合方式与灌溉效果的关系。

园林给水工程是保证园林各部分能够正常运转的一项基础工程，园林排水工程也是这样一类基础工程。园林给水管网系统和排水管网系统是相互独立的两套系统，但在具体布置中，也常常要一同考虑、一同布置，要使两套系统紧密结合，共同发挥作用。

表 6-1-1　喷头的布置形式

序号	喷头组合图形	喷洒方式	喷头间距 L 支管间距 b 与射程 R 的关系	有效控制面积 S	适用情况
A	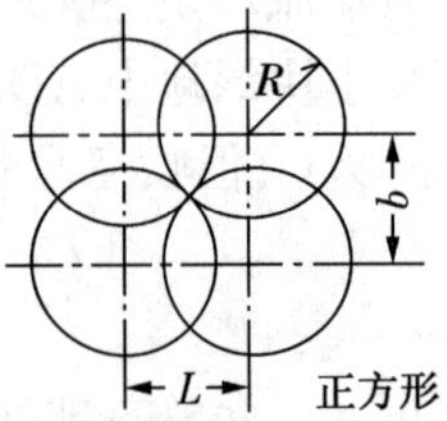	全圆形	$L=b=1.42R$	$S=2R^2$	在风向改变频繁的地方效果较好
B	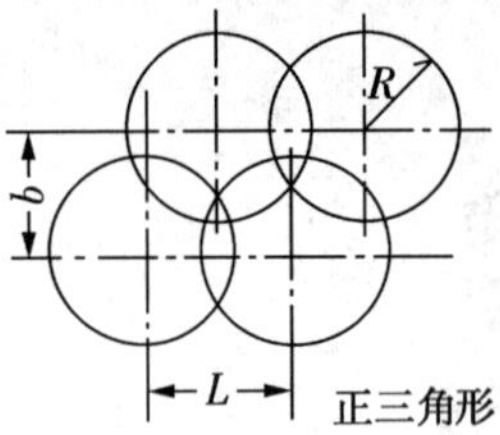	全圆形	$L=1.73R$ $b=1.5R$	$S=2.6R^2$	在无风的情况下喷灌的均度最好
C	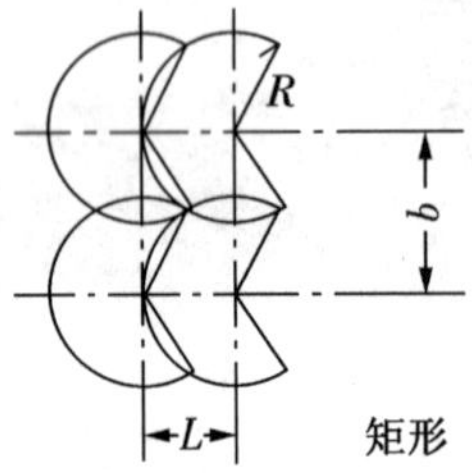	扇形	$L=R$ $b=1.73R$	$S=1.73R^2$	较 A、B 节省管道
D	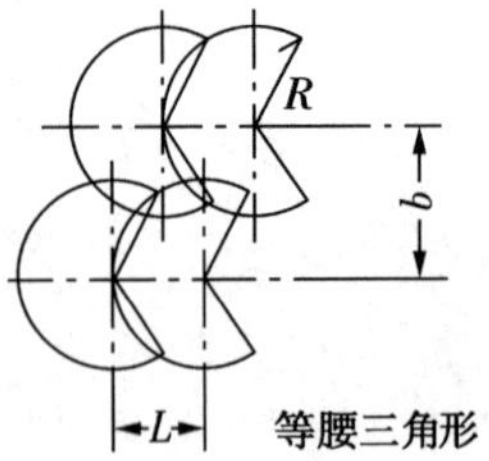	扇形	$L=R$ $b=1.87R$	$S=1.865R^2$	同 C

6.2　园林排水工程

排水工程的主要任务是：把雨水、废水、污水收集起来并输送到适当地点排除，或经过处理之后再重复利用和排除掉。园林中如果没有排水工程，雨水、污水淤积园内，将会使植物遭受涝灾，滋生大量蚊虫并传播疾病；既影响环境卫生，又会严重影响公园里的所有游园活动。因此，在每一项园林工程中都要设置良好的排水工程设施。

6.2.1 园林排水的种类与特点

园林环境与一般城市环境很不相同，其排水工程的情况也和城市排水系统的情况有相当大的差别。因此，在排水类型、排水方式、排水量构成、排水工程构筑物等等多方面都有其自己的特点。

1. 园林排水的种类

从需要排除的水的种类来说，园林绿地所排放的主要是雨雪水、生产废水、游乐废水和一些生活污水。这些废、污水所含有害污染物质很少，主要含有一些泥沙和有机物，净化处理也比较容易。

1) 天然降水

园林排水管网要收集、输送和排除雨水及融化的冰、雪水。这些天然的降水在落到地面前后，会受到空气污染物和地面泥沙等的污染，但污染程度不高，一般可以直接向园林水体如湖、池、河流中排放。

2) 生产废水

盆栽植物浇水时多浇的水，鱼池、喷泉池、睡莲池等较小的水景池排放的水，都属于园林生产废水。这类废水一般也可直接向河流等流动水体排放。面积较大的水景池，其水体已具有一定的自净能力，因此常常不换水，当然也就不排出废水。

3) 游乐废水

游乐设施中的水体一般面积不大，积水太久会使水质变坏，所以每隔一定时间就要换水。如游泳池、戏水池、碰碰船池、冲浪池、航模池等，就常在换水时有废水排出。游乐废水中所含污染物不算多，可以酌情向园林湖池中排放。

4) 生活污水

园林中的生活污水主要来自餐厅、茶室、小卖部、厕所、宿舍等处。这些污水中所含有机污染物较多，一般不能直接向园林水体中排放，而要经过除油池、沉淀池、化粪池等进行处理后才能排放。另外，做清洁卫生时产生的废水，也可划入这一类中。

2. 园林排水的特点

根据园林环境、地形和内部功能等方面与一般城市给水工程情况的不同，可以看出其排水工程具有以下几个主要方面的特点。

(1) 地形变化大，适宜利用地形排水。园林绿地中既有平地，又有坡地，甚至还可有山地。地面起伏度大，就有利于组织地面排水。利用低地汇集雨雪水到一处，使地面水集中排除比较方便，也比较容易进行净化处理。地面水的排除可以不进地下管网，而利用倾斜的地面和少数排水明渠直接排放入园林水体中。这样可以在很大程度上简化园林地下管网系统。

(2) 与园林用水点分散的给水特点不同，园林排水管网的布置却较为集中。排水管网主要集中布置在人流活动频繁、建筑物密集、功能综合性强的区域中，如餐厅、茶室、游乐场、游泳池、喷泉区等等地方。而在林地区、苗圃区、草地区、假山区等功能单一而又面积广大的区域，则多采用明渠排水，不设地下排水管网。

(3) 管网系统中雨水管多,污水管少。相对而言,园林排水管网中的雨水管数量明显地多于污水管。这主要是因为园林产生污水比较少的缘故。

(4) 园林排水成分中,污水少,雨雪水和废水多。园林内所产生的污水,主要是餐厅、宿舍、厕所等的生活污水,基本上没有其它污水源。污水的排放量只占园林总排水量的很少一部分。占排水量大部分的是污染程度很轻的雨雪水和各处水体排放的生产废水和游乐废水。这些地面水常常不需进行处理而可直接排放;或者仅作简单处理后再排除或再重新利用。

(5) 园林排水的重复使用可能性很大。由于园林内大部分排水的污染程度不严重,因而基本上都可以在经过简单的混凝澄清、除去杂质后,用于植物灌溉、湖池水源补给等方面,水的重复使用效率比较高。一些喷泉池、瀑布池等,还可以安装水泵,直接从池中汲水,并在池中使用,实现池水的循环利用。

了解园林排水的种类和特点,为继续学习园林排水设计带来了方便。但在学习排水设计之前,还应当对园林排水工程的组成和目前实行的排水制度有所了解。

6.2.2 排水体制与排水工程组成

排水设计中所采用的排水体制不同,其排水工程设施的组成情况也会不同,这二者是紧密联系起来的。明确排水体制的选用和排水工程的基本构成情况,对进行园林排水设计有直接帮助。

1. 排水体制

将园林中的生活污水、生产废水、游乐废水和天然降水从产生地点收集、输送和排放的基本方式,称为排水系统的体制,简称排水体制。排水体制主要有分流制与合流制两类(图 6-2-1)。

1) 分流制排水

这种排水体制的特点是"雨、污分流"。因为雨雪水、园林生产废水、游乐废水等污染程度低,不需净化处理就可直接排放,为此而建立的排水系统,称雨水排水系统。为生活污水和其它需要除污净化后才能排放的污水另外建立的一套独立的排水系统,则叫做污水排水系统。两套排水管网系统虽然是一同布置,但互不相连,雨水和污水在不同的管网中流动和排除。

2) 合流制排水

排水特点是"雨、污合流"。排水系统只有一套管网,既排雨水又排污水。这种排水体制已不适于现代城市环境保护的需要,所以在一般城市排水系统的设计中已不再采用。但是,在污染负荷较轻,没有超过自然水体环境的自净能力时,还是可以酌情采用的。一些公园、风景区的水体面积很大,水体的自净能力完全能够消化园内有限的生活污水,为了节约排水管网建设的投资,就可以在近期考虑采用合流制排水系统,待以后污染加重了,再改造成分流制系统。

为了解决合流制排水系统对园林水体的污染,可以将系统设计为截流式合流制排水系统。截流式合流制排水系统,是在原来普通的直泄式合流制系统的基础上,增建一条或多条截流干管,将原有的各个生活污水出水口串联起来,把污水拦截到截流干管中。经干管输送到污水处理站进行简单处理后，再引入排水管网中排除。在生活污水出水管与截流干管的连接处，还要设置溢流井。通过溢流井的分流作用，把污水引到通往污水处理站的管道中。

2．排水工程的组成

园林排水工程的组成，包括了从天然降水、废水和污水的收集、输送，到污水的处理和排放等一系列过程。从排水工程设施方面来分，主要可以分为两大部分。一部分是作为排水工程主体部分的排水管渠，其作用是收集、输送和排放园林各处的污水、废水和天然降水。另一部分是污水处理设施，包括必要的水池、泵房等构筑物。但从排水的种类方面来分，园林排水工程则是由雨水排水系统和污水排水系统两大部分构成的，其基本情况可见图 6-2-1 所示。

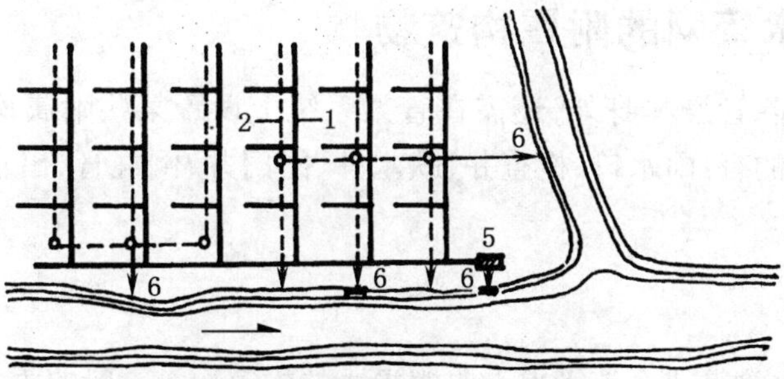

分流制排水系统

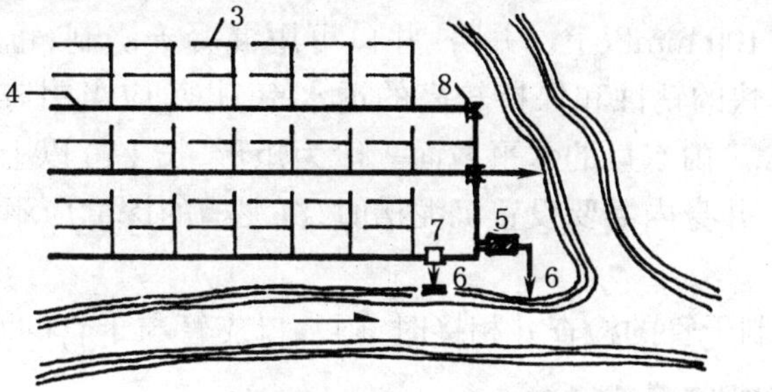

合流制排水系统

图 6-2-1　排水系统的体制

1—污水管网；2—雨水管网；3—合流制管网；4—截流管；
5—污水处理站；6—出水口；7—排水泵站；8—溢流井

采用不同排水体制的园林排水系统，其构成情况有些不同。下面就来看看不同排水方式的排水系统构成情况。

1）雨水排水系统的组成

园林内的雨水排水系统不只是排除雨水，还要排除园林生产废水和游乐废水。因此，它的基本构成部分就有：① 汇水坡地、集水浅沟和建筑物的屋面、天沟、雨水斗、竖管、散水；② 排水明渠、暗沟、截水沟、排洪沟；③ 雨水口、雨水井、雨水排水管网、出水口；④ 在利用重力自流排水困难的地方，还可设置雨水排水泵站。

2）污水排水系统的组成

这种排水系统主要是排除园林生活污水，包括室内和室外部分。有：① 室内污水排放设施如厨房洗物槽、下水管、房屋卫生设备等；② 除油池、化粪池、污水集水口；③ 污水排水干管、支管组成的管道网；④ 管网附属构筑物如检查井、连接井、跌水井等；⑤ 污水处理站，包括污水泵房、澄清池、过滤池、消毒池、清水池等；⑥ 出水口，是排水管网系统的终端出口。

3）合流制排水系统的组成

合流制排水系统只设一套排水管网，其基本组成是雨水系统和污水系统的组合。常见的组合部分是：① 雨水集水口、室内污水集水口；② 雨水管渠、污水支管；③ 雨、污水合流的干管和主管；④ 管网上附属的构筑物如雨水井、检查井、跌水井，截流式合流制系统的截流干管与污水支管交接处所设的溢流井等等；⑤ 污水处理设施如混凝澄清池、过滤池、消毒池、污水泵房等；⑥ 出水口。

6.2.3 排水管网的附属构筑物

为了排除污水，除管渠本身外，还需在管渠系统上设置某些附属构筑物。在园林绿地中，这些构筑物常见的有：雨水口、检查井、跌水井、闸门井、倒虹管、出水口等。下面主要介绍这些构筑物。

1．雨水口

雨水口是在雨水管渠或合流管渠上收集雨水的构筑物。一般的雨水口，都是由基础、井身、井口、井箅几部分构成的(图 6－2－2)。其底部及基础可用 C15 混凝土做成，尺寸在 1 200 mm×900 mm×100 mm以上。井身、井口可用混凝土浇制，也可以用砖砌筑，砖壁厚 240 mm。为了避免过快的锈蚀和保持较高的透水率，井箅应当用铸铁制作，箅条宽 15 mm 左右，间距 20～30 mm。雨水口的水平截面一般为矩形，长 1 m 以上，宽 0.8 m 以上。竖向深度一般为 1 m 左右，井身内需要设置沉泥槽时，沉泥槽的深度应不小于 12 cm。雨水管的管口设在井身的底部。

与雨水管或合流制干管的检查井相接时，雨水口支管与干管的水流方向以在平面上呈

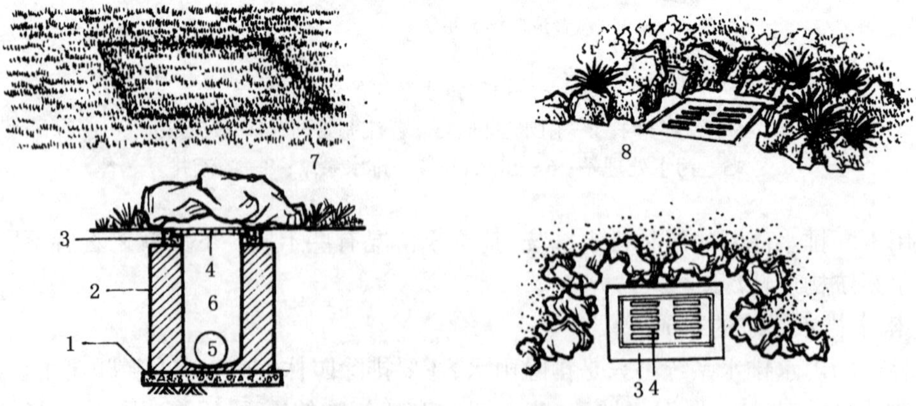

图 6－2－2 雨水口的构造

1—基础；2—井身；3—井口；4—井箅；5—支管；6—井室；7—草坪窨井盖；8—山石围护雨水口

60°交角为好。支管的坡度一般不应小于1%。雨水口呈水平方向设置时，井箅应略低于周围路面及地面3 cm左右，并与路面或地面顺接，以方便雨水的汇集和泄入。

2. 检查井

对管渠系统做定期检查，必须设置检查井(图6-2-3)。检查井通常设在管渠交汇、转弯、管渠尺寸或坡度改变、跌水等处以及相隔一定的构造距离的直线管渠段上。检查井在直线管渠段上的最大间距，一般可按表6-2-1采用。

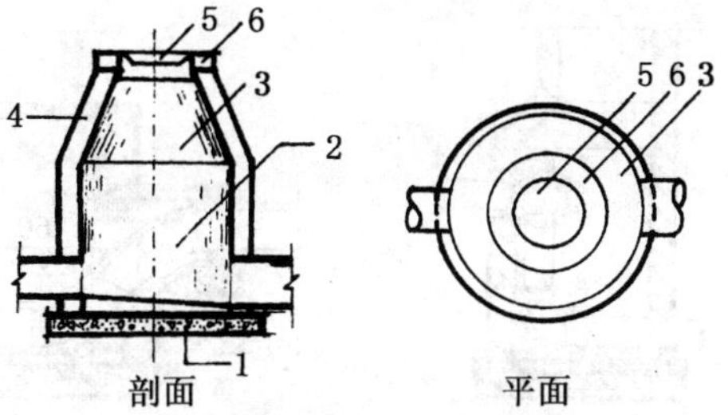

图6-2-3 圆形检查井的构造

1—基础；2—井室；3—肩部；4—井颈；5—井盖；6—井口

表6-2-1 检查井的最大间距

管别	管渠或暗渠净高/mm	最大间距/m
污水管道	<500	40
	500~700	50
	800~1 500	75
	>1 500	100
雨水管渠 合流管渠	<500	50
	500~700	60
	800~1 500	100
	>1 500	120

建造检查井的材料主要是砖、石、混凝土或钢筋混凝土；在国外，则多采用钢筋混凝土预制。检查井的平面形状一般为圆形，大型管渠的检查井也有矩形或扇形的。井下的基础部分一般用混凝土浇筑，井身部分用砖砌成下宽上窄的形状，井口部分形成颈状。检查井的深度，取决于井内下游管道的埋深。为了便于检查人员上、下井室工作，井口部分的大小应能容纳人身的进出。

检查井基本上有两类，即雨水检查井和污水检查井。在合流制排水系统中，只设雨水检查井。由于各地地质、气候条件相差很大，在布置检查井的时候，最好参照全国通用的《给水排水标准图集》和地方性的《排水通用图集》，根据当地的条件直接在图集中选用合适的检查井，而不必再进行检查井的计算和结构设计。

3. 跌水井

由于地势或其它因素的影响，使得排水管道在某地段的高程落差超过1 m时，就需要在该处设置一个具有水力消能作用的检查井，这就是跌水井。根据结构特点来分，跌水井有竖管式和溢流堰式两种形式(图6-2-4)。

竖管式跌水井一般适用于管径不大于400 mm的排水管道上。井内允许的跌落高度，因管径的大小而异。管径不大于200 mm时，一级的跌落高度不宜超过6 m；当管径为250~400 mm时，一级的跌落高度不超过4 m。

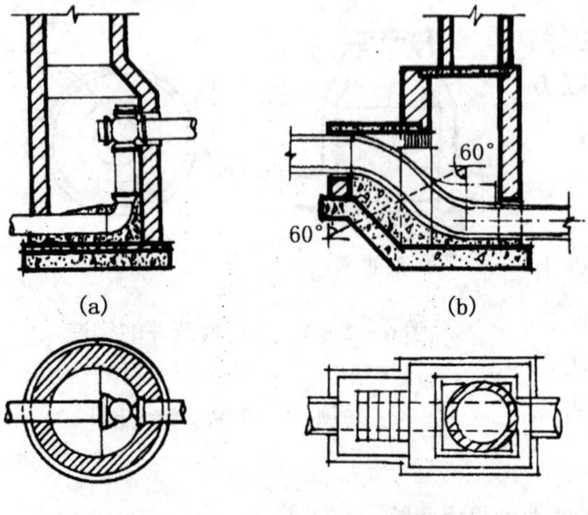

图 6-2-4　两种形式的跌水井

(a) 竖管式跌水井；(b) 溢流堰式跌水井

溢流堰式跌水井多用于 400 mm 以上大管径的管道上。当管径大于 400 mm，而采用溢流堰式跌水井时，其跌水水头高度、跌水方式及井身长度等，都应通过有关水力学公式计算求得。

跌水井的井底要考虑对水流冲刷的防护，要采取必要的加固措施。当检查井内上、下游管道的高程落差小于 1 m 时，可将井底做成斜坡，不必做成跌水井。

4. 闸门井

由于降雨或潮汐的影响，使园林水体水位增高，可能对排水管形成倒灌；或者，为了防止非雨时污水对园林水体的污染，控制排水管道内水的方向与流量，就要在排水管网中或排水泵站的出口处设置闸门井。

闸门井由基础、井室和井口组成。如单纯为了防止倒灌，可在闸门井内设活动拍门。活动拍门通常为铁质，圆形，只能单向开启。当排水管内无水或水位较低时，活动拍门依靠自重关闭，当水位增高后，由于水流的压力而使拍门开启。如果为了既控制污水排放，又防止倒灌，也可在闸门井内设置能够人为启闭的闸门。闸门的启闭方式可以是手动的，也可以是电动的；闸门结构比较复杂，造价也较高。

5. 倒虹管

由于排水管道在园路下布置时有可能与其它管线发生交叉，而它又是一种重力自流式的管道，因此，要尽可能在管线综合中解决好交叉时管道之间的标高关系。但有时受地形所限，如遇到要穿过沟渠和地下障碍物时，排水管道就不能按照正常情况敷设，而不得不以一个下凹的折线形式从障碍物下面穿过，这段管道就成了倒置的虹吸管，即所谓的倒虹管。

由图 6-2-5 中可以看到，一般排水管网中的倒虹管是由进水井、下行管、平行管、上行管和出水井等部分构成的。倒虹管采用的最小管径为 200 mm，管内流速一般为 1.2～1.5 m/s，不得低于 0.9 m/s，并应大于上游管内流速。平行管与上行管之间的夹角不应小于 150°，要保证管内的水流有较好的水力条件，以防止管内污物滞留。为了减少管内泥砂和污物淤积，可在倒虹管进水井之前的检查井内，设一沉淀槽，使部分泥砂污物在此预沉下来。

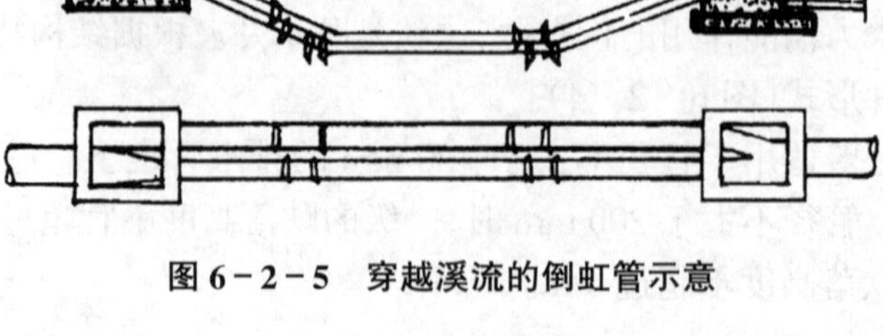

图 6-2-5　穿越溪流的倒虹管示意

6．出水口

排水管渠的出水口是雨水、污水排放的最后出口，其位置和形式，应根据污水水质、下游用水情况、水体的水位变化幅度、水流方向、波浪情况等因素确定。

在园林中，出水口最好设在园内水体的下游末端，要与给水取水区、游泳区等保持一定的安全距离。

雨水出水口的设置一般为非淹没式的，即排水管出水口的管底高程要安排在水体的常年水位线以上，以防倒灌。当出水口高出水位很多时，为了降低出水对岸边的冲击力，应考虑将其设计为多级的跌水式出水口。污水系统的出水口，则一般布置为淹没式，即把出水管管口布置在水体的水面以下，以使污水管口流出的水能够与河湖水充分混合，以减轻对水体的污染。园林中常用的各种排水口的具体处理情况，在本节后面地面排水部分还有介绍，这里不再多述。

6.2.4 排水管网的布置形式

园林排水系统的布置，是在确定了所规划、设计的园林绿地排水体制、污水处理利用方案和估算出园林排水量的基础上进行的。在污水排放系统的平面布置中，一般应确定污水处理构筑物、泵房、出水口以及污水管网主要干管的位置；当考虑利用污水、废水灌溉林地、草地时，则应确定灌溉干渠的位置及其灌溉范围。在雨水排水系统平面布置中，主要应确定雨水管网中主要的管渠、排洪沟及出水口的位置。在各种管网设施的基本位置大概确定后，再选用一种最适合的管网布置形式，对整个排水系统进行安排。

排水管网的布置形式主要有下述几种（如图6－2－6）。

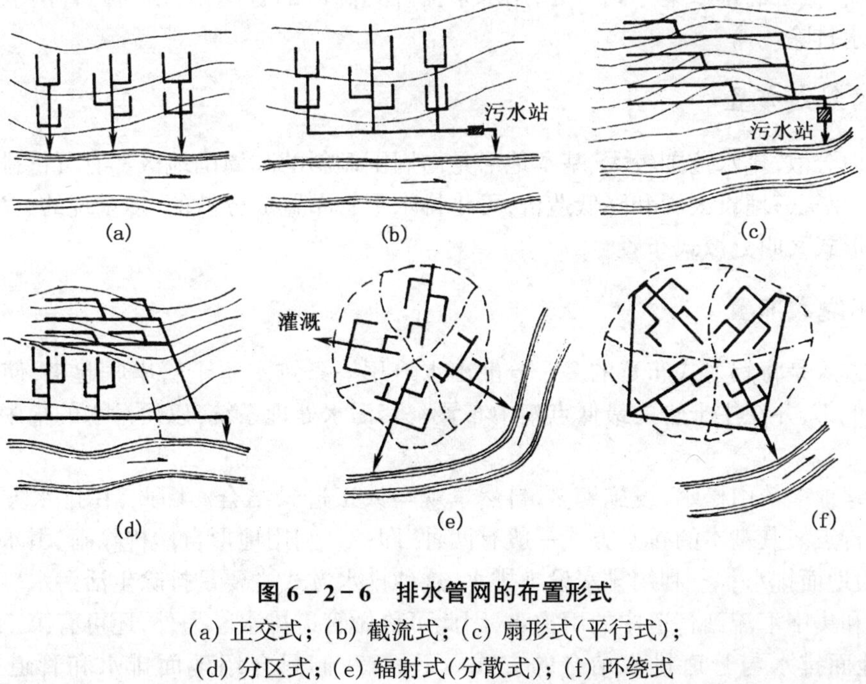

图6－2－6　排水管网的布置形式

(a) 正交式；(b) 截流式；(c) 扇形式（平行式）；

(d) 分区式；(e) 辐射式（分散式）；(f) 环绕式

1．正交式布置

当排水管网的干管总走向与地形等高线或水体方向大致呈正交时，管网的布置形式就是正交式。这种布置方式适用于排水管网总走向的坡度接近于地面坡度和地面向水体方向较均匀地倾斜时。采用这种布置，各排水区的干管以最短的距离通到排水口，管线长度短，管径较小，埋深小，造价较低。在条件允许的情况下，应尽量采用这种布置方式。

2．截流式布置

在正交式布置的管网较低处，沿着水体方向再增设一条截流干管，将污水截流并集中引到污水处理站。这种布置形式可减少污水对于园林水体的污染，也便于对污水进行集中处理。

3．扇形布置

在地势向河流湖泊方向有较大倾斜的园林中，为了避免因管道坡度和水的流速过大而造成管道被严重冲刷的现象，可将排水管网的主干管布置成与地面等高线或与园林水体流动方向相平行或夹角很小的状态。这种布置方式又可称为平行式布置。

4．分区式布置

当规划设计的园林地形高低差别很大时，可分别在高地形区和低地形区各设置独立的、布置形式各异的排水管网系统，这种形式就是分区式布置。低区管网可按重力自流方式直接排入水体的，则高区干管可直接与低区管网连接。如低区管网的水不能依靠重力自流排除，那么就将低区的排水集中到一处，用水泵提升到高区的管网中，由高区管网依靠重力自流方式把水排除。

5．辐射式布置

在用地分散、排水范围较大、基本地形是向周围倾斜的和周围地区都有可供排水的水体时，为了避免管道埋设太深和降低造价，可将排水干管布置成分散的、多系统的、多出口的形式。这种形式又叫分散式布置。

6．环绕式布置

这种方式是将辐射式布置的多个分散出水口用一条排水主干管串联起来，使主干管环绕在周围地带，并在主干管的最低点集中布置一套污水处理系统，以便污水的集中处理和再利用。

园林绿地多依山傍水，设施繁多，自然景观与人工造景结合。因此，在排水方式上也有其本身的特点。其基本的排水方式一般有两种，即：① 利用地形自然排除雨、雪水等天然降水，可称为地面排水；② 利用排水设施排水，这种排水方式主要是排除生活污水、生产废水、游乐废水和集中汇流到管道中的雨雪水，因此可称做管道排水。另外，还可有第三种排水方式，就是地面排水与管道排水结合的方式。下面，我们只介绍地面排水和管道排水两种方式。

6.2.5 地面与沟渠排水

这里主要介绍通过地面、排水沟渠排除雨雪水的方法。地面排水是园林绿地排除天然降水的主要方式。

1. 地表径流系数的确定

地面排水设计所需要的一个重要参数,就是地表的径流系数。当雨水降落到地面后,便形成了地表径流。在径流过程中,由于渗透、蒸发、植物吸收、洼地截流等原因,雨水并不能全部流入园林排水系统中,而只是流入其中的一部分。我们就将地面雨水汇水面积上的径流量与该面积上降雨量之比,叫做径流系数,用符号 φ 表示,即

$$\varphi = \frac{\text{地表径流量}}{\text{降雨量}} \tag{6-1}$$

具体地方径流系数值的大小,与汇水面积上的地形地貌、地面坡度、地表土质及地面覆盖情况有关,并且也和降雨强度、降雨时间长短等密切相关。例如,屋面、水泥或沥青路面是由不透水层所覆盖的,其 φ 值就比较大;草坪、林地等能够截流、渗透部分雨水,其值当然就比较小。地面坡度大,降雨强度大,降雨历时短,都会使雨水径流损失较小,径流量增大。反之,则会使得雨水径流损失增大。由于影响径流的因素是多方面的,因此要确定一个地区的径流系数,是比较困难的。

很显然,径流系数的值小于1。反过来看,如果我们已知道了具体地点的径流系数,再到气象部门查询当地一次降雨的最大降雨量,就可以根据式(6-1)算出一定汇水面积上的地表径流量。知道了径流量,地面排水沟渠的排水设计就有了依据。表6-2-2是园林中不同地面类型和不同土质条件下的已知径流系数,可供排水设计时参考。

表6-2-2 地面的径流系数值

类别		地面种类	φ值
人工地面	1	各种屋面,混凝土和沥青路面	0.90
	2	大块石铺砌和沥青表面处理的碎石路面	0.60
	3	级配碎石路面	0.45
	4	砖砌砖石和碎石地面	0.40
	5	非铺砌的素土路面	0.30
	6	绿化种植地面	0.15
素土地面	7	冻土、重粘土、冰沼土、沼泽土、沼化灰土	1.00
	8	粘土、盐土、碱土、龟裂地、水稻地	0.85
	9	黄壤、红壤、壤土、灰化土、灰钙土、漠钙土	0.80
	10	褐土、生草砂壤土、黑钙土、黄土、栗钙土、灰色森林土、棕色森林土	0.70
	11	砂壤土、长草的砂土	0.50
	12	砂	0.35

在实际地面排水设计和计算中，往往会遇到在同一汇水面积上兼有多种地面类别的情况。这时，就需要计算整个汇水面积上的平均径流系数 φ_p 值。平均径流系数 φ_p 值的计算方法是：将汇水面积上各种类别的地面，按其所占面积加权平均求得。计算公式如式(6-2)。

$$\varphi_p = \frac{\sum f_i \varphi_i}{F} \tag{6-2}$$

式中：φ_p——平均径流系数；

f_i——计算汇水面积上各类别地面的面积(万 m^2)；

φ_i——对应的汇水面积上各类别地面的径流系数；

F——计算总汇水面积(万 m^2)

2. 地表径流的组织与排除

在园林竖向设计中，既要充分考虑地面排水的通畅，又要防止地表径流过大而造成对地面的冲刷破坏。因此，在平地地形上，要保证地面有 3‰～8‰的纵向排水坡度，和 1.5%～3.5%的横向排水坡度。当纵向坡度大于 8‰时，还要检查其是否对地面产生了冲刷，冲刷程度如何。如果证明其冲刷较严重，就应对地形设计进行调整，或者减缓坡度，或者在坡面上布置拦截物，以降低径流的速度。

设计中，应通过竖向设计来控制地表径流；要多从排水角度来考虑地形的整理与改造，主要应注意以下几点：

(1) 地面倾斜方向要有利于组织地表径流，使雨水能够向排洪沟或排水渠汇集。

(2) 注意控制地面坡度，使之不至过陡。对于过陡的坡地要进行绿化覆盖或进行护坡工程处理，使坡面稳定，抗冲刷能力强，也减少水土流失。两面相向的坡地之间，应当设置有汇水的浅沟，沟的底端应与排水干渠和排洪沟连接起来，以便及时排走雨水。

(3) 同一坡度的坡面，即使坡度不大，也不要持续太长；太长的坡面使地表径流的速度越来越快，产生的地面冲刷越来越严重。对坡面太长的应进行分段设置。坡面要有所起伏，要使坡度的陡缓变化不一致，才能避免径流一冲到底，造成地表设施和植被的破坏。坡面不要过于平整；要通过地形的变化来削弱地表径流流速加快的势头。

(4) 要通过弯曲变化的谷、涧、浅沟、盘山道等组织起对径流的不断拦截，并对径流的方向加以组织，一步步减缓径流速度，把雨雪水就近排放到地面的排水明渠、排洪沟或雨水管网中。

(5) 对于直接冲击园林内一些景点和建筑的坡地径流，要在景点、建筑上方的坡地面边缘设置截水沟拦截雨水，并且有组织地排放到预定的管渠之中。

3. 截水沟与排水沟渠设计

1) 截水沟设计

截水沟一般应与坡地的等高线平行设置，其长短宽窄和深浅随具体的截水环境而定。宽而深的截水沟，其截面尺寸可达 100 cm×70 cm；窄而浅的截水沟截面则可以做得很小。例如在名胜古迹风景区摩崖石刻顶上的岩面开凿的截水沟，为了很好地保护文物和有效地拦截岩面雨水，就应开凿成窄而浅的小沟，其截面可小到 5 cm×3 cm。宽而深的截水沟，可用混凝土、砖石材料砌筑而成，也可仅开挖成沟底、沟壁夯实的土沟。窄而浅的截水沟，则常常开成小土沟,或者直接在岩面凿出浅沟。

2) 排水明渠设计

除了在园林苗圃中排水渠有三角形断面之外,一般的排水明渠都设计为梯形的断面。梯形断面的最小底宽应不小于 30 cm(但位于分水线上的明沟底宽可达 20 cm),沟中水面与沟顶的高度差应不小于 2 cm。道路边排水沟渠的最小纵坡坡度不得小于 0.2%;一般明渠的最小纵坡为 0.1%~0.2%。各种明渠的最小流速不得小于 0.4 m/s,个别地方酌减;土渠的最大流速一般不超过 1.0 m/s,以免沟底冲刷过度。各种明渠的允许最大流速见表 6-2-3。

表 6-2-3 排水明渠允许的最大流速

明渠类别	允许最大流速 $v/\mathrm{m\cdot s^{-1}}$
粗砂及贫砂质粘土	0.8
砂质粘土	1.0
粘土	1.2
石灰岩或中砂岩	4.0
草皮护面	1.6
干砌块石面	2.0
浆砌块石面或浆砌砖面	3.0
混凝土	4.0

设计中,对排水明渠的宽度、深度确定,即水渠断面面积的确定,可根据式(6-3)进行计算。式中,流量 Q 的数值可按照前述地表径流量的确定方法推算得出。流速的确定则要按照表 6-2-3 中的数据。

$$\omega=\frac{Q}{v} \tag{6-3}$$

明渠开挖沟槽的尺寸规定如下:梯形明渠的边坡用砖或混凝土块铺砌的一般采用 1∶0.75~1∶1 的边坡,在边坡无铺装情况下,应根据不同设计图纸采用表 6-2-4 中的数值。

表 6-2-4 梯形明渠的边坡

明渠土质	边坡坡度
粉砂	1∶3~1∶3.5
松散的细砂、中砂、粗砂	1∶2~1∶2.5
细实的细砂、中砂、粗砂	1∶1.5~1∶2
粗砂、粘质砂土	1∶1.5~1∶2
砂质粘土和粘土	1∶1.25~1∶1.5
砾石土和卵石土	1∶1.25~1∶1.5
半岩性土	1∶0.5~1∶1
风化岩石	1∶0.25~1∶0.5
岩石	1∶0.1~1∶0.25

3) 排洪沟设计

为了防洪的需要,在设计排洪沟前,要对设计范围内洪水的迹线(洪痕)进行必要的考察,设计中应尽量利用洪水迹线安排排洪沟。在掌握了有关洪水方面的资料后，就应当对洪峰的流量进行推算。最适于推算园林用地内洪峰流量的方法，是利用小面积设计流量公式进行计算。另外，也可以采用排水明渠设计流量的公式 $Q=\omega v$ 来对排洪沟洪峰流量进行推算。

$$Q=CF^m \tag{6-4}$$

式中：Q——设计径流量(m^3/s)；

C——径流模数(按表6－2－5选用)；

F——流域面积(km^2)；

m——面积指数。

表6－2－5　径流模数及面积指数

地　区	在不同洪水频率时的 C 值					
	1:2	1:5	1:10	1:15	1:20	m 值
华　北	8.1	12.0	16.5	18.0	19.0	0.75
东　北	8.0	11.5	13.5	14.6	15.8	0.85
东南沿海	11.0	15.0	18.0	19.5	22.0	0.75
西　南	9.0	12.0	14.0	14.5	16.0	0.75
华　中	10.0	4.0	17.0	18.0	19.6	0.75
黄土高原	5.5	6.0	7.5	7.7	8.5	0.80

一般排洪沟通常都采用明渠形式，设计中应尽量避免用暗沟。明渠排洪沟的底宽一般不应小于0.4～0.5 m。当必须采用暗沟形式时，排洪沟的断面尺寸一般不小于0.9 m(宽)×1.2 m(高)。排洪沟的断面形状一般为梯形或矩形。为便于就地取材，建造排洪沟的材料多为片石和块石，多采用铺砌方式建成。排洪沟不宜采用土明渠方式，因为土渠的边坡不耐冲刷。

排洪沟的纵坡，应自起端而至出口不断增大。但坡度也不应太大，坡度太大则流速过快，沟体易被冲坏。为此，对于浆砌片石的排洪沟，最大允许纵坡为30%；混凝土排洪沟的最大允许纵坡为25%。如果地形坡度太陡，则应采取跌水措施，但不得在弯道处设跌水。

为了不使沟底沉积泥砂，沟内的最小允许流速不应小于0.4 m/s。为了防止洪水对排洪沟的冲刷，沟内的最大允许流速应根据其砌筑结构及设计水深来确定。

4) 排水盲渠设计

盲渠(盲沟)是一种地下排水渠道，用于排除地下水，降低地下水位，效果不错。修筑盲沟的优点是：取材方便、造价低廉、地面完好、不留痕迹。在一些要求排水良好的活动场地(如高尔夫球场、一般大草坪等)或地下水位高的地区，为了给某些不耐水的植物生长创造条件，都可采用这种方法排水。

布置盲沟的位置与盲沟的密度要求视场地情况而定。通常以盲沟的支渠集水，再通过干渠将水排除掉。以场地排水为主的，直渠可多设，反之则少设。盲渠渠底纵坡不应小于5‰，如果情况允许的话，应尽量取大的坡度，以便于排水。

盲渠常见的构造情况，如图6－2－7所示。

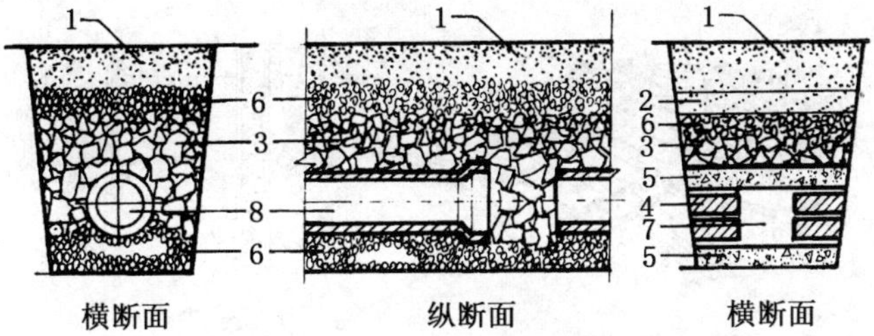

图 6-2-7　盲渠的构造

1—泥土；2—砂；3—石块；4—砖块；5—预制混凝土盖板；
6—碎石及碎砖块；7—砖块干叠排水管；8—ø80 mm 陶管

4. 防止地表径流冲刷地面的措施

当地表径流流速过大时,就会造成地表冲蚀。解决这一问题的方式,主要是在地表径流的主要流向上设置障碍物,以不断降低地表径流的流速。这方面的工作可以从竖向设计及工程措施方面考虑。通过竖向设计来控制地表径流的要求已在前面讲过,这里主要对设置地面障碍物来减轻地表径流冲刷影响的方法做些介绍。

1) 植树种草,覆盖地面

对地表径流较多、水土流失较严重的坡地,可以培植草本地被植物覆盖地面;还可以栽种乔木与灌木,利用树根紧固较深层的土壤,使坡地变得很稳定。覆盖了草本地被植物的地面,其径流的流速能够得到很好的控制,地面冲蚀的情况也能得到充分的抑制。

2) 设置"护土筋"

沿着山路坡度较大处,或与边沟同一纵坡且坡面延续较长的地方敷设"护土筋"。其做法是:采用砖石或混凝土块等,横向埋置在径流速度较大的坡面上,砖石大部分埋入地下,只有 3～5 cm 处露于地面,每隔一定距离(10～20 m)放置 3～4 道,与道路成一定角度,如鱼翅状排列于道路两侧,以降低径流流速,消减冲刷力。

3) 安放挡水石

利用山道边沟排水,在坡度变化较大处(如在台阶两侧),由于水的流速大,容易造成地面冲刷,严重影响道路路基。为了减少冲刷,在台阶两侧置石挡水,以缓解雨水流速。

4) 做"谷方",设消能石

当地表径流汇集在山谷或地表低洼处,为了避免地表被冲刷,在汇水线地带散置一些山石,作延缓阻碍水流用。这些山石在地表径流量较大时,可起到降低径流的冲力,缓解水土流失速率的作用。所用的山石体量应稍大些,并且石的下部还应埋入土中一部分,避免因径流过大时石底泥土被掏空,山石被冲走。

利用上述几种措施防止地表径流冲刷地面的情况,可见图 6-2-8。

5. 出水口处理

当地表径流利用地面或明渠排入园林水体时,为了保护岸坡,出水口应做适当的处理。常见的处理方法如下。

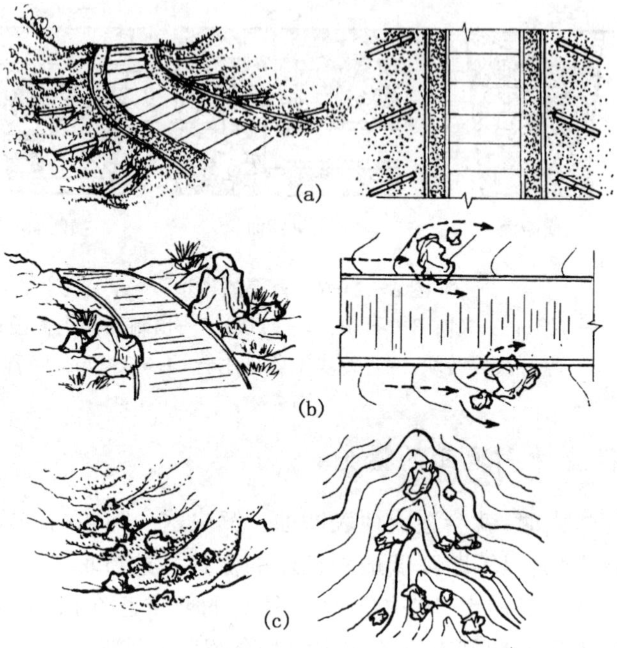

图 6-2-8　防止径流冲刷的工程措施

(a) 设置护土筋；(b) 设挡水石；(c) 做谷方

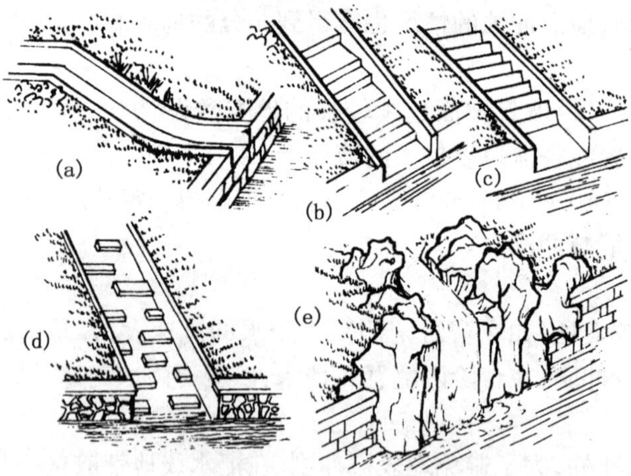

图 6-2-9　出水口的排水处理

(a) 水簸箕；(b) 消力阶；(c) 礓礤；
(d) 消力块；(e) 山石出水口

1) 做簸箕式出水口

即所谓做"水簸箕"，这是一种敞口式排水槽。槽身可采用三合土、混凝土、浆砌块石或砖砌体做成(图 6-2-9(a))。

2) 做成消力出水口

排水槽上、下口高差大时可以在槽底设置"消力阶"(图 6-2-9(b))、礓礤(图 6-2-9(c))或消力块(图 6-2-9(d))。

3) 做造景出水口

在园林中，雨水排水口还可以结合造景布置成小瀑布、叠水、溪涧、峡谷等，一举两得，既解决了排水问题，又使园景生动自然，丰富了园林景观内容(图 6-2-10)。

4) 埋管排水口

这种方法在园林中运用很多，即利用路面或道路两侧的明渠将水引至适当位置，然后设置排水管作为出水口(图 6-2-10)。排水管口可以伸出到园林水体水面以上或以下，管口出水直接落入水面，可避免冲刷岸边；或者，也可以从水面以下出水，从而将出水口隐藏起来。

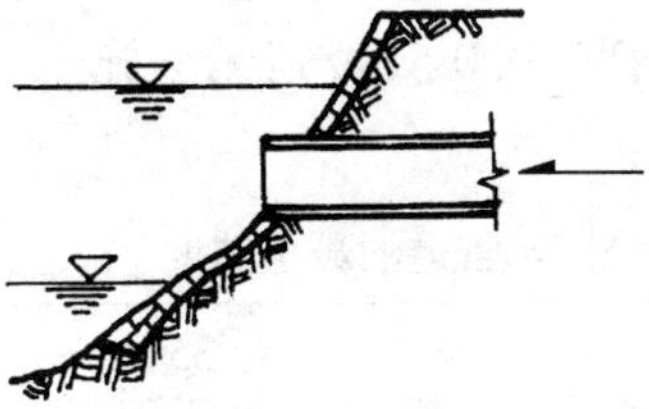

护坡式排水口

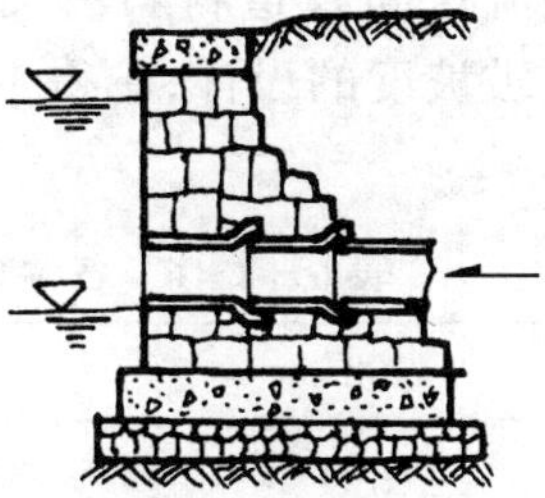

挡土墙式排水口

图 6-2-10 埋管排水口示意

6.2.6 管网排水

园林绿地的排水,一般主要靠地面及明渠排除。但一些生活污水、游乐废水、生产废水等及主要建筑周围、游乐场地周围、园景广场周围、主园路两侧等地方,则主要靠管道排水。这些管道在设计前,都需要进行计算。排水管网的水力计算是保证管网系统正确设计的基本依据。通过计算,要求使管网系统的设计达到:首先,是保证管道不溢流;如果发生溢流,将会对园林环境与景观产生很不好的影响。其次,要使管道中不发生淤积、堵塞现象,这就要求管道内的污水保证有一定的自净流速,这一流速能够避免管道的淤积。第三,应使管道内不产生高速冲刷,以免管道过早因冲刷而毁坏;管道内雨水、污水的流速要控制在一个不发生较大冲刷的最高限值以下。第四,要保证管道内通风排气,以免污物产生的气体发生爆炸。只有满足了这些要求,管网计算才是合乎实际需要的。排水管网水力计算的主要内容包括:管网流量与流速的计算、管道的设计充满度、最小设计坡度和管径计算等。

6.2.7 雨水管网设计

雨水排水系统的作用,就是要及时和有效地收集、输送和排除天然降水及园务废水。雨水排水管网的计算和设计,必须满足迅速排除园林内地面径流的要求。

在设计中,应注意以下具体问题:

要尽量利用地形条件,就近排水。依据地形的高低变化,尽可能采用重力自流方式布置雨水管道,将雨水就近排放到园林水体中,尽量使雨水管道布置在最短的线路上。为了就近排放和使线路最短,可将出水口的位置分散布置,安排到距离最近的水体边。出水口分散布置与集中布置相比较,具有规模小、构造简单、总造价较低的优点。并且,由于分散排放的雨水径流量相对较小,比较适合向一些面积较小的水体——如鱼池、荷花池、溪流等排放。在尽可能扩大重力自流管道排水范围的前提下,当遇到地形坡度较大时,雨水主干管应布置在地形的较低处;当地形比较平坦时,则以布置在相应排水区域的适中地带为好。同时,还要尽量避免设置雨水泵站,因为这将使排水管网的建设费用大大增加,而且也会使今后长久时间中的运转费用增大。

考虑到排水管道的上部荷载、冬季地面的冰冻深度及雨水连接管的坡度等因素,雨水管的埋深应稍深一些,最小覆土深度可采用 0.5~0.7 m,但一定要在冬季冻土层以下。

各种雨水管道在自流条件下的最小允许流速不得小于 0.75 m/s(个别地段允许

0.6 m/s)。最大允许流速同管道材料有关,金属管道不大于 10 m/s,非金属管道不大于 5 m/s。雨水管最小纵坡坡度的设计,不得小于 0.000 5,否则无法施工。一般管道纵坡可按表 6-2-6 取值。

表 6-2-6　各种管径雨水管道的最小坡度

管径/mm	200	300	350	400
最小坡度	0.004	0.003 3	0.003	0.002

一般雨水管的最小直径不小于 200 mm。公园绿地的径流中夹带泥砂及枯枝落叶较多,易堵塞管道,所以雨水管的最小管径限值可适当放大。根据经验,上海园林中目前的最小雨水管径采用了 300 mm。雨水管道的设计一般可根据经验选择管材和管径,必要时,可查阅有关资料进行计算。

在完成了管网的布置定线后,便可进行雨水口的布置。雨水口的设置位置,应能保证迅速有效地收集地面雨水。一般应在园路交叉口的雨水汇流点、路侧边沟的一定距离处和地势低洼的草坪、树木种植地以及设有道路边石的低洼地方设置雨水口,以防止雨水漫过道路或造成道路及低洼地区积水而妨碍交通。道路上雨水口的间距一般为 20～50 m,在低洼段和易积水地段,可多设雨水口。

园林绿地中雨水管出水口的设置标高应参照水体的常水位和最高水位来决定。一般来说,为了不影响园林景观,出水口最好设于常水位以下,但应考虑雨季水位涨高时不至倒灌,影响排水。雨水管网系统的设计方法和步骤,一般可按下述程序进行:

(1) 根据设计地区的气象、雨量记录及园林生产、游乐等废水排放的有关资料,推求雨水排放的总流量。

(2) 在与园林总体规划图比例相同的平面图上,绘出地形的分水线、集水线,标上地面自然坡度和排水方向,初步确定雨水管道的出水口,并注明控制标高。

(3) 按照雨水管网设计原则、具体的地形条件和园林总体规划的要求,进行管网的布置。确定主干渠道、管道的走向和具体位置,以及支渠、支管的分布和渠、管的连接方式。并确认出水口的位置。

(4) 根据各设计管段对应的汇水面积,按照从上游到下游、从支渠支管到干渠干管的顺序,依次计算各管段的设计雨水流量。

(5) 依照各设计管段的设计流量,再结合具体设计条件并参照设计地面坡度,确定各管段的设计流速、坡度、管径或渠道的断面尺寸。

(6) 根据水力、高程计算的一系列结果,从《给水排水标准图集》或地区的给排水通用图集中选定检查井、雨水口的形式,以及管道的接口形式和基础形式等。

(7) 在保证管渠最小覆土厚度的前提下,确定管渠的埋设深度,并依此进行雨水管网的一系列高程计算,要使管渠的埋设深度不超过设计地区的最大限埋深度。

(8) 综合上述各方面的工作成果,绘制雨水排水管网的设计平面图及纵断面图,并编制必要的设计说明书、计算书和工程概预算。

以上是对一般园林雨水管网系统设计过程的介绍。一些大型的管网工程,其设计过程和工作内容还要复杂得多,要根据具体情况灵活处理。

7 景观照明工程

本章研究如何利用电、光来塑造园林的灯光艺术形象，创造明亮、优美的园林环境，满足群众夜间游园活动、节日庆祝活动及安全保障的需要。我们先了解园林供电的基本知识，然后再重点研究如何利用电、光来塑造园林的灯光艺术形象。

7.1 供电基本知识

在学习景观照明工程之前，应了解有关电源、电压、变电和送配电等方面的基本知识。

7.1.1 电源与电压

1. 电源

电源是使其他形式的能量转变为电能的装置，如发电机、电池等。园林供电基本上都取之于地区电网，而地区电网的电源则为发电厂中的水力或火力发电机，只有少数距离城市较远的风景区才可能利用自然条件自发电使用。发电厂的电能需要通过输电线路，远距离地送到工业区、城市和农村。电能传输有两种方式：经变压器升压后直接输送的电能称之为“交流输电”；高压交流经整流，变换为直流后再输送的称之为“直流输电”。交流输电输送的交流电是电压、电流的大小和方向要随着时间变化而作周期性改变的一类电能。园林照明、喷泉、提水灌溉、游艺机械等的用电，都是交流电。在交流电供电方式中，一般都提供三相交流电源，即在同一电路中有频率相同而相位互差 120°的三个电源。园林供电系统中的电源也是三相的。

2. 电压与电功率

电压是静电场或电路中两点间的电势差，实用单位为伏(V)。在交流电路中，电压有瞬时值、平均值和有效值之分，常将有效值简称为“电压”。电功率是电做功快慢程度的量度，常用单位时间内所做的功或消耗的功来表示，单位为瓦特(W)。园林设施所直接使用的电源电压主要是 220 V 和 380 V 的，属于低压供电系统的电压，其最远输送距离为 350 m，最大输送功率为 175 千瓦(kW)。中压线路的电压为 1～10 千伏(kV)，10 kV 的输电线路的最大送电距离为 10 km，最大送电功率为 5 000 kW。高压线路的电压在 10 kV 以上，其具体的传输距离及输送功率参见表 7-1-1 所列。

表 7-1-1　输电线路电压与送电距离

线路电压(kV)	送电距离(km)		送电功率(kW)	
	架空线	埋地电缆	架空线	埋地电缆
0.22	≤0.15	≤0.20	≤50	≤100
0.38	≤0.25	≤0.35	≤100	≤175
6	10～5	≤8.00	≤2 000	≤3000
10	15～8	≤10.00	≤3 000	≤5000
35	50～20		2 000～10 000	
110	150～50		10 000～50 000	
220	300～100		100 000～500 000	
330	600～200		200 000～1000 000	

3. 三相四线制供电

从电厂的三相发电机送出的三相交流电源，采用三根火线和一根地线(中性线)组成一条电路，这种供电方式就叫做“三相四线制”供电。在三相四线制供电系统中，可以得到两种不同的电压，一是线电压，一是相电压。两种电压的大小不一样，线电压是相电压的$\sqrt{3}$倍。单相 220 V 的相电压一般用于照明线路的单相负荷；三相 380 V 的线电压则多用于动力线路的三相负荷。三相四线制供电的好处是不管各相负荷多少，其电压都是 0～220 V，各相的电器都可以正常使用。当然，如各相的负荷比较平衡，则更有利于减少地线的电流和线路的电耗。园林设施的基本供电方式都是三相四线制的。

4. 用电负荷

负荷又称“负载”，指动力或电力设备在运行时所产生、转换、消耗的功率。例如发电机在运行时的负荷指当时所发出的千瓦数。电力用户的负荷是指该用户向电网取用的功率。设备实际运行负荷与额定负荷相等时称“满负荷”或“全负荷”，超过额定负荷时则称“过负荷”。有时将连接在供电线路上的用电设备，例如电灯、电动机、空调等，称为该线路的负荷。不同设备的用电量不一样，其负荷就有大小的不同。负荷的大小即用电量，一般用度数来表示，1 度电就是 1 kWh。在三相四线制供电系统中，只用两条电线工作的电气设备如电灯，其电源是单相交流电源，其负荷称为单相负荷；凡是应用三根电源火线或四线全用的设备，其电源是三相交流电源，其负荷也相应属于三相负荷。无论单相还是三相负荷，接入电源而能正常工作的条件，都是电源电压达到其额定数值。电压过低或过高，用电设备都不能正常工作。根据用电负荷性质(重要性和安全性)的不同，国家将负荷等级分为三级：其中一级负荷是必须确保不能断电的，如果中断供电就会造成人身伤亡或造成重大的政治、经济损失，这种负荷必须有两个独立的电源供应系统；二级负荷是一般要保证不断电的，若断电就会造成公共秩序混乱或较大的政治、经济损失；三级负荷是对供电没有特殊要求，没有一、二级负荷的断电后果的。

7.1.2　送电与配电

1. 电力的输送

由火力发电厂和水电站生产的电能，要通过很长的线路输送，才能送达电网用户的电器设备。送电距离越远，则线路的电能损耗就越大。送电的电压越低，电耗也会越大。因此，电厂生产的电能必须要用高压输电线输送到远距离的用电地区，然后再经降压，以低压输电线将电能分配给用户。通常，发电厂的三相发电机产生的电压是 6 kV、10 kV 或 15 kV，在送上电网之前都要通过升压变压器升高电压到 35 kV 以上。输电距离和功率越大，则输电电压也应越高。高压电能通过电网输送到用电地区所设置的 6 kV、10 kV 降压变电所，降低电压后又通过中压电路输送到用户的配电变压器，将电压再降到 380/220 V，供各种负荷使用。图 7-1-1 是这种送配电过程的示意简图。

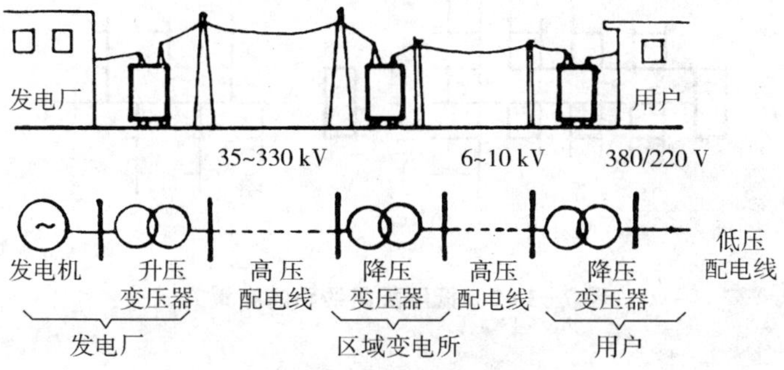

图 7-1-1　送配电过程示意简图

2. 配电线路布置方式

为用户配电主要是通过配电变压器降低电压后，再通过一定的低压配电方式输送到用户设备上。在到达用户设备之前的低压配电线路，可采用如下所述的布置形式：

(1) 链式线路　从配电变压器引出的 380/220 V 低压配电主干线，顺序地连接起几个用户配电箱，其线路布置如同链条状。这种线路布置形式适宜在配电箱设备不超过 5 个的较短的配电干线上采用。

(2) 环式线路　通过从变压器引出的配电主干线，将若干用户的配电箱顺序地联系起来，而主干线的末端仍返回到变压器上。这种线路构成了一个闭合的环。环状电路中任何一段线路发生故障，都不会造成整个配电系统断电。以这种方式供电的可靠性比较高，但线路、设备投资也相应要高一点。

(3) 放射式线路　由变压器的低压端引出低压主干线至各个主配电箱，再由每个主配电箱各引出若干条支干线，连接到各个分配电箱。最后由每个分配电箱引出若干小支线，与用户配电极及用电设备连接起来。这种线路分布呈三级放射状，供电可靠性高，但线路和开关设备等投资较大，所以较适合用电要求比较严格、用电量也比较大的用户地区。

(4) 树干式线路　从变压器引出主干线，再从主干线上引出若干条支干线，从每一条支干线上再分出若干支线与用户设备相连。这种线路呈树木分枝状，减少了许多配电箱及开关设备，因此投资比较少。但是，若主干线出故障，则整个配电线路即不能通电，所以，这种形式用电的可靠性不太高。

(5) 混合式线路　即采用上述两种以上形式进行线路布局，构成混合了几种布置形式优点的线路系统。例如在一个低压配电系统中，对一部分用电要求较高的负荷采用局部的放射式或环式线路，对另一部分用电要求不高的用户则可采用树干式局部线路，整个线路则构成了混合式(如图 7-1-2 所示)。

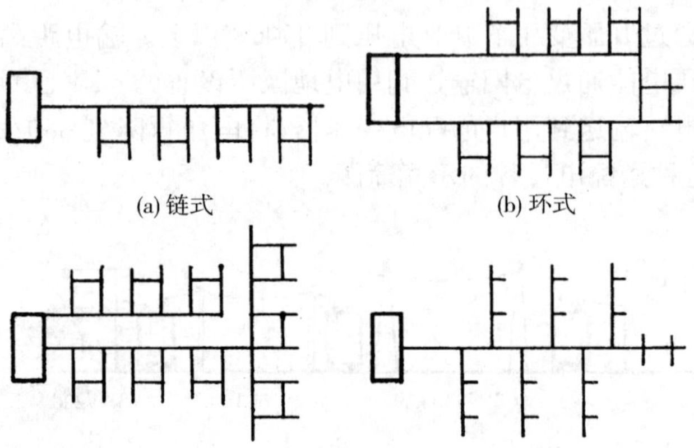

图 7-1-2　低压配电线路的布置方式

7.2　照明工程

视觉中物之所以存在，乃是光的作用。从单一的物品到环境整体，“光”界定其质感、颜色、体积甚至于精神层面的特质。从苏州庭园中白粉墙漫射的光产生剪影般的背景，到大上海东方明珠塔屹立在夜空中宝石般的璀璨辉煌，人们通过光，把自然的升华为人性的，把人性的回归为自然的。在高度文明的今天，人类对灯的认识，绝不仅是照明功能这一粗浅刻板的观点，而已经积极地延伸到文化艺术科学的层面。

灯用在不同的地方，以不同的使用方法，创造出不同的灯光效果，不仅具有艺术性、安全性、防范性、经济性，还融为环境的一道景观。富有创造性的造型设计，能使白天的街道更具魅力，而灯光明暗、色泽、层次的变化能够营造出夜晚环境的魅力，突出了城市与人、自然与人类之间和谐的气氛，进而使我们创造出富有个性的氛围。那么光的性质是什么？怎样选择光源？什么是灯具的艺术性、安全性、防范性、经济性？如何选择灯具？这些将是我们下面要探讨的问题。

7.2.1　光和电光源

1. 光的性质与强弱

1) 色温

光的性质是由光的色温来确定的。色温是使国际标准黑体发出某一颜色光的温度。用作衡量各种光源发射出光的颜色。不同的光产生不同的色调，有的显现暖色调，有的显示冷色调。我们以开尔文(K)为计量单位来表示色温的变化。

表 7-2-1　光色与色温关系对照表

自然光	色温	相应的电光源
晴朗的天空	12 000 K	
	7 500 K	蓝色金属卤化物灯
阴云的天空	7 000 K	
白天北窗射进的光	6 500 K	白色荧光灯
	5 500 K	白色金属卤化物灯
头顶的太阳光	5 250 K	
	4 500 K	汞灯
圆月光	4 152 K	
	3 300 K	暖色荧光灯
	2 800 K	白炽灯
	2 100 K	高压钠灯
地平线上的太阳光	1 850 K	

2) 光的强弱

常用的照明光线量度单位有光通量、发光强度、照度和亮度。

(1) 光通量(F)　光通量指单位时间内光源发出的可见光量之和，说明一个光源在不管其方向的情况下发出的光能总量，其符号为 F，光通量的单位是流明(lumen，简写 lm)。

(2) 发光强度(I，光强)　发光强度是光源在某方向发出的光通量的强度。发光强度的单位是坎德拉(cd)。它表示在一单位立体角(1 球面度)内均匀发出 1 lm 的光通量。

(3) 照度(E)　照度表示了被照物表面接收的光通量密度，可用来判定被照物的照明状况，其表示符号为 E。照度的常用单位是勒克斯(lx)，它等于 1 lm 的光通量均匀分布在 1 m^2的被照面上，即 1 lx＝1 lm/m^2。照明的照度按如下系列分级：简单视觉照明应采用 0.5、1、2、3、5、10、15、20、30 lx；一般视觉照明应采用 50、75、100、150、200、300 lx；特殊视觉照明应采用 500、750、1 000、1 500、2 000、3 000 lx。

(4) 亮度(L)　亮度指发光面在某一方向的发光强度与可看到面积的乘积。表示一个物体的明亮程度，用符号 L 来代表。亮度的旧单位是尼特(nt)，现在一般用坎每平方米，1nt＝1cd/m^2。

(5) 光效(K)　光效是电光源将电能转化为光的能力，以发光量除以输入功率表示。单位是 lm/W。

3) 色温、亮度与气氛的关系

光色对人有一定的生理和心理作用。在生理作用方面，红色使人神经兴奋，蓝色使人沉静，夜晚看到火或红色的灯光感到物体的距离近，而看到蓝色则会感到物体的距离远。这是由于红黄色光的波长较长，有近感；而蓝色光波长较短，有远感的原因。在心理作用方面，红色能使人食欲增强，而且蓝色则使人食欲减退。人看到红色、橙色易联想到火，看到蓝色易联想到水。因此我们把红、橙、黄称为暖色，把青、蓝、紫称为冷色(表 7-2-2)。

除了色温影响照明气氛之外，色温与亮度的关系也影响环境的气氛。当使用色温高的光源时，如亮度不够、均匀度不好时，会给人一种阴森可怕的感觉。所以在医院、学校或行人

表 7-2-2 光色与气氛的关系

色温值	光色	气氛效果	相应的电光源
≥5 000 K	冷白	清凉、幽静	高级金属卤化物灯、镝灯
3 300～5 000 K	白色	爽快、明亮	日光灯、白色金属卤化物灯、白色荧光灯、汞灯
≤3 300 K	暖白	稳重、祥和	白炽灯、高压钠灯

稀少的地方，慎用色温高的光源，同时应特别注意亮度的要求。相反，使用色温低的光源，亮度太高则会使环境变得闷热、压抑。所以在使用色温低的光源时，也应注意控制光的亮度。一般情况下室内照明如使用白炽灯，照度在 50～200 lx，而用日光灯、金卤灯，照度往往需要在 300～500 lx 以上（见图 7-2-1）。

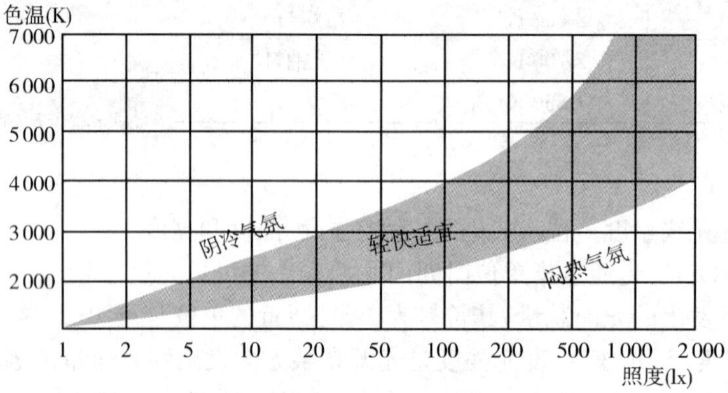

图 7-2-1 亮度、色温与气氛的关系图

2. 光的照明质量

高质量的照明效果是对受照环境的照度、亮度、眩光、阴影、显色性、稳定性等因素正确处理的结果。在园林照明设计中，这些方面都是要注意处理好的。

1）照度与亮度

照度水平是衡量照明质量的一种基本技术指标。在影响视力的因素方面，由不同照度水平所造成的被观察物与其背景之间亮度对比的不同，是我们考虑照度安排时的一个主要出发点。不同环境照度水平的确定，要照顾到视觉的分辨度、舒适度、用电水平和经济效益等诸多因素。表 7-2-3 是一般园林环境及其建筑环境所需照度水平的标准值。

在园林环境中，人的视觉从一处景物转向另一处景物时，若两处亮度差别较大，眼睛将被迫经过一个适应过程，如果这种适应过程次数过多，视觉就会感到疲劳。因此，在同一空间中的各个景物，其亮度差别不要太大。另一方面，被观察景物与其周围环境之间的亮度差别却要适当大一些。景物与背景的亮度相近时，不利于观赏景物。所以，相近环境的亮度就应当尽可能低于被观察物的亮度。国际照明委员会（CIE）推荐认为，被观察物的亮度如为相近环境亮度的 3 倍时，视觉清晰度较好，观察起来比较舒适。

2）光源的显色性

同一被照物在不同光源的照射下显现出不同颜色的特性就是光源的显色性。照射对象

表 7-2-3　园林环境与建筑照明的照度标准值

照度(lx)	园林环境	室内环境
10～15	自行车场、盆栽场、卫生处置场	配电房、泵房、保管室、电视室
20～50	建筑入口外区域、观赏草坪、散步道	厕所、走道、楼梯间、控制室
30～75	小游园、游憩林荫道、游览道	舞厅、咖啡厅、冷饮厅、健身房
50～100	游戏场、休闲运动场、建筑庭院、湖岸边、主园路	茶室、游艺厅、主餐厅、卫生间、值班室、播音室、售票室
75～150	游乐园、喷泉区、游艺场地、茶园	商店顾客区、视听娱乐室、温室
100～200	专类花园、花坛区、盆景园、射击馆	陈列厅、小卖部、厨房、办公室、接待室、会议室、保龄球馆
150～300	公园出入口、游泳池、喷泉区	宴会厅、门厅、阅览室、台球室
200～500	园景广场、主建筑前广场、停车场	展览厅、陈列厅、纪念馆
500～1 000	城市中心广场、车站广场、立交广场	试验室、绘图室

附注:表中所列标准照度的范围,均指地面的照度标准。

的颜色效果在很大程度上取决于光的显色性,其表现方法有两种:一种是正确表现照射对象的色彩,即所谓的“忠实显色”,比如白炽灯照射图画,画中的颜色变化很少,真实地反映了图画中的颜色;另一种是加强显色,比如绿色金属卤化物灯照在绿树上,树的颜色会更显亮丽。

评价显色性的指标叫显色指数(Ra),由于人们非常习惯于在日光照射下分辨颜色,所以在显色性比较中,就以日光或接近日光光谱的人工光源作为标准光源,以其显色性为显色指数 100。光源的显色指数数值越接近 100,显色性越高。比如白天的阳光 Ra 为 100,日光灯 Ra 为 63～76,金属卤化物灯的 Ra 为 70,高压钠灯的 Ra 为 23,白炽灯的 Ra 为 95。

不过照明的目的并非全都是为了反应照明对象的真实颜色,所以,并不能说显色指数越高的光源,其质量就越高。在需要正确辨别颜色的场所,就要采用显色指数高的光源,或者选择光谱适宜的多种光源混合起来进行混光照明。

3) 眩光与照明稳定性

眩光造成视觉不适或视力降低,其形式有直射眩光和反射眩光两种。直射眩光是由高光度光源直接射入人眼造成的,而反射眩光则是由光亮的表面如金属表面和镜面等反射出强烈光线间接射入人眼而形成眩光现象。

限制直射眩光的方法,主要是控制光源在投射方向 45°～90°范围内的亮度,如采用乳白玻璃灯泡或用漫射型材料作封闭式灯罩等。限制反射眩光的方法,可以通过适当降低光源亮度并提高环境亮度、减小亮度对比来解决,或者通过采用无光泽材料制作灯具来解决。

照明光源要求具有很好的稳定性,但稳定性却是由电源电压变化造成的。在对照明质量要求较高的情况下,照明线路应当完全和动力线路分开,从配电变压器引出一条至几条照明专用干线,分别接入各照明配电箱,然后再从配电箱引出多条照明支线,将多个照明点连接起来,为照明输送电源,避免动力设备对电压的冲击影响,或者安装稳压器以控制电压变化。

照明光源有热辐射光源和气体放电光源之分,它们均能用上述方法获得稳定性光源,但在一些情况下,气体放电光源的线路却要作特殊处理。气体放电光源在照射快速运动的物体时,会产生频闪现象,破坏视觉的稳定性,甚至使人产生错觉发生事故。因此,气体放电光源不能用于有快速转动或移动物体的场所作为照明光源。如果要降低频闪效应,可采用三相电源分相供给三灯管的荧光灯；对单相供电的双灯管荧光灯则采用移相法供电，这就可有效地减少频闪现象。

4）立体感

为了使照明对象更富有魅力，有必要做立体感、层次感的照明。对照明对象而言，没有立体感和过分强调立体感都不是最好的处理效果。

立体感是由照明对象左右两侧明暗之差形成的，若左右差距不够，照明阴影则不明显，差距太大，则阴影强烈。一般较适当的照度差在 1∶3～1∶5 之间。

3. 电光源的种类及其应用

根据发光特点，照明光源可分为热辐射光源(图 7-2-2)和气体放电光源(图 7-2-3)两大类。热辐射光源最具有代表性的是钨丝白炽灯和卤钨灯，气体放电光源比较常见的有荧光灯、荧光高压汞灯、金属卤化物灯、钠灯、氟灯等。

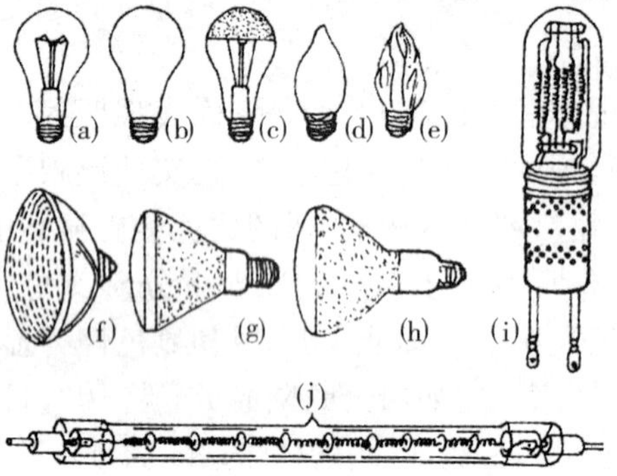

图 7-2-2　热辐射光源的种类

(a) 普通白炽灯　(b) 乳白灯泡　(c) 镀银碗形灯泡　(d)～(e) 火焰灯　(f)～(g) PAR 灯　(h) R 灯　(i) 卤钨灯　(j) 管状卤钨灯

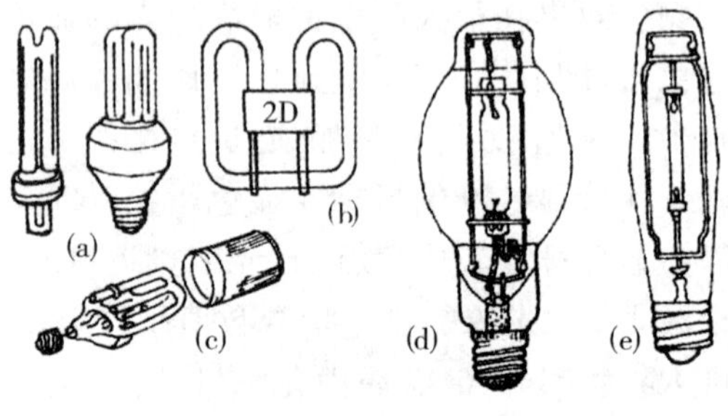

图 7-2-3　气体放电光源的种类

(a) H 灯　(b) 双 D 灯　(c) 双曲灯　(d) 高压汞灯　(e) 钠灯

1）白炽灯

普通白炽灯具有构造简单、使用方便、能瞬间点亮、无频闪现象、价格便宜、光色优良、易于进行光学控制并且可适合各种用途等特点。所发出的光以长波辐射为主，呈暖白色，与天然光有些差别。其发光效率比较低，仅 6.5～19 lm/W，只有 2%～3%的电能转化为光。灯泡的平均寿命为 750～1 500 h 左右。白炽灯灯泡有以下一些形式。

(1) 普通型　为透明玻璃壳灯泡，有功率为 10 W、15 W、20 W、25 W、40 W 以至 1 000 W 等多种规格。40 W 以下是真空灯泡，40 W 以上则充以惰性气体。

(2) 反射型　在灯泡玻璃壳内的上部涂以反射膜，使光线向一定方向投射，光线的方向性较强，功率常见有 40～500 W。

(3) 漫射型　采用乳白玻璃壳或在玻璃壳内表面涂以扩散性良好的白色无机粉末，使灯光具有柔和的漫射特性，常见有 25～250 W 等多种规格。

(4) 装饰型　用颜色玻璃壳或在玻璃壳上涂以各种颜色，使灯光成为不同颜色的色光，其功率一般为 15～40 W。

(5) 水下型　水下灯泡一般用特殊的彩色玻璃壳制成，功率为 1 000 W 和 1 500 W。这种灯泡主要用在涌泉、喷泉、瀑布水池中作水下灯光造景。

2）微型白炽灯

这类光源虽属白炽灯系列，但由于它功率小，所用电压低，因而照明效果不好，在园林中主要是作为图案、文字等艺术装饰使用，如可塑霓虹灯、美耐灯、带灯、满天星灯等。微型灯泡的寿命一般在5 000～10 000 h以上，其常见的规格有6.5 V/0.46 W、13 V/0.48 W、28 V/0.84 W等几种，体积最小的其直径只有3 mm，高度只有7 mm。特种微型白炽灯泡主要有以下三种形式：

(1) 一般微型灯泡　这种灯泡主要是体积小、功耗小，只起普通发光装饰作用。

(2) 断丝自动通路微型灯泡　这种灯泡可以在多灯串联电路中某一个灯泡的灯丝烧断后，自动接通灯泡两端电路，从而使串联电路上的其他灯泡能够继续发光。

(3) 定时亮灭微型灯泡　灯泡能够在一定时间中自动发光，又能在一定时间中自动熄灭。这种灯泡一般不单独使用，而是在多灯泡串联的电路中，使用一个定时亮灭微型灯泡来控制整个灯泡组的定时亮灭。

3）卤钨灯

是白炽灯的改进产品，光色发白，较白炽灯有所改良；其发光效率约为21 lm/W，平均寿命约500～2 000 h，其规格有500 W、1 000 W、1 500 W、2 000 W四种。卤钨灯有管形和泡形两种形状，具有体积小、功率大、可调光、显色性好、能瞬间点燃、无频闪效应、发光效率高等特点，多用于较大空间和要求高照度的场所。管形卤钨灯需水平安装，倾角不得大于4°，在点亮时灯管温度达600 ℃左右，故不能与易燃物接近。

4）荧光灯

俗称日光灯，其灯管内壁涂有能在紫外线刺激下发光的荧光物质，依靠高速电子，使灯管内蒸气状的汞原子电离而产生紫外线进而发光。其发光效率一般可达45 lm/W，有的可达70 lm/W以上。灯管表面温度很低，光色柔和，眩光少，光质接近天然光，有助于颜色的辨别，并且光色还可以控制。灯管的寿命长，一般在2 000～3 000 h，国外也有达到10 000 h以上的。荧光灯的常见规格有8 W、20 W、30 W、40 W等，其灯管形状有直管形、环形、U形和反射形等。近年来还发展有用较细玻璃管制成的H形灯、双D形灯、双曲灯等，被称为高效节能日光灯，其中还有些将镇流器、启辉器与灯管组装成一体的，可以直接代换白炽灯使用。从发光特点方面，可以将荧光灯分为下述几种形式。

(1) 普通日光灯　是直径为16 mm和38 mm、长度为302.4～1 213.6 mm的直灯管。

(2) 彩色日光灯　灯管尺寸与普通日光灯相似，有蓝、绿、白、黄、淡红等各色，是很好的装饰兼照明用的光源。

(3) 黑光灯　能产生强烈的紫外线辐射，用于诱捕危害园林植物的昆虫。

(4) 紫外线杀菌灯　也产生强烈紫外线，但用于小卖部、餐厅食物的杀菌消毒和其他有机物贮藏室的灭菌。

5）荧光高压汞灯

发光原理与荧光灯相同，有外镇流荧光高压汞灯和自镇流荧光高压汞灯两种基本形式。自镇流荧光高压汞灯利用自身的钨丝代作镇流器，可以直接接入220 V/50 Hz的交流电路上，不用镇流器。荧光高压汞灯的发光效率一般可达50 lm/W，灯泡的寿命可达5 000 h，具有耐震、耐热的特点。普通荧光高压汞灯的功率为50～1 000 W，自镇流荧光高压汞灯的功率常见的有 160 W、250 W 和 450 W 三种。高压汞灯的再启动时间长达 5～10 s，不能瞬间点亮，因此不能用于事故照明和要求迅速点亮的场所。这种光源的光色差，呈蓝紫色，在其光下不能正确分辨被照射物体的颜色，故一般只用作园林广场、停车场、通车主园路等不需要仔细辨别颜色的大面积照明场所。

6）钠灯

它是利用在高压或低压钠蒸气中放电时发出可见光的特性制成的灯。钠灯的发光效率高，一般在 100 lm/W 以上，寿命长，一般在 3 000 h 左右。其规格从 70～400 W 的都有。低压钠灯的显色性差，但透雾性强，很少用在室内，主要用于园路照明。高压钠灯的光色有所改善，呈金黄色，透雾性能良好，故适用于一般的园路、出入口、广场、停车场等要求照度较大的广阔空间照明。

7）金属卤化物灯

它是在荧光高压汞灯基础上，为改善光色而发展起来的所谓第三代光源。灯管内充有碘、溴与锡、钠、镝、铊、铟、铊等金属的卤化物，紫外线辐射较弱，显色性良好，可发出与天然光相近似的可见光。发光效率可达到 70～100 lm/W，其规格则有 250 W、400 W、1 000 W 和3 500 W 等四种。金属卤化物灯类的最新产品是陶瓷金属卤化物灯(CMH)。金属卤化物灯尺寸小，功率大，光效高，光色好，启动所需电流低，抗电压波动的稳定性比较高，因而是一种比较理想的公共场所照明光源。但它有寿命较短的不足，一般在 1 000 h 左右，3 500 W 的金属卤化物灯则只有 500 h 左右。

8）氙灯

氙灯具有耐高温、耐低温、耐震、工作稳定、功率可做到很大等特点，并且其发光光谱与太阳光极其近似，因此被称为“人造小太阳”，可广泛应用于城市中心广场、立交桥广场、车站、公园出入口、公园游乐场等面积广大的照明场所。氙灯的显色性良好，平均显色指数达 90～94，其光照中紫外线强烈，因此安装高度不得小于 20 m。美中不足的是氙灯的寿命较短，在 500～1 000 h 之间。

园林照明的常用光源在电工特性方面的比较，可见表 7-2-4。

4. 电光源的选择

为园林中不同的环境确定照明光源，要根据环境对照明的要求和不同光源的照明特点，作出以下选择。

对园林内重点区域或对辨别颜色要求较高、光线条件要求较好的场所照明，应考虑采用光效较高和显色指数较高的光源，如氦灯、卤钨灯和日光色荧光灯等。对非主要的园林附属建筑和边缘区域的园路等，应优先考虑选用廉价的普通荧光灯或白炽灯。

需及时点亮、需经常调光和需要频繁开关灯的场所，或因频闪效应影响视觉效果以及需要防止电磁干扰的场所，宜采用白炽灯和卤钨灯。

如城市中心广场、车站广场、立交桥广场、园景广场和园林出入口场地等有高挂条件并需大面积照明的场所，宜采用氙灯或金属卤化物灯。

选用荧光高压汞灯或高压钠灯，可在振动较大的场所获得良好而稳定的照明效果。

当采用一种光源仍不能满足园林环境显色要求时，可考虑采用两种或多种光源作混光照明，来改善显色效果。

表 7-2-4 常用照明光源的特性比较

	白炽灯	卤钨灯	荧光灯	荧光高压汞灯	管形氙灯	高压钠灯	金属卤化物灯
额定功率(W)	10～1 000	500～2 000	6～125	50～1 000	1 500～10 000	250～400	400～1 000
光效(lm/W)	6.5～19	19.5～21	25～67	30～50	20～37	90～100	60～80
平均寿命(h)	1 000	1 500	2 000～3 000	2 500～5 000	500～1 000	3 000	2 000
显色系数	95～99	95～99	70～80	30～40	90～94	20～25	65～85
色温(K)	2 700～2 900	2 900～3 200	2 700～6 500	5 500	5 500～6 000	2 000～2 400	5 000～6 500
启动稳定时间	瞬时	瞬时	1～3 s	4～3 min	1～2 s	4～8 min	4～8 min
再启动时间	瞬时	瞬时	瞬时	4～10 min	瞬时	10～20 min	10～15 min
功率因数 $\cos\varphi$	1	1	0.33～0.7	0.44～0.7	0.44～0.9	0.44	0.4～0.61
频闪效应	不明显	不明显	明显	明显	明显	明显	明显
表面亮度	大	大	小	较大	大	较大	大
电压对光通影响	大	大	较大	较大	较大	大	较大
温度对光通影响	小	小	大	较小	小	较小	较小
耐震性能	较差	差	较好	好	好	较好	好
所需附件	无	无	镇流器 启辉器	镇流器	镇流器 启辉器	镇流器	镇流器 触发器
使用场所	大量用于景物装饰照明、水下照明和公共场所强光照明	较大空间和要求高照度的场所。如广场、体育场、建筑物等照明	家庭、办公室、图书馆、商店等建筑物室内照明	公园、广场、步行道、运动场所等大面积室外照明	特别适合城市广场、公园入口及游乐场等大面积场所的照明	广泛用于公园、广场、医院、道路、机场等场所的照明	主要用于广场、大型游乐场、体育场、道路等投光照明

在选择光源的同时，还应结合考虑灯具的选用，灯具的艺术造型、配光特色、安装特点和安全特点等都要符合充分发挥光源效能的要求。

5. 园林灯具选择

灯具是光源、灯罩及其附件的总称。灯具的作用是固定电光源，把光分配到需要的方向，防止光源引起的眩光以及保护光源不受外力及外界潮湿气体的影响等。

1）灯具的分类

灯具有装饰灯具和功能灯具两类，装饰灯具以灯罩的造型、色彩为首要考虑因素，而功能灯具却把提高光效、降低眩光、保护光源作为主要选择条件。一种比较通行的划分方法是按照灯具的散光方式分为五类：

（1）间接型灯具　灯具下半部用不透光的反光材料做成，光通量仅为0～10%。光线全部由上半部射出，经顶棚再向下反射，上半部可具有90%～100%的光通量。这类灯具的光线均匀柔和，能最大限度地减弱阴影和眩光，但光线的损失量很大，使用起来不太经济，主要是作为室内装饰照明灯具。

（2）半直接型灯具　这种灯具常用半透明的材料制成开口的灯罩样式，如玻璃碗形灯罩、玻璃菱形灯罩等。它能将较多的光线照射到地面或工作面上，又能使空间上半部得到一些亮度，改善了空间上、下半部的亮度对比关系。上半部的光通量为10%～40%，下半部为60%～90%。这种灯具可用在冷热饮料厅、音乐茶座等需要照度不太大的室内环境中(见图7-2-4(a))。

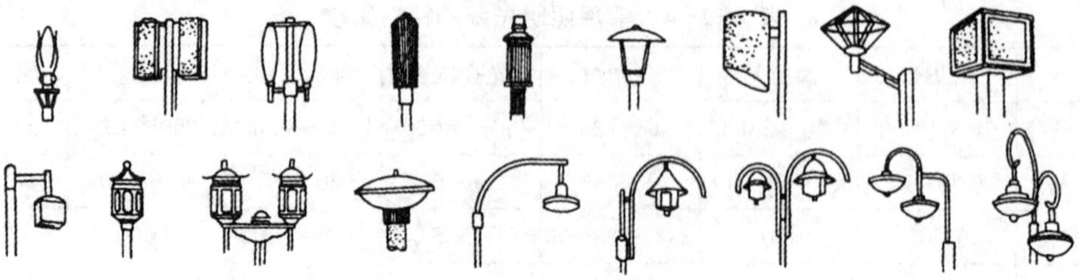

(a) 半直接型、半间接型灯具

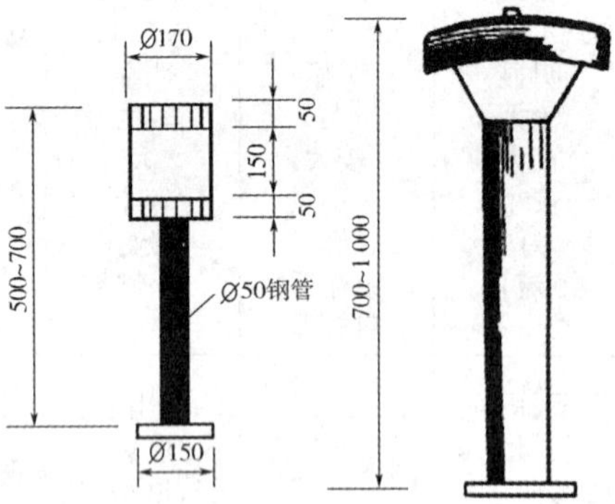

(b) 均匀漫射型灯具

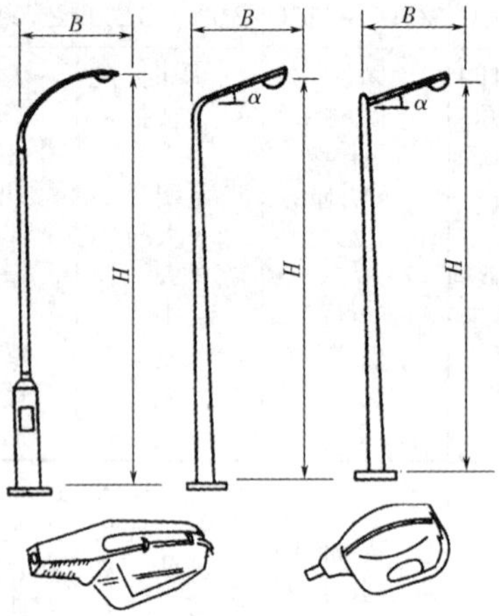

(c) 直接型灯具

图 7-2-4　各类灯具的示例

(3) 半间接型灯具　灯具上半部用透明材料,下半部用漫射性透光材料做成。照射时可使上部空间保持明亮,光通量达 60%～90%,而下部空间则显得光线柔和均匀,光通量为 10%～40%。在使用过程中,上半部容易积灰尘,会影响灯具的效率。半间接型灯具主要用于园林建筑的室内装饰照明(见图 7-2-4(a))。

(4) 均匀漫射型灯具　常用均匀漫射透光的材料制成封闭式的灯罩,如乳白玻璃球形灯等。灯具上半部和下半部光通量都差不多,各为 40%～60%。这种灯具损失光线较多,但造型美观,光线柔和均匀,因此常被用作庭院灯、草坪灯及小游园场地灯(见图 7-2-4(b))。

(5) 直接型灯具　一般由搪瓷、铝和镀银镜面等反光性能良好的不透明材料制成,灯具的上半部几乎没有光线,光通量仅为 0～10%,下半部的光通量达 90%～100%,光线集中在下半部发出,方向性强,产生的阴影也比较浓。在园路边、广场边、园林建筑边都常用直接型灯具(见图 7-2-4(c))。

如果按照灯具的结构方式来划分,可分为开启型、闭合式、密封式和防爆式,即光源与外界环境直接相通的开启式灯具,具有能够透气的闭合透光罩的保护式灯具,透光罩将内外隔绝并能够防水防尘的密闭式灯具,在任何条件下也不会引起爆炸的防爆式灯具。

2) 道路与街路照明灯具安全要求

根据《道路与街路照明灯具的安全要求》(GB 7000.5—1996)和 IEC(国际电工委员会)标准,道路与街路照明灯具应符合如下基本要求:

①灯具的结构要求;②关于爬电距离和电气间隙;③关于接地规定的要求;④关于外部

及内部接线要求；⑤关于防触电保护要求；⑥关于防水、防尘要求；⑦关于绝缘电阻和介电强度；⑧关于耐热、耐火和耐电痕要求；⑨关于防腐、防范要求。

3）合格的灯具应具备的基本要求

（1）抗风能力　整个灯具投影面上承受150 km/h的风速时，没有过分弯曲和结构件移动。

（2）防护等级　IP55、IP56或IP66如下表7-2-5。

表7-2-5　各种防护等级的含义

等级	含　义
IP55	防尘：不能完全防止尘埃进入，但进入量不会妨碍光源的正常光效。防水：任何方向的喷水无有害影响
IP56	防尘：不能完全防止尘埃进入，但进入量不会妨碍光源的正常光效。防水：强烈喷水时，进入灯体的水量不致达到有害程度
IP66	防尘：无尘埃进入。防水：强烈喷水时，进入灯体的水量不致达到有害程度

（3）安全有效接地　灯具在安装、清洁或更换灯泡等其他电器时，绝缘体可能会出现问题，变为带电的金属体，因此要保证它们永久地、可靠地与接地端子或接地触点连接。

（4）使用双层保护的导线　如BVV 1.5 mm^2/500 V，并装有过载保护装置，如保险丝等。

（5）触电保护　在正常使用过程中，即使是徒手操作，如更换灯泡，带电部件是不易触及的；更换镇流器、触发器等导电元件时，不需整片断电，通过断开保险丝的方法就可进行操作。

（6）电器箱在便于维护的同时应能有效地防止儿童玩耍中触及带电部件。

（7）良好的防腐性能　钢件应经过热镀锌处理或使用铝质及不锈钢材料。

7.2.2　户外照明

人们夜间活动需要室外照明来提供满足功能要求的场所。户外照明的目的包括①增强重要节点、标志物、交通路线和活动区的可辨性；②提高环境的安全性，降低潜在的人身伤害和人为财产破坏，使行人和车辆能安全行走；③通过强光照射使重要景点显露出来，有助于场地的夜间使用。

1. 户外照明的几种主要类型（见图7-2-5）

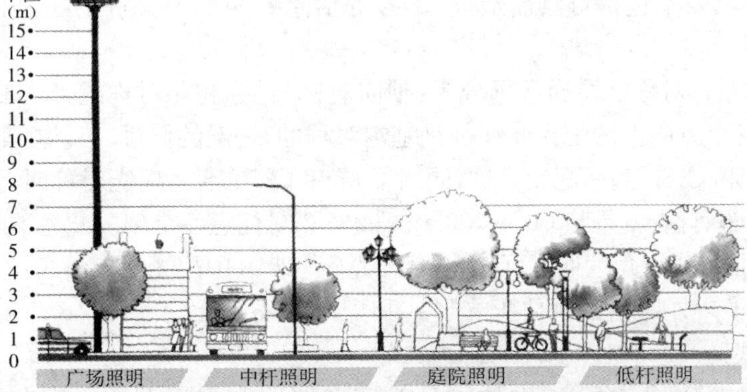

图7-2-5　户外照明的几种主要方式

户外照明通常按照高度分类，它取决于需要照亮的面积大小和照度。以下分述四种类型及其特点。

1）广场照明（高度 15～20 m）

（1）位于广场的突出位置。

（2）设置时应创造中心感，并成为区域中心的象征。

（3）成本高，安装和维护难度大，要求具有很高的安全性。

（4）光源为高功率的高压钠灯或金属卤化物灯。

2）中杆照明（高度 6～15 m）

（1）着重于路面宽阔的城市干道、行车道两侧，主要为行车所用，要求确保路面明亮度。

（2）要求不能有强烈的眩光干扰行车视线。

（3）要求照度较为均匀，长距离连续配置，刻画出空间光的延续美感。

（4）使用高压钠灯为主。

3）庭院照明（高度 3～6 m）

（1）广泛用于非主行车道的街道、商业街、景观道路、公园、广场、学校、医院、住宅小区等。

（2）要求保证路面明亮的同时，力求使“光和影”的组合配置富有旋律，因为它的高度较低，最能让人感觉到它的存在，所以必须根据环境的气氛精心设计外观造型，并具有良好的安全性和防范性。

（3）主要使用高压钠灯、金属卤化物灯或荧光灯等。

4）低杆照明（高度 1 m 以下）

（1）不是连续的照明方式，只是在树木或角落部分做突出点缀性照明和安全性照明。

（2）注重光产生的突出效果。

（3）宜使用节能灯或白炽灯。

2. 户外照明的主要配光形式和光照形式

1）配光形式

照明配光形式的选择由明确的功能要求来决定，它影响到光线强度、光照形式和设备选型。各类配光形式一般用配光曲线来定量说明。所谓配光曲线，其实就是表示一个灯具或光源发射出的光在空间中的分布情况。它可以记录灯具的光通量、光源数量、功率、功率因数、灯具尺寸、灯具效率包括灯具制造商、型号等信息。当然最关键的还是记录了灯具在各个方向上的光强。

配光曲线按照其对称性质通常可分为：轴向对称、对称和非对称配光。轴向对称：又被称为旋转对称，指各个方向上的配光曲线都是基本对称的，一般的筒灯、工矿灯都是这样的配光。对称：当灯具 C0°和 C180°剖面配光对称，同时 C90°和 C270°剖面配光对称时，这样的配光曲线称为对称配光。非对称：就是指 C0°～180°和 C90°～270°任意一个剖面配光不对称的情况。

配光曲线按照其光束角度通常可分为：窄配光（< 20°）、中配光（20°> 40°）、宽配光（> 40°）。图 7-2-6 介绍了户外照明的主要配光形式和配光曲线。

2）光照形式

户外照明的光照形式很多，大致可分为定向照明和漫射照明。定向照明（directional lighting）指光主要是从某一特定方向投射到工作面和目标上的照明。漫射照明（diffused

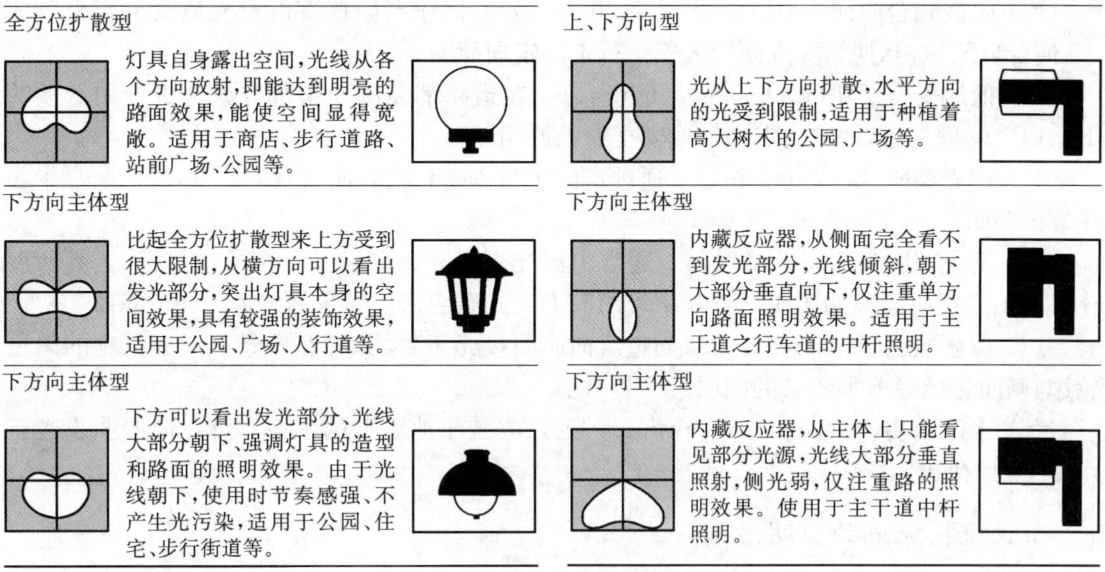

图 7-2-6　户外照明的主要配光形式

lighting)指光无显著特定方向投射到工作面和目标上的照明。定向照明常用于景观目的，常见以下几种方式。

(1) 重点照明(Spotlighting)　为提高限定区域或目标的照度，使其比周围区域亮，而设计成有最小光束角的照明(见图 7-2-7，下同)。

(2) 柔和顶光照明(Soft overhead lighting)　通过上方向主体型配光，使局部空间柔和明亮，有较大光束角的照明。

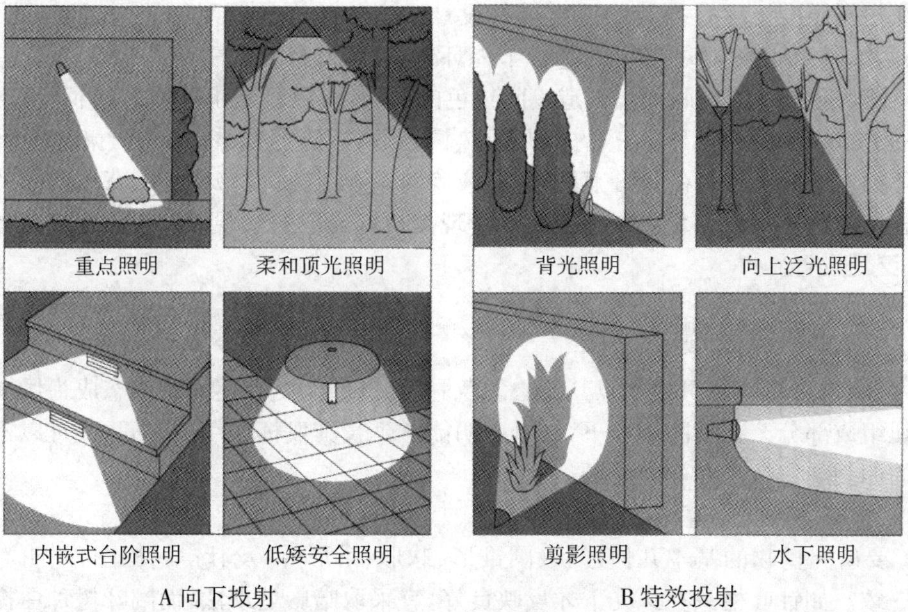

图 7-2-7　定向照明的几种形式

(3) 内嵌式台阶照明(Recessed step lighting)　嵌于台阶内部的电光源投射到台阶面上,使台阶区域相对明亮,方便行人安全行走的定向照明。

(4) 低矮安全照明(Low safety lighting)　在道路铺装的角落部分或转折处用低矮的下方向主体型配光,做突出点缀性或安全性的照明。

(5) 背光照明(Back lighting)　通过定向照明提高景物后面背景的照度,从而凸显景物轮廓的照明。

(6) 泛光照明(Flood lighting)　通常由泛光灯投光来照射某一情景或目标,且其照度比其周围照度明显高的照明。景观中常用向上泛光照明来渲染景物的色彩和形态。

(7) 剪影照明(Silhouetting)　通过定向照明投光于景物,并在背景上形成景物的黑色轮廓、侧面影像等剪影效果的照明。

(8) 水下照明(Underwater lighting)　通过安装于池壁上的水下彩灯定向照明投光于水下景物的照明。

3. 公园、绿地的照明原则

公园、绿地的室外照明,主要以明视及饰景为目的。明视照明以园路及广场为主,而饰景照明则需创造各种环境气氛。由于环境复杂,用途各异,变化多端,因而很难予以硬性规定,仅提出以下原则供参考。

(1) 目标明确　户外照明应支持设计的全部目标。没有适当的照明,一个设计和功能很好的户外场所在夜晚可能变得不安全并无法充分利用。诸如种植、雕塑、行人及车辆交通道路等元素,都需要特殊的照明以完善美学、功能和安全目标。

(2) 节能环保　公园的种类是很多的,而且公园内的各种建筑、广场及设施对照明的要求也各不相间,需要采用不同的照明方式及相应的设备,对光源与灯具的性能要求也不同。因此必须根据照度标准中推荐的照度进行设计。当某些饰景照明能够同时满足明视要求时,可以用饰景照明兼顾明视照明,力求节能环保、环境友好。

(3) 景观突出　饰景照明是创造夜间景色的照明,可以显示出环境的气氛,不同饰景照明布置的方式,可以创造出或安逸祥和、或热情奔放、或流光溢彩、或庄严肃穆等不同的氛围。应把握白天园林景观的设计意图,通过夜晚对重要景物的特殊照明、背景空间的适当衬托以及和谐的色彩加以强化。以能最充分体现其在灯光下的景观效果为原则来布置照明措施,不要泛泛设置。

4. 植物的饰景照明

乔木、灌木以及花草等植物以其舒心的色彩、和谐的构图和美丽的形态成为城市不可缺少的景观组成部分。在夜间环境下,饰景照明能够延长其发挥作用的时间,并且以不同于白天的新的面貌展露在人们面前(见彩图 1)。

1) 植物饰景照明应遵循的原则

(1) 要研究植物的基本几何形状(圆锥形、球形、塔形等)及其空间构图,照明类型必须与其相一致。如针叶树只在强光下才反映良好,宜采取暗影处理法;而阔叶树种白桦、垂柳、枫树等等对泛光照明有良好的反映效果;对淡色的和耸立空中的植物,可以用强光照明,得到一种勾勒轮廓的效果。

(2) 从远处观察,成片树木的投光照明通常作为背景来处理,一般不考虑个别的目标,而只考虑其颜色和总的外形大小。从近处观察目标,并需要对目标进行直接评价的则应该对目标作单独的光照处理。

(3) 不应使用某些光源去改变树叶原来的颜色。但可以用某种颜色的光源去加强某些植物的景观效果。如白炽灯、卤钨灯能增加红、黄色花卉的色彩,使它们显得更加鲜艳;小型投光器的使用会使局部花卉色彩绚丽夺目;汞灯使树木和草坪的绿色鲜明夺目等。

(4) 许多植物的颜色和外观是随着季节的变化而变化的,照明也应适于植物的这种变化。对未成熟的、未伸展开的植物以及古树名木,一般不施以饰景照明。

2) 照明设备的选择和安装

(1) 照明设备的选择　照明设备的挑选(包括型号、光源、灯具光束角等)主要取决于被照明植物的生理特性和要求达到的景观效果。应在保证植物生理健康的前提下,以能增加树木、灌木和花卉的美观为主要目的。同时,所有灯具都必须是水密防虫的,并能耐除草剂与除虫药水的腐蚀。

(2) 灯具的安装　投射植物的灯具安装要考虑到白天的美观,灯具一般安装在地平面上。为了避免灯具影响割草等绿化养护工作,可以将灯具固定在略微高于水平面的混凝土基座上。这种布灯方法比较适用于只有一个观察点的情况,如果被照明物附近有多个观察点或围绕目标可以走动时,要注意消除眩光。将投光灯安装在灌木丛后是一种可取的方法,这样既能消除眩光又不影响白天的外观。

由于植物的照明一般属于局部照明。灯具位置的安排是根据植物需要照明的方式来决定的。例如:对于生长较快的小树,灯具位置的选择安装十分困难,应根据成熟植物的尺寸位置安排灯具,等其成熟后再激活装置。同时,要求选择的灯具具有宽泛的瞄准范围或具有垂直升降的调节功能。

3) 树木的投光照明

向树木投光的方法是:

(1) 投光灯一般是放置在地面上。根据树木的种类和外观确定排列方式。有时为了更突出树木的造型和便于人们观察欣赏,也可将灯具放在地下灯槽内。

(2) 如果想照明树木上的一个较高的位置(如照明一排树的第一根树杈及其以上部位),可以在树的旁边放置一根高度等于第一根树杈的小灯杆或金属杆来安装灯具。

(3) 在落叶树的主要树枝上,安装一串串低功率的白炽灯泡,可以获得装饰的效果。但这种安装方式一般在冬季使用。因为在夏季树叶会碰到灯泡,灯泡会烧伤树叶,对树木不利,也会影响照明的效果。

(4) 对必须安装在树上的投光灯,其系在树杈上的安装环必须能按照植物的生长规律进行调节。

对树木的投光造型是一门艺术,图 7-2-8 为树木投光照明的几种主要布灯方式。

a. 对一片树木的照明。用几只投光灯具,从几个角度照射过去。照射的效果既有成片的感觉,也有层次、深度的感觉(见图 7-2-8(a))。

b. 对一棵树的照明。用两只投光灯具从两个方向照射,成特写镜头(见图 7-2-8(b))。

c. 对一排树的照明。用一排投光灯具,按一个照明角度照射。既有整齐感,也有层次感(见图 7-2-8(c))。

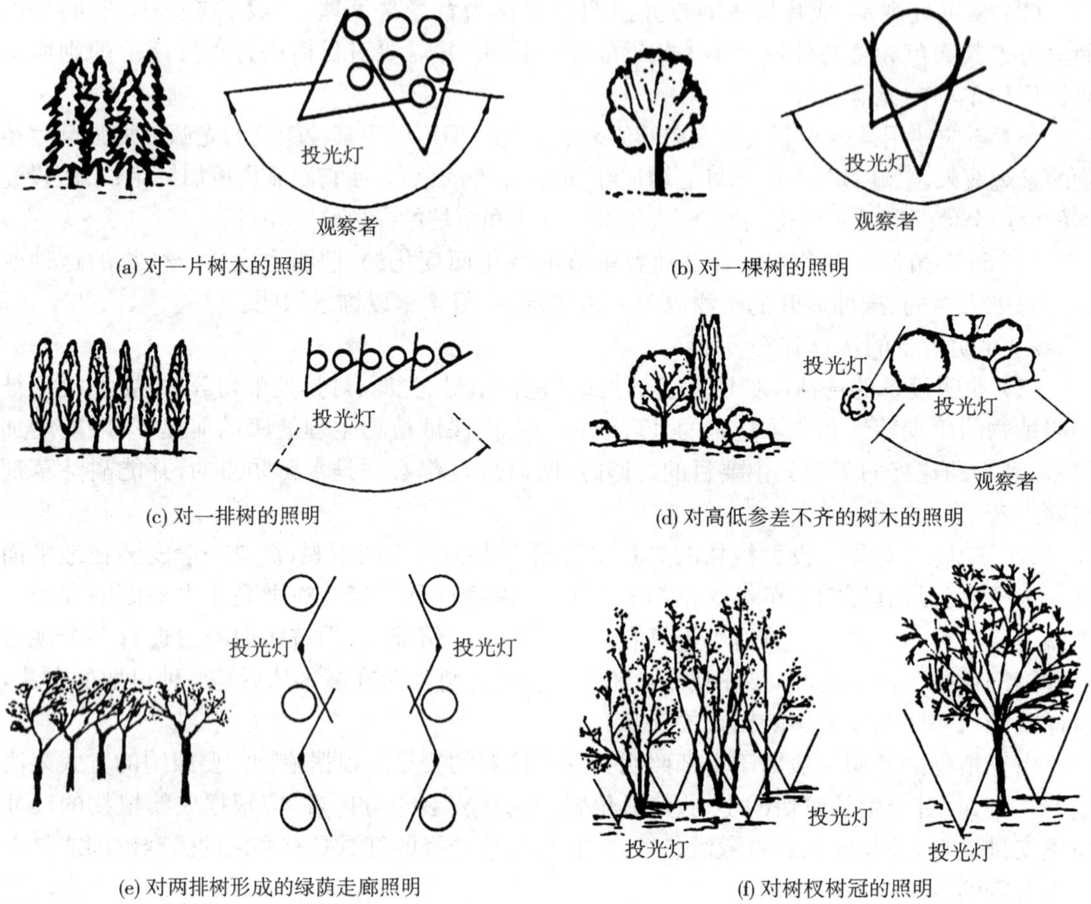

图 7-2-8　树木照明方法

d. 对高低参差不齐的树木的照明。用几只投光灯，分别对高、低树木投光，给人以明显的高低、立体感(见图 7-2-8(d))。

e. 对两排树形成的绿荫走廊的照明。对于由两排树形成的绿荫走廊，采用两排投光灯具相对照射，效果很好(见图 7-2-8(e))。

f. 对树杈树冠的照明。在大多数情况下，对树木的照明主要是照射树杈与树冠，因为照射了树杈树冠不仅层次丰富、效果明显，而且光束的散光也会将树干显示出来，起衬托作用(见图 7-2-8(f))。

4) 花卉的照明

对花卉的照明方法是:①由上向下观察的处在地平面上的花坛，采用低矮的直接型灯具向下照射。这些灯具放置在花坛的中央或侧边，高度取决于花的高度。②花有各种各样的颜色，就要使用显色指数高的光源。白炽灯、紧凑型荧光灯都能较好地应用于这种场合(见彩图 3)。

5) 照明对植物生长的影响

植物的生长需要阳光，光照时间和光谱是植物成长的两个重要因素。植物不但需要白天太阳光的照射进行光合作用，也需要在夜晚休息。植物的夜景照明无可避免地影响了植物的照射周期。不正确的光照时间和颜色会使植物外形反常，容易患病，甚至逐步死亡。

为了避免灯光照明对植物正常的生理产生不利影响，应遵循以下几条原则：①根据地理位置和光照条件设置合适的植物；②对需要夜景照明的植物进行准确的时间规划，避免夜间灯光长时间甚至通宵照明对植物的影响，在不需要照射植物的时候关闭灯光，这样既保证了植物的生长，又可以节约能源；③根据植物生理与光谱的关系设定灯光颜色，专家认为，植物对光谱的响应在一定的范围之内，波长超过 1 000 nm 的辐射没有足够的能量激发植物发生生物学过程，但在一定情况下，红外辐射能量也能灼伤植物，波长在 320 nm 以下的电磁波具有足够多能量对植物生物感官器造成破坏；④为限制过度的强光对植物的影响，可适当降低光源和灯具的亮度，或降低灯具的额定功率。

对光敏感度高的植物有：雪松、香樟、垂柳、洋槐、银杏、杜鹃、月季花、玫瑰、紫薇、腊梅等，在夜景照明中要格外注意。

5. 水景照明

水是生命的源泉，理想的水景应既能听到它的声音，又能通过光线看到它的闪烁与摆动。

1）水景照明的运用与主要照明方法

水景种类繁多，因此水景照明的应用形式有很多种。如图 7-2-9 所示，水下灯光可平行于水面从池壁向池中央照明，这是最常见的水池照明(图 a)；灯光也可以如图 b 所示从水族箱或试验水槽的四个角斜射入水中；照明可以应用于喷水、瀑布(图 c)；也可以在室内外温泉、浴场发挥明视与景观的双重功能(图 d)；照明还可以运用于自然水体，让灯光从驳岸射向水面，从而产生水光潋滟的视觉效果(图 e)；照明也常常运用于浅海水域，以达到娱乐或工作的目的(图 f)。表 7-2-6 则简述了几种水景照明方法的主要特点与问题。

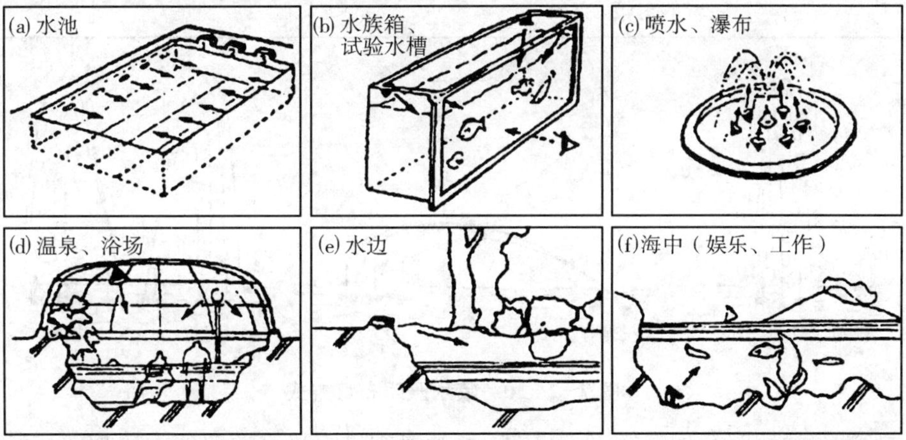

图 7-2-9　水景照明的常见应用形式

2）喷水和瀑布的照明

喷水和瀑布可用照明处理得很美观，不过灯光须通过流水以造成水柱的晶莹剔透、闪闪发光。无论是在喷水的四周，还是在小瀑布流入池塘的地方，均宜将灯光置于水平面之下。在水下设置灯具时，应注意使其在白天难于发现，但也不能埋得过深，否则会引起光强的减弱。一般安装在水面以下 100 mm 为宜。

(1) 对喷水的照明　在水流喷射的情况下，将投光灯具装在水池内的喷口后面或装在水流的落点下面，或者在这两个地方两处都装上投光灯具。因为水离开喷口处的水流密度最大，当水流通过空气时会发生扩散。由于水和空气有不同的折射率，使投光灯的光在进出的水柱上产生二次折射。在“下落点”，水已变成与细雨一般，投光灯具应装在离下落点大约 100 mm 的水下，使下落的水珠闪闪发光，产生极佳的照射效果（见图 7-2-10）。

表 7-2-6　水景照明方法的特长与问题

	Ⓐ水面以上照明	Ⓑ浮游照明	Ⓒ水中照明	Ⓓ室内照明	Ⓔ水边照明组合
特长	a. 光不均匀且少 b. 有摇动效果 c. 器具简单	a. 安装位置在任何地方都可以 b. 造成明暗差 c. 水面上没有光害 d. 维修检查容易	a. 可以局部照明 b. 也可以用遥控方式配线改变照射方向 c. 反过来利用光膜现象，使其轮廓化	a. 可以使展望窗附近明亮 b. 可以在室内进行灯具的维修检查	与Ⓐ相同
简图	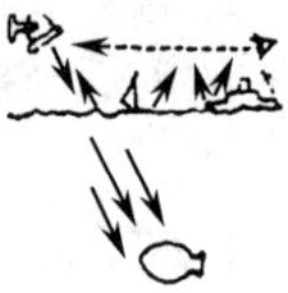	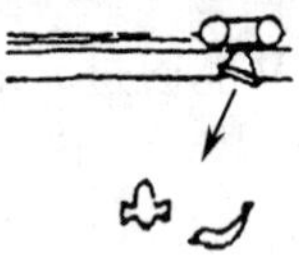	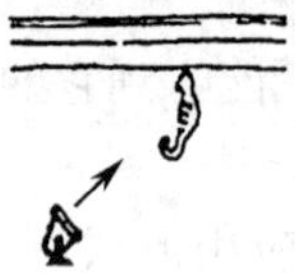	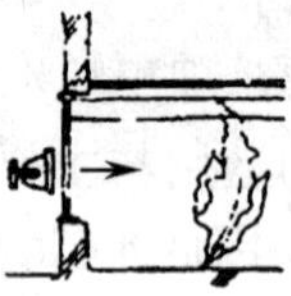	
问题要点	a. 水面发生眩光 b. 光源照眼 c. 要采取防台风等对应措施	a. 灯具的安装不稳定 b. 鱼类不能成为黑色轮廓 c. 没有波浪的摇动效果 d. 制定防止生物附着的对策	a. 不适于一般照明 b. 不能成为光源 c. 避开与视线相同的方向 d. 制定防止生物附着的对策	a. 可以形成光膜 b. 变为平面画像 c. 窗玻璃上会有附着物	与Ⓐ相同

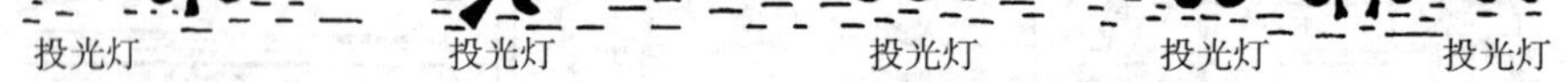

图 7-2-10　喷水照明布灯方式

（2）对瀑布的照明　如图 7-2-11 所示，对瀑布进行投光照明的方法是：①对于水流和瀑布，灯具应装在水流下落处的底部。②输出光通应取决于瀑布的落差和与流量成正比的下落水层的厚度，还取决于流出口的形状所造成水流的散开程度。③对于流速比较缓慢、落差比较小的阶梯式水流，每一阶梯底部或侧壁必须装有照明。线状光源（荧光灯、线状的卤素白炽灯等）最适合于这类情形。④由于下落水的重量与冲击力，可能冲坏投光灯具的调节角度和排列，所以必须牢固地将灯具内嵌于水槽壁内或加重灯具。⑤具有变色程序的动感照明，可以产生一种固定的水流效果，也可以产生变化的水流效果。⑥某些大瀑布采用前照灯光（即将投光灯放置在瀑布落水处的前方向瀑布照射）的效果很好，但如果让设在远处的投光灯直接照在瀑布上，效果并不理想(水景照明实例参见彩图5～12)。

3) 静水和湖的照明

对湖的投光照明方法是:①对于静水面照明，如果以直射光照在水面上，对水面本身作用不大，但却能使其附近被灯光所照亮的小桥、树木或园林建筑等呈现出波光粼粼的效果，有一种梦幻似的意境。②所有静水或慢速流动的水，比如水槽内的水、池塘、湖或缓慢流动的河水，其镜面效果是令人十分感兴趣的。所以只要照射河岸边的景象，必将在水面上反射出令人神往的景观，分外具有吸引力。③对岸上引人注目的物体或者伸出水面的物体(如斜倚着的树木等)，都可用浸在水下的投光灯具来照明。④对由于风等原因而使水面涌动的景象，可以通过岸上的投光灯具直接照射水面来得到令人感兴趣的动态效果。此时的反射光不再均匀，照明提供的是一系列不同亮度区域中呈连续变化的水的形状。⑤彩色装饰灯可创造节日气氛，特别反映在水中更为美丽，但是这种装饰灯光不易获得一种宁静、安详的气氛，也难以表现出大自然的壮观景象，只能有限度地调剂使用(静水照明参见彩图26、27、29:园林景物色光渲染实例)。

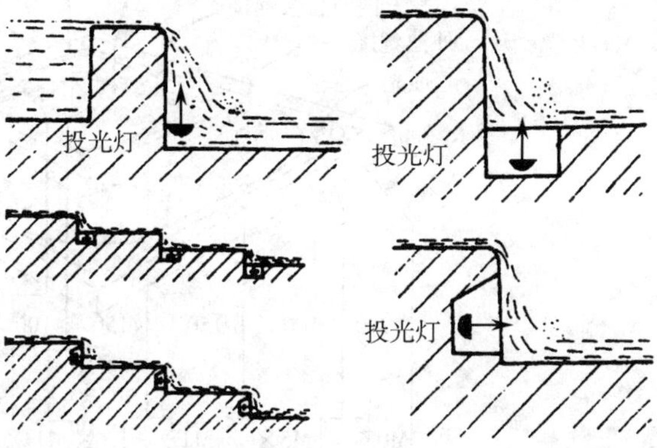

图7-2-11　针对不同流水效果采用的投光照明方法

4) 水景照明的施工

水中的灯具应具有抗蚀性和耐水构造，又由于在水中设置时会受到波浪或风的机械冲击，因此必须具有一定的机械强度。水中布线必须满足电气设备的有关技术规程和各种标准，同时在线路方面也应有一定的强度。水中使用的灯具上常有微生物附着或浮游物堆积的情况，要能够易于清扫或检查表面。水景照明施工中的设施系统和水光电控制系统见图7-2-12、图7-2-13。施工的要点见图7-2-14。

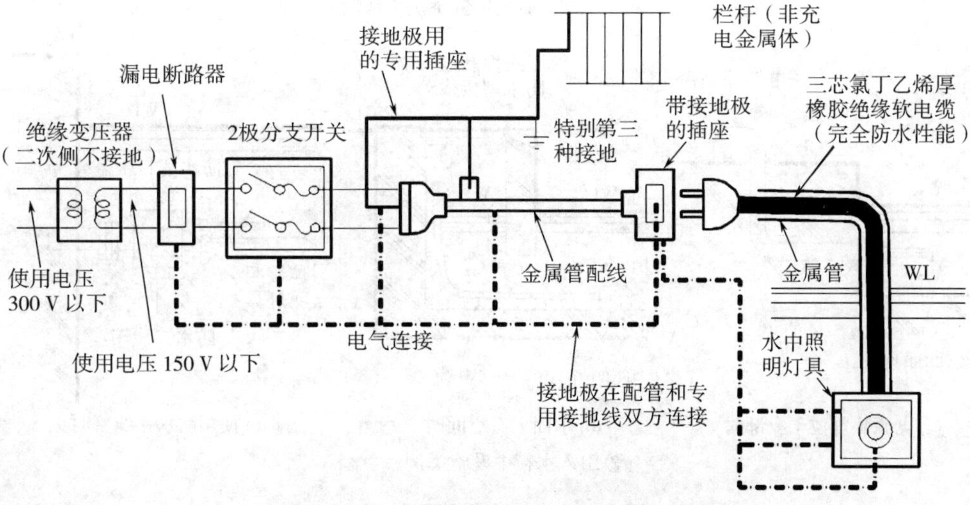

图7-2-12　水景照明施工中的设施系统图

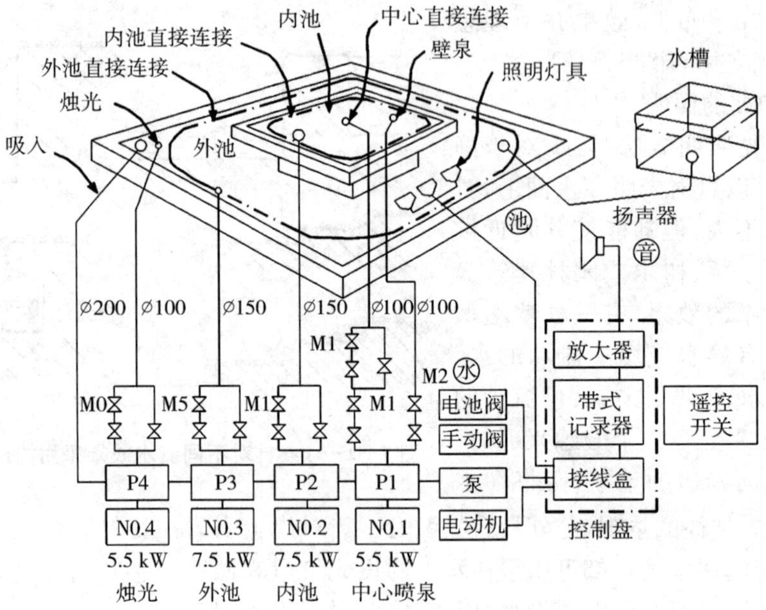

图 7-2-13　水景照明施工中的水、光、电控制系统图

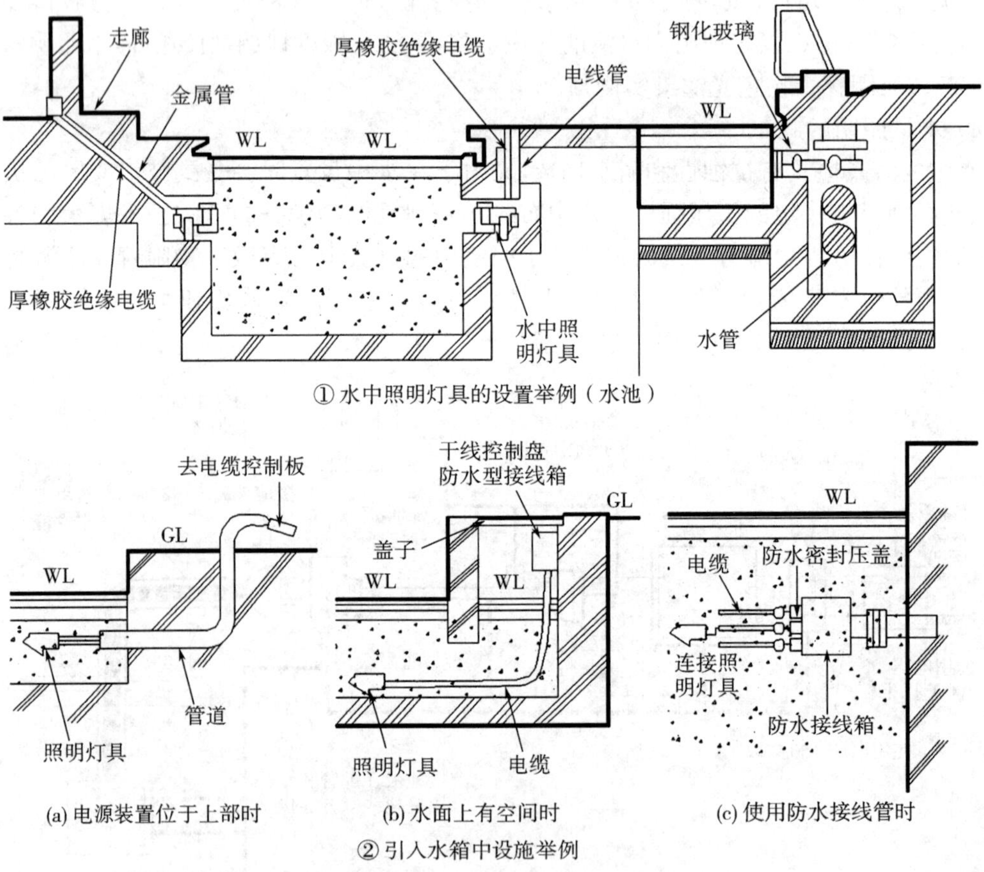

图 7-2-14　水景施工的要点

6. 园林路灯照明

道路是公园和其他公共场所的基本脉络。路灯照明的首要目的是识别方向。通过提供不同等级的照明有助于提高司机和行人的方向感。微妙的差别有助于区分主路、支路和使用区,可以通过使用不同的灯光亮度、高度、距离和灯光颜色来实现(见图 7-2-15 照明分级)。路灯照明的另一个重要目的是治安安全。提供清晰的照明形式和有效的光照覆盖非常重要,它有助于确保行人安全。在适当的地方安装灯,消除潜在的易受攻击的黑暗处,也有助于提高安全感(见图 7-2-16)。

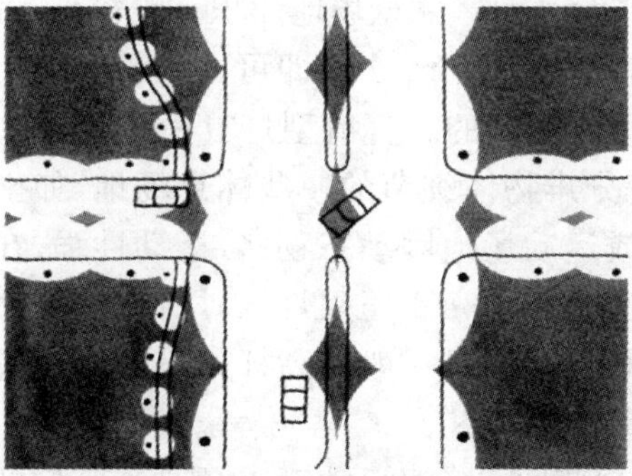

图 7-2-15　照明分级

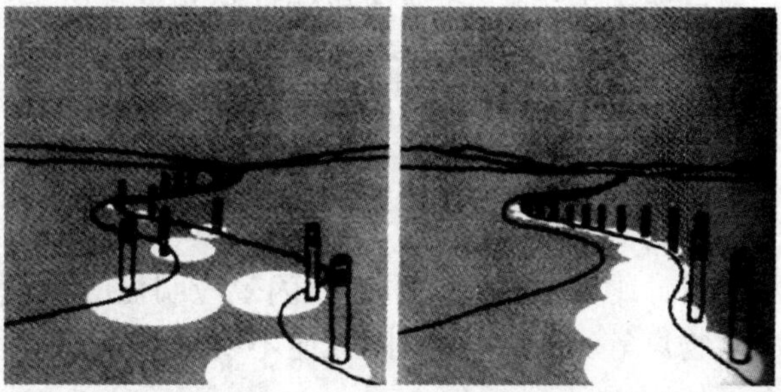

不合需要的　　合乎需要的

图 7-2-16　照明形式与安全

(1) 路灯的布置　园林路灯以庭园照明为主,偶见中杆照明。园林路灯的布置既要保证路面有足够的照度,又要讲究一定的装饰性,路灯的间距一般为 10～40 m,杆式路灯的间距取较大值,柱式路灯则取较小值。采取何种方式如何来布置路灯,主要看园路的宽度。园路特别宽的,如宽度在 7 m 以上的,可采用沿道路双边对称布置的方式。为使灯光照射更加均匀,也可采用双边相交错的方式。若是宽度在 7 m 以下的园路,其路灯一般采用单边单排的方式布置。在园路的弯道处,路灯要布置在弯道的外侧。在道路的交叉结点部位,路灯应尽量布置在转角的突出位置上。

(2) 路灯的架设方式　园路路灯的架设方式有杆式和柱式两种。杆式路灯一般用在园林出入口内外和通车的主园路中,可采用镀锌钢管作电杆,底部管径 ∅ 160～180 mm,顶部管径可略小于底部,高度为 5～8 m,悬伸臂长度可为 1～2 m。柱式路灯主要用于小游园散步道、滨水游览道、游憩林荫道等处,由石柱、砖柱、混凝土柱、钢管柱等作为灯柱,在围墙边的园路路灯,也可以利用墙柱作为灯柱。灯柱一般可设计为 0.9～5 m 高。每柱一灯,也可每柱两灯甚至多灯,需要提高照度时,多灯齐明。或隔柱设置控制开关来调整照明。还可利用路灯灯柱安装 150 W 的密封光束反光灯来照亮花圃和灌木(参见图 7-2-4)。

(3) 路灯的光源选择　园林内的主园路,要求其路灯照度比其他园路大一些,为了保证有较好的照明效果、装饰效果和节约用电,主园路上可选择功率更大的光源如高压钠灯和荧光高压汞灯。园林内其他次要园路路灯,则不一定要很大的照度,而经常要求有柔和的光线和适中的照度,因此可酌情使用具有乳白玻璃灯罩的白炽灯或金属卤化物灯。

在公园、绿地园路装照明灯时,要注意路旁树木对道路照明的影响。可以采取适当减少灯间距、加大光源的功率以补偿由于树木遮挡所产生的光损失;也可以根据树型或树木高度不同,采用较长的灯柱悬臂以使灯具突出树缘外,或改变灯具的悬挂方式等以减少树木的遮挡。总之，园路照明设计中，无论是路灯的布置位置和配光形式，还是其架设方式和光源选择，都应当密切结合具体园林环境来灵活确定，要做到既使照度符合具体环境照明要求，又使光源、灯具的艺术性比较强，具有一定的环境装饰效果(园林路灯照明实例见彩图16、22)。

7. 园林场地照明

在对小面积的园林场地进行照明设计时，要考虑场地面积和形状对照明的要求。若是矩形的小面积场地，则灯具最好布置在2个对角上或在4个角上都布置。灯具布置最好要避开矩形边的中段。圆形的小面积场地，灯具可布置在场地中心，或对称布置在场地边沿。一般可选用卤钨灯、金属卤化物灯和荧光高压汞灯等作为光源。休息场地面积一般较小，可用较矮的柱式庭院灯布置在四周，灯间距可以小一些，在10～15 m之间即可。光源可采用白炽灯或卤钨灯，灯具则既可采用直射型的，也可采用漫射型的。直射型灯具适宜于有阅读、观看要求的场地，漫射型灯具则宜设置在不必清楚分辨物体细节的一些休息场地，如坐椅区、园林中的活动场地、露天咖啡座、茶座等。游乐或运动场地因动态物多，运动性强，在照明设计中要注意不能采用频闪效应明显的光源如荧光灯、荧光高压汞灯、高压钠灯、金属卤化物灯等，而要采用频闪效应不明显的卤钨灯和白炽灯。灯具一般以高杆架设方式布置在场地周围。

园林草坪场地的照明一般以装饰性为主，但为了体现草坪在晚间的景色，也需要有一定的照度。对草坪照明和装饰效果最好的是矮柱式灯具和低矮的石灯、球形地灯、水平地灯等，由于灯具比较低矮，能够很好地照明草坪，并使草坪具有柔和的、朦胧的夜间情调。灯具一般布置在距草坪边线1.0～2.5 m的草坪上，若草坪很大，也可在草坪中部均匀地布置一些灯具。灯具的间距可在8～15 m之间，其光源高度可在0.5～1.5 m之间。灯具可采用均匀漫射型和半间接型的，最好在光源外设有金属网状保护罩，以保护光源不受损坏。光源一般要采用照度适中的、光线柔和的、漫射性的一类，如装有乳白玻璃灯罩的白炽灯、装有磨砂玻璃罩的普通荧光灯和各种彩色荧光灯、异形的高效节能荧光灯等等(园林场地与草坪照明实例见彩图2、4)。

8. 园林建筑照明

1) 园林建筑内部照明

分为整体照明、局部照明与混合照明三种方式。具体情况如下所述：

(1) 整体照明　是为整个被照场所设置的照明。它不考虑局部的特殊需要，而将灯具均匀地分布在被照场所上空，适合于对光线投射方向无特别要求的地方，如公园的餐厅、接待室、办公室、茶室、游泳馆等处。

(2) 局部照明　是在工作点附近或需要突出表现的照明对象周围，专门为照亮工作面或重点对象而设置的照明。它常设置在对光线方面有特殊要求或对照度有较高要求之处，只照射局部的有限面积。如动物园笼舍的展区部分、公园游廊的入口区域、庙宇大殿中的佛像面前和突出建筑细部装饰的投射性照明等。

(3) 混合照明　是由整体照明与局部照明结合起来共同组成的照明方式。在整体照明基础上，再对重点对象加强局部照明。这种方式有利于节约用电，在现代建筑室内照明设计中应用十分普遍，如在纪念馆、展览厅、会议厅、园林商店、游艺厅等处，就经常采用这种照明方式。

园林中一般的风景建筑和服务性建筑内部，多采用荧光灯和半直接型、均匀漫射型的白炽灯作为光源，使墙壁和顶棚都有一定亮度，整个室内空间照度分布比较均匀。干燥房间内宜使用开启式灯具；潮湿房间中，则应采用瓷质灯头的开启式灯具；湿度较大的场所，要用防水灯头的灯具；特别潮湿的房间，则应该用防水密封式灯具。

高大房间可采用壁灯和顶灯相结合的布灯方案，而一般的房间则仍以采用顶灯照明为好。单纯用壁灯作房间照明时，容易使空间显得昏暗，还是不采用为好。高大房间内的灯具应该具有较好的装饰性，可采用一些优美造型的玻璃吊灯、艺术壁灯、发光顶棚、光梁、光带、光檐等来装饰房间。

在建筑室内布置灯具，如果用直接型或半直接型的灯具布置时，要注意避免在室内物体旁形成阴影，就是面积不大的房间，也希望要安装 2 盏以上灯具，尽量消除阴影。

2) 园林建筑外部照明

公园大门建筑和主体建筑如楼阁、殿堂、高塔等，以及水边建筑如亭、廊、榭、舫等，常可进行立面照明，用灯光来突出建筑的夜间艺术形象。建筑立面照明的主要方法有用灯串勾勒轮廓和用投光灯照射两种。沿着建筑物轮廓线装置成串的彩灯，能够在夜间突出园林建筑的轮廓。彩灯本身也显得光华绚丽，可增加环境的色彩氛围。这种方法耗电量很大，对建筑物的立体表现和细部表现不太有利，一般只作为园林大门建筑或主体建筑装饰照明所用。但在公园举行灯展、灯会活动时，这种方法就可用作普遍装饰园林建筑的照明方法（见彩图13、17、22、23）。

采用投光灯照射建筑立面，能够较好地突出建筑的立体性和细部表现，不但立体感强、照明效果好，而且耗电较小，有利于节约用电。这种方法一般可用在园林大门建筑和主体建筑的立面照明上。投光灯的光色还可以调整为绿色、蓝色、红色等，则建筑立面照明的色彩渲染效果会更好，色彩氛围和环境情调也会更浓郁（见彩图 12、14、15、16）。

对建筑照明立面的选择，一般应根据各建筑立面的观看几率多少来决定，一般以观看几率多的立面作为照明面。

在建筑立面照明中，要掌握好照度的选择。照度大小应当按建筑物墙壁、门窗材料的反射系数和周围环境的亮度水平决定。根据《民用建筑电气设计规范》(JGJ 16—2008)，建筑物立面照明的照度值可参考表 7-2-7 的数据。

表 7-2-7　建筑物立面照明的推荐照度

建筑物或构筑物立面特征		平均照度(lx)		
		环境状况		
外观颜色	反射系数(%)	明亮	明	暗
白　色	75～85	75～100	50～75	30～50
明　色	45～75	100～150	75～100	50～75
中间色	20～45	150～200	100～150	75～100

9. 雕塑、雕像的饰景照明

对高度不超过 5～6 m 的小型或中型雕塑，其饰景照明的方法如下：

(1) 照明点的数量与排列，取决于被照目标的类型。要求是照明整个目标，但不要均匀，其目的是通过阴影和不同的亮度，创造一个轮廓鲜明的效果。

(2) 根据被照明目标的位置及其周围的环境确定灯具的位置：①处于地面上的照明目标，孤立地位于草地或空地中央(图 7-2-17)。此时灯具的安装尽可能与地面平齐，以保持周围的外观不受影响和减少眩光的危险。也可装在植物或围墙后的地面上。②坐落在基座上的照明目标，孤立地位于草地或空地中央。为了控制基座的亮度，灯具必须放在更远一些的地方，并且基座的边不能在被照明目标的底部产生阴影(图 7-2-18(a))。③坐落在基座上的照明目标，位于行人可接近的地方。通常不能围着基座安装灯具，因为从透视上说距离太近。只能将灯具固定在公共照明杆上或装在附近建筑的立面上，但必须注意避免眩光(图 7-2-18(b))。

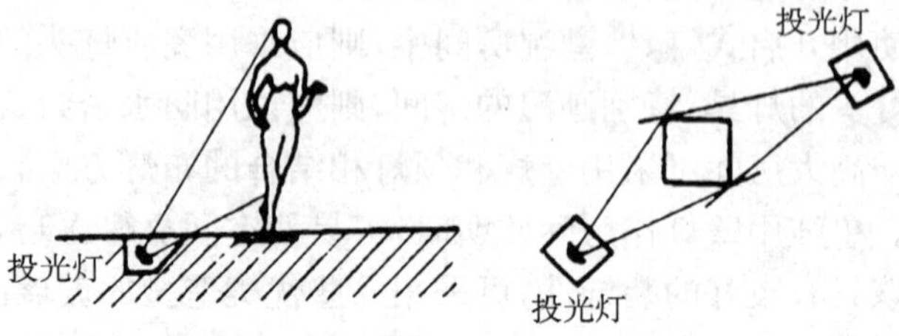

图 7-2-17　雕塑投光照明一：无基座

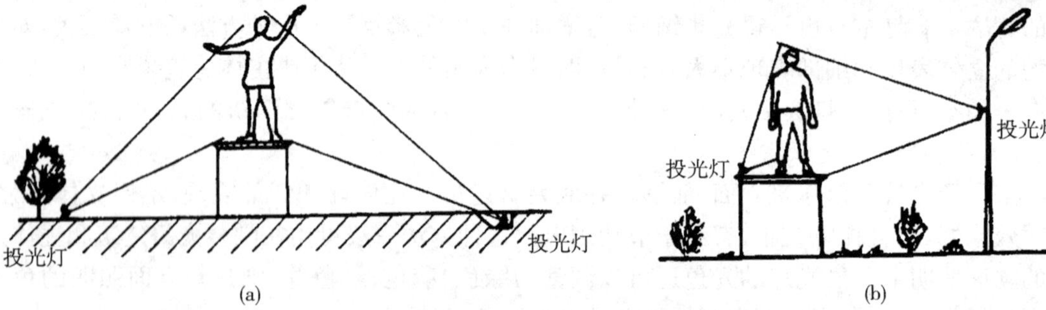

图 7-2-18　雕塑投光照明二：有基座

(3) 通常照明塑像脸部以及像的正面主体部分，背部照明要求低得多，甚至都不需要照明。

(4) 从下往上照明雕塑时要注意，凡是可能在塑像脸部产生不愉快阴影的方向不能施加照明。

(5) 对某些塑像，材料的颜色是一个重要的要素。一般说，用白炽灯照明有好的显色性。通过使用适当的灯泡——汞灯、金属卤化物灯、钠灯，可以增加材料的颜色。采用彩色照明最好能做一下光色试验。彩图 18、19、20 为雕塑照明实例。

10. 旗帜的照明

对旗帜的照明方法如下：①由于旗帜会随风飘动，应该始终采用直接向上的照明以避免眩光。②对于装在大楼顶上的一面独立的旗帜，在屋顶上布置一圈投光灯具，圈的大小是旗帜能达到的极限位置。将灯具向上瞄准，并略微向旗帜倾斜。根据旗帜的大小及旗杆的高度，可以采用 3～8 只宽光束投光灯照明(图 7-2-19(a))。③当旗帜插在一个斜的旗杆上时，从旗杆两边低于旗帜最低点的平面上分别安装两只投光灯具，这个最低点是在无风情况下确定的(图 7-2-19(b))。④当只有一面旗帜装在旗杆上时，也可以在旗杆上装一圈 PAR 密封型光束灯具。为了减少眩光，这种灯组成的圆环离地至少 2.5 m 高。为了避免烧坏旗帜布料，在无风时，圆环离垂挂的旗帜下面至少有 40 cm 距离(图 7-2-19(c))。⑤对于多面旗帜分别升在旗杆顶上的情况，可以用密封光束灯分别装在地面上进行照明。为了照亮所有的旗帜，且不论旗帜飘向哪一方向都能照亮，灯具的数量和安装位置取决于所有旗帜覆盖的空间。

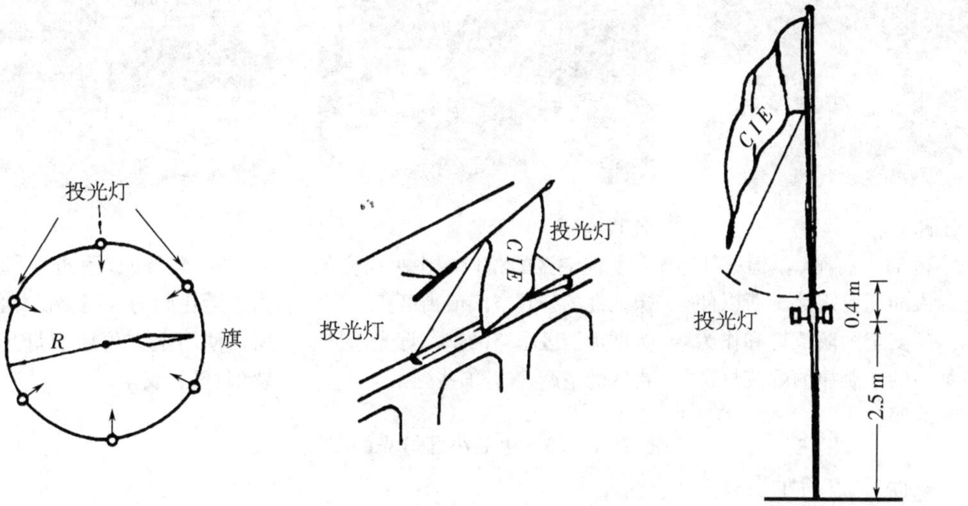

(a) 楼顶旗帜照明　(b) 斜插旗帜照明　(c) 用PAR密封型光束灯投射旗帜

图 7-2-19　旗帜投光照明

11. 生活小区的照明

1）生活小区灯光的配置

生活小区外环境的灯光照明应满足居民日常生活的需要，提供安全、舒适、优美、柔和的灯光效果，尤其要注意路灯和庭院灯的布点，防止灯光影响住户夜晚休息。公共场所的灯光宜明亮而柔和，避免眩光，慎用冷色调光源。整个小区的照明应采用多路控制，以满足不同时段的需要，节约能源（见图 7-2-20）。彩图 28、29 为庭院照明实例。

散步道

让生活在此的人们能够充分感受大自然的休闲步道。利用高方位的照明确保夜晚的安全，并用低柱照明（草坪灯）营造一种格调优美的舒适环境。

小道

人们日常生活区的小路，连接住户与住户、广场与广场之间的路。根据庭园植物的高度使用低柱照明，突出绿色点缀效果和供人行走的灯光，为了确保行人的安全，建议与脚光灯同时使用。

街心小花园

在小街边设有长椅、植物的休憩场所。借助住宅二楼透过的灯光采用稍低的公园灯（柱高 3.3 m）全方位照明，并产生舒适柔和的灯光效果。

生活区道路

住宅区的人行道、车道是生活在此的人的通行之路。所以使用让人感到安全的防范灯和作为街道象征性的主旋律的庭院灯也使用低柱照明。

公共场所

住宅区的路口或中央设立的象征性的公共空间或街区正大门。为增加街区小路的基本灯光，展现街区的情调，推荐加些光亮。

小公园

儿童公园，附近草坪公园。为生活在此的人们提供休闲的场所。使用全方位照明灯具，使人感到舒适、安全。

图 7-2-20　生活小区灯光的配置

2）庭院照明施工方法

庭院是居家生活的重要场所，庭院照明应考虑家庭的活动情况，创造安全的活动环境和良好的生活氛围。庭院照明电源一般引自住家。可按照施工拉线方式分为移动式、埋地式和架空式施工。移动式的电线放在地表，不永久固定，便于灯具移动位置，方便但不够安全、美观；埋地式将电源线埋入地下，较为整洁、安全，但工程量较大，也不便于变动；架空式电源线架在 3 m 以上的空中，方便，也较安全，但不够美观（见图 7-2-21）。

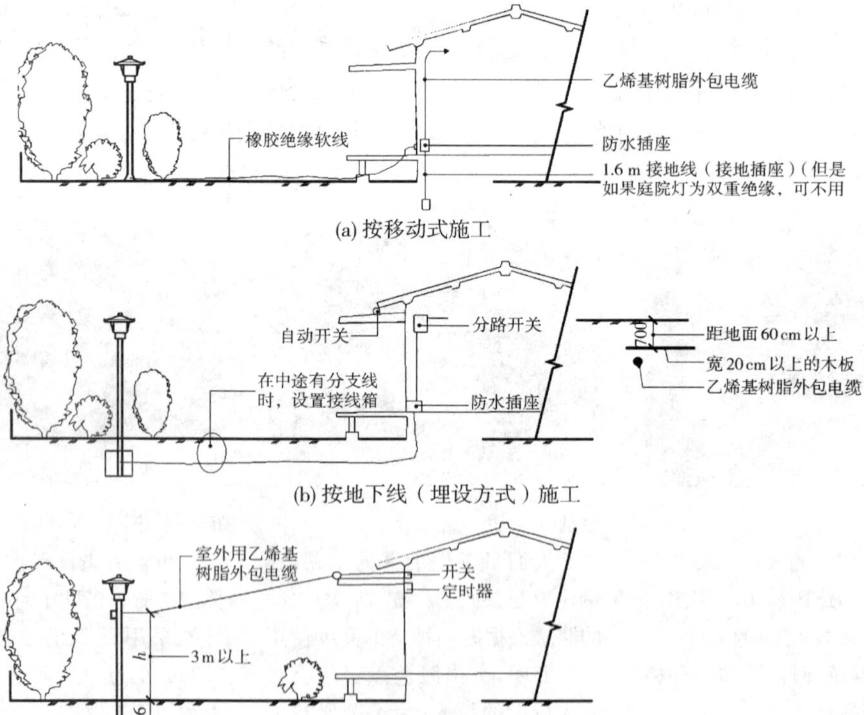

图 7-2-21　庭院照明的施工方式

图 7-2-22 是室外灯具安装的图示。介绍了不同室外灯具在不同施工方式中的细节与注意事项。

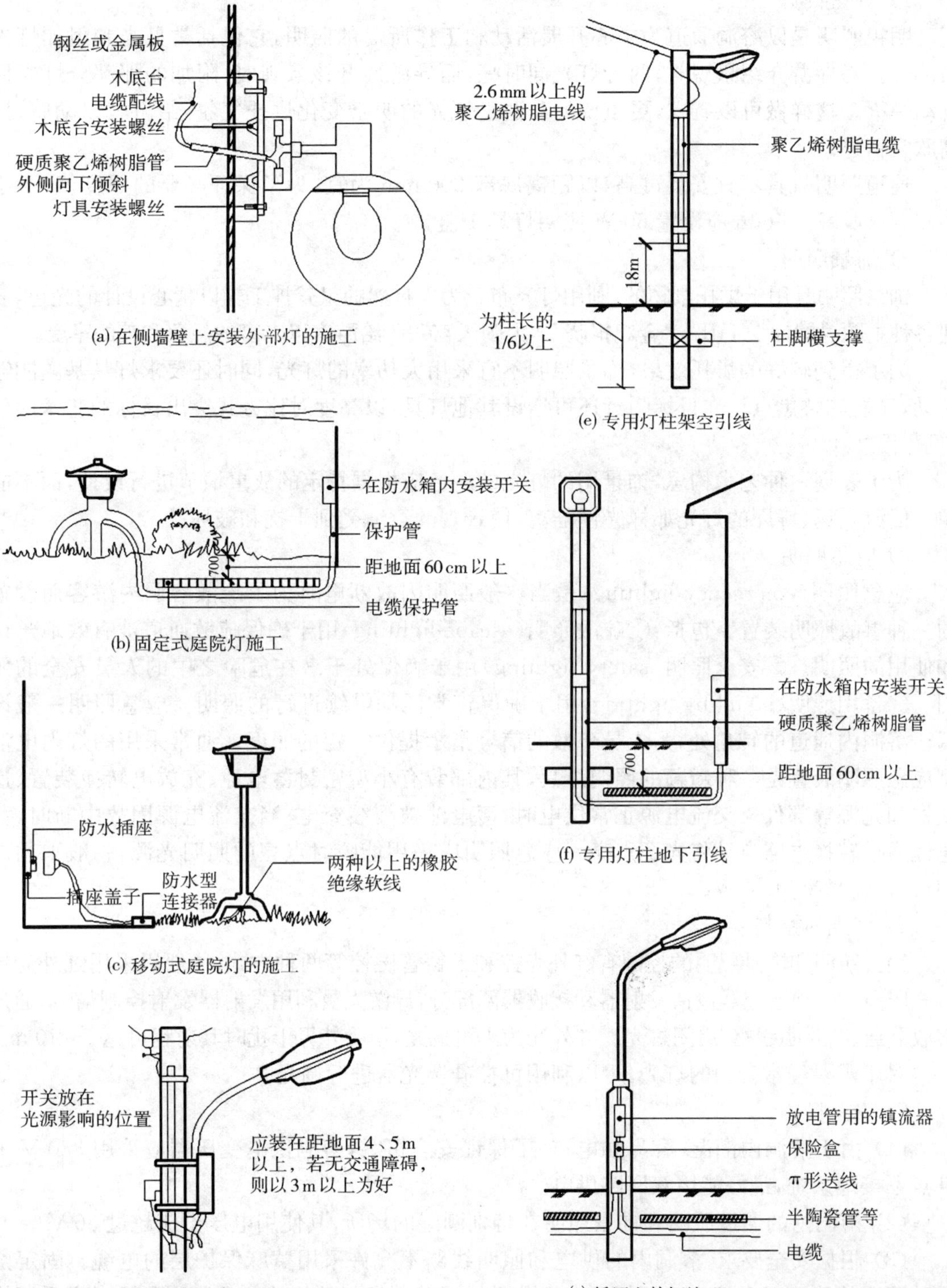

(a) 在侧墙壁上安装外部灯的施工

(e) 专用灯柱架空引线

(b) 固定式庭院灯施工

(f) 专用灯柱地下引线

(c) 移动式庭院灯的施工

(d) 电线杆上室外灯的施工

(g) 低压室外灯施工

图 7-2-22　室外照明灯具的安装

12. 溶洞照明

1）明视照明

明视照明是以溶洞通道为中心开展活动和工作所需的照明，它包括常见光和附加灯光两部分。当导游介绍景观时，两种灯光同时亮，而导游离开该景观时，附加的那部分灯光便自动熄灭。这样做可以省电，更重要的是通过灯光的明暗变化烘托气氛，给游客以动感，提高欣赏情趣。

通道照明灯具不宜安装过高，以距离底部 200 mm 为宜，为了保证必要的照度值（不小于 0.5 lx），每 4～6 m 应设置 60 W 照明灯具 1 盏。

2）饰景照明

饰景照明是用于烘托景物的，利用灯光布景为大自然的鬼斧神工辅以精心设计的光色，表现各种主题，如"仙女下凡"、"金鸡报晓"、"大闹天宫"等，给游客以丰富的想象和美的享受。

为了得到较好的烘托效果，饰景照明不宜采用大功率的灯光，同时还要求灯具基座能够转动，又能调整焦点。在目标附近还可增设其他灯具，以亮度对比方式突出目标的艺术形象（见彩图 21）。

为了表现一种艺术构思，饰景用的灯光的颜色应根据特定的故事情节进行设计，而不能像一般游艺场、舞厅的灯光那样光怪陆离，使景观的意境受到干扰和破坏。

3）应急照明

应急照明（emergency lighting）是当一般照明因故断电时为了疏散溶洞内游客而设置的一种事故照明装置。包括：①疏散照明（escape lighting）用于确保疏散通道被有效地辨认和使用的照明。②安全照明（safety lighting）用于确保处于潜在危险之中的人员安全的照明。③备用照明（stand-by lighting）用于确保正常活动继续进行的照明。应急照明一般设置于溶洞内通道的转角处，为人员疏散的信号指示提供一定的照度。通常采用的灯内电池型应急照明装置是一种新颖的照明灯具，其内部装有小型密封蓄电池、充放电转换装置、逆变器和光源等部件。交流电源正常供电时，蓄电池被缓缓充电；当交流电源因故中断时，蓄电池通过转换电路自动将光源点亮。应急照明应采用能瞬时点亮的照明光源，一般采用白炽灯，每盏功率为 30 W。

4）灯光的控制

明视照明和饰景照明的控制有红外光控和干簧管磁控等两种方式，一般以采用红外光控方式居多。这种遥控器包括发射器和接收器两部分，导游人员利用发射器发射控制信号，通过接收器通、断照明线路，启闭灯光。红外光为不可见光，不受外界干扰时其射程可达 7～10 m。

对于需要经常变幻的灯光，可以利用可控硅调光器进行调光。

5）安全措施

（1）由于溶洞内潮湿，容易触电，为了保证安全可靠，溶洞供电变压器应采用 380 V 中性点不接地系统，最好能用双回路供电。

（2）溶洞内的通道照明和饰景照明在特别潮湿的场所，其使用电压不应超过 36 V。

（3）根据安全要求，溶洞内的供电和照明线路不允许采用黄麻保护层的电缆。固定敷设的照明线路可以采用绝缘塑料护套铝芯电缆或普通塑料绝缘线。非固定敷设时宜采用橡胶或氯丁橡胶套电缆。

(4) 在溶洞内，凡是由于绝缘破坏而可能带电的用电设备金属外壳，均须作接地保护。将所有电缆的金属的金属外皮不间断地连接起来构成接地网，并与洞内水坑的接地板(体)相连。

接地板装于水坑内，其数量不得少于两个，以便在检修和清洗接地板时互为备用。接地体采用厚度不少于 5 mm，面积不少于 0.75 m^2 的钢板制作。

7.3 户外灯光造景

园林的夜间形象主要是在园林固有景观的基础上，利用夜间照明和灯光造景来塑造的。夜间照明和造景往往密不可分，前文以照明为重点，下面则主要讨论灯光造景的方法。

7.3.1 用灯光强调主景

为了突出园林的主景或各个局部空间中的重要景点，我们可以采用直接型的灯具从前侧方对着主景照射，使主景的亮度明显大于周围环境的亮度，从而鲜明突出地表现主景、强调主景。灯具不宜设在正前方，正前方的投射光对被照物的立体感有一定削弱作用。一般也不设在主景的后面，若在后面，将会造成眩光并使主景正面落在阴影中，不利于主景的表现，除非是特意为了用灯光来勾勒主景的轮廓，否则都不要从后面照射主景。园林中的雕塑、照壁、主体建筑等，常用以上方法进行照明强调(彩图 24、25)。彩图 12 是法国第绒古城的中心广场夜景，也是典型的用灯光强调主景的实例。

在对园林主体建筑或重要建筑用灯光照射加以强调时，如果充分利用建筑物的形象特点和周围环境的特点，有选择地进行照明，就能够获得建筑立面照明的最大艺术效果。如建筑物的水平层次形状、竖向垂直线条、长方体形、圆柱体形等形状要素，都可以通过一定方向光线的投射、烘托而更加富于艺术性的表现(见彩图 14、15)。或者将投光灯设置在稀树之后，透过稀疏枝叶向建筑照射，可在建筑物墙面投射出许多光斑、黑影，也进一步增强了建筑物的光影表现。如果利用景物近旁的水池、湖泊作为夜间一个黑色的投影面，使被照明的景物在水中倒映出来，可获得景物与水景交相映衬的效果(见彩图 26、29)。

7.3.2 用色光渲染氛围

利用有色灯光对园林夜间景物以及园林空间进行照射着色，能够很好地渲染园林的环境气氛和夜间情调。这种渲染可以从地上、夜空和动态音画三个方面进行。

(1) 景物色光渲染　园林中的草坪、水面、花坛、树丛、亭廊、曲桥、山石甚至铺装地面等，都可以在其边缘地带设置投射灯具，利用灯罩上不同颜色的透色片透出各色灯光，来为地面及其景物着色(见彩图 27)。亭廊、曲桥、地面用各种色光都可以，但草坪、花坛、树丛则不能采用蓝、绿色光，因为在蓝、绿色光照射下，鲜活的植物却仿佛成了人造的塑料植物，给人虚假的感觉

(2) 夜空色光渲染　对夜空的色彩渲染有漫射型渲染和直射型渲染两种方式。漫射型渲染是用大功率的光源置于漫射性材料制作的灯罩内，向上空发出色光。这种方式的照射距离比较短，因此只能在较小范围内造成色光氛围。直射型渲染则是用方向性特强的大功率探照灯，向高空发射光柱。若干光柱相互交叉晃动、扫射，形成夜空中的动态光影景观。

探照灯光一般不加色彩，若成为彩色光柱，则照射距离就会缩短了。对夜空进行色光渲染，在灯具上还可以做些改进，加上一些旋转、摇摆、闪烁和定时亮灭的功能，使夜空中的光幕、光柱、光带、光斑等具有各种形式的动态效果。当然，夜空色光渲染也会形成较强的光污染，一般只宜在特定场合和特殊节日使用。

(3) 动态音画渲染　在园景广场、公园大门内广场以及一些重点的灯展场地，采用水景、巨型电视屏等，以音画结合的方式来渲染园林夜景，能够增强园林夜景的动态效果。此外，也可以对园林中一些照壁或建筑山墙墙面进行灯光投影，在墙面投影出各种图案、文字、动物、人物等简单的形象，可以进一步丰富园林夜间景色。

7.3.3 灯光造型

灯光、灯具还有装饰和造型的作用。特别是在喷泉水景及灯展、灯会上灯的造型，千变万化，绚丽多彩，成了夜间园林的主要景观。

1) 装饰彩灯造型

用各种形状的微光源和各色彩灯以及定时亮灭灯具，可以制作成装饰性很强的图形、纹样、文字及其他多种装饰物。

(1) 装饰灯的种类　专供装饰造型用的灯饰种类比较多，下面列举其中一些较常见的装饰灯。

满天星：是用软质的塑料电线间隔式地串联起低压微型灯泡，然后接到 220 V 电源上使用。这种灯饰价格低、耗电少、灯光繁密，能组成光丛、光幕和光塔等。

美耐灯：商业名称又叫水管灯、流星灯、可塑电虹灯等，是将多数低压微型灯泡按 2.5 cm 或 5 cm 的间距串联起来，并封装于透明的彩色塑料软管内制成的装饰灯。如果配以专用的控制器，则可以实现灯光明暗、闪烁、追逐等多种效果。在灯串中如有一两个灯泡烧坏，电路能够自动接通，不影响其他灯泡发光。在制作灯管图案时，可以根据所需长度在管外特殊标记处剪断，如果需要增加长度，也可使用特殊连接件作有限的加长。

小带灯：是以特种耐用微型灯泡在导线上连接成串，然后镶嵌在带形的塑料内做成的灯带。灯带一般宽 10 cm，额定电压有 24 V 和 22 V 两种，小带灯主要用于建筑、大型图画和商店橱窗的轮廓显示，也可以拼制成简单的直线图案作环境装饰用。

电子扫描霓虹灯：这也是一种线形装饰灯，是利用专门的电子程序控制器来做发光控制，使灯管内发光段能够平滑地伸缩、流动，动态感很强，可做图案装饰用。这种灯饰要根据设计交由灯厂加工定做，市面上难以购到合用的产品。

变色灯：在灯罩内装有红、绿、蓝三种灯泡，通过专用的电子程序控制器控制三种颜色灯泡的发光，在不同颜色灯泡发光强弱变化中实现灯具的不断变色。

彩虹玻璃灯：这种灯饰是利用光栅技术开发的，可以在彩虹玻璃灯罩内产生五彩缤纷的奇妙光效果，显得神奇迷离、灿烂夺目。

(2) 图案与文字造型　用灯饰制作图案与文字，应采用美耐灯、霓虹灯等管状的易于加工的装饰灯。先要设计好图案和文字，然后根据图案文字制作其背面的支架，支架一般用钢筋和角钢焊接而成。将支架焊稳焊牢之后，再用灯管照着设计的图样做出图案和文字来。为了方便更换烧坏的灯管，图样中所用灯管的长度不必要求很长，短一点的灯管多用几根也是一样的。由于用作图案文字造型的线形串灯具有管体柔软、光色艳丽、绝缘性好、防水节能、耐寒耐热、适用环境广、易于安装和维护方便等等优点，因而在字形显示、图案显示、造型显示和轮廓显示等多种功能中应用十分普遍。

(3) 装饰物造型　利用装饰灯还可以做成一些装饰物，用来点缀园林环境。例如，用满天星串灯组成一条条整齐排列的下垂的光串，可做成灯瀑布，布置于园林环境中或公共建筑的大厅内，能够获得很好的装饰效果。在园路路口、桥头、亭子旁、广场边等环境中，可以在4～7 m高的钢管灯柱顶上，安装许多长度相等的美耐灯软管，从柱顶中心向周围披散展开，组成如椰子树般的形状，这是灯树。用不同颜色的灯饰还可以组合成灯拱桥、灯窑塔、灯花篮、灯座钟、灯涌泉等多姿多彩的装饰物。彩图9所示为运用雾状喷头及艺术灯饰做主景，用装饰灯对柱及乔木进行了造型，是一个引人入胜的饭店入口。

2) 灯展中的灯组造型

在公园内举办灯展灯会，不但要准备许多造型各异的彩灯灯饰，而且还要制作许多大型的造型灯组。灯组造型所用题材范围十分广泛，每一灯组都是由若干的造型灯形象构成的。

在用彩灯制作某种形象时，一般先要按照该形象的大致形状做出骨架模型，骨架材料的选择视该形象体量的大小轻重而定，大而重的要用钢筋、铁丝焊接做成骨架；小而轻的则可用竹木材料编扎、捆绑成为骨架。骨架做好后，进行蒙面或铺面工作。蒙面或铺面的材料多种多样，常用的有色布、绢绸、有色塑料布、油布、碗碟、针药瓶、玻璃片等，也有直接用低压灯泡的。如果是供室内展出的灯组，还可以用彩色纸作为蒙面材料。

3) 激光照射造型

在应用探照灯等直射光源以光柱照射夜空的同时，还可以使用新型的激光射灯，在夜空中创造各种光的形状。激光发射器可发出各种可见的色光，并且可随意变化光色，各种色光可以在天空中绘出多种曲线、光斑、图案、花形、人形甚至写出一些文字来，使园林的夜空显得无比奇幻和奥妙，具有很强的观赏性。

7.4　照明工程设计步骤与要点

7.4.1　公园、绿地照明设计的基本步骤

在进行户外照明设计以前，应具备下列一些原始资料：

(1) 公园、绿地的总平面图、竖向设计图，以及主要建筑物的平面图、立面图和剖面图。

(2) 该公园、绿地对电气的要求(设计任务书)，特别是一些专用性强的公园、绿地照明，应明确提出照度、灯具选择、布置、安装要求。

(3) 电源的供电情况及进线方位。

照明设计的顺序常有以下几个步骤：

① 明确照明对象的功能和照明要求。

② 选择照明方式。根据设计任务书中对电气的要求，在不同的场合选择不同的照明方式。

③ 光源和灯具的选择。根据公园绿地的配光和光色要求、与周围景色配合等来选择光源和灯具。灯具的合理布置，除考虑光源光线的投射方向、照度均匀性等，还应考虑经济、安全和维修方便等。

④ 进行照度计算。具体照度计算可参考有关照明手册。

7.4.2 公园、绿地照明设计要点

园林照明的设计及灯具的选择应在设计之前做一次全面细致的考察。可在白天对周围环境空间进行仔细的观察,以决定何处适宜于灯具的安装,并考虑采用何种照明方式最能突出表现夜景。与其他景观设计一样,园林照明也要兼顾局部和整体的关系。适当位置的灯具布置可以创造出一系列兴奋点,所以恰到好处的设计可以增加夜晚园林环境的活力;但统筹全园的整体设计,则有利于区分主次、突出重点,使园林的夜景在统一的规划中显现出秩序感和本身的特色。如能将各类照明有机地结合,可最大限度地减少不必要的灯具,以节省能源和灯具上的花费。而与造园设计一并考虑,更能避免因考虑不周而带来的重复施工。

照明设计的原则应突出园中造型美丽的建筑、山石、水景与花木,掩藏园景的缺憾。园林的不同位置对照明的要求具有相当大的差异,为展示出园内各种景物的优美,照明方法应因景而异。建筑、峰石、雕塑与花木等的投射灯光应按需要使之强弱变化,以便在夜晚展现各自的风韵;园路两侧的路灯应照度均匀连续,从而满足安全的需要。为使小空间显得更大,可只照亮必要的区域而将其余置于阴影之中;而对大的室外空间,处理的手法正相反,这样会产生一种亲切感。园林照明应慎重使用光源上的调光器,大多数采用白炽灯作为光源的园灯使用调光器后会使光线偏黄,给被照射的物体蒙上一层黄色,对于植物,会呈现病态,失去了原有的生机。彩色滤光器也最好少用,因为经其投射出的光线会造成失真感,对于植物尤显不真实。当然天蓝滤光器可以例外,它能消除白炽灯中的黄色调,使光线变成令人愉快的蓝白光。

灯光亮度要根据活动需要以及保证安全而定,过亮或过暗都会对游人带来不适。照明设计尤其应注意眩光。所谓眩光是指使人产生极强烈不适感的过亮、过强的光线。将灯具隐藏在花木之中既可以提供必须的光亮又不致引起眩光。要确定灯光的照明范围还须考虑灯具的位置,即灯具高度、角度以及光分布,而照明时所形成的阴影大小、明暗要与环境及气氛相协调,以利于用光影来衬托自然,创造一定的场景与气氛。这都应在白天对周围空间进行仔细的观察,并通过计算校合,以确定最佳的景观照明效果。

虽然灯具设置的目的主要用于照明,以便在黑夜也能活动自如,然而布置适宜、造型优美的园灯在白天也有特殊的装饰作用。灯具的选择,虽说应优先考虑灯光效果,但其造型也相当重要,尤其是对于那些具有装饰作用的灯具不能太随意,也不能太普通,否则难以收到良好的效果。外观造型应符合使用要求与设计意图,强调灯具的艺术性有助于丰富空间的层次和立体感。尽管普通的装饰灯具在有些场合也会吸引人的注意,但在夜晚,它们一般不是因产生过亮光点而令人不舒服,就是可能亮度不足而达不到照明的要求。所以园灯的形式和位置应在照明需要的基础上兼顾白天的装饰作用。

此外还有安全问题需要考虑。必须符合《道路与街路照明灯具的安全要求》(GB 7000.5—1996)和IEC(国际电工委员会)标准。园灯位置不应过于靠近游人活动及车辆通行的地方,以免因碰撞损坏而引起危险。在接近游人的地方若需必要的照明,可以设置地灯、装饰园灯,但不宜选择发热过高的灯具,若无更合适的灯具,则应加装隔热玻璃,或采取其他的防护措施。园灯位置还应注意方便安装和维修,为保证安全,灯具线路开关以及灯杆设置都要采取安全措施,以防漏电和雷击,同时,无论是白天或黑夜,照明设备均需隐蔽在视线之外,最好全部敷设电缆线路,对抗风、防水、气温变化有一定的抵御能力,确保游客与居民安全。

彩图1

彩图2

彩图3

园林场地与草坪照明实例

彩图4

彩图 5

彩图 6

彩图 7

彩图 8

彩图 9

彩图

彩图

水景照明实例

彩图1

彩图13

彩图14

园林建筑照明实例

彩图15

园林建筑照明实例

彩图18

彩图19

艺术雕塑照明实例

彩图20

彩图21

溶洞照明实例

园林路灯照明实例

彩图22

彩图23

彩图24

彩图25

园林用灯光强调主景实例

彩图26

彩图27

园林景物色光渲染实例

彩图28

彩图29

参 考 文 献

[1] 孟兆祯等编著. 园林工程. 北京:中国林业出版社,1996

[2] 唐来春主编. 园林工程与施工. 北京:中国建筑工业出版社,1999

[3] [美]诺曼 K. 布思,曹礼昆,曹德鲲著；孟兆祯校. 风景园林设计要素. 北京:中国林业出版社,1989

[4] [英]Penny Swift, Janek Szymanowaski 著；李晓辉,齐飞,孙晓梅译. 园景硬质覆盖艺术. 沈阳:辽宁科学技术出版社,2002

[5] 杨永胜,金涛主编. 现代城市景观设计与营建技术. 北京:中国城市出版社,2002

[6] 梁伊任,杨永胜,王沛永. 园林建筑工程. 北京:中国城市出版社,2000

[7] 王晓俊主编. 风景园林设计(增订本). 南京:江苏科学技术出版社,2001

[8] [美]尼古拉斯·T. 丹尼斯,凯尔·D. 布朗著;刘玉杰,吉庆萍,俞孔坚译. 景观设计师便携手册. 北京:中国建筑工业出版社,2002

[9] Ogden Tanner. Garden Construction. Alexandria: Time-Life Books Inc., 1978